LE

BASSIN HOUILLER

DU PAS-DE-CALAIS

HISTOIRE DE LA RECHERCHE, DE LA DÉCOUVERTE ET DE L'EXPLOITATION
DE LA HOUILLE DANS CE NOUVEAU BASSIN

PAR

E. VUILLEMIN

INGÉNIEUR ADMINISTRATEUR DE LA COMPAGNIE DES MINES D'ANICHE

TOME II

LILLE

IMPRIMERIE L. DANEL.

—

1880

LE

BASSIN HOUILLER

DU PAS-DE-CALAIS

LE

BASSIN HOUILLER

DU PAS-DE-CALAIS

HISTOIRE DE LA RECHERCHE, DE LA DÉCOUVERTE ET DE L'EXPLOITATION

DE LA HOUILLE DANS CE NOUVEAU BASSIN

PAR

E. VUILLEMIN

INGÉNIEUR ADMINISTRATEUR DE LA COMPAGNIE DES MINES D'ANICHE

TOME II

LILLE
IMPRIMERIE L. DANEL.
—
1882

LE

BASSIN HOUILLER

DU PAS-DE-CALAIS

HISTOIRE DE LA RECHERCHE, DE LA DÉCOUVERTE ET DE L'EXPLOITATION
DE LA HOUILLE DANS CE NOUVEAU BASSIN

PAR

J. VUILLEMIN

TOME II

LILLE
IMPRIMERIE L. DANEL

1882

AVERTISSEMENT.

Nous continuerons dans ce volume la publication des études sur les houillères du Bassin du Pas-de-Calais.

Le Tome I renferme les monographies des onze concessions qui se succèdent d'une manière continue de Douai jusqu'à Fléchinelle.

Dans le Tome II on trouvera la monographie des dix concessions établies, postérieurement aux premières, au nord et au sud de la formation houillère; puis une étude sur le Bassin du Boulonnais et enfin, un résumé historique du Bassin du Nord, Bassins qui se rattachent d'une manière si directe au Bassin du Pas-de-Calais.

———

LE

BASSIN HOUILLER

DU PAS-DE-CALAIS,

HISTOIRE DE LA RECHERCHE,

DE LA DÉCOUVERTE ET DE L'EXPLOITATION DE LA HOUILLE

DANS CE NOUVEAU BASSIN.

XII.

MINES DE VENDIN.

Société de recherches. — Société d'exploitation. — Émission d'actions à prime. — Émission d'actions au-dessous du pair et d'obligations. — Emprunts. — Concession. — Travaux. — Chemin de fer. — Extraction. — Gisement. — Prix de revient. — Prix de vente. — Renseignements sur la vente. — Résultats financiers. — Dividendes. — Valeur vénale des actions. — Dépenses faites. — Ouvriers. — Salaires. — Maisons. — Caisse de secours. — Fosses. — Sondages.

Société de recherches. — Le 31 mai 1854, MM. Bouchet, de Bracquemont et Hanon-Sénéchal constituaient, sous le nom de *Société Hanon*, une Société pour la recherche de la houille dans les environs de Béthune, à l'ouest de la concession de Nœux, alors instituée, et au nord de celle de Bruay, à l'instruction.

Cette Société se composait de 25 parts de 4,000 francs, dont 7, libérées de tous versements, étaient attribuées aux personnes qui avaient eu l'idée des recherches et qui en surveillaient l'exécution.

Un premier sondage, N° 269, fut établit à Vendin. Il atteignit le terrain houiller le 26 octobre 1854, à 198 mètres; puis une première veine de houille de 0 m. 55, à 206 mètres, le

25 novembre ; et une deuxième de 0 m. 92, à 208 mètres, le 8 décembre.

Un deuxième sondage, N° 270, fut ouvert à Oblinghem par le système *Kind*. Après divers accidents, il atteignit le terrain houiller le 10 novembre 1855, à 201 mètres.

Trois autres sondages furent exécutés en 1855 : à Annezin, N° 271 ; à Chocques, N° 272 et à Gonnehem, N° 273. Les deux premiers rencontrèrent le terrain houiller et le troisième tomba sur le calcaire carbonifère.

Société d'exploitation. — La Société de recherches Hanon se transforma en Société d'exploitation par acte du 18 mai 1855. Elle ne fut toutefois définitivement constituée que le 3 janvier 1856, par suite des difficultés que rencontra la souscription des actions. La nouvelle Société prit le nom de *Société Houillère de Vendin-lez-Béthune*. Elle était purement civile.

Son objet était la continuation des recherches, l'obtention d'une concession et l'exploitation des Mines découvertes et à découvrir. Son existence comptait du jour où seraient souscrites 750 des 3,000 actions de 1,000 francs émises.

L'apport des fondateurs, sondages, matériel, droits d'invention et de priorité, était représenté par 468 actions libérées.

32 actions, également libérées, étaient mises à la disposition du Conseil d'administration pour récompenser les services rendus à la Société, ce qui portait à 500 le nombre d'actions libérées.

Les actions étaient nominatives.

La Société est gérée par un Conseil d'administration composé de 6 membres, qui doivent posséder chacun au moins 15 actions.

Ils sont nommés par l'Assemblée générale pour 6 ans, et renouvelés chaque année par sixième.

Leurs pouvoirs sont les plus étendus.

L'Assemblée générale se compose de tout porteur d'au moins 5 actions, donnant droit à une voix. Le même actionnaire ne peut avoir plus de 5 voix. Son objet est d'entendre le rapport du Conseil d'administration ; de recevoir les comptes et les approuver s'il y a lieu ; de nommer les Membres du Conseil et un Comité de 3 Membres pour la vérification des comptes ; de fixer, sur la proposition du Conseil, la quotité des dividendes annuels, etc.

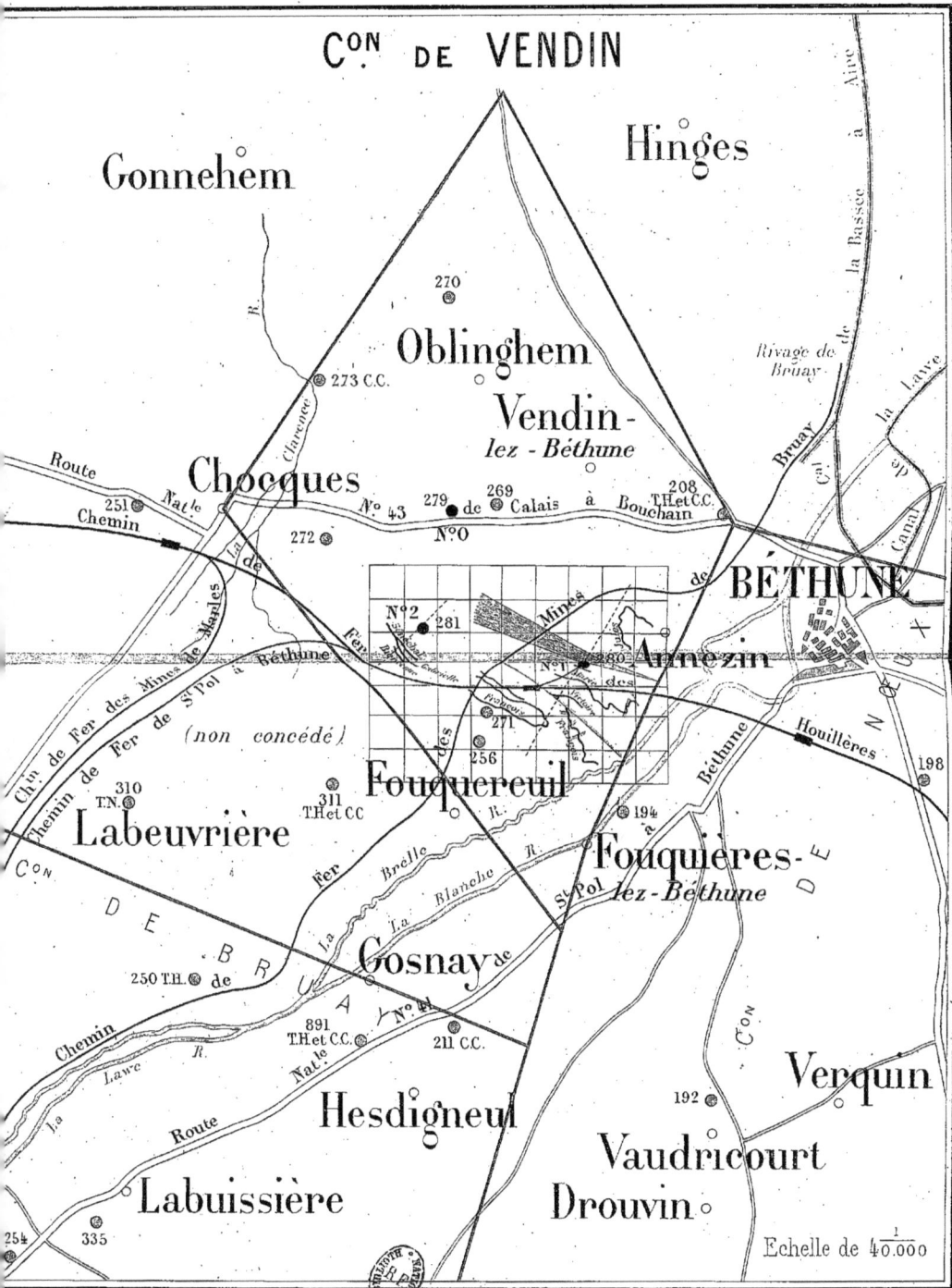

Pl. XXII

C^{on} DE VENDIN

Gonnehem

Hinges

270

Oblinghem

273 C.C.

Vendin-
lez - Béthune

*Rivage de
Bruay*

Route
Nat^{le}

Choeques

Chemin

251

272

N° 43

279

269 de Calais

208
T.H.et C.C.

N°0

à Bouchain

BÉTHUNE

N° 2

281

Mines

Annezin

(non concédé)

271

256

Fouquereuil

310

T.N.

311
T.H.et C.C.

194

Labeuvrière

Houillères

198

Fouquières-
lez-Béthune

Brelle

Blanche

St Pol

Gosnay

250 T.H. de

N° 41

891
T.H.et C.C.

211 C.C.

Chemin

Lawe

Nat^{le}

Hesdigneul

Verquin

192

Route

la

Labuissière

Vaudricourt

Drouvin

254

335

Echelle de $\frac{1}{40.000}$

gravé par R.Hausermann.

Lille Imp.Dane

Le 31 décembre de chaque année, les écritures seront arrêtées et l'inventaire dressé par les soins du Conseil d'administration, qui déterminera le chiffre du dividende.

Il sera créé un fonds de réserve au moyen d'un prélèvement d'un quart pour cent sur les bénéfices nets de la Société, c'est-à-dire sur les bénéfices excédant l'intérêt de 5 p. % payé sur les sommes versées. Ce fonds de réserve ne pourra dépasser 300,000 francs.

Etc., etc.

Les souscripteurs d'actions se firent attendre, et c'est seulement le 3 janvier 1856 que la Société put être définitivement constituée par la souscription de 900 actions.

Émission d'actions à prime. — Toutefois le Conseil d'administration avait confiance dans le résultat final de son émission et, le 3 janvier 1856, il limitait à 900 le nombre des actions à placer au pair, et décidait une émission supplémentaire de 300 actions avec une prime de 200 francs au profit de la Société. Mais il ne put en être placé que 94 à ces conditions. Il fut ainsi réalisé un premier capital espèces de 1,012,800 francs.

Émission d'actions au-dessous du pair et d'obligations. — Les difficultés énormes rencontrées dans le percement de la fosse n° 2, jointes aux dépenses faites à la fosse n° 1, avaient complétement absorbé, au commencement de l'année 1859, le capital émis jusqu'alors : 1,012,800 francs.

Une somme de 500,000 fr. était nécessaire pour achever la fosse d'Annezin. Les embarras dans lesquels se trouvait la Compagnie étaient peu encourageants pour obtenir du public cette somme. On décida l'émission de 1,500 obligations de 200 fr., rapportant 5 % d'intérêt et donnant droit aux souscripteurs de les convertir en actions, à la rencontre de la houille dans le puits, à raison de 4 obligations pour une action; soit avec une prime de 200 francs par action.

On autorisa, en même temps, le Conseil d'administration à se procurer les 200,000 francs restant par l'émission d'actions à un taux qui ne pouvait être inférieur à 800 francs.

Les obligations furent souscrites avec empressement par les actionnaires, et les difficultés de la fosse d'Annezin étant surmontées, on ne jugea pas utile de recourir à l'émission d'actions, qui d'ailleurs étaient alors peu recherchées et en baisse. On se procura 200,000 francs par des emprunts à des particuliers, emprunts que l'on s'obligeait à rembourser dans le délai de 5 ans.

Ces 500,000 francs, ajoutés au produit des 999 actions payantes alors émises, et qui avaient donné, avec les intérêts de retard, 1,017,800 francs, soit un capital de 1,517,800 francs, étaient dépensés à la fin de 1860, et on ne pouvait continuer l'entreprise qu'en se procurant de nouvelles ressources.

L'Assemblée générale du 1ᵉʳ juin 1861 décida l'émission de 1,500 obligations de 350 francs, devant produire 525,000 francs, rapportant 5 % d'intérêt et remboursables, avec prime de 50 francs, en 12 ans, à partir de 1864.

Ces obligations, parait-il, ne furent pas entièrement souscrites, car le bilan du 31 décembre 1860 porte :

> Obligations (Souscripteurs d')....... 800,000 fr.

et celui du 31 décembre 1861 :

> Obligations (Souscripteurs d')...... 227,450 fr.

Or les 300,000 francs d'obligations créées le 17 janvier 1859 avaient été, suivant les conditions de leur émission, converties en totalité ou en forte partie en actions dès le 1ᵉʳ octobre 1861.

Quoi qu'il en soit, à cette époque, les embarras financiers sont grands ; il est même question de prononcer la liquidation de la Société. Cette motion est repoussée et on décide l'émission, même au-dessous du pair, des actions restant à la souche.

Un certain nombre de ces actions furent placées ou souscrites par les Administrateurs au taux de 600 francs, soit avec une perte de 400 francs sur le prix nominal de 1,000 francs.

En résumé, la Compagnie de Vendin avait émis à la fin de 1861, 2,713 actions ; c'est le chiffre d'actions encore actuelle- en circulation. Savoir :

500	actions attribuées aux fondateurs.	
905	— émises au pair, pour fr..	905,000
94	— émises avec prime de 200 fr., pour r..	112,000
1,214	— données en remboursement d'obligations, ou émises bien au-dessous du pair, et ayant procuré, fr.....	728,000
2,713	actions, pour fr..................	1,746,200

Son bilan au 31 décembre 1861 s'établissait ainsi :

ACTIF. — Actions..............................Fr.   286,000 00
          Actions libérées......................Fr.   500,000 00
          Actionnaires.........................Fr.   524,200 00
          Débiteurs par compte ....Fr.   12,933 69

          Inventaire, savoir :
              Terrains..............Fr.   103,121 37
              Constructions.........Fr.   239,919 00
              Machines.............Fr.   184,582 98
              Approvisionnements... .Fr.   160,267 15
                                          ————————
                                          637,890 50
          Travaux,.............................Fr. 1,565.389 55
          Caisse..............................Fr.   218 90
                                              ————————
              Total..........Fr.   3,526,627 64

PASSIF. — Capital. ....Fr. 3,000,000 00
           Créanciers par compte................Fr.   299,177 64
           Obligations (Souscripteurs d')..........Fr.   227,450 00
                                              ————————
              Total..........…..Fr.   3,526,627 64

Ainsi, à la fin de 1861, la Compagnie de Vendin ne possédait qu'une fosse entrant à peine en extraction. Elle avait alors dépensé, en luttes contre des difficultés de travaux, la somme considérable de. .... 2,203,280 f. 05

Savoir : En travaux...................... 1,565,389   55
         En terrains, constructions, machines
             et approvisionnements............ 637,890 50

Nouvel exemple du temps et de l'argent qu'il faut pour créer une houillère, et qui prouve combien le succès, lorsqu'il est atteint, est chèrement acheté.

Emprunts de 1875 à 1879. — L'ouverture d'une troisième fosse en 1873, les difficultés que présenta son creusement, nécessitèrent, dès 1875, l'émission de 1,000 obligations de 400 francs, remboursables à 440 francs, en 8 années, à partir de 1878 et produisant un intérêt de 6 %................ 400,000 fr.

La Compagnie emprunta de plus, à divers, en 1875, 1876 et 1877, des sommes s'élevant à..... 550,000

L'exploitation de la fosse N° 2 avait réalisé, de 1870 à 1875, des bénéfices dont une partie avait été distribuée en dividendes aux actionnaires. Mais dès 1876, cette exploitation était en perte et, pour éviter de se trouver sous le coup de remboursements exigibles à des dates rapprochées, on se décida, en 1877, à consolider la dette flottante par l'émission de 2,000 obligations du type de celles de 1875 et remboursables à 440 francs, en 8 ans, à partir de 1886......... ....   800,000 fr

Le placement de ces obligations ne put être obtenu tout d'abord, et le 1er juin 1878 il n'en avait été souscrit que 806.

Enfin on parvint à placer parmi les actionnaires le solde de ces obligations dans l'Assemblée générale du 23 août 1879, ce qui permit de rembourser la dette flottante de 550,000 francs.

Les intérêts et le remboursement de ces emprunts, impôt compris, constituent une lourde charge annuelle que l'on évalue à 120,400 francs, de 1880 à 1885 et à 140,600 francs, de 1886 à 1893.

Concession. — Aussitôt après la découverte de la houille au sondage de Vendin, la Compagnie *Hanon* avait formé une demande de concession.

La Cie Lecomte, qui venait d'obtenir la concession de Bruay, formula immédiatement une opposition à cette demande, et sollicita pour elle-même une extension de la concession de Bruay sur les terrains où les travaux de la Société de Vendin venaient de constater la présence du terrain houiller et de la houille. Elle appuya sa demande en concurrence par l'exécution de plusieurs sondages sur le terrain revendiqué par la Société de Vendin. Elle invoquait en même temps la prétendue promesse faite par l'Administration, dans la lettre d'envoi de son décret de concession, de la réserve expresse, suivant elle, de tous les terrains situés au nord et au sud des limites de sa concession sur lesquels la présence de la houille pourrait être ultérieurement reconnue : enfin, le principe de la division du Bassin en tranches dirigées du nord au sud qui aurait présidé, disait-elle, à l'établissement de toutes les concessions nouvelles du Pas-de-Calais.

Ces arguments furent écartés dans l'instruction des demandes par l'administration locale ; ils le furent également dans l'avis du Conseil général des Mines, et finalement un décret du 6 mai

1857 trancha la question en faveur de la Compagnie de Vendin et lui accorda une concession s'étendant sur 1,166 hectares.

Travaux. — Le terrain houiller et la houille étaient reconnus dans la concession par 7 sondages. Dès le mois de janvier 1856, Société de Vendin ouvrit une fosse, N° 279, dite *Fosse-la-Paix*, à Choques, sur la route de Béthune à Lillers. La traversée de sables mouvants, malgré l'emploi d'une tour descendante et d'un tube en tôle, présenta des difficultés tellement grandes que, sur l'avis de M. Guibal, on se décida à suspendre cette fosse à la profondeur de 20 m. 53, après une dépense de 95,368 francs entièrement perdus. Cette fosse a depuis été complètement abandonnée. On avait songé un moment à continuer le creusement par le procédé Guibal, puis par le procédé Kind; mais il ne fut pas donné suite à ces idées.

Une seconde fosse, N° 280, fut ouverte au commencement de 1857, à Annezin, à 1,500 mètres environ de la première, et elle présenta des difficultés de creusement encore plus grandes que celle-ci. Pour venir à bout des eaux, il fallut ouvrir, à côté l'un de l'autre, 2 puits sur lesquels fonctionnaient 2 machines d'épuisement de plus de 200 chevaux chacune, mettant en mouvement 8 pompes, 2 de 0 m. 70 et 6 de 0 m. 50 de diamètre. On eût à épuiser jusqu'à 523,800 hectolitres par 24 heures.

La consommation de combustible s'éleva jusqu'à 325 hectolitres et une dépense de 600 francs par jour.

Voici en quels termes M. Sens, ingénieur des Mines du sous-arrondissement minéralogique d'Arras, rendait compte au Conseil général du Pas-de-Calais, en juillet 1858, des travaux de la fosse d'Annezin :

« La fosse d'Annezin, ouverte le 20 janvier 1857, était arrivée, » le 15 juin suivant, à la profondeur de 16 m. 80 dans le terrain » d'argile plastique, après avoir heureusement traversé 10 m. 85 » de terrains sableux supérieurs Ce premier tronçon de fosse » était revêtu d'un solide cuvelage à 18 pans, présentant 3 m. 98 » de diamètre dans œuvre. Une puissante machine d'épuisement à » traction directe, de la force de 200 chevaux, fut installée sur la » fosse ; puis l'on se mit en devoir de pousser à la fois et l'appro- » fondissement et l'extraction des eaux, dont le volume affluent » s'éleva bientôt jusqu'à 260,000 hectolitres par 24 heures. La

» tête de la craie fut atteinte, malgré d'énormes difficultés, à la
» profondeur de 22 m. 25. On y pénétra jusqu'à 22 m. 80, et l'on
» commença, à ce niveau, la pose du second tronçon de cuvelage.
» Mais à mesure que ce cuvelage montait, les eaux emprisonnées
» derrière le boisage provisoire jaillissaient avec plus de force,
» en délayant et désagrégeant les terrains. Il en résulta des mou-
» vements qui se communiquèrent au massif de la machine, et
» l'on vit la maçonnerie se lézarder de haut en bas. La machine
» dès lors ne pouvait plus être maintenue en place : on était
» d'ailleurs en face d'un énorme volume d'eau à extraire ; on se
» décida donc à ouvrir un puits auxilliaire à 20 mètres de distance
» du premier. A ce nouveau siège, les terrains supérieurs furent
» traversés par une tour en maçonnerie qui pénétra de 1 m. 50
» dans les argiles plastiques, puis dans celles-ci on disposa quatre
» picotages à 12 m. 55, 14 m. 15, 15 m. 65 et 17 m. 48 de pro-
» fondeur, en ayant soin de soutenir les terrains, au-dessus de
» chacun d'eux, par un bon cuvelage polygonal en orme. Cela
» fait, on établit au fond du puits une trousse coupante à l'aide
» de laquelle on s'enfonça de 6 m. 20 dans la craie, à la profondeur
» totale de 26 mètres. Enfin, on vint à bout de consolider les
» deux puits par un cuvelage en chêne définitif, malgré l'abon-
» dance des eaux qui fournissaient jusqu'à 35 mètres cubes par
» minute. On parvint à les battre par le jeu incessant de six
» pompes de 0 m. 50 de diamètre, dont quatre étaient attelées
» sur le nouveau puits à une machine horizontale fixe de
» 200 chevaux ; les deux autres étaient conduites sur la fosse
» primitive par une machine à traction directe de 50 chevaux.
» Aujourd'hui, pour continuer le percement dans la craie, ces
» moyens d'actions ne sont plus déjà suffisamment énergiques.
» On travaille donc à installer huit pompes, savoir : quatre
» pompes de 0 m. 50 sur le premier puits qu'on a pu réarmer
» après sa consolidation de la machine primitive à traction directe
» (de 200 chevaux) ; deux pompes de 0 m. 50 et deux pompes de
» 0 m. 70 menées sur le deuxième puits par la machine horizon-
» tale. Il y a lieu d'espérer que ces dispositions, d'un si puissant
» effet, triompheront des difficultés vraiment extraordinaires
» rencontrées jusqu'à ce jour et que la Compagnie de Vendin
» pourra recueillir enfin le fruit de ses courageux et persévérants
» efforts. »

On parvint, après bien des péripéties, à surmonter ces immenses difficultés, et au commencement de l'année 1859, les puits étaient approfondis à 32 m. 20, et les eaux réduites à 8,000 hectolitres par 24 heures. L'un des puits fut abandonné et dans l'autre le travail s'exécuta ensuite dans les conditions ordinaires. A la fin de la même année, on atteignit le terrain houiller à 178 mètres, puis bientôt après une première couche de houille à 12,6 °/₀ de matières volatiles. Le puits entra en exploitation fin 1861, mais cette exploitation était faible et ruineuse par suite de l'irrégularité des terrains rencontrés. Elle fut suspendue pour continuer l'approfondissement du puits, et l'exploitation reprise en profondeur et en s'éloignant du puits donna des résultats plus favorables.

Cette fosse avait coûté, matériel d'exploitation compris, 2,251,333 fr. 93.

En 1873, La Société ouvrit une nouvelle fosse, N° 281, sur le gisement de la précédente. Elle fut creusée par le systême Kind-Chaudron, mais la traversée de 30 mètres de terrains tertiaires supérieurs présenta de grandes difficultés. Il fallu recourir à l'emploi d'une tour coupante en maçonnerie, puis à l'enfoncement de 3 tubes concentriques, le premier en fonte et les deux autres en tôle, qui pénétrèrent jusqu'à la profondeur de 26 m. 50. Alors le travail au trépan s'exécuta sans encombre jusqu'à 110 mètres, où l'on établit la base du cuvelage en fonte.

Pour se rendre compte des difficultés qu'a présentées le creusement des fosses N° 2 et N° 3 d'Annezin, il est utile de donner la composition du terrain qu'on a eu à traverser, savoir :

	N° 2.		N° 3.	
Terre végétale et argile...............	4ᵐ	00	3ᵐ	00
Argile mêlée de sables gris...........	3	00	»	»
Sables gris boulants..................	0	60	7	50
Silex................................	2	30	»	»
Sables gras..........................	»	»	6	80
	9	90	17	30
Argile plastique...	9	90	12	20
Craie très fendillée..	19	80	29	50
Profondeur du niveau de l'eau	3	60	6	80

La traversée de ces mauvais terrains s'est effectuée à la fosse
N° 2 de la manière suivante :

On a d'abord exécuté une maçonnerie fixe jusqu'à la profondeur de 3 m. 60, puis on a descendu une tour en maçonnerie,
précédée d'une trousse coupante en fer, jusqu'à la profondeur de
11 m. 30, pénétrant ainsi de 1 m. 50 dans l'argile plastique. On
a ensuite continué le creusement du puits, en soutenant les parois
avec des croisures, ou faux cuvelage, jointives jusque dans la
craie solide.

Ce dernier travail fut excessivement difficile à cause de
l'énorme volume d'eau fourni par la craie fendillée et dont on ne
vint à bout que par le creusement d'un deuxième puits à côté du
premier et la marche simultanée, sur ces 2 puits, de 2 machines
d'épuisement puissantes et de 8 pompes, ainsi qu'il a été expliqué
précédemment.

A la fosse N° 3, malgré l'emploi du système Kind-Chaudron,
on a dû recourir à des travaux importants pour le passage des
sables. On a d'abord exécuté une maçonnerie fixe de 6 m. 20,
puis descendu à l'intérieur une tour avec trousse coupante de
5 mètres de diamètre. Elle s'est arrêtée à 11 m. 10, bien avant
d'atteindre l'argile plastique, et un effort de plus de 150,000 kilos
n'a pu lui faire dépasser cette profondeur.

On a eu recours alors à l'emploi de 3 tubes concentriques, le
premier en fonte et les deux autres en tôle, que l'on a fait pénétrer jusqu'à la profondeur de 26 m. 50, et ensuite on a continué
le creusement du puits au trépan.

L'exécution de ces travaux difficiles a exigé beaucoup de temps
et de grandes dépenses.

Chemin de fer. — La première fosse d'Annezin est située
assez près du chemin de fer du Nord. Cependant, pour y relier
cette fosse, la Compagnie dut recourir à la déclaration d'utilité
publique qui lui fut accordée par un décret du 28 août 1860.

En 1877, on construit un nouvel embranchement destiné à
relier la fosse n° 3.

Ces embranchements présentent un développement de 2 kilomètres.

Extraction. — La fosse d'Annezin entre en exploitation à la
fin de 1861.

Pl. XXIII

C^{on} DE **VENDIN**   Fosse N°1   COUPES VERTICALES

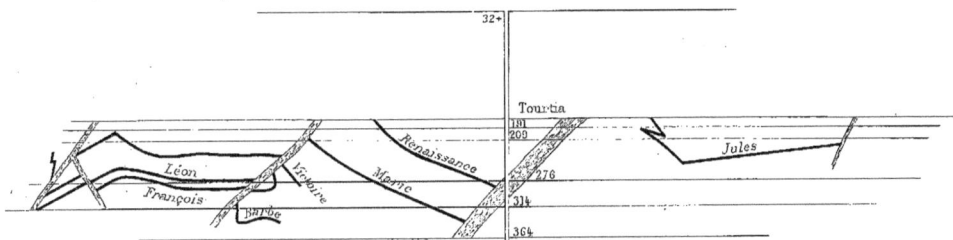

Tourtia

181
209

Renaissance

Léon

François

Victoire

Merne

Barbe

32+

276

314

364

Jules

Fosse N°2

+40

Tourtia

Bienvenue

Gabrielle

Sénéchal

221

271

321

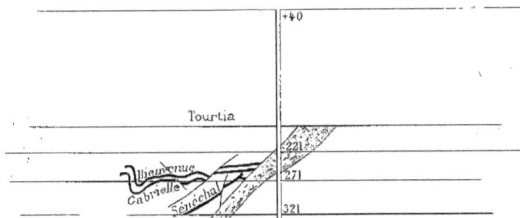

Echelle de 1 à 10.000

Sa production a été :

```
En 1861  de      810  tonnes
    1862        7,520       »
    1863       23,000       »
    1864       33,560       »
    1865       29,716       »
    1866       26,871       »
    1867       32,967       »
    1868       38,204       »
    1869       36,518       »
                ────────
                              229,166 tonnes

En 1870  de  50,543 tonnes.
    1871       41,256       »
    1872       50,543       »
    1873       45,305       »
    1874       35,443       »
    1875       35,050       »
    1876       41,034       »
                ────────
                              299,174      »
```

La fosse N° 2 commence à produire une faible quantité
en 1877, et l'extraction totale de cette année s'élève à ...   50,707   »
Elle est en 1878 de   60,684   »
»   1879 de   62,298   »

Production totale. . . . .   702,029 tonnes.

Gisement. — Le plan et les coupes verticales des travaux, planches XXII et XXIII, montrent que les couches de houille rencontrées par les 2 fosses de Vendin sont affectées par des failles et accidents qui rendent leur allure très irrégulière, et par suite, leur exploitation difficile et coûteuse.

Cette circonstance explique le faible développement de la production, influencé d'un autre côté par la difficulté de l'écoulement de houilles de nature maigre, tenant seulement de 11 à 12 % de matières volatiles.

Aujourd'hui que le gisement, plus complètement exploré, est mieux connu, la Société de Vendin, avec ses 2 fosses, va pouvoir augmenter notablement sa production, d'autant plus que les couches paraissent se régulariser en profondeur.

Prix de revient. — Les rapports du Conseil d'administration aux Assemblées générales donnent les prix de revient bruts, ou de l'exploitation de la fosse N° 1.

Ces prix de revient ont été :

> En 1867 de 14 f. 22 la tonne.
> 1868   12   99   »
> 1869   12   59   »

Moyenne des 3 années 1867-1869 : 13 fr. 26.

Pendant les 3 années suivantes 1870-1872, le prix moyen descend à : 9 fr. 79. Savoir :

> En 1870 à 9 f. 03 la tonne.
> 1871   10   42   »
> 1872   9   92   »

Le prix de revient s'élève ensuite, pendant la crise houillère :

> En 1873 à 12 f. 94 la tonne.
> 1874   15   55   »
> 1875   16   04   »
> 1876   15   69   »

Moyenne des quatre années 1873-1876 : 15 fr. 05.

En 1877, le prix de revient baisse de 1 fr. 69 par tonne, il est de : 13 fr. 98.

Il a dû s'abaisser assez notablement en 1878 et 1879.

Prix de vente. — Les mêmes rapports donnent pour pri moyen de vente des charbons de Vendin les chiffres suivants :

> En 1867........ 15 f. 89 la tonne.
> 1868........ 12   54   »
> 1869........ 10   73   »

Moyenne des 3 années 1867-1869 : 13 fr. 05.

> En 1870........ 12 f. 18 la tonne.
> 1871........ 13   04   »
> 1872........ 13   78   »

Moyenne des 3 années 1870-1872 : 13 francs.

Pendant la crise houillère, les prix s'élèvent :

> En 1873 à 18 f. 33 la tonne.
> 1874   19   60   »
> 1875   17   90   »
> 1876   15   78   »

Moyenne des 4 années 1873-1876 : 17 fr. 90.

Voici la composition des houilles de Vendin, d'après les analyses faites à l'École des Mines en 1860 et 1877 :

Matières volatiles.	11,0 à	12,6 %
Carbone fixe........................	79,8	82,9 »
Cendres...........................	9,2	4,5 »
	100,0	100,0

Ces houilles ne s'agglutinent pas et ne donnent pas de coke.

Comme exemple des variations des prix des houilles pendant la crise houillère, voici les prix de vente de la Compagnie de Vendin de 1872 à 1874.

Le 1er février 1872, les prix de vente sont fixés :

Par marchés.................................	13 f.	»	la tonne.
Vente courante	13	50	»
Gros.......................................	22	»	»
Le 1er août de la même année, le prix du tout venant est porté à....	15	»	»
Et le 1er novembre suivant à.....................	18	»	»
Le gros se vend à cette dernière date...............	30	»	»
Le 1er février 1873, la Compagnie fixe le prix du tout venant à	21	»	»
Du gros à	32	»	»
Les prix sont portés le 20 mars suivant :			
Pour le tout venant à........	26	»	»
Pour le gros à.................................	35	»	»
Et le 20 juillet 1873, pour le tout venant à..........	28	»	»
Et le 1er septembre suivant à.....................	30	»	»
Mais dès le mois de novembre, les demandes de houille se ralentissent ; les stocks sont importants ; on est obligé d'abaisser successivement les prix, qui ne sont plus en mars 1874, pour le tout venant, que de.....	23	»	»

Les marchés conclus avant la hausse réduisent considérablement le prix moyen qui diffère complètement des prix courants donnés ci-dessus. Ce prix moyen est :

En 1872, juin................	1 f.	229	l'hectolitre.
» août.....	1	235	»
» novembre	1	252	»
En 1873, février..............	13	54	la tonne.
» mars..........	16	60	»
» juillet	20	09	»
» septembre...........	20	34	»
» novembre......	17	99	»
En 1874, mars...............	20	37	»

A partir de 1876, le prix de vente va en s'abaissant d'année en année. Ainsi, en 1877, il diminue de plus de 3 francs par tonne et tombe à 12 fr. 78.

En 1878, il n'est plus que de 10 fr. 78, d'après les rapports des Ingénieurs des Mines.

Renseignements sur la vente :	1877.	1878.	
Extraction. — Gros...................	3,415	4,121	tonnes.
Tout venant............	45,453	55,264	»
Escaillage	1,839	1,299	»
Total	50,707	60,684	»
Consommation. — A la mine..........	5 926	5,497	tonnes.
Vente. — Dans le Pas-de-Calais	17,191	14,369	tonnes.
Dans le Nord..............	9,002	12,759	»
Dans les autres départements..	17,297	26,944	»
Total	43,490	54,072	»
Vente. — Par voitures................	2,636	1,721	tonnes.
Par bateaux	6,074	14,451	»
Par chemin de fer...........	34,780	37.900	»
Total.	43,490	54,072	»

Résultats financiers. — Jusqu'en 1870, l'exploitation de la fosse d'Annezin ne couvre pas ses frais.

A partir de cette année, comme on l'a vu précédemment, les prix de revient baissent, et les prix de vente augmentent ; alors la Société de Vendin réalise des bénéfices. Savoir :

En	1870............	147,710 f. 71	
	1871............	114,604	22
	1872............	184,953	97
	1873............	294,677	60
	1874............	138,642	86
	1875............	59,138	46
		939,727 f. 82	

Pendant les 2 années 1876, et 1877 le prix de revient est supérieur au prix de vente, et il y a perte :

En	1876 de......	11,569 f. 39
	1877 de......	67,751	97

Dividendes. — Les bénéfices réalisés pendant la période de la crise houillère 1870-1874, sont employés, partie au percement d'une nouvelle fosse, et partie en répartition de dividendes aux 2,713 actions émises. Ainsi, on distribue sur les bénéfices :

De 1871....	25 fr.	par action....	67,825 fr.
1872....	30	»	81,390
1873....	40	»	108,520
1874....	40	»	108,520
1875....	20	»	54,260

Depuis, il n'a plus été fait de répartition de dividende.

Valeur vénale des actions. — Les actions ne se placèrent qu'avec difficulté en 1855 au prix de 1,000 francs. Cependant, quoiqu'il n'en eût alors été placé que 1,000, plus 500 libérées, total 1,500, la Compagnie en émit 94 au commencement de 1856, avec 200 francs de prime, soit à 1,200 francs.

Les difficultés rencontrées dans le percement de la fosse N° 2 firent tomber le prix des actions à 575 francs à la fin de 1858. Le Conseil d'administration fut alors autorisé à créer des obligations de 200 francs, échangeables contre des actions, à raison de 4 obligations pour une action, ce qui mettait le prix de cette dernière à 800 francs.

Lorsque le niveau de la fosse N° 2 fut passé, au milieu de l'année 1859, les actions remontent à 865 francs, et en 1860, lorsqu'on est entré dans le terrain houiller, à 1,300 francs.

Les débuts de l'exploitation n'étant pas favorables, les embarras financiers se présentent. Au milieu de l'année 1861, le Conseil d'administration émet un certain nombre d'actions au taux de 600 francs, 400 francs au-dessous du pair, et encore le placement en est-il laborieux.

A la fin de 1861, on avait émis 2,713 actions ; c'est le nombre qui est encore en circulation aujourd'hui.

En 1873, les actions reviennent à 1,000 francs. Elles atteignent 1,840 francs en août 1874, 2,030 francs en août 1875, chiffre maximum.

Elles redescendent ensuite à 1,710 francs en janvier 1876, à 1,060 francs en janvier 1877, à 630 francs en janvier 1878, et à 320 francs en janvier 1879. On les trouve côtées, à la Bourse de Lille, à 400 francs en décembre de la même année.

Dépenses faites. — D'après le bilan arrêté au 31 décembre 1861, la Compagnie de Vendin, dont l'unique fosse entrait à peine en extraction, avait dépensé :

En travaux..........................		1,565,389 f. 55
En achats de terrains........	103,121 f. 87	
En constructions	239,919 »	
En achats de machines	134,582 98	
Pour approvisionnements.....	160,267 15	
		637,890
		2,203,280 f. 05

Au 31 décembre 1871, elle reprenait ses dépenses dans son bilan de la manière suivante :

Travaux	2,212,190 f. 04
Inventaire........	618,559 80
	2,830,749 f. 34

Elle n'avait encore qu'une seule fosse qui produisait 40 à 50,000 tonnes par an, et commençait à réaliser des bénéfices avec des prix de vente de 12 à 13 francs la tonne.

Dans son rapport à l'Assemblée générale du 2 juin 1877, le Conseil d'administration dit qu'il a été dépensé :

A la fosse N⁰ 1........................	95,368 f. 51
» N⁰ 2, d'Annezin, y compris son matériel d'exploitation........	2,251,333 93
» N⁰ 3, qui entre à peine en exploitation, plus de......................	1,000,000 »
Dépenses en puits	3,346,702 44

Si l'on ajoute à cette dépense, celle faite pour l'établissement de 2 kilomètres de chemin de fer, la construction de 120 maisons d'ouvriers, et celle indispensable pour composer le fonds de roulement, y compris les approvisionnements de perches, d'objets de toutes sortes, les stocks de charbon, etc., on arrive au chiffre d'environ 4 millions et 1/2 pour le capital réellement dépensé dans l'entreprise de Vendin.

La production de 1878 a été de 60,000 tonnes. Elle s'élèvera sans doute les années suivantes à 80,000 et même 90,000 tonnes. Le capital immobilisé sera toujours d'au moins 50 francs par tonne de houille produite.

Ouvriers. — Salaires. — Les rapports des Ingénieurs des Mines fournissent les renseignements suivants sur les ouvriers, leur production annuelle et leurs salaires.

ANNÉES.	NOMBRE D'OUVRIERS			PRODUCTION PAR OUVRIER		SALAIRES	
	du fond.	du jour.	Total.	du fond.	des 2 catégories	Totaux.	par ouvrier.
				Tonnes.	Tonnes.	Fr.	Fr.
1869	250	55	305	146	119	266.002	872
1871	228	36	264	180	164	296.542	1.123
1872	263	36	299	192	168	308.446	1.028
1874	»	»	»	»	166	»	1.193
1875	»	»	»	»	143	»	1.142
1877	335	68	403	151	125	324.020	804
1778	350	103	453	173	134	347.719	767

Maisons. — Au commencement de 1861, la Compagnie possédait 41 maisons d'ouvriers. En 1877, elle en possède 120.

A raison de 1,7 ouvrier par maison, la Compagnie logeait donc 204 de ses ouvriers, soit 50 % de son personnel.

Caisse de secours. — C'est également en 1861 que la Compagnie a créé une Caisse de secours, sur les bases de celles établies dans les autres houillères. Elle est alimentée par une retenue de 3 % sur les salaires des ouvriers, et par une cotisation proportionnelle de la Compagnie.

En 1877, une école a été construite à Annezin, aux frais de la Caisse de secours.

FOSSES.

N° 279. N° O, *dite* **Fosse-la-Paix**, **à Choques.** — Ouverte en janvier 1856. Suspendue, puis abandonnée à 20 m. 53. L'emploi d'une tour en maçonnerie descendante et d'un tube en tôle ne permit pas de descendre au-dessous de cette profondeur.

Il restait encore 8 m. 73 de sables à traverser avant d'atteindre l'argile plastique qui règne sur 11 m. 29. Il fut un moment question de continuer la fosse avec le procédé Kind, puis avec le procédé Guibal, mais on renonça à cette idée.

Il fut dépensé à cette fosse 95,368 fr. 51, entièrement perdus.

280. N° 1, à Annezin. — Ouverte au commencement de 1857. Présenta des difficultés excessives. On ne parvient à vaincre les eaux qu'en creusant, à côté l'un de l'autre, 2 puits sur lesquels fonctionnent 2 machines d'épuisement de plus de 200 chevaux chaque, et 8 pompes, dont 2 de C m. 70 et 6 de 0 m. 50. On épuise jusqu'à 523,800 hectolitres d'eau par 24 heures, et on consomme 825 hectolitres, ou pour 600 francs de charbon par jour.

A 32 m. 30, les eaux sont réduites à 8,000 hectolitres par 24 heures, en janvier 1859; puis le travail s'exécute dans les conditions ordinaires.

19 m. 80 de terrains tertiaires. — Base de cuvelage à 110 m. 55. — Terrain houiller à 178 m. — Houille contenant 12,6 % de matières volatiles.

La fosse entre en exploitation, fin 1861.

Les terrains sont assez accidentés, mais s'améliorant cependant en profondeur. L'exploitation commence fin 1860.

Profondeur totale, 380 m.

Cette fosse a coûté, matériel d'exploitation compris, 2,251,333 fr. 93.

281. N° 2, à Annezin. — Ouverte en 1873, par le procédé Kind-Chaudron. Terrains tertiaires, 29 m. 50, dont 14 m. 30 de sables mouvants, qu'on traverse avec une tour en maçonnerie, puis un tube en fonte. Les argiles sont ensuite traversées à l'aide de deux tubes concentriques en tôle, descendus jusqu'à 26 m. 50. La base du cuvelage est à 110 m., et le terrain houiller à 193 m.

Profondeur totale, 335 m.

Entre en faible production en 1877.

SONDAGES.

Nº 268. D'Annezin. — Par la Compagnie de Béthune. — 1850. — Rencontre le terrain houiller à 184 m. Après l'avoir traversé sur une épaisseur de 45 m., et avoir constaté une petite veine de houille maigre, il atteint les calcaires inférieurs et des gaz sulfureux qui s'échappaient abondamment à l'orifice du trou de sonde.

269. De Vendin. — 1854. — Terrain houiller à 198 m.
    1ʳᵉ veine de 0 m. 50 à 206 m.
    2ᵉ   »   0 m. 92 à 208 m.
Profondeur 210 m. 25. A coûté 22,369 fr. 84.

270. D'Oblinghem. — 1854. — Exécuté par le système Kind.
Terrain houiller à 201 m.
Profondeur 243 m. 80. A coûté 37,579 fr. 12.

271. D'Annezin. — 1855. — Terrain houiller à 190 m. 40.
Profondeur 245 m.

272. De Chocques. — 1855. — Terrain houiller à 200 m. 28.
Profondeur 127 m. 87.

273. De Gonnehem. — 1855. — Calcaire carbonifère à 189 m. 51.
Profondeur 192 m. 02.

256. De Fouquereuil. — 1854. — Terrain houiller à 185 m. 73.
Profondeur 237 m.
Exécuté par la Compagnie de Bruay.

311. De Labeuvrière. — A 1,200 mètres au sud de la fosse Nº 2. — 1875. Après avoir traversé la tourtia, est entré dans des grès très durs qui paraissent houillers, puis il a atteint le calcaire carbonifère sur lequel on l'a arrêté à 192 m.

310. De la Société de Labeuvrière. — Situé comme le précédent, Nº 311, dans l'espace non concédé existant entre les concessions de Bruay et de Vendin. — 1875. — Avait atteint, en mars 1876, la profondeur de 225 m. sans rencontrer le terrain houiller.
Abandonné en 1878 à la suite d'un accident. N'a traversé que des terrains négatifs.

211. D'Hesdigneul. — Exécuté par la Compagnie de Béthune. Épaisseur des morts-terrains 182 m. 61.
Calcaire carbonifère — Profondeur 190 m. 77.

891. De Gosnay, Nº 2. — Exécuté par la Compagnie de Bruay, en 1873.
Calcaire carbonifère à 177 m.

250. De Gosnay, N° 1. — 1852. — Terrain houiller à 141 m. 68.
Profondeur 189 m. 02.
Exécuté par la Compagnie de Bruay.

194. De Fouquières. — Exécuté par la Compagnie de Béthune. — Terrain houiller à 188 m. 41.
Profondeur 210 m.

198. Du Faubourg de Béthune. — 1850. — 1851 — Exécuté par la Compagnie de Nœux.
Terrain houiller à 177 m. 85.
Première couche de houille de 0 m. 35 à 178 m. 45.
Deuxième couche de houille de 0 m. 84 à 224 m. 45.
Inclinaison 35°. — Charbon maigre à 9 °/₀ de matières volatiles.
Profondeur totale 226 m. 29.

XIII.

MINES D'OSTRICOURT

———

Mémoire de M. E. Vuillemin en 1855. — Constitution de la Société de recherches. — Statuts de la Société d'exploitation. — Concession. — Travaux. — Grisou. Rapport d'Ingénieurs sur la situation en 1866. — Deuxième rapport en 1874. — Production. — Gisement. — Prix de revient. — Prix de vente. — Marché de charbons avec M. Couillard. — Dépenses faites. — Emprunt. — Versement des actions. — Valeur des actions. — Ouvriers. — Salaires. — Cité ouvrière. — Caisse de secours. — Puits. — Sondages.

Mémoire de M. E. Vuillemin en 1855. — Le 19 février 1855, M. E. Vuillemin déposait à la Préfecture du Nord un pli cacheté, destiné à être ouvert ultérieurement, contenant un mémoire, avec carte à l'appui, dans lequel il exposait que les connaissances acquises par les travaux d'exploration alors exécutés, démontraient que le Bassin houiller s'étendant de Quiévrain au delà de Béthune, sur une longueur de 100 kilom., présentait partout une largeur comprise entre 8 à 10 kilomètres.

Or, si l'on traçait sur une carte une première ligne représentant la limite méridionale du Bassin houiller d'Aniche à Hénin-Liétard, d'après les indications fournies par de nombreux sondages, et une seconde ligne au nord, parallèle à la première, et distante de celle-ci de 7 kilomètres seulement, on voyait que cette dernière ligne laissait entre elle et les limites septentrionales des concessions d'Aniche, de l'Escarpelle et de Dourges, une surface relativement considérable de terrain houiller, susceptible de donner lieu à l'établissement d'une nouvelle concession.

Il informait en même temps le Préfet du Nord que, pour vérifier l'exactitude des observations ci-dessus exposées, il entreprenait plusieurs sondages : d'abord à Ostricourt et à Raches, et successivement sur d'autres points de la zône qu'il préjugeait devoir renfermer la formation houillère.

Ces prévisions de M. E. Vuillemin ont été confirmées par les nombreuses recherches effectuées par les Compagnies d'Ostricourt, de Meurchin, de Carvin et autres, qui ont constaté l'existence, au nord et en dehors des concessions précédemment instituées, d'une surface très considérable de terrain houiller, qui a été l'objet de l'établissement de 5 nouvelles concessions : Ostricourt, Carvin, Annœullin, Meurchin et Douvrin, présentant ensemble une superficie de 6,834 hectares.

Constitution de la Société de recherches. — Une Société de recherches s'était constituée, dès le 13 février 1855, au capital de 104,000 francs, divisé en 26 parts de 4,000 francs, pour confirmer les prévisions exposées dans le mémoire dont il vient d'être parlé.

Elle commença, le 7 février 1855, un premier sondage, N° 169, au sud d'Ostricourt, et y découvrit la houille le 6 juillet 1855.

Un second, N° 244, fut placé, le 29 mars de la même année, au nord de la concession d'Aniche, à Raches; et un troisième, N° 170, au nord d'Ostricourt.

Le premier sondage d'Ostricourt était à peine installé, que les Compagnies de Dourges et de l'Escarpelle, qui n'avaient jamais pensé que le terrain houiller existât au nord de leurs concessions, ouvrirent des sondages: la première à Ostricourt, N° 31; la seconde à Monchaux, N° 292.

En même temps, elles demandaient toutes deux, à titre d'extension, la concession des terrains sur lesquels les travaux de la nouvelle Société de recherches avait appelé leur attention.

Celle-ci, immédiatement après la découverte de la houille au

Pl. XX

C^{on} D'OSTRICOURT

la Neuville

DE CARVIN

CARVIN

Wahagnies

Thuméries

Oignies

Ostricourt

C^{on} DE DOURGES

C^{on} DE L'ESCARPELLE

Canal DE COURRIÈRES

Haute-Deûle

Echelle de $\frac{1}{40.000}$

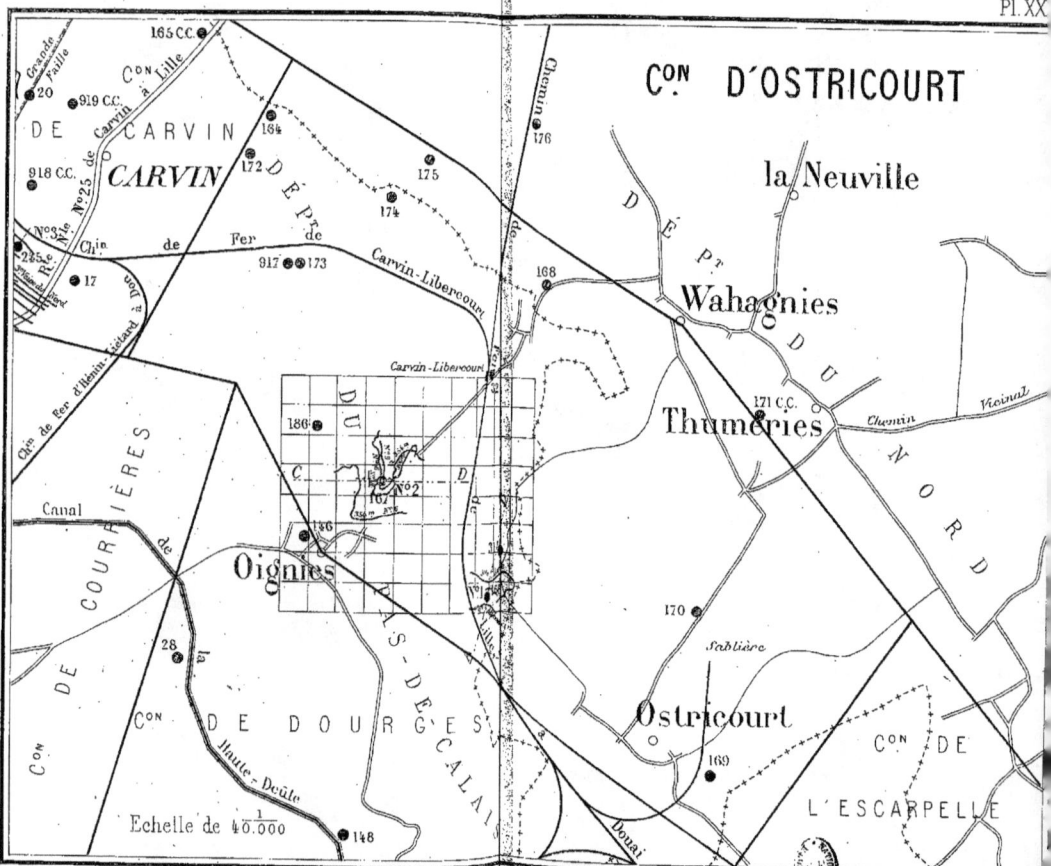

Gravé par R.Hausermann

Lille Imp. Dane

sondage d'Ostricourt, le 9 juillet 1855, demandait une concession de 35 kilomètres carrés environ.

Voulant poursuivre avec activité ses travaux, et se créer des droits plus imposants encore par la création prompte d'une exploitation, la Société de recherches se transformait, le 22 novembre 1855, en Société d'exploitation.

Statuts de la Société d'exploitation. — La Société prend la dénomination de *Compagnie charbonnière Douaisienne.*

Son but est la continuation des travaux de recherches et l'exploitation des Mines de charbons de terre dans les territoires compris dans le périmètre de la demande en concession formée par les comparants le 9 juillet 1855.

La durée est de 99 ans.

Les comparants font apport des travaux de sondages, exécutés à Ostricourt et à Raches, qui ont amené la découverte de la houille dans le premier et du terrain houiller dans le second; des droits qui peuvent résulter des dits travaux et découvertes et de la demande en concession.

Le capital est de 3 millions de francs, représenté par 6,000 actions de 500 francs.

Les actions sont nominatives.

En compensation de leur apport, les comparants recevront 3,000 actions affranchies du premier versement de 250 francs.

Toutes les actions sont émises.

La Société est régie par un Comité administratif composé de 8 membres nommés par l'Assemblée Générale, et possédant chacun au moins 40 actions. Le sort désigne chaque année la sortie d'un Administrateur, et la première Assemblée générale qui suit pourvoit à la nomination d'un nouveau membre, en remplacement du membre sortant, jusqu'à épuisement.

Tous les ans a lieu une Assemblée générale des actionnaires. Pour en faire partie, il faut posséder 10 actions donnant droit à une voix.

Le même actionnaire ne peut avoir plus de 10 voix.

L'Assemblée générale entend le compte qui lui est présenté par le Comité administratif, nomme les Membres du dit Comité, et statue sur toutes les propositions qui lui sont soumises par le

Comité administratif en conformité de l'ordre du jour. Le 30 juin de chaque année, les écritures sont arrêtées et l'inventaire dressé par le Comité administratif.

Celui-ci fixe le chiffre du dividende, et constitue, s'il le juge utile, un fonds de réserve qui ne pourra dépasser 300,000 francs.

Concession. — La Société de recherches avait à peine installé son premier sondage à Ostricourt, que les Compagnies de Dourges et de l'Escarpelle, même avant toute exécution de travaux, adressaient au Gouvernement des demandes d'extension de leurs concessions au nord : la première, le 10 mars ; la deuxième, le 21 mars 1855.

La demande de la Société Douaisienne ne fut formulée qu'après la découverte de la houille dans son premier sondage, le 9 juillet 1855.

L'instruction de ces diverses demandes fut très longue et très laborieuse.

Les Compagnies de Dourges et de l'Escarpelle invoquaient une prétendue promesse faite par l'Administration dans les lettres d'envoi de leur décret de concession, de la réserve des terrains au nord dans lesquels la présence de la houille pourrait être ultérieurement reconnue ; le principe de la division du Bassin houiller en tranches dirigées du sud au nord qui avait, suivant elles, présidé à toutes les concessions du Pas-de-Calais, etc., principe qu'on avait laissé de côté précisément dans l'établissement de la concession de Dourges.

La Compagnie Douaisienne faisait reposer ses droits à une concession, sur l'antériorité de ses recherches, de ses découvertes, sur l'intérêt public qui s'attachait à l'établissement d'une nouvelle concession, présentant une grande superficie de terrain houiller, et susceptible de donner lieu à la création d'une exploitation importante et très viable. Elle faisait ressortir que cette grande étendue de terrain houiller resterait improductive entre les mains de deux Sociétés qui possédaient déjà des concessions respectives de 3,787 et de 4,721 hectares, sur lesquelles elles n'avaient exécuté jusqu'alors que des travaux très peu importants.

Les enquêtes locales mirent en évidence les titres de la Compagnie Douaisienne et, sur l'avis des Ingénieurs des mines, les Préfets du Nord et du Pas-de-Calais proposèrent au Gouvernement de lui accorder la concession du terrain houiller situé au nord des concessions de Dourges et de Courrières. Quant à la partie de la demande de concession au nord de l'Escarpelle et d'Aniche, elle était ajournée, par suite de l'absence de découvertes de houille par les sondages exécutés.

Contrairement à la proposition du Rapporteur, le Conseil des Mines émit, en août 1855, à la majorité d'une voix, l'avis fort inattendu d'accorder à la Compagnie de Dourges, en extension de sa concession, tous les terrains sur lesquels la Compagnie Douaisienne venait de découvrir le terrain houiller et la houille.

Le Conseil d'administration de la Compagnie Douaisienne, convaincu que cet avis du Conseil des Mines était le résultat d'une étude incomplète, que les nouveaux faits établis par les travaux exécutés dans les deux dernières années devaient modifier, s'unit avec les Compagnies voisines, Meurchin, Carvin et Don, pour provoquer un nouvel examen de la question.

Enfin, il fut donné juste satisfaction à des droits parfaitement reconnus, et des décrets, en date du 19 décembre 1860, instituèrent quatre nouvelles concessions au nord de celles existantes. Savoir :

D'Ostricourt, d'une superficie de	....	2,300	hectares.
De Meurchin,	»	 1,626	»
De Carvin,	»	 1,150	»
D'Annœullin,	»	 920	»
	Ensemble.........	5,996	hectares.

Le décret de concession avait stipulé, en faveur de la Compagnie de Libercourt, une indemnité de 20,000 francs pour sa part dans l'invention des Mines d'Ostricourt. Cette Compagnie réclama, en outre, le remboursement d'un sondage comme travail utile, et la Compagnie Douaisienne dût effectuer ce remboursement.

D'un autre côté, la Compagnie de Dourges obtint, contre l'avis défavorable d'experts, du Conseil de préfecture du Pas-de-Calais, un jugement du 27 octobre 1864, qui condamnait la Compagnie Douaisienne à lui rembourser également le prix coûtant de l'un de ces sondages. Ce jugement, porté devant le Conseil d'État, fut même aggravé, et la Compagnie fut condamnée à payer les deux sondages exécutés par la Compagnie de Dourges.

La Compagnie Douaisienne eut à payer, du fait de ces rembour-

sements de travaux, la somme de 58,237 fr. 85, et cependant
c'était cette Compagnie qui, la première, avait eut l'idée de l'existence du terrain houiller et de la houille au Nord des concessions
existantes ; c'était elle qui, la première, avait exécuté des travaux
pour constater cette existence, et qui l'avait en effet constatée la
première.

M. l'Inspecteur général appréciait ainsi, dans son rapport au
Conseil général des Mines, les revendications de la Société de
Libercourt :

« Je n'ai pas besoin d'ajouter que, pas plus que MM. les Ingé-
» nieurs Dormoy et Boudousquié et que M. le Préfet du Nord, je
» ne propose d'allouer une indemnité d'invention à cette Société,
» et c'est le lieu de remarquer à quelles conséquences abusives on
» serait conduit si on entrait dans une pareille voie. Rien de plus
» facile, en effet, dans la partie du terrain qui nous occupe, que
» de se placer de manière à arriver à coup sûr sur la houille, et
» l'auteur d'un pareil travail viendrait ensuite demander aux
» explorateurs sérieux qui lui ont montré le chemin, non seule-
» ment le remboursement de ses dépenses, mais encore une
» indemnité d'invention de 80,000 francs, plus ou moins. Cela
» n'est pas admissible, et il importe de décourager de telles
» spéculations. »

Travaux.— La Société de recherches avait exécuté 3 sondages,
nos 160, 244 et 170. Ils furent suivis de 3 autres (à Montécouvé,
no 299, à Thumeries, no 171 et à Buqueux, no 173), qui explorèrent complètement le périmètre demandé en concession.

Une première fosse fut ouverte à Oignies, en juillet 1856. Elle
traversa 22 m. 54 de terrains tertiaires, et fut poussée jusqu'à
61 m. 87 sans difficulté, avec épuisement par une machine
d'extraction de 20 chevaux et à l'aide de tonneaux.

L'eau devenant plus abondante, on installa sur la fosse une
petite machine d'épuisement à traction directe de 50 chevaux,
et on traversa ainsi tout le niveau jusqu'à 87 m. 26, profondeur
à laquelle fut établie la base du cuvelage.

A la fin de 1857, on atteignait le terrain houiller à 156 m. 35,
uis on traversait plusieurs veinules de houille :

0 m. 20 à 161 m. 33
0   20   185   50
0   30   193   64

Un premier accrochage fut ouvert à 193 m. 44, et une galerie dirigée au nord rencontra enfin une veine, dite Sainte-Marie, de 0 m. 60, à 132 mètres du puits et faiblement inclinée.

L'exploitation de cette couche fournit en 1858-59, 21,407 hectolitres. On y exécuta des explorations importantes sur 900 mètres en direction, et suivant l'inclinaison jusqu'au tourtia. Mais la veine était ondulée et souvent interrompue par des étranglements.

Un deuxième accrochage fut établit à 223 m. 94. On y atteignit, par des bowettes au nord et au sud, 2 autres veines où l'on effectua des travaux d'exploitation.

Mais l'exploitation de ces trois couches, peu inclinées, irrégulières, présentant une suite de renflements suivis d'amincissements, ou de parties stériles, ne fournit que de faibles quantités de houille, savoir :

En 1858-59....	21,407	hectolitres.	2,034	tonnes.
1859-60....	37,506	»	3,563	»
1860-61....	106,688	»	10,185	»
1861-62....	211,918	»	20,132	»
1862-63....	281,736	»	26,765	»
1863-64....	177,822	»	16,846	»
1864-65....	30,834	»	2,882	»
	866,911	hectolitres.	82,357	tonnes.

En juillet 1864, la fosse n° 1 était en approfondissement. A 265 m. 34, on traversait un grès fissuré donnant de l'eau sulfureuse, qui brûlait les pieds des ouvriers mineurs assez fortement pour les obliger successivement à suspendre leur travail pendant deux jours de temps en temps.

L'inclinaison du terrain n'était que de 7 à 8°.

L'irrégularité des terrains, la nature maigre de la houille, les conditions mauvaises de l'exploitation et les pertes qu'elle donnait, décidèrent l'Administration de la Compagnie à suspendre tout travail à cette fosse, sur la fin de 1864, et à reporter tous ses efforts sur l'exploitation de la fosse n° 2.

Cette fosse n° 2 avait été commencée en 1860. On y atteignit la profondeur de 61 m. 45 sans le secours d'une machine d'épui-

sement ; mais à cette profondeur, la quantité d'eau à épuiser
s'éleva à 300 hectolitres par heure. On ne peut en venir à bout
avec la machine d'extraction de 20 chevaux, et on installe une
petite machine d'épuisement de 50 chevaux, qui permet de pousser
l'approfondissement à 71 m. 48. Elle devient alors insuffisante,
et on doit recourir à une machine de 200 chevaux, louée par la
Compagnie de Meurchin. Cette machine, alimentée par 5 générateurs et avec deux pompes de 0 m. 50 et de 0 m. 55, élève
jusqu'à 65 hectolitres d'eau par minute. Des picotages successifs
retiennent les eaux, et à 86 mètres on peut établir la base
définitive du cuvelage.

Le terrain houiller est rencontré à 151 m. 95. Enfin, en 1863,
cette fosse entre en exploitation.

Cette fosse a été approfondie jusqu'à 378 m. 14. Elle a recoupé
9 couches de houille, dont 5 seulement ont été reconnues exploitables. L'une d'elles, le n° 6, a même une assez grande épaisseur :
de 1 m. 10 à 1 m. 50. Cette couche, et le n° 9, ont fourni la
très grande partie de l'extraction.

Les terrains de la fosse n° 2 sont assez tourmentés. Toutefois,
on y a suivi, sur d'assez grandes longueurs, la veine n° 6, dans
des conditions d'exploitation favorables ; et aujourd'hui cette fosse
peut fournir une extraction importante, à un prix de revient faible.

Le cuvelage en bois donnait lieu, vers sa base, à des ruptures
de pièces assez fréquentes. On fut obligé, en 1870, de le revêtir
d'une chemise en fonte sur 14 m. 20 de hauteur, ce qui réduisit
le diamètre de la fosse à 3 m. 58 dans cette chemise.

Jusqu'en mars 1871, l'extraction du charbon et des eaux
s'effectuait avec des tonneaux. On se décida à y établir un
système de guides à cables en fil de fer ; et, depuis lors, l'extraction se fait au moyen de 2 berlines superposées, de 5 hectolitres
chacune.

Ce système offre bien des désagréments dans les mines du
Nord, où l'on est obligé d'avoir 2 et même 3 accrochages en
activité en même temps, et de plus, d'extraire les eaux avec la
machine d'extraction. — Aussi la fosse n° 2 d'Ostricourt est le
seul point de la région où ce système ait été adopté.

Grisou. — L'exploitation de charbons maigres à Ostricourt
ne faisait pas prévoir qu'on trouverait du grisou dans les travaux.

C'est cependant ce qui arriva à la fosse n° 2. Il se montra d'abord en petite quantité, et l'aérage ordinaire suffisait à l'enlever au fur et à mesure qu'il se produisait. Mais le 6 février 1868, un dégagement plus abondant de ce gaz eut lieu dans une taille ; il s'enflamma et amena une explosion qui causa la mort de quatre ouvriers.

Depuis cette époque, la présence du grisou a continué à se manifester, et on a à lutter contre ce terrible ennemi.

Un fait assez singulier a été remarqué : c'est dans la veine n° 4 que le grisou a paru pour la première fois ; on n'en a pas constaté la présence dans les couches supérieures au n° 4, tandis que toutes les couches inférieures en renferment en plus ou en moins grande quantité.

Rapports d'Ingénieurs sur la situation en 1866. — En 1866, les houilles étaient très demandées et les prix de vente étaient élevés.

Le Conseil d'administration de la Compagnie des mines d'Ostricourt, préoccupé de l'épuisement de son capital et des mauvais résultats que donnait son exploitation, voulut s'éclairer sur ce qu'il y avait à faire pour sortir de cette fâcheuse situation, et posa à trois ingénieurs, MM. de Bracquemont, de Boisset et Demilly, un programme de questions auquel il les priait de vouloir bien répondre.

Au 22 août 1865, la Compagnie avait dépensé	3,106,042 f. 78
Sur cette somme, la vente des charbons avait produit	1,126,792 52
Dépense réelle....	1,979,245 26
Les recettes à cette époque étaient de......	2,072,871 35

Savoir :

Produit du versement des actions	1,946,965 f. 40
Produits divers..........	125,925 95

Il lui restait disponible. . . . . 93,646 f. 09

Moins l'excédent de ses dettes sur ses valeurs
diverses 3,932   33
_____
89,713   76

Il lui restait à appeler 50 fr. sur 6,000 actions . . 300,000   »
_____
Total des ressources 389,713   76

Pourrait-on, avec ces ressources, créer une exploitation fructueuse? Par quels moyens?

En cas de réponse négative, quel parti devrait prendre la Société, soit pour se procurer de nouveaux capitaux, soit pour sauvegarder ceux qu'elle avait déjà engagés dans l'entreprise?

MM. les Ingénieurs répondirent :

« La production de 1865 s'étant élevée à 254,470 hectolitres,
» qui ont coûté 215,040 f. 90, déduction faite de certaines dépenses
» qui ne concernaient pas l'extraction, il en résulte 0 fr. 845 pour
» prix de revient total. C'est un prix normal, dont il n'est guère
» permis d'espérer la réduction. »

« Mais, si l'extraction montait à 600,000 hectolitres, les frais
» d'exploitation proprement dits descendant très probablement à
» 0 fr. 65, et les frais généraux ne pouvant dépasser 0 fr. 10, on
» obtiendrait alors un prix de revient total de 0 fr. 75, qui serait
» certainement rémunérateur. Malheureusement ces apprécia
» tions, quoique raisonnables et nullement exagérées, ne reposent
» que sur des éventualités futures, et ne présentent, en ce qui
» concerne les travaux de mine, aucun caractère de certitude
» absolue. »

« Pendant l'année 1865, on a vendu et consommé 270,376 hecto
» litres, qui ont produit 244,275 fr. 60,

» soit par hectolitre. . . . . 0 f. 90
» et le prix de revient étant de 0   84
_____
» il resterait un bénéfice par hectolitre, de. 0   06

» ce qui indique, au moins, que l'exploitation n'est pas en perte,
» malgré son peu d'importance et les nombreuses difficultés
» rencontrées. »

« En admettant la continuation de la hausse et une amélioration
» dans les produits, il ne semble pas du tout impossible que le
» prix de vente s'élève à . . . . 1 f. 05
» et le prix de revient descende à . . . , ... 0 75

» on obtiendrait alors un bénéfice de. 0 30
» à l'hectolitre, soit 180,000 francs pour une extraction de
» 600,000 hectolitres ; mais, pour cela, il faut faire les dépenses
» nécessaires. »

MM. les Ingénieurs concluaient ainsi :

« 1° Les quatre veines reconnues exploitables à la fosse n° 2
» sont, pour le moment, très accidentées, et leur exploitation ne
» couvre pas les frais. »

« 2° On peut, avec les ressources actuelles, produire 20 à
» 22,000 hectolitres par mois. »

« 3° Le prix de revient de 1865 est de 0 fr. 84, chiffre très
» bon. »

« 4° Les charbons sont de qualité inférieure. Le prix de vente
» est de . . . . 0 f. 90
» l'hectolitre ; mais, vu la hausse générale, on peut
» espérer le voir s'élever à. . . . . 1 f. 05
» qui serait rémunérateur. »

« 5° Tant que l'extraction annuelle ne dépassera pas 250,000
» hectolitres, le prix de revient restant à 0 fr. 845 et le prix de
» vente de 1 fr. 05, le bénéfice sera, à l'hectolitre, de 0 fr. 205,
» soit pour l'année de 41,250 francs. »

« Mais si d'heureuses découvertes survenaient, l'extraction
» augmenterait peu à peu, pour atteindre 600,000 hectolitres. »

« 6° Il faudra dépenser 60,000 francs en travaux préparatoires,
» et ils seront payés en partie par les bénéfices. »

« 7° Les charbons du puits n° 1 sont moins maigres que ceux
» du puits n° 2 ; ils doivent appartenir à un faisceau supérieur à
» celui du n° 2. »

« 8° L'inclinaison des terrains étant assez faible, c'est en appro-
» fondissant le puits n° 2, au moins jusqu'à 430 mètres, que l'on
» fera le plus de découvertes. »

« 9° Après des essais d'exploitation fructueux au puits n° 2, il
» faudra reprendre le puits n° 1, et faire son approfondissement
» jusqu'au faisceau du n° 2. »

« Les veines exploitées à Carvin et à Meurchin paraissent
» appartenir à des faisceaux supérieurs à ceux reconnus à Ostri-
» court. »

« 10° Les produits de l'exploitation, joints aux 400,000 francs
» restant disponibles ou à appeler, permettent à la Compagnie,
» non seulement de mettre en rapport le puits n° 1, mais de
» reprendre le puits n° 2, lorsque le moment sera venu. »

« 11° Si les recherches du puits n° 2 restaient infructueuses,
» après l'absorption du capital social, les actionnaires aviseraient
» alors. »

« Il reste bien une troisième fosse à ouvrir vers Carvin, mais
» dont l'établissement est à ajourner. » (1).

2ᵉ RAPPORT, EN 1874.

A la fin de 1874, l'administration de la Compagnie songea à
donner à son exploitation un développement que ne pouvait
réaliser l'exploitation de sa fosse n° 2, seule en activité. La
première pensée fut de reprendre la fosse n° 1, mais on y renonça
bientôt à cause de l'irrégularité et de la stérilité des terrains. On
songea alors à ouvrir un troisième puits vers l'ouest, et on
demanda l'avis de MM. de Bracquemont et Daubresse, qui
conclurent à placer ce troisième puits à 800 mètres au nord-ouest
de la fosse n° 2, et à 400 mètres de la limite de la concession de
Courrières, après toutefois l'exécution d'un sondage d'exploration.

Ils conseillaient, en même temps, de creuser le nouveau puits
par le système Kind-Chaudron, et estimaient la dépense jusqu'à

0 mètres a.	231,500 francs,
au lieu de	195,000 »
que coûterait le même travail par le procédé	
ordinaire. L'augmentation de.	36,500 »

(1) Rapport de MM. de Bracquemont, de Boisset, Demilly, du 28 février 1866.

serait, suivant eux, bien compensée par la rapidité et la sécurité du travail (1).

Le sondage, n° 186, conseillé, fut exécuté en 1875 ; il rencontra le terrain houiller à 150 m. 49 ;

Une 1re veine de....	0 m. 60	à	161 m. 54
Une 2e »	0	31	184	08
Une 3e »	0	47	197	28

Le Conseil d'administration décida d'émettre un emprunt de 600,000 francs pour l'exécution de cette nouvelle fosse ; mais l'emprunt ayant échoué, le projet de creusement de cette fosse fut abandonné.

Production. — La Compagnie avait commencé l'ouverture d'une fosse n° 1 au milieu de l'année 1856. Elle entra en extraction vers la fin de 1858, mais l'exploitation des deux veines rencontrées, qui étaient très irrégulières, fut peu productive. Elle fournit successivement :

En 1859...............	2,895 tonnes.
» 1860...............	6,990 »
» 1861...............	16,539 »
» 1862...............	22,400 »
	48,824 tonnes.

La fosse n° 2, commencée en 1860, entre en exploitation en 1863. Sa production s'ajoute à celle de la fosse n° 1, et les 2 fosses donnent :

En 1863...............	28,962 tonnes.
» 1864...............	24,748 »
	55,710 »

La fosse n° 1 est abandonnée en 1864, et l'exploitation, réduite à la fosse n° 2, fournit :

A reporter.............	104.034 tonnes.

(1) Rapport de MM. de Bracquemont et Daubresse, 1874.

	Report............	104,034 tonnes.
En 1865................	24,174 tonnes.	
» 1866	14,477 »	
» 1867................	17,434 »	
» 1868................	19,726 »	
» 1869................	21,623 »	
		97,434 »

En 1870................	12,870 tonnes.	
» 1871................	17,274 »	
» 1872................	29,038 »	
» 1873................	28,778 »	
» 1874................	37,431 »	
» 1875................	36,190 »	
» 1876................	38,990 »	
» 1877................	35,620 »	
» 1878................	31,780 »	
» 1879................	30,440 »	
		298,356 »

Production totale depuis l'origine...... 499,824 tonnes.

Gisement. — Les nombreux sondages exécutés dans la concession d'Ostricourt ont démontré que la formation houillère s'étendait sur toute sa superficie, qui est de 2,300 hectares.

Il n'est pas douteux qu'il existe dans cette étendue considérable des richesses importantes en houille, analogues à celles des concessions placées dans la même situation, Carvin et Meurchin. — Mais les deux puits ouverts jusqu'ici par la Compagnie n'ont pas obtenu le succès qu'elle était fondée à espérer.

La fosse n° 1 n'a traversé, de 156 m. 35 jusqu'à 200 mètres, que trois passées de 0 m. 20 à 0 m. 30. Les galeries à travers bancs ont rencontré ensuite 3 veines : Sainte-Marie, de 0 m. 60; Saint-Alphonse, de 0 m. 70; et une veine de 0 m. 55, faiblement inclinées de 7 à 8°, qui ont été exploitées, surtout la première, de 1858 à 1864, et ont fourni 82,357 tonnes de houille, tenant environ 13 % de matières volatiles. Ces couches étaient irrégulières et présentaient une série de renflements suivis d'amincissements ou de parties stériles.

L'exploitation en était onéreuse et fut abandonnée en 1864.

La fosse n° 2 a fait des découvertes beaucoup plus importantes. De 152 à 378 mètres, elle a traversé 9 couches.

Le tableau ci-contre donne les profondeurs auxquelles ont

Pl. XXV

C.on D'OSTRICOURT

Fosse N.o 1. COUPE SUIVANT A.B.

LÉGENDE (Fosse N.o1)

a   *Veine de 0,20   à 151.m33*
b   *Veine de 0,20   à 185.m50*
c   *Veine de 0,30   à 193.m*
d   *Passée irrégulière à 244.m50*
e   *Passée d'escaillage à 266.m50*
m.m *Veine St. Alphonse*
r.s *Veine Ste. Marie*
     Il y a au fond du puits un
trou de sonde de 9.m60.

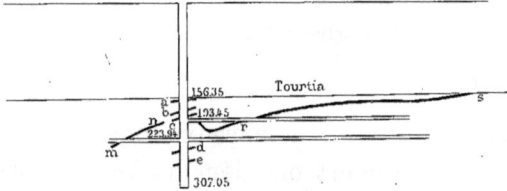

156.35   Tourtia   s
193.45
r
223.94
m
d
e
307.05

Fosse N.o 2 COUPE SUIVANT C.D.

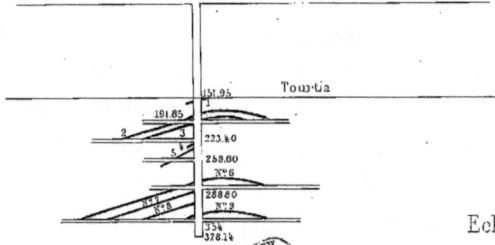

151.95   Tourtia
191.85
3
223.40
5
255.60
N.o 6
288.60
N.o 2
354
378.14

Echelle de 1 à 10.000.

Gravé par R. Hausermann.

Lille Imp. Danc

été trouvées ces couches, leur composition, leur puissance utile en charbon, et l'épaisseur des terrains qui les séparent l'une de l'autre.

	PROFONDEUR à laquelle les couches sont rencontrées.	COMPOSITION DES COUCHES.		PUISSANCE utile en charbon.	ÉPAISSEUR des terrains qui les séparent.
	Mèt.		Mèt.	Mèt.	Mèt.
Terrain houiller	151 95	....		»	
					5 50
Veine n° 1	157 45	1 sillon de .. 0 20		0 20	
					24 15
		Charbon.... 0 60			
» n° 2	181 60	Terre....... 0 20	0 70		
		Charbon ... 0 10			
					9 20
		Charbon ... 0 25			
» n° 3	190 80	Terre....... 0 45	0 45		
		Charbon ... 0 20			
					50 95
		Charbon ... 0 15			
		Terre 0 25			
» n° 4	241 75	Charbon ... 0 20	0 90		
		Terre....... 0 30			
		Charbon.... 0 55			3 00
» n° 5	244 75	Irrégulière........		0 80	
					48 45
» n° 6	293 20	....		0 95	
					15 90
		Charbon.... 0 35			
» n° 7	309 10	Terre....... 0 30	1 10		
		Charbon.... 0 45			
					24 90
» n° 8	334 00	....		0 38	
					14 00
» n° 9	348 00	....		0 80	
					30 14
Profondeur totale du puits.	378 14	....		»	
		Totaux........		6 28	226 19

Ainsi, la fosse n° 2 d'Ostricourt a traversé de 151 m. 95 à 378 m. 14; soit, dans 226 m. 19 de terrain houiller, 9 couches de houille, présentant une épaisseur totale de charbon de 6 m. 28, ou une veine de 0m. 698 par chaque 25 mètres de terrain houiller. C'est une richesse importante, et comparable à celle de la moyenne des houillères du Pas-de-Calais.

Les couches nos 2, 3 et 5 ont été exploitées sur une certaine étendue, à l'accrochage de 191 m. 85, dans des conditions assez peu avantageuses.

La veine n° 4, à cause de la quantité de terre qu'elle renferme, n'a été suivie que sur 290 mètres, à l'étage de 258 m. 61.

Mais c'est surtout dans la veine n° 6, qu'ont été portés les principaux travaux de l'exploitation. Ils s'y sont étendus en direction sur plus de 1,500 mètres, et sur une grande hauteur. Cette veine présente à peu près partout la composition suivante :

1° Sillon de charbon au toit de......	1 m. 00 à	1 m. 20
Banc de terre de..............	0 25	0 30
2° Sillon de charbon au mur de......	0 25	0 30

Le sillon du toit est seul exploité.

Les veines n° 7 et n° 8 se sont montrées jusqu'ici peu exploitables.

Mais la veine n° 9, composée de :

1 sillon de charbon au toit de...........	0 m. 90
1 banc de terre de....................	0 25
1 sillon de charbon au mur de.........	0 20

et dont le 1er sillon seul est exploité, a été suivie sur 1,200 m., et a donné, comme la veine n° 6, de très bons résultats.

La houille des couches de la fosse n° 2 ne tient que 10 à 11 % de matières volatiles. Elle est plus maigre que celle des couches de la fosse n° 1, qui paraissent constituer un faisceau supérieur à celui des couches de la fosse n° 2.

Prix de revient. — Avec une faible production et des veines accidentées, la Compagnie Douaisienne n'a pu exploiter qu'à des prix de revient élevés, moindres cependant qu'on ne serait porté à le supposer.

Ainsi, dans l'exercice 1860-61, les frais d'exploitation proprement dits de la fosse n° 1 étaient de 1 fr. 745 l'hectolitre, ou de 18 fr. 36 la tonne.

Ils étaient en :

1861-62 de....	1 f. 215	l'hectolitre, ou de....	12 f. 79	la tonne.
1862-63 de....	1 022	»	»	10 75	»

A partir de 1864, il ne reste plus que la fosse n° 2 en exploitation.

Le prix de revient, frais généraux non compris, est à cette fosse :

	En 1867-68.	En 1868-69.
Main-d'œuvre..........	0 f. 70	0 f. 524
Fournitures	0 16	0 140
Charbon consommé..........	0 11	0 092
Total..........	0 f. 97	0 f. 756
Ou par tonne................	10 21	7 95

Pendant les exercices suivants, de 1870-71 à 1877-78, les frais d'exploitation restent compris entre 8 fr. 57 et 10 fr. 57.

En 1878-79, le prix de revient est 9 fr. 774 par tonne ; ce prix n'a rien d'excessif.

Malheureusement le prix de vente des houilles d'Ostricourt est très bas et, en général, inférieur au prix de revient.

Prix de vente. — Mais si le prix de revient de la Compagnie Douaisienne n'est pas trop élevé, son prix de vente a toujours été très bas. La qualité de ses houilles, de nature maigre, renfermant peu de morceaux, a toujours rendu leur écoulement difficile. Il paraît cependant que dans ces derniers temps, il y a eu amélioration sous le rapport de la grosseur.

Aussi, le prix moyen de vente réel, déduction de tous frais, a été successivement :

En 1858-59, 1859-60 de	1 f. 023	l'hectolitre, ou	10 f. 76	la tonne.
1860-61 de	0 984	»	10 35	»
1861-62	0 941	»	9 90	»
1862-63	0 846	»	8 90	»
1863-64	0 869	»	9 14	»
1864-65	0 911	»	9 59	»
....	» »	»	» »	»
....	» »	»	» »	»
1868-69	0 820	»	8 63	»
1870-71	0 980	»	10 31	»

En 1871-72 de	0 f. 964	l'hectolitre, ou	10 f. 14 la tonne.
1872-73	0 969	»	10 20 »
....	» »	»	» » »
....	» »	»	» » »
1876-77	» »	»	9 539 »
1877-78	» »	»	8 882 »
1878-79	» »	»	8 652 »

Les rapports des Ingénieurs des Mines fournissent les indications suivantes sur le prix de vente, les débouchés et les modes d'expédition des houilles d'Ostricourt :

1868..............	9 f. 53 la tonne.
1869..............	8 99 »
1871............. .	11 61 »
1872..............	10 20 »
1873..............	9 80 »
1874..............	11 52 »
1876..............	10 68 »
1877..............	9 65 »
1878..............	9 53 »

	1876.	1877.	1878.
Vente dans le Pas-de-Calais......	21,528	18,736	16,456 tonnes.
» le Nord.............	15,121	13,300	11,988 »
» les autres départements	150	100	60 »
	36,798	32,136	28,504 tonnes.
Consommation................	3,075	2,888	2,907 »
Ensemble.	39,873	35,024	31,411 tonnes.
Vente par voitures.............	21,193	21,122	11,795 tonnes.
» bateaux.............	6,845	7,114	7,919 »
» chemin de fer........	8,720	3,900	8,900 »
Totaux............	36,698	32,136	28,504 »

Les deux fosses de la Compagnie Douaisienne, quoique situées à proximité du chemin de fer du Nord, n'y sont pas reliées par des embranchements. Les houilles de ces fosses sont conduites par voitures à la gare de Carvin, où elles sont mises en wagon.

La Compagnie se propose de construire un embranchement reliant sa fosse n° 2 à la gare de Carvin.

Pour les expéditions par bateaux, les houilles d'Ostricourt sont conduites par voitures à la Batterie d'Oignies. Il est question aussi d'établir un chemin de fer à voie étroite de la fosse n° 2 au Canal.

Marché de charbons avec M. Couillard. — La Compagnie Douaisienne éprouvait toujours les plus grandes difficultés pour la vente de ses houilles, de nature maigre, friable et menue.

Au commencement de 1872, elle traita un marché, relativement important, avec M. Couillard, fabricant d'agglomérés à Meurchin, qui établit plus tard une nouvelle fabrique à la gare de Carvin.

La quantité à livrer était de 60 tonnes, pouvant même être portée à 80 tonnes par jour, tout venant; et le prix, de 8 fr. 85 la tonne à la fosse, payable à 30 jours de fin du mois, et sous déduction de 2 % d'escompte.

Le traité était fait pour 6 ans, expirant au 1er juillet 1878.

M. Couillard avait le droit de le prolonger de 3 ans, mais en tenant compte à la Compagnie de l'augmentation du prix de revient.

Ce marché fut très onéreux à la Compagnie Douaisienne parcequ'il l'empêcha de profiter des hauts prix de vente qu'atteignit la houille pendant la crise 1872-1875, et de réaliser quelques bénéfices sur son exploitation.

M. Couillard, au contraire, tira un très grand profit de ce marché et il vendit même, sans convertir en briquettes, une partie du charbon que lui fournissait la Compagnie, en concurrence avec cette dernière. Celle-ci lui intenta, en 1875, à ce sujet, un procès qu'elle gagna devant toutes les juridictions. Il fut établi que M. Couillard avait acheté à la Compagnie Douaisienne des charbons dont le menu devait être converti en briquettes, et que M. Couillard n'avait pas le droit de vendre directement les charbons de la Compagnie Douaisienne sous forme de tout-venant, de menus ou de poussières, mais seulement les galletteries et les pierres charbonneuses qu'il retirait des houilles livrées, avant de les convertir en briquettes. M. Couillard fut condamné à payer à la Compagnie des indemnités montant à 47,306 fr. 66, et aux frais et dépens.

Dépenses faites. — Au 30 juin 1879, la Compagnie Douaisienne avait dépensé :

Travaux de sondages		243,123 f. 63	
Fosse n° 1	344,098 f. 70		
» n° 2	409,839 93		
		753,938 63	
Terrains et constructions		278,202 59	
Machines à vapeur		162,061 15	
Matériel et outillage		40,001 03	
			1,477,327 f. 03

Fonds de roulement :

Charbon en terre, approvisionnements, etc...	40,005 f. 57		
Caisse, Portefeuille et créances	153,414 32		
	193,419 f. 89		
A déduire : Dettes	24,462 67		
		168,957 22	
		1,646,284 f. 25	
A ajouter : Perte sur l'exploitation depuis l'origine...		603,715 75	
Total		2,250,000 f. 00	

Ce chiffre n'a rien d'exagéré, et si l'entreprise n'a pas obtenu de succès jusqu'ici, du moins elle a été conduite avec économie.

La Compagnie n'a pas eu recours aux emprunts, et elle n'a pas de dettes. Elle a fait face à toutes ses dépenses par les versements des actions, qui ont fourni les 2,250,000 francs procurés de la manière suivante :

1° versement de 250 francs sur 3,000 actions de 500 francs libérées de 250 francs remises aux fondateurs pour leur apport . . . . 750,000 f.

2° versement de 500 francs sur 3,000 actions de 500 francs. 1,500,000

2,250,000 f.

Emprunt. — Le rapport à l'Assemblée générale de septembre 1874 annonçait aux Actionnaires que le Conseil d'administration, voulant donner à l'exploitation un développement qui permit une rémunération au capital engagé dans l'entreprise, venait de voter le creusement d'une nouvelle fosse ; que dans ce but, il était décidé à contracter un emprunt de 600,000 francs, représenté par 2,857 obligations, rapportant 12 fr. 50 d'intérêt et remboursables à 250 francs en 20 ans, à partir de 1880.

La souscription de cet emprunt fut ajournée au commencement de 1876. Mais elle ne donna qu'un faible résultat, et, par suite, la Compagnie dut renoncer à sa réalisation et à l'ouverture d'une nouvelle fosse.

Cet échec fut-il un mal ?

Versement des actions. — On a vu que sur les 6,000 actions, formant le capital social, 3,000 libérées de 250 francs avaient été attribuées aux fondateurs pour apport de leurs travaux, découvertes et droits à la concession.

Les 3,000 autres actions furent émises à la constitution de la Société, en 1855, et versèrent immédiatement 250 francs,

Soit.. 750,000 francs.

Il fut appelé successivement sur les 6,000 actions :

2ᵉ appel.... le 1ᵉʳ août 1859.... 25 fr. par action......	150,000	»
3ᵉ » .... en 1860........... 50 »	300,000	»
4ᵉ » .... le 1ᵉʳ juillet 1861.. 50 » ......·	300,000	»
5ᵉ » .... en 1863........... 50 »	300,000	»
6ᵉ » .... en 1864 .... 25 »	150,000	»
7ᵉ » .... en 1868 .... 25 »	150,000	»
8ᵉ » .... en 1876 .... 25 »	150,000	»

Total des versements d'actions ... 2,250,000 francs.

Valeur des actions. — Sur les 6,000 actions de 500 francs composant le capital social, 3,000 libérées de 250 francs avaient été attribuées aux fondateurs pour l'apport de leurs découvertes. Il en restait 3,000 à émettre, qui furent souscrites avec empressement. Ces actions furent même recherchées à prime.

Au 1ᵉʳ décembre 1859, les actions qui avaient versé 250 francs, se vendaient 275 francs.

Cependant l'exploitation de la fosse nº 1 ne donnait pas de résultats ; et, en 1861, les actions qui avaient versé 325 francs, n'étaient plus cotées qu'à 300 fr., en janvier, et même 290 fr., en mai.

La fosse n° 1 avait été abandonnée ; la 2ᵉ fosse ne donnait aussi que de mauvais résultats ; aussi les actions tombent, en 1868, à 80 francs, et restent aux environs de ce taux jusqu'au moment où les houilles atteignent des prix élevés.

Ainsi elles sont cotées :

En juillet 1872 à	140	francs.
» octobre 1874 à...........	240	»
» janvier 1875 à...........	365	»
» juillet »	442	»

Elles tombent ensuite :

En décembre 1875 à.........	295	francs.
» août 1876 à.............	195	»
» décembre 1876 à.........	130	»

Leur valeur oscille entre :

120 et 145 francs en 1877
70 et 100 » 1878

Elle tombe à 56 francs en janvier 1879, et commence à se relever, en octobre de la même année, à 110 francs. Elle atteint, en 1880 : 145 francs, en janvier ; 190 francs, en février ; elle est, en avril, à 130 francs ; en juillet, à 150 francs ; et au commencement d'août, à 220 francs.

Ouvriers: — Salaires. — Les rapports des Ingénieurs des Mines fournissent les renseignements suivants sur le personnel et les salaires des Mines d'Ostricourt :

ANNÉES.	NOMBRE D'OUVRIERS			PRODUCTION PAR OUVRIER		SALAIRES	
	au fond.	au jour.	Total.	du fond.	des 2 catégories.	Totaux.	par ouvrier.
				Tonnes.	Tonnes.	Fr.	Fr.
1869	125	28	153	173	141	133.510	872
1871	98	21	119	176	144	99.329	827
1872	109	39	148	266	196	153.870	1.039
1873	»	»	»	»	»	»	1.155
1874	»	»	»	»	»	»	1.117
1876	»	»	»	»	»	»	980
1877	227	64	291	157	122	248.689	854
1878	174	65	239	182	174	201.706	843

D'un autre côté, les rapports aux Assemblées générales donnent les indications suivantes sur le travail de l'exploitation :

EXERCICE.	1876-77.	1877-78.	1878-79.
Nombre de jours d'extraction.............	301	293	278
Nombre d'ouvriers au jour par coupe........	53	53	53
» » au fond »	225	188	146
» total des ouvriers »	548	241	199
	Tonnes.	Tonnes.	Tonnes.
Production par journée d'ouvrier au jour.....	2 360	2 258	1 925
» » » au fond....	0 562	0 628	0 693
» » des deux catégories..	0 458	0 491	0 510

On voit par les chiffres de ce tableau :

1° L'influence qu'exerce, sur la production annuelle de l'ouvrier, la plus ou moins grande activité de l'extraction ; c'est-à-dire, le nombre de jours de travail ;

2° Que la production journalière moyenne de l'ouvrier a été en augmentant de 12 % dans ces trois dernières années, ce qui indique une amélioration notable des conditions de l'exploitation.

Cité ouvrière. — Établie sur un terrain de 1 hectare 75 ares 49 centiares ; comprend 19 maisons doubles, isolées, et renfermant 38 logements.

La Compagnie possède en outre trois habitations, occupées par le Directeur et deux principaux employés ; un chantier, renfermant des ateliers de réparation, les magasins et les bureaux.

Elle est propriétaire de 5 hectares 17 ares 86 centiares de terrain.

Caisse de secours. — Une Caisse de secours a été établie en 1856.

Ses fonds sont constitués : par une retenue obligatoire de 2 % sur tous les salaires portés au carnet ; une cotisation égale de la

Compagnie ; le produit des amendes ; enfin, les intérêts du fonds de réserve de la Caisse.

Elle est administrée par un Conseil, composé de 4 employés et de 4 ouvriers, choisis par le Directeur.

Ce Conseil fixe la quotité des secours et des pensions ; il peut accorder des secours extraordinaires.

La Caisse de secours a à sa charge :

Le paiement des secours ordinaires et extraordinaires, des pensions ; le traitement des chirurgiens et l'achat des médicaments ; le service de l'instruction des enfants d'ouvriers.

Le secours attribué pour chaque jour de maladie, varie de 1 fr. à 0 fr. 20, suivant le salaire de l'ouvrier et l'état de la famille.

Les pensions des anciens ouvriers sont de 6 à 12 francs par quinzaine, suivant l'âge et le temps passé dans les travaux. — L'ouvrier n'a droit à la pension, qu'après 15 années de travail consécutif dans l'établissement.

La pension des veuves d'ouvriers tués est de 8 francs par quinzaine, plus un secours de 1 fr. à 1 fr. 50 par chaque enfant au-dessous de 10 ans.

La pension des veuves d'ouvriers décédés au service de l'établissement est de 2 fr. 50 à 5 francs.

PUITS.

N° 166. N° 1. — 1856.

Terrain tertiaire................	22 m. 89
Terrain crétacé................	133 46
Terrain houiller à..............	156 m. 35
Cuvelé jusqu'à................	88 51

Terrains très irréguliers, presque horizontaux. On commence à extraire de petites quantités au milieu de 1858. On y a rencontré trois couches très accidentées, peu inclinées.

Profondeur : 307 m. 60.

Tous travaux y ont été suspendus en novembre 1864.

Cette fosse n'a produit que 866,911 hectolitres ou 86,691 tonnes.

Accrochages à 194 et à 224 mètres. De 222 m. à 307 m. 60, on n'a trouvé que des terrains brouillés et stériles.

167. N° 2. — 1860. — Au 31 janvier 1861, est à 52 m. passés avec une machine de 20 chevaux.

La craie est atteinte à 18 m. 50.

En avril 1861, à 61 m. 45, il vient 300 hectolitres par heure. Machine de 20 chevaux insuffisante. On monte machine d'épuisement de 50 chevaux, et deux pompes, ce qui permet d'aller à 71 m. 48 ; mais, à cette profondeur, une fente livre beaucoup d'eau et on est obligé d'installer une machine de 200 chevaux, avec deux pompes de 0 m. 50 et 0 m. 55, louée par la Compagnie de Meurchin, et de monter cinq générateurs. On a 65 hectolitres d'eau à la minute.

La base du cuvelage est à 86 m. dans les dièves.

Terrain houiller à 151 m. 95.

Entre en exploitation en 1863.

Faible inclinaison des couches.

Grisou en 1864.

En 1870, on dut consolider le cuvelage en bois, qui donnait lieu fréquemment à des fuites d'eau, par un revêtement en fonte sur une hauteur de 18 m.

On établit, en 1871, un système de guidage en câbles de fil de fer, et plus tard, le parachute Cousin.

Profondeur : 378 m. 14.

SONDAGES.

N° 169. N° 1, au sud d'Ostricourt. — 1855. — Terrain houiller à 162 m. 25. Veine de 0 m. 56 à 197 m. 84, inclinée à 15°, constatée officiellement le 7 juillet 1855. Profondeur totale : 249 m. 72.

170 N° 3, au nord d'Ostricourt. — 1855. — Terrain houiller à 167 m. 87.
1ʳᵉ veine de 0 m. 20 à 180 m. 77
2ᵉ   »   0 m. 96 à 226 m. 90, constatée officiellement le 29 mai 1856.
Profondeur totale : 298 m. 33.

Alluvions et terrains tertiaires	39 m. 70
Terrain crétacé	127 42
Terrain houiller..................	131 21
	298 m. 33

171. N° 5, à Thumeries. — 1856. — Épaisseur des morts-terrains, 178 m. 79. Calcaire de transition. — Profondeur totale : 181 m. 89.

Alluvions et terrains tertiaires	55 m. 50
Terrain crétacé.....	123 29
Calcaire carbonifère..............	3 10
	181 m. 89

173. N° 6, à Buqueux. — 1856. — Terrain houiller à 147 m. 45.
1 veine de 0 m. 38 à 154 m., inclinée à 50°, constatée officiellement le 6 septembre 1856.
1 veine de 0 m. 76 à 158 m. 90, inclinée à 45°, constatée officiellement le 10 octobre 1856. Charbon et escaillage, à 162 m. 18.
Profondeur totale . 165 m. 45.

Alluvions et terrains tertiaires	16 m. 00
Terrain crétacé...................	131 45
Terrain houiller	18 00
	165 m. 45

172. N° 7 Des Écussons, entre Buqueux et Carvin. — 1857. — Terrain houiller, à 146 m. 77.
Veine de 0 m. 86 à 157 m. 63, inclinée à 10°, constatée officiellement le 27 mai 1858 Profondeur totale : 161 m. 67.

Alluvions et terrains tertiaires........	15 m. 09
Terrain crétacé	132 25
Terrain houiller..................	14 33
	161 m. 67

186. N° 8, d'Epinoy. A l'Ouest de la fosse n° 2. — 1874. — Terrain houiller à 150 m. 49.

1° veine de 0 m. 60 à 161 m. 54, inclinaison variant de 12 à 35°

2°   »   0   31 » 184   08   »   »

3°   »   0   47 » 197   28   »   »

Profondeur totale : 228 m. 67.

917. 2° sondage de Buqueux. N° 9. — 1876. — A côté du 1er, n° 173. Terrain houiller à 146 m. 19. A traversé :

1 veinule de.... 0 m. 10 à 159 m. 74

1   »   0   10 » 164   74

1 veine de..... 0   78 » 166   32

1 veinule de.... 0   20 » 176   24

1 veine de..... 0   81 » 201   64

1 veinule de.... 0   12 » 217   96

1 veine de..... 0   82 » 233   62

1 veinule de.... 0   18 » 287   62

1 veine en sillons de 0 m. 44, 0 m. 32, 0 m. 26, séparés par deux laies de terre de 0 m. 93 et 0 m. 86, à 304 m. 24 ;

1 veine de...... 0 m. 46 à 317 m. 13

Charbon tenant de 10 à 12 % de matières volatiles.

Profondeur totale : 322 m. 10.

D'après le rapport de l'Assemblée générale du 20 octobre 1879, ce sondage a traversé 5 veines exploitables, dont la plus puissante a 1 m. 02, et la plus mince, 0 m. 46. Il a en outre rencontré 5 veinules de 0 m. 10 à 0 m. 20.

244. N° 2. 1er sondage de Raches. — 1855.

Alluvions et terrains tertiaires	29 m. 15
Terrain crétacé....................	123 48
Terrain houiller	90 51
Profondeur totale	243 m. 14

N'a pas trouvé de houille.

299. N° 4. Sondage de Montécouvé. — 1856.

Alluvions et terrains tertiaires........	34 m. 40
Terrain crétacé....................	114 99
Terrain houiller	92 41
Profondeur totale	241 m. 80

N'a pas trouvé de houille.

SONDAGES DE LA SOCIÉTÉ DE DOURGES.

31. N° 1, à l'Empire sur Oignies. — Commencé le 10 mars 1855. Rencontre en octobre une veine de 0 m. 78, à 180 m. 48, à 13,8 % de matières volatiles ; constatée officiellement le 5 octobre 1855.

Terrain houiller à 166 m. 50. Profondeur · 183 m.

32. N° 2, à Libercourt, près la gare de Carvin. — Commencé le 25 novembre 1855. Pénètre de quelques mètres dans le terrain houiller et y rencontre une veine de houille de 0 m. 70, à 154 m. 90, à 11,1 % de matières volatiles ; constatée officiellement le 7 avril 1856.

Terrain houiller à 154 m. 11. Profondeur : 158 m. 75.

146. Sondage d'Oignies, dans le parc de Mme de Clercq. — De 1841 à 1845. Poussé à 406 m. A coûté 105,000 fr. Terrain houiller à 151 m.

C'est ce sondage qui, le premier, a découvert le terrain houiller dans le nouveau bassin du Pas-de-Calais. Charbon maigre.

28 et 148, des Peupliers et d'Harponlieu. — 1846-47 et 1847-48. Houille maigre. (Voir : Mines de Dourges, page 44, tome I.)

SONDAGES DE LA COMPAGNIE DE LIBERCOURT.

174. N° 1, sur Carvin. — 1858. — Terrain houiller à 146 m. 77.

1 veine de 0 m. 26, à 167 m. 69, inclinée à 30° ; constatée officiellement le 28 février 1859.

1 veine de 0 m. 28, à 173 m. 33 ; constatée officiellement le 10 mars 1859.

1 veine de 0 m. 23, à 176 m. 89 ; constatée officiellement le 17 mars 1859.

1 veine de 0 m. 59, à 205 m. 49, inclinée à 25° ; constatée officiellement le 5 septembre 1859.

1 veine de 0 m. 46 à 208 m. 34, inclinée à 34° ; constatée officiellement le 22 juin 1860. Profondeur totale : 215 m.

168. N° 2, à Wahagnies. — 1858. — Terrain houiller à 148 m. 04.

2 veinules de 0 m. 06 à 0 m. 07, inclinées à 50° ; constatées officiellement les 14 octobre et 27 novembre 1858.

Profondeur totale : 204 m. 16.

175. N° 3, à Camphin. — 1859. — Terrain houiller à 144 m. 53 ; constaté officiellement le 22 avril 1859. Profondeur totale : 145 m. 51.

176. N° 4, à Phalempin. — 1859. — Épaisseur des morts-terrains : 145 m. 12. Schiste et calcaires négatifs. Profondeur totale : 152 m. 05.

AUTRES SONDAGES.

164. N° 5 de la Compagnie de Carvin, à Buqueux. 1858. — Terrain houiller à 151 m. 15.

Profondeur totale : 171 mètres.

Terrains inclinés à 66°.

165, 919, 20, 916, 245, 12.

Voir : Chapitre XV, Mines de Carvin.

MINES DE MEURCHIN.

Société Daquin et Cie. — Le 16 août 1854, une Société s'était formée à Béthune, sous la raison sociale *Daquin et Cie*, pour la recherche de la houille. Elle comprenait 44 Sociétaires.

Elle entreprit un sondage à Haverskerques, près Saint-Venant, n° 350, et y rencontra le calcaire carbonifère à 207 m. 76.

Après cet échec, lorsque la Compagnie de Courrières, suivant l'exemple de la Compagnie Douaisienne, eut fait connaître l'existence du terrain houiller au nord des concessions alors instituées, la Société Daquin vint installer un sondage à Meurchin, sur le canal de la Haute-Deûle, et à 300 mètres environ au-dessus de la concession de Lens.

Ce sondage, n° 177, ouvert à la fin de septembre 1856, atteignait le terrain houiller à 118 m. 95 ; et une première veine de houille de 0 m. 30, à 119 m. 55, le 10 décembre de la même année. Une deuxième veine de 0 m. 55 fut rencontrée, le 22 janvier 1857, à 133 m. 01.

Constitution de la Société de Meurchin. — Aussitôt après cette découverte, en février 1857, la Compagnie Daquin se transformait en Société d'exploitation, dont les Statuts sont analysés ci-dessous :

Les comparants continuent entre eux la Société formée par acte du 16 août 1854, sous les modifications apportées par le présent acte.

La Société est civile.

Elle a pour objet la continuation des recherches de la houille dans les départements du Pas-de-Calais et du Nord, l'obtention d'une concession et son exploitation.

Elle prend la dénomination de *Société houillère de Meurchin.*

Les comparants font apport à la Société : d'un matériel de sondages, des travaux de sondage exécutés dans les départements du Pas-de-Calais et du Nord, de leurs droits d'invention, etc.

Le capital est fixé à 3 millions de francs, divisés en 3,000 actions de 1,000 francs, qui seront émises au fur et à mesure des besoins de la Société.

Les actions sont nominatives ou au porteur, au choix des titulaires.

En compensation de leur apport, les comparants reçoivent 510 actions affranchies de tout versement. En outre, il est mis à la disposition du Conseil d'administration 15 actions, également libérées, pour récompenser des services qui pourraient être rendus à la Société.

La Société est administrée par un Conseil composé de cinq membres possédant chacun au moins 10 actions.

Les administrateurs sont nommés pour 5 ans.

Le renouvellement a lieu par cinquième, d'année en année.

Pour prendre part aux Assemblées générales, il faut être porteur de 10 actions, donnant droit à une voix. Un même actionnaire ne peut réunir plus de trois voix.

Les Assemblées générales ont pour objet :

D'entendre le rapport du Conseil d'administration sur la situation de la Société ;

De recevoir communication des comptes ; de les discuter, de les approuver, s'il y a lieu ;

De nommer les membres du Conseil d'administration dont les pouvoirs sont expirés ;

De délibérer sur toutes les questions mises à l'ordre du jour par le Conseil d'administration.

Transformation en Société anonyme, en 1873. — Une délibération de l'Assemblée générale du 26 juillet 1873, transforma l'ancienne Société dont il vient d'être question, en Société anonyme dans les conditions de la loi de 1867.

Elle prit la dénomination de : *Société anonyme des Mines de Meurchin.*

Le capital social est réduit de 3 millions à 2 millions de francs, montant des actions alors émises.

Il sera divisé en 4,000 actions de 500 francs par l'échange d'une action ancienne contre deux nouvelles.

Les actions seront toutes nominatives.

Le Conseil d'administration sera composé de 5 membres, qui devront posséder chacun au moins 20 actions.

L'Assemblée générale nomme 3 commissaires associés, chargés de faire un rapport sur les comptes.

Tout propriétaire de 10 actions fait partie de l'Assemblée générale.

Dix actions donnent droit à une voix, sans que le même actionnaire puisse réunir plus de cinq voix.

L'année sociale est arrêtée au 30 avril.

Concession. — On a vu précédemment que dès le mois de février 1855, la Compagnie Douaisienne avait entrepris des recherches pour démontrer l'existence du terrain houiller au nord des concessions alors instituées.

Les Compagnies propriétaires de ces concessions, Dourges, l'Escarpelle et Courrières, s'étaient empressées d'ouvrir des sondages pour disputer à la Compagnie Douaisienne les terrains jusqu'alors négligés, et sur lesquels on prévoyait l'existence de la formation houillère.

La Compagnie Daquin était venue, à la fin de septembre 1856, établir un sondage, n° 177, à Meurchin, alors que la Compagnie Douaisienne avait, depuis plus d'un an, découvert la houille à Ostricourt; alors aussi, que la Compagnie de Courrières avait fait la même découverte à Carvin.

La Compagnie de Lens vint aussi, en 1857, installer deux sondages à Billy-Berclau, en vue d'obtenir, à titre d'extension de sa concession, une partie des terrains demandés par la Compagnie de Meurchin.

D'un autre côté, la Société la Basséenne, devenue la Compagnie de Carvin, la Société de Don, puis, plus tard, la Société d'Houdain, installaient des sondages en concurrence avec ceux de la Compagnie de Meurchin, et sollicitaient une concession.

Les Compagnies de Courrières et de Lens invoquaient, comme dans l'affaire de la Compagnie Douaisienne, une prétendue promesse faite par l'Administration de leur accorder tous les terrains vis-à-vis de leurs concessions, au nord comme au sud, où pourrait être constatée ultérieurement la présence de la formation houillère.

On ne sera donc pas surpris, en présence de ces nombreuses compétitions, d'apprendre que l'instruction de la demande de concession de la Société de Meurchin fut longue et laborieuse.

Enfin parut un décret du 19 décembre 1860, qui instituait, en même temps que les concessions d'Ostricourt, de Carvin et d'Annœulin, la concession de Meurchin, en faveur de MM. Daquin, Délisse, Engrand, Hurbier, Grenet de Florimond et Carpentier de Baillemont, agissant en leur qualité de Membres du Conseil d'administration de la Société de houillère dite de Meurchin.

La superficie de cette concession était fixée par le décret à................ .... 1,626 hectares.

Plus tard, lors de l'institution de la concession de Douvrin, le 18 mars 1863, il fut ajouté à cette superficie, à titre d'extension.............   138   »

De sorte que la superficie de la concession de Meurchin est de................................. 1,764 hectares.

Travaux. — En 1857, la Compagnie ouvre une première fosse, n° 184, sur le territoire de Meurchin, près du canal de la Deûle. Le niveau est passé avec une machine à traction puissante, et fournit une quantité d'eau qui s'élève, à certains moments, à 140 hectolitres par minute.

Elle atteint le terrain houiller à 130 mètres, et à peine y était-elle entrée, qu'elle traverse une première couche de houille de 1 m. 10 d'épaisseur, inclinée à 16°.

Elle traverse ensuite 102 m. 15 de terrain stérile et rencontre, à 232 m. 15, une deuxième couche de houille également de 1 m. 10 d'épaisseur.

Cette fosse commence à produire en 1859, et l'exploitation s'y développe successivement de manière à fournir :

En 1859..........	4,512	tonnes.
» 1860..........	38,708	»
» 1861..........	40,650	»
» 1862..........	44,605	»

Etc , etc.

En 1857, la Compagnie de Meurchin avait ouvert une fosse, n° ..., sur le territoire de Carvin, en vue de se constituer des droits à l'obtention de la concession sur cette portion de terrains qui lui étaient disputés par la Compagnie de Carvin.

Cette fosse fût bientôt abandonnée à la profondeur de 14 m. 80, et elle n'a pas été reprise.

Déduction faite du prix de revente du terrain, il y fut dépensé 19,110 fr. 57.

Fosse n° 2 ; son inondation. — La fosse n° 2. n° 185, fut ouverte, en 1864, à l'est du n° 1. Sa position avait été déterminée par les deux sondages n°ˢ 178 et 18, qui avaient rencontré le terrain houiller et la houille.

Le creusement de cette fosse à travers les nappes aquifères de la craie n'offrit rien de particulier. Elle atteignit le terrain houiller à 132 m. 50, et son approfondissement fut poursuivi jusqu'à 185 mètres sans présenter d'autres caractères saillants que la rencontre de schistes noirâtres et très silicieux, connus sous le nom de *phtanites*.

De 185 à 190 mètres, les schistes sont mélangés de rognons

de calcaire et, à cette dernière profondeur, un banc de calcaire de 0 m. 20 d'épaisseur est traversé. On retombe ensuite dans des schistes calcareux, puis on atteint, à 194 mètres, une première veine irrégulière de houille de 0 m. 60; puis, à 203 mètres, une deuxième veine, également irrégulière, de 0 m. 50, ayant leur pendage au nord-est.

A la profondeur de 213 mètres, la nature du terrain se modifie : une partie de la fosse se trouve dans des terrains bouleversés, sans consistance; l'autre continue à travers des assises plus irrégulières de schistes noirâtres.

On constate que la partie bouleversée est une faille presque verticale; l'approfondissement présente de grandes difficultés d'exécution par suite du peu de solidité du terrain.

A 240 mètres, on établit deux accrochages, après avoir achevé le goyau et le guidage pour les cages sur toute la hauteur du puits. Celui du sud traverse la faille et atteint bientôt le calcaire. C'est alors qu'une venue d'eau chaude à 35° se déclare, à 4 mètres au-dessus de l'accrochage, au contact du calcaire et des terrains de débris qui remplissent la faille. Elle est de 1,000 hectolitres par 24 heures.

On poursuit les bowettes. Celle du nord-ouest rencontre des schistes mélangés de pyrites, ou *phtanites*, puis les deux petites veines traversées dans la fosse, et parvient à 55 mètres du puits.

Celle du sud-est se poursuit en même temps à travers le calcaire, lorsqu'à 15 mètres de l'accrochage, une nouvelle venue d'eau, à la température de 40°, se déclare. A l'origine, de 1,500 hectolitres par 24 heures, elle augmente d'une manière tellement rapide par l'agrandissement de l'ouverture qui lui donne passage, qu'elle arrive au chiffre de 20,000 hectolitres par jour, et envahit bientôt toutes les galeries et la fosse. On tente un épuisement par tonneaux qui s'élève à 8,000 hectolitres par 24 heures; mais les eaux ne baissent pas au-dessous de la profondeur de 65 mètres, et on abandonne la fosse.

Les renseignements qui précèdent sont extraits d'un rapport demandé par la Compagnie de Meurchin, en 1866, à MM. de Bracquemont et De Clercq, sur le parti à prendre au sujet de la fosse n° 2.

Ces MM. conseillèrent d'abandonner cette fosse, en motivant leur avis sur ce qu'elle ne présentait aucune ressource en profondeur, et qu'elle devait atteindre le calcaire très promptement. Suivant eux, les nappes d'eau rencontrées ne devaient pas diminuer après un épuisement plus ou moins long, ainsi que cela a lieu fréquemment; elles devaient présumablement fournir d'avantage même par la continuation des travaux.

Le conseil de MM. de Bracquemont et De Clercq fut suivi, et la Compagnie de Meurchin abandonna complétement la fosse n° 2, dans laquelle il avait été dépensé 351,936 fr. 51, qui furent entièrement perdus.

Source minérale sulfureuse (1). — L'eau rencontrée par la fosse n° 2 a une température de 40 à 42° à 200 mètres de profondeur; à 9 mètres au-dessous du sol, niveau où elle se maintient, elle est encore à 26°.

D'après une analyse faite à l'École des Mines en 1870, elle renferme par litre :

	gramm.
Acide sulfhydrique...................	0,031
Acide carbonique libre ou combiné......	0,369
Chlorure de potassium et de sodium.....	1,460
Sulfate de soude, de chaux et de magnésie	1,848
Carbonate de chaux et de magnésie	0,172
Silice et peroxide de fer.	0,027
Total...................	3,907

Elle contient 0,028 à 0,031 d'hydrogène sulfuré. C'est une des eaux les plus sulfureuses que l'on connaisse; elle vient immédiatement après celle d'Enghien, qui en renferme 0,038. Les autres eaux minérales sulfureuses en tiennent une proportion bien plus faible. Ainsi on n'en trouve que :

gramm.		
0,024	dans les eaux de	Bagnères-de-Luchon.
0,018	»	d'Aix-les-Bains.
0,013	»	de Barèges.
0,009	»	d'Aix-la-Chapelle et Eaux-Bonnes.

(1) Recherches géologiques et chimiques sur les eaux sulfureuses du Nord, par M. Roger Laloy, 1873.

L'eau sulfureuse de Meurchin ne s'altère presque pas. Une bouteille en verre vert, remplie de cette eau titrant 0,029 d'hydrogène sulfuré, conservée à la lumière pendant 15 jours, en renfermait encore 0,027, tandis que l'eau d'Enghien en perd presque la moitié en 3 jours.

L'eau de Meurchin a été employée dans les environs comme eau minérale ; et, sur un rapport de l'Académie de médecine, le Ministre du Commerce et de l'Agriculture en a autorisé l'exploitation.

Ainsi, à la fosse n° 2 de Meurchin, comme du reste dans plusieurs sondages exécutés au nord de la fosse, on a constaté qu'il existait dans le calcaire carbonifère, en contact avec le terrain houiller, des sources thermales sulfureuses très abondantes qui obligent les exploitants à se prémunir contre l'inondation de leurs travaux lorsqu'ils s'approchent de la formation de calcaire carbonifère.

Une note, due à l'obligeance de M. Thiry, ingénieur-directeur de la Compagnie de Meurchin, complète d'une manière intéressante les détails donnés ci-dessus sur la source minérale de la fosse n° 2.

« Dès que la première émotion causée par la perte du puits fut » calmée, la Compagnie s'occupa de la possibilité de reprendre les » travaux. MM. De Clercq et de Bracquemont, consultés, ayant » conseillé à la Société d'abandonner le siège, la Société ne » songea plus qu'à utiliser les propriétés sulfureuses de l'eau qui » avait fait irruption dans les travaux. »

« Par un arrêté ministériel en date du 25 mars 1872, la Société » est autorisée à exploiter pour l'usage médical et à livrer au » public l'eau de la fosse n° 2. »

« Quelques bouteilles sont livrées au public, au prix de 0 fr. 60 » la pièce, par l'entremise de M. Lemaire, pharmacien à Béthune. » L'eau était toujours puisée à l'aide de bouteilles vides fortement » bouchées, descendues à l'aide d'un poids dans le puits : la » pression fait passer le bouchon dans la bouteille qui se remplit, » et à la remonte, le bouchon vient de lui même se replacer au » goulot. Cette méthode faisait perdre une partie des principes » gazeux de l'eau. On construit un petit tonnelet très solide, en » chêne, sans ferrure ; on l'entoure d'une épaisse couche de

» gutta-percha ; on ménage dans cette couche une soupape
» conique fixée à une tige métallique entourée de gutta-percha
» et, à cette tige, on suspend une charge de plomb calculée de
» manière à permettre à la soupape de se lever à la profondeur
» de 240 mètres. Un robinet en nickel permet la vidange dans les
» bouteilles. On remonte ainsi de l'eau très chargée de gaz, sous
» une pression relativement élevée. Si, au lieu d'un robinet de
» vidange, on avait adapté au tonnelet l'appareil servant au rem-
» plissage des bouteilles d'eau de Seltz, on aurait eu de l'eau
» gazeuse sous pression dans les bouteilles. »

« La Société, reculant devant les frais de première installation
» de piscines ou de baignoirs, adresse le 12 novembre 1873, à
» M. le Ministre de la Guerre, une pétition à l'effet d'obtenir que
» les eaux de Meurchin soient désignées comme devant servir au
» traitement, aux frais de l'État, des anciens militaires et marins,
» du nord de la France, dont les blessures et les infirmités
» contractées au service nécessiteraient l'emploi de l'eau sulfu-
» reuse. Si l'expérience démontrait que l'usage de ces eaux était
» curatif, il y avait des chances pour que la fosse n° 2 devint le
» siège d'une station de bains sulfureux. »

« Avant de donner suite à la demande des Mines de Meurchin,
» le Conseil de santé des armées fit faire l'expérimentation de
» l'eau à l'hôpital militaire de Lille, à celui du Val-de-Grâce et à
» celui du Gros-Caillou. Trois cents bouteilles furent envoyées à
» ces trois établissements. »

« Le 30 mai 1877, le Ministre de la Guerre fit connaître à la
» Société que : l'expérimentation de l'eau minérale de Meurchin
» faite dans les hôpitaux militaires du Val-de-Grâce, du Gros-
» Caillou et de Lille, a permis de reconnaître que la composition
» de cette eau n'est point fixe, certaines bouteilles ayant donné,
» à l'analyse, une grande quantité de principes sulfureux, tandis
» que d'autres n'en contenaient pas du tout. En conséquence, le
» Conseil de santé a émis l'avis que, tant que le régime de cette
» eau minérale ne sera pas mieux établi, il n'y aurait par lieu d'en
« introduire l'usage dans les hôpitaux militaires. »

« Cet échec dû, sans doute, à l'imperfection du mode de
» captage de l'eau, mit fin aux tentatives de la Société en vue de
» l'utilisation des eaux de la fosse n° 2. »

« *Nota.* — Le niveau de l'eau sulfureuse, dans le puits, est à
» 3 mètres environ au-dessous de la nappe d'eau environnante. »

Fosse n° 3. N° 235. — M. Thiry a également eu l'obligeance
de donner à l'auteur une description très bien faite des travaux
difficiles qu'a nécessités le creusement de ce siège d'exploitation.

« *1er Puits.* — Commencé en 1869, à la fin de l'année. »

« A la fin du mois de juillet 1870, on avait atteint la profondeur
« de 10 m. 32 avec une tour maçonnée de 5 m. 36 de diamètre,
» au travers d'une couche de sable de 9 m. 80 de hauteur. La
» base était dans des marnes divisées. Les constructions destinées
» à recevoir les machines de fonçage étaient terminées et les
» générateurs installés. On établit une machine d'épuisement de
» 200 chevaux, et le 22 août commence l'approfondissement. »

« On arrive à 11 m. 84 avec un premier tour de palplanches de
» 4 m. 86 de diamètre. Le sable filtrant encore, on pose un
» deuxième tour de 4 m. 52 de diamètre intérieur ; on arrive ainsi
» à 14 m. 36. Le revêtement refusant de descendre, on essaie
» d'approfondir avec des croisures. Un coup d'eau survient et
» déforme la partie inférieure du revêtement ; en même temps, les
» massifs des machines s'affaissent. On applique le système de
» cuvelage descendant avec trousse coupante. L'appareil complet
» présente un diamètre de 3 m. 91. On arrive, par ce moyen, à
» 21 m. 38 sans pouvoir dépasser cette profondeur : le cuvelage
» ne descend plus, et l'épuisement, qui n'est pourtant que de
» 8,400 litres par minute, produit des affouillements des marnes
» qui déforment les trousses. Le 15 janvier 1872, on arrête les
» travaux et on prépare l'installation du procédé Chaudron.
» Diamètre extérieur des anneaux, 3 m. 45. Diamètre intérieur
» aux collets, 3 m. 20. On commence à marcher le 18 juillet 1872.
» Les dépenses du fonçage, jusqu'à la profondeur de 21 m. 38,
» se sont élevées à 150,517 fr. 18. »

« Le sondage central à 1 m. 37 de diamètre arrive le 20 août à
» 51 m. 15 ; le 21, on commence la mise au grand diamètre de
» 3 m. 88. On avance de 2 mètres en quelques heures, mais on
» reconnaît que les parois du puits s'ébranlent et les constructions
» autour du puits s'affaissent visiblement. On descend un tube en
» fonte de 7 m. 50 de hauteur, tranchant à sa base, et présentant
» un diamètre extérieur de 3 m. 88. On réduit le trépan à 3 m 78

» (l'épaisseur du tube était de 0 m 04). Le tube s'arrête à
» 26 m. 70. On continue le creusement jusqu'à 32 m. 10, et on
» reprend le puits central. Pendant ce travail, on reconnaît que
» le tube continue son mouvement de descente, et on constate,
» par un gabarit, que le sommet du tube est arrivé à 22 m. 85,
» laissant un vide de 1 m. 47 entre l'ancien cuvelage et lui-même.
» Il ne paraît pas se produire d'éboulement sérieux, mais la
» situation est grave. M. Chaudron décide qu'un second tube, de
» même diamètre que le premier, sera descendu et mis, autant
» que possible, en juxtaposition avec lui : on le munit de barres
» de suspension pour l'empêcher de découvrir la base du cuvelage
» en bois, le cas échéant, c'est-à-dire, si la descente simultanée
» des deux tubes venait à se produire. La hauteur est fixée à
» 4 m. 50, de manière à porter la base de la colonne à 32 m. 85.
» Ce nouveau tube est descendu le 29 mars 1873, et son poids
» s'ajoutant au premier, le poids de la chemise atteint 35,400 kil.
» L'opération réussit, et le joint n'est pas sensible au trépan. Le
» puits central est terminé le 7 mai, à 90 mètres, et le puits
» définitif, le 19 juillet, à 81 m. 50, profondeur à laquelle on doit
» poser la boîte à mousse. On constate, à la fin de ce travail :
» que le tube supérieur a son bord supérieur à 20 m. 32. à 1 m. 06
» au-dessus de la base de l'ancien cuvelage, et que le tube
» inférieur a sa base à 32 m. 66 ; il résulte de ces chiffres, qu'un
» vide de 0 m. 36 existe, entre les deux tubes, de 24 m. 88 à
» 25 m. 24. »

« On commence le 2 août la descente du cuvelage ; et le 25,
» l'opération est terminée et réussie, car la colonne d'équilibre
» ne donne pas d'eau. On commence le creusement à niveau vide,
» le 26 janvier 1874. On atteint le terrain houiller à 127 m. 60 ;
» à 167 mètres, on recoupe une veine de 0 m. 60, et à 205 mèt.,
» une veine de 1 m. 10 ; mais le terrain est irrégulier. Néanmoins,
» on arrête le creusement, à 251 m. 85, le 18 mai 1875, pour
» commencer les travaux d'exploration par deux étages établis à
» 170 mètres et à 206 mètres. Ces travaux ne furent pas heureux,
» et ce n'est qu'à 500 mètres du puits que l'on reconnut des
» terrains réguliers à l'approche du faisceau des couches de la
» fosse n° 1. »

« 2ᵉ puits. Le creusement du deuxième puits a été motivé par
» l'impossibilité d'établir l'extraction, l'aérage et voir même l'épui-

» sement, dans un diamètre de 3 m. 20. On lui donne un diamètre
» utile de 3 m. 20, comme au premier, et on l'établit à 35 mètres
» d'axe en axe du premier puits, afin d'éviter, si c'est possible,
» les terrains désagrégés que l'épuisement du premier puits a dû
» former autour de lui; on veut aussi prévenir les accidents qui
» pourraient résulter d'éboulements survenant dans le creusement.
» Les travaux commencent le 1er septembre 1873, aussitôt après
» la descente du cuvelage du puits n° 1. On établit une tour fixe
» de 7 m. 50 de diamètre intérieur et 2 m. de hauteur, reposant
» sur le sable. On creuse à l'intérieur, dans les sables, à l'aide
» de palplanches successives : on atteint ainsi la profondeur de
» 5 m. 05 et on établit une deuxième tour fixe de 4 m. 55 de
» diamètre intérieur. On continue ensuite le creusement à l'aide
» des trépans et en enfonçant des tubes successifs. Un premier
» tube arrive à 8 m. 70 ; un deuxième, à 14 m. 60 ; un troisième,
» à 20 m. 65 ; un quatrième, à 24 m. 50 ; et un cinquième, à
» 29 m. 90. A partir du dernier tube, aucun éboulement ne fut
» constaté, et le cuvelage était terminé et bétonné le 30 avril
» 1875. On entreprend le creusement à niveau vide, le 28 juillet
» de la même année, et on le termine à 210 m. 30. »

« Pendant la descente du tube, un accident d'un genre parti-
» culier arrête le travail : le deuxième tube s'arrête à 14 m. 60
» par suite de la rupture de l'une des pièces de la partie inférieure;
» après avoir essayé de retirer le morceau à l'aide des outils
» Chaudron, mais sans succès, on tente l'application de l'appareil
» Rouquayrol-Denayrouze. Un plongeur descend dans le puits,
» mais le mouvement de l'eau en trouble la limpidité, et il ne peut
» se servir de la lampe ; il en est réduit à essayer d'accrocher la
» pièce brisée ; mais l'attache étant mal faite, elle cède au moindre
» effort. En présence de cet insuccès, on essaie de loger le
» morceau cassé dans la paroi, en battant au trépan, et on y
» arrive. On descend ensuite le troisième tube. »

L'application du système Chaudron, jusqu'à la base du cuvelage,
a coûté, primes à M. Chaudron comprises :

Pour le puits n° 1............	214,214 f. 51
» n° 2	206,001 04
Ensemble............	420,215 55
Si l'on ajoute à ce chiffre...................	150,517 18
montant des dépenses faites primitivement, on a.	570,732 f. 73

pour le passage du niveau des deux puits du siège n° 3, à la profondeur de 90 mètres.

Au 30 avril 1879, il avait été dépensé pour le creusement des deux puits du siège n° 3, non compris les terrains, bâtiments et machines, 1,197,352 fr. 37.

Production. — La première fosse de Meurchin entre en exploitation en 1859. Elle fournit successivement en

1859......	4,512	tonnes.
1860......	38,708	»
1861......	40,650	»
1862......	44,605	»
1863......	55,878	»
1864......	55,320	»

239,173 tonnes.

1865......	68,399	tonnes.
1866......	69,979	»
1867......	49,253	»
1868......	51,471	»
1869......	57,612	»
1870......	59,221	»

355,935 tonnes

On a vu que la fosse n° 2, ouverte en 1864, dut être abandonnée en 1866, par suite de la rencontre d'eaux très abondantes dans le calcaire ; cette fosse ne produisit absolument rien.

Un troisième et nouveau siège, composé de deux puits, ouvert en 1869, entra en exploitation en 1875 seulement. La production de la Compagnie s'accrut d'année en année et atteignit en

1871......	62,150	tonnes.
1872......	80,060	»
1873......	89,076	»
1874......	82,911	»
1875......	80,598	»
1876......	67,380	»
1877......	83,031	»
1878......	107,057	»
1879......	109,738	»

761,996 tonnes.

Production totale depuis l'origine.. ... 1,357,104 tonnes

Gisement. — La planche XXVI donne :

1° La trace horizontale des différentes couches de houille reconnues ou exploitées par les trois fosses de Meurchin ;

2° Une coupe verticale passant par la fosse n° 3.

L'examen de cette planche, complété par les observations qui vont suivre, permet de se faire une idée générale du gisement actuellement connu de la concession.

TABLEAU

donnant l'épaisseur des couches reconnues par la fosse n° 3 de Meurchin et les intervalles qui les séparent.

NOMS DES COUCHES DE HOUILLE.	ÉPAISSEUR des COUCHES de houille.	ÉPAISSEUR des TERRAINS qui les séparent.
Petite veine	$0^m,50$	
		$58^m,00$
Veine de l'Ouest	$1^m,20$	
		$16^m,60$
Veine n° 1	$1^m,00$	
		$78^m,00$
Veine n° 2	$1^m,15$	
		$21^m,50$
Veine n° 3	$0^m,90$	
Veine n° 4	$0^m,60$	
Épaisseur totale	$5^m,35$	

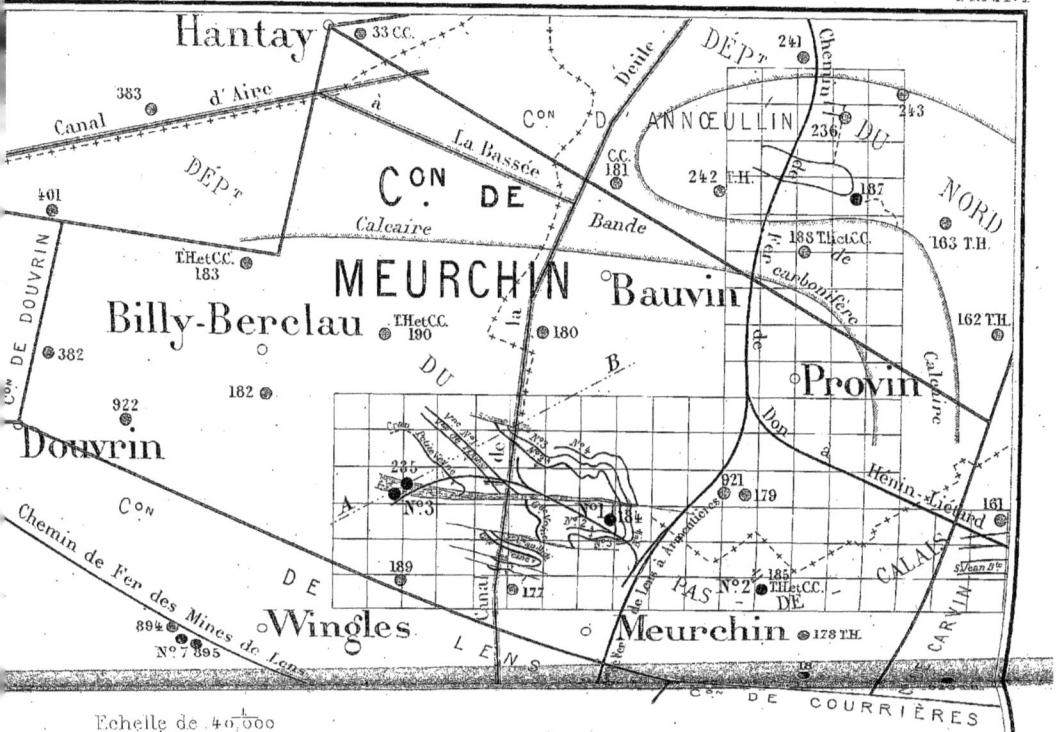

Pl. XXVI

Hantay
33 C.C.
383
d'Aire
Canal
401
DÉP.T
T.H.etC.C.
183
Billy-Berclau
382
922
Douvrin
C.ON
Chemin de Fer des Mines de Lens
894
N.O 7 895
Wingles
189

C.ON DE
MEURCHIN
Calcaire

La Bassée
Calcaire
Bande

C.ON D. ANNŒULLIN
241
Déule
DÉP.T
236
C.C.
181
242 T.H.
188 T.H.etC.C.
de
carbonifère
de
°Bauvin
T.H.etC.C.
190
180
B.

DÉP.T
DU

235
N.O 3
A.

177

Chemin DU
187
243
NORD
163 T.H.
162 T.H.
Provin
Hénin-Liétard
161
921 179
N.1 184
N.O 2 185
T.H.etC.C.
DE
Meurchin 178 T.H.
CALAIS
CARVIN
S.Jean 5.º

LENS
DE
C.ON DE COURRIÈRES

Échelle de 1/40,000

CONCESSION DE MEURCHIN

COUPE SUIVANT A.B.

Fosse N.º 3

Tourtia
Tourtia
170.m
206.m
Petite Veine
Petite Veine
Veine de l'Ouest
286.m Veine de l'Ouest
N.1 Veine de l'Ouest
Veine N.1
Veine N.1
Veine N.2
Veine N.3
Veine N.2
Veine N.3
Veine N.4
Veine N.4

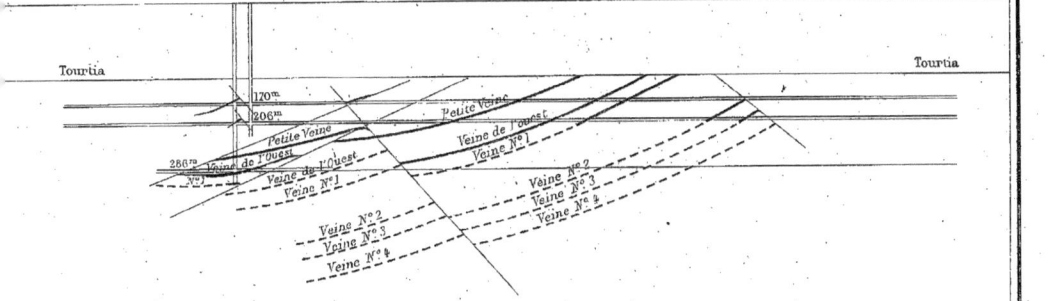

Échelle de 1 à 10.000

vé par R.Hausermann.
Lille Imp. Danel

Les fosses n°s 1 et 3 ont constaté et exploité un premier faisceau composé de 6 couches, dont 4 de 0 m. 90 à 1 m. 20 d'épaisseur, qui ont été suivies, principalement à l'ouest, sur un assez grand développement. La position de ces 6 couches est indiquée par la coupe verticale passant par la fosse n° 3, et le tableau ci-dessus donne la puissance de ces couches et les intervalles qui les séparent.

En outre de ces 6 couches, dont la houille renferme 13 % de matières volatiles, la fosse n° 1 a découvert, au sud, trois autres veines, supérieures aux précédentes et tenant 15 à 16 % de matières volatiles, savoir :

Grande veine................	1 m. 10 d'épaisseur
2e veine du midi.............	0 70 »
Veine n° 5......	0 85 »
Ensemble........	2 m. 65 d'épaisseur.

Ces dernières veines, qui n'ont pu être figurées dans la coupe verticale, ont été exploitées par la fosse n° 1, mais elles ont été interrompues par des failles.

Quant aux veines irrégulières, traversées par la fosse n° 3 à 167 mètres et à 205 mètres, elles n'ont donné lieu à aucune exploitation sérieuse. Elles produisaient du charbon à 16 % de matières volatiles.

Les détails, donnés page 59 sur la rencontre du calcaire carbonifère avec venue d'eau sulfureuse, montrent qu'un soulèvement ou une grande faille ont fait disparaître la formation houillère sur la partie est de la concession de Meurchin. Les contournements des couches de la fosse n° 1 paraissent être en corrélation avec la faille qui a amené le calcaire carbonifère à la fosse n° 2. Mais il est impossible de se prononcer actuellement sur l'importance de la portion de l'étendue de la concession de Meurchin qui est ainsi stérilisée par ce grand accident.

Bilan. — Le résumé ci-après du Bilan arrêté au 30 avril 1879 donne les dépenses faites et la situation financière de la Société.

ACTIF.	VALEUR brute.	AMOR- TISSEMENT.	VALEUR actuelle.
—	fr.	fr.	fr.
Frais de premier établissement....	2.998.671	1.715.223	1.283.448
Bâtiments.	436.065	102.451	333.614
Maisons d'ouvriers.............	230.885	69.385	161.500
Immeubles (terrains et construc-tions spéciales).	88.772	1.698	87.074
Machines....................	476.579	186.094	290.485
Matériel et mobilier	558.408	242.010	316.398
Marchandises et charbons en maga-sin.	183.505	»	183.505
Caisse, portefeuille, banquiers et débiteurs.	319.139	»	319.139
Souscripteurs à l'emprunt de 1875.	500.625	»	500.625
Actions rachetées............ ..	1.400	»	1.400
Totaux......	5.794.049	2.316.861	3.477.188

PASSIF.	SANS amortissement.	BÉNÉFICES immobilisés et amortis.	PASSIF réel.
—	fr.	fr.	fr.
Capital. — Actions	2.000.000	»	2.000.000
Obligations. — Émission de 1875.	1.000.000	»	1.000.000
Bénéfices non distribués et consacrés à l'amortissement.	2.316.861	2.316.861	»
Réserve statutaire et spéciale pour travaux.	226.048	»	226.048
Caisse de secours..............	106.422	»	106.422
Créanciers divers..............	144.718	»	144.718
Totaux.........	5.794.049	2.316.861	3.477.188

Dépenses faites. — Des chiffres de ce Bilan, complétés par d'autres renseignements particuliers, il résulte qu'au 30 avril 1879, la Compagnie de Meurchin avait réellement dépensé pour amener son entreprise, au point où elle se trouvait alors, savoir :

Exécution de 16 sondages			208,481 f. 30
Fosse N° 1	387,329 fr. 64		
» à Carvin	19,110 57		
» N° 2	351,936 51		
» N° 3	1,197,352 37		
			1,955,729 09
Bâtiments d'exploitation	486,065 f. »		
Maisons d'ouvriers	230,885 »		
			666,950 »
Terrains et constructions spéciales			250,999 02
Machines			476,579 »
Matériel et mobilier			558,408 »
Chemin de fer, pavés, rivage			266,050 24
Frais généraux de première installation, etc.			146,950 43

Fonds de roulement :

Marchandises et charbons en magasin	188,505 f. »		
Caisse, portefeuille, banquiers, débiteurs	319,189 »		
			502,644 »
Total			5,032,791 f. 08

Il a été fait face à cette dépense :

1° par l'apport de la Société de recherches, environ	150,000 f. »
2° par le versement des actions payantes	1,500,000 »
3° par un emprunt de 1 million, sur lequel il n'a été versé que	500,000 »
4° par des prélèvements sur les bénéfices, environ	2,882,791 08
Total	5,032,791 f. 08

Les Mines de Meurchin ont produit en 1878, 107,057 tonnes, et en 1879, 109,738 tonnes.

Le capital dépensé est donc de 4,6 millions par 100,000 tonnes extraites, ou de 46 francs par tonne.

Emprunt. — Les dépenses considérables de l'établissement du siège n° 3 amenèrent la Société de Meurchin, en 1874-75, à contracter un emprunt d'un million de francs.

Il fut émis 2,000 obligations de 500 francs, rapportant 6 % d'intérêt, et remboursables au pair, en 16 ans, à partir de 1880.

Toutefois, la Société ayant suspendu ses dividendes en 1877, les bénéfices ont suffi à l'exécution des nouveaux travaux, et il n'a été appelé que 250 francs sur chaque obligation; soit en totalité, 500,000 francs.

L'intérêt à 6 % de cette somme n'exige jusqu'ici que 30,000 fr. par an; mais à partir de 1880, l'intérêt et le remboursement des obligations demanderont annuellement environ 50,000 francs.

Dividendes. — Avec une seule fosse en extraction, la Compagnie de Meurchin réalisait bientôt des bénéfices qui lui permirent de distribuer des dividendes, dès 1862, aux 2,000 actions de 1,000 francs alors émises.

Le premier dividende fut de 55 fr. par action.

En 1863 et 1864, il ne fut pas distribué de dividendes, les bénéfices réalisés pendant ces deux années furent consacrés à l'ouverture de la fosse n° 2. Mais en 1865, il fut réparti un deuxième dividende de 30 francs par action, puis successivement:

En 1866............   100 francs.
» 1867......   80   »

En 1868, il ne fut pas distribué de dividende.

La répartition recommence en 1869, et elle est pour cette année de 40 francs par action, puis:

En 1870, de.........   50 francs
» 1871   25   »
» 1872   50   »
» 1873   125

A partir de cette année, par suite de la transformation de la Société en Société anonyme, il existe 4.000 actions de 500 francs.

Chacune de ces actions nouvelles reçoit 75 francs en 1874, 1875 et 1876.

Il n'a pas été distribué de dividende depuis 1876 ; les bénéfices ont été réservés pour l'exécution des nouveaux travaux. (15 août 1880.)

Valeur des actions. — On a vu que jusqu'en 1873, le capital de la Société de Meurchin était de 3 millions, représenté par 3,000 actions de 1,000 francs. Mais il n'en fut émis que 2,000.

Ces actions étaient cotées :

En 1862 à...............	1,020 francs
» 1863	1,030 »
» 1864	960 »

Il n'avait jusqu'alors été distribué qu'un dividende de 55 francs, en 1862.

On ne possède pas les prix de vente des actions de Meurchin de 1865 à 1867, années pendant lesquelles il fut réparti des dividendes successifs de 30 francs, 100 francs et 80 francs.

En 1868, on retrouve les actions à 950 francs. Il n'avait pas été réparti de dividende cette année.

En 1873, les actions de 1,000 francs reçoivent un dividende de 125 francs, bénéfice de l'exercice 1872-73. Elles suivent les progrès des prix de houille, et se vendent :

En février............	1,200 francs.
» juillet	2,250 »
» octobre......	2,908 »

L'Assemblée générale de novembre 1873 décide que le capital de la Société sera réduit à 2 millions de francs, chiffre alors émis ; que les actions seront dédoublées, et que chaque action de 1,000 francs sera remplacée par 2 actions de 500 francs, ce qui porte le nombre total des actions à 4,000.

Ces actions nouvelles de 500 francs sont cotées à la Bourse de Lille :

En janvier 1874	1,417 francs.

Elles s'élèvent :

En juillet 1874 à...... 2.442 francs
» janvier 1875 ...... 2,852 »
» août » ..... 3,693 »

Ce dernier taux est le maximum atteint.
La valeur des actions descend ensuite :

En septembre 1875 à... 3,025 francs.
» janvier 1876 ... 2,532 »
» juin » ... 1,940 »
» janvier 1877 ... 1,558 »
» juin » ... 1,071 »

Elles remontent

En janvier 1878 à...... 1,204 francs

pour redescendre :

En juin 1878 à....... 983 francs.
» janvier 1879 .... 910 »
» mars » ...... 706 »

Ce dernier prix est le minimum auquel les actions sont
descendues.
Elles remontent :

En octobre 1879 à...... 1,010 francs.
» décembre » ...... 1,262 »
» janvier 1880 ...... 1,187 »
» juin » ..... 1,270 »
» septembre » ...... 1,400 »

Prix de revient. — Le tableau ci-contre donne les déclarations, pour les treize années 1867 à 1879, de la Compagnie de
Meurchin, pour l'établissement de la redevance proportionnelle
à payer à l'État sur le produit net de son exploitation, à raison
de 5 % dudit produit net.

ANNÉES.	EXTRAC-TION.	DÉPENSES ordinaires ou d'exploitation.		DÉPENSES de premier établissement.		ENSEMBLE des dépenses.	
		En totalité.	Par tonne.	En totalité.	Par tonne.	En totalité.	Par tonne.
	Ton.	fr.	fr. c.	fr.	fr. c.	fr.	fr. c.
1867	49.253	490.929	9 96	32.4 8	0 66	523.407	10 62
1868	51.471	477.853	9 28	16.869	0 33	494.722	9 61
1869	57.612	516.885	8 98	28.777	0 49	545.662	9 47
1870	59.221	531.960	8 98	83.757	1 41	615 717	10 39
1871	62.150	509.903	8 20	115.965	1 86	625.868	10 06
1872	80.060	670.349	8 37	208.776	2 61	879.125	10 98
1873	89.076	850.360	9 59	189.015	2 12	1.039.375	11 71
1874	82.911	735.776	8 87	515.621	6 21	1.251.397	15 08
1875	80.593	732.145	9 08	551.381	6 84	1.283.526	15 92
1876	67.380	710.576	10 54	436.011	6 47	1.146.587	17 01
1877	83.031	884.979	10 66	156.773	1 88	1.041.752	12 54
1878	107.057	1.171.777	10 91	161.064	1 50	1.332.841	12 45
1879	109.738	1.154.236	10 51	116.856	1 07	1.271.092	11 58
Totaux..	979.553	9.437.728	9 64	2.613 343	2 67	12.051.071	12 31

Il résulte de ce tableau :

1° Que le prix de revient d'exploitation a été en moyenne, pendant les treize années 1867 à 1879, de 9 fr. 64 par tonne ; que le prix minimum, 8 fr. 20, a été réalisé en 1871 ; et que le prix maximum, 10 fr. 95, a été atteint en 1878.

2° Que les dépenses en travaux de premier établissement, pendant la même période, se sont élevées à 2,613,343 francs, ou

2 fr. 67 par tonne de houille extraite. C'est surtout pendant les trois années, 1874 à 1876, que les dépenses de cette nature ont monté à un chiffre considérable, plus de 500,000 francs par an, ou 6 fr. 50 par tonne, alors que la Compagnie établissait son siège d'exploitation n° 3, composé de deux puits jumeaux, creusés par le système Kind-Chaudron, avec cuvelage en fonte.

Prix de vente. — Les charbons de Meurchin contiennent 13 à 15 % de matières volatiles. Ils conviennent bien au chauffage des générateurs, et brûlent avec flamme, sans fumée. Ils sont assez galletteux.

D'après les rapports des Ingénieurs des Mines, leur prix moyen de vente a été successivement :

En 1862................	11 f. 34 la tonne.
» 1868.....	11 44 »
» 1869................	11 08 »
» 1870....	10 99 »
» 1871................	11 11 »
» 1872................	11 » »
» 1873................	14 75 »
» 1874....	15 42 »
» 1875................	14 40 »
» 1876................	16 33 »
» 1877................	13 11 »
» 1878................	12 74 »
» 1879................	11 95 »

Le marché pour une fabrication d'agglomérés dont il va être question ci-après, a exercé sur les prix de vente une influence très prononcée.

Des renseignements particuliers permettent d'établir que ce prix moyen de vente net a été réellement dans les quatre derniers mois de

l'exercice 1875-76................	16 f. 83 la tonne.
Et dans l'exercice 1876-77........	14 64 »
» 1878-79........	12 28 »

Pendant ces trois derniers exercices, les ventes comprenaient les diverses sortes de houille suivantes :

	1876-77	1877-78.	1878-79.
Gros	26,194	21,313	70,991 hectolitres.
Galletteries	20,014	21,148	66,124 »
Tout-venant	315,291	433,482	508,498 »
Petit-moyen criblé	296,678	431,338	506,800 »
Consommation	43,692	39,063	44,758 »
Totaux	701,869	946,344	1,197,171 hectolitres.
Poids moyen de l'hectolitre	92 k. 89	93 k. 62	93 k. 62
Vente en tonnes	65,197	88,598	111,109 tonnes.

Fabrique d'agglomérés. — En 1869, la Compagnie de Meurchin écoulait difficilement ses charbons, aussi accepta-t-elle la proposition de M. Couillard d'établir, près de sa fosse, une fabrique d'agglomérés à des conditions peu avantageuses pour elle.

Par un traité en date du 3 juin 1869, elle s'engagea à construire, moyennant 70,000 francs, à son rivage, une usine, sans son outillage, pour la fabrication, par M. Couillard, des charbons agglomérés.

Elle loua la dite usine à M. Couillard pour 11 années, moyennant un loyer de 15 % de la dépense d'installation faite par la Compagnie, pour la première année, et une réduction de 10 % du loyer par chaque année suivante.

M. Couillard s'engageait à prendre à la Compagnie 10,000 tonnes la première année, et 20,000 tonnes chacune des années suivantes, au moins, de charbon tout venant, au prix ferme de 8 francs la tonne, rendu à l'usine; plus une redevance de 0 fr. 50 par tonne de briquettes fabriquées, quelle que fût la provenance des charbons ayant servi à la fabrication.

M. Couillard s'obligeait d'employer toutes les fines à la fabrication des agglomérés et s'interdisait de vendre, à l'usine, autre chose que le gros charbon et la galletterie.

Cette convention fut très onéreuse à la Compagnie de Meurchin, et l'empêcha de profiter de l'élévation des prix de la houille pendant les années des hauts prix des houilles. Son exécution donna même lieu à des difficultés, qui finirent par une transaction.

Enfin, cette convention fut dénouée par un arrangement conclu en 1875, et moyennant une indemnité très lourde.

A partir du 1er novembre 1875, jusqu'au 31 mai 1881, la Compagnie de Meurchin reprend la libre disposition des 24,000 tonnes de houille qu'elle doit fournir annuellement à M. Couillard.

Comme indemnité, elle paye à ce dernier les 7/12 de la différence entre le prix moyen de vente de tous ses charbons et le prix de 8 fr. 40 stipulé dans le marché, ce prix comprenant l'indemnité de 0 fr. 50 par tonne de briquettes fabriquées.

L'indemnité ainsi établie porte sur la quantité de 24,000 tonnes, sauf le cas où l'extraction n'atteindrait pas, dans le courant de l'exercice, 72,000 tonnes ; auquel cas, elle ne porterait que sur le 1/3 des charbons extraits.

La Compagnie de Meurchin a payé ainsi à M. Couillard :

En 1875-76....... 48,050 f. » sur 12,000 tonnes.
» 1876-77....... 82,743 79

ou 3 fr. 64 par tonne sur 22,720 tonnes formant le 1/3 de son extraction pendant cet exercice.

En 1877-78........ 54,435 f. 04

L'extraction ayant atteint 86,966 tonnes, cette prime fut calculée sur le chiffre de 24,000 tonnes, ainsi que pour l'exercice suivant 1878-1879, pour lequel elle descendit à 52,744 fr. 57.

M. Couillard cessa donc sa fabrication à la fin de 1875, et démonta ses appareils.

En 1880, la Compagnie installe une nouvelle usine pour la fabrication des briquettes, et un lavoir du système Lührig pour l'utilisation de ses menus.

Renseignements sur la vente. — Les fosses de la Compagnie de Meurchin n'étaient pas reliées jusqu'ici aux lignes de chemin de fer ; placées sur le canal de la Deûle, leurs produits s'expédiaient surtout par bateaux.

Quant aux houilles expédiées par chemin de fer, elles étaient transportées par eau à la station de Don de la ligne de Béthune à Lille. Mais bientôt, les fosses de Meurchin seront reliées, par de courts embranchements, à la ligne ferrée en construction de Lens à Armentières.

La Société commence cette année la construction d'une gare d'eau avec quais élevés, munis des appareils de chargement du système adopté par la Compagnie des Mines de Lens.

Une usine à briquettes, avec lavoir du système Lührig et Coppée, est également en construction.

Les rapports des Ingénieurs des Mines fournissent les renseignements suivants sur la composition, les lieux de vente et les modes d'expédition des houilles de Meurchin.

	1873.	1874.	1875.	1876.	1877.	1878.	1879.
	Ton.	Ton.	Ton.	Ton	Ton.	Ton.	Ton.
Extraction : gros	»	»	»	4.225	3.619	9.690	10.503
tout-venant ...	»	»	»	61.496	77.709	95.388	97.158
escaillage	»	»	»	1.659	1.703	1.979	2.077
Totaux....	»	»	»	67.380	83.031	107.057	109.738
Vente : dans le Pas-de-Calais	33.264	34.704	39.109	23.951	33.220	22.210	9.874
» Nord	52.864	43.155	37.748	34.849	42.040	67.189	74 030
» les autres dépts	»	»	1.272	1.745	3.346	10.556	12.676
Totaux..........	86.128	77.859	78.129	60.545	78.606	99.955	96.580
Consommation de la mine..	2.857	3.390	3.666	5.772	5.265	6.035	6.345
Ensemble........	88.985	81.249	81.795	66.317	83.875	105.990	102.925
Vente : par voitures.......	»	»	»	6.990	10.118	11.296	7.619
par bateaux.......	»	»	»	51.775	60.788	67.659	73.981
par chemin de fer..	»	»	»	1.780	7.700	21.000	14.980
Totaux..........	»	»	»	60.545	78.606	99.955	96.580

Il résulte des chiffres du tableau précédent :

1º Que la proportion de gros, fourni par l'exploitation de Meurchin varie de 6,3 à 9 % de la production totale ;

2º Que les expéditions par bateaux représentent 67 à 85 % de la vente totale.

3º Que par suite de l'ouverture du chemin de fer d'Hénin-Liétard à Don, les expéditions par wagons qui n'étaient que de 1,780 tonnes, ou 3 %, en 1876, se sont élevées, en 1878, à 21,000 tonnes, ou 21 % ;

4º Que la vente des houilles de Meurchin s'effectue principalement dans le département du Nord, dans la proportion de 60 à 75 % ;

5º Que la consommation de la mine absorbe de 6 à 9 % de la production.

Ouvriers. — Salaires. — Les renseignements contenus dans le tableau ci-dessous sont extraits des rapports des Ingénieurs des Mines.

ANNÉES.	NOMBRE D'OUVRIERS			PRODUCTION PAR OUVRIER		SALAIRES	
	au fond.	au jour.	Total.	du fond.	des 2 catégories	Totaux.	par ouvrier.
				Tonnes.	Tonnes.	Fr.	Fr.
1869	302	75	377	187	150	320.050	848
1871	312	81	393	196	156	312.483	795
1872	300	108	408	233	171	445.775	1.092
1873	»	»	»	»	»	»	1.077
1875	»	»	»	»	»	»	845
1876	»	»	»	»	»	»	696
1877	443	164	607	188	136	461.490	760
1878	558	184	742	191	144	653.669	831
1879	516	200	716	212	153	597.612	834

Grève de Meurchin en août 1877. — Les salaires avaient été diminués de 10 % en février 1877. Au mois d'août de la même année, les ouvriers organisent une grève pour obtenir la remise des salaires à leur taux habituel : les rouleurs au charbon demandent l'augmentation, qui leur est refusée ; ils suspendent le travail : les mineurs, abatteurs de charbon, descendus avant eux, comme d'habitude, travaillent jusqu'à ce que l'encombrement des chantiers les forcent à s'arrêter, et ils remontent en refusant de rouler leurs produits : les remblayeurs refusent de rouler le charbon et ainsi de suite. La Compagnie maintient la réduction, et après trois semaines de chômage le travail reprend. Mais au mois de novembre, le stock étant entièrement disparu, les ouvriers présentèrent de nouveau leur demande d'augmentation, mais sans arrêter le travail. Après trois jours de pourparlers, satisfaction leur fut donnée. Depuis cette époque, le taux des salaires n'a pas bougé.

Demande de partage des fonds de la Caisse de secours. — La Compagnie de Meurchin avait établi, dès l'origine, comme la presque totalité des houillères du Pas-de-Calais et du Nord, et sur les mêmes bases, une Caisse de secours en faveur de ses ouvriers. Au cours de la grève de 1877, ceux-ci intentèrent un procès pour obtenir judiciairement la liquidation et le partage des fonds de la dite Caisse.

Une assignation à comparaître devant le Tribunal de Lille, fut donnée au Président du Conseil d'administration de la Cie des Mines de Meurchin, par trois ouvriers mineurs, Lannoy, Ledin et Robasse « co-intéressés », dans les termes reproduits ci-dessous :

« Attendu qu'il existe entre les ouvriers des Mines de Meurchin » une association dont le but serait d'assurer à tous les ouvriers » des dites mines, à leurs femmes et à leurs enfants, tous les » secours indispensables en cas de maladies ou d'accidents ; »

« Que l'existence de cette Société n'appert d'aucune pièce ; »

« Qu'elle résulte seulement de la retenue obligatoire de 3 % » sur les salaires de tous les ouvriers ; »

« Que, dans ces conditions, cette Société constitue une asso » ciation de fait, dont la durée est illimitée ; »

« Attendu que les requérants, membres de cette Société de » secours, en demandant aujourd'hui la liquidation et le partage ; »

« Par ces motifs et tous autres : »

« Voir dire que la Société de secours existant entre les ouvriers » des Mines de Meurchin est dissoute. »

« En conséquence, voir nommer par justice un ou plusieurs
» liquidateurs avec mission : »

« 1° D'établir l'actif, notamment en recherchant et rétablissant
» les sommes qui auraient pu être payées des fonds de la Caisse
» à titre d'indemnité, secours, frais de maladies ou pensions,
» en l'acquit de la Compagnie et par suite d'accidents dont elle
» était responsable ; »

« 2° De procéder au partage entre les ayants-droit au prorata
» de leurs versements respectifs. »

Etc., etc.

Jugement. — L'affaire vint devant le Tribunal civil de première instance de Lille qui, à la date du 23 août 1878, rendit un
jugement déboutant les demandeurs et dont voici le dispositif :

« Ouï les conclusions du Ministère public, »

« Attendu que la Caisse de secours de la Compagnie de Meur-
» chin, formée, non en vue d'un bénéfice à réaliser et à partager,
» mais pour subvenir, en cas d'accident, aux besoins des ouvriers
» et de leurs familles, constitue une Société d'une nature parti-
» culière, laquelle n'est pas régie par les articles 1832 et suivants
» du Code civil, mais qui crée entre les membres un contrat
» synallagmatique les obligeant réciproquement à exécuter les
» engagements contractés par l'adhésion aux statuts; »

« Attendu que tout ouvrier, en entrant au service de la dite
» Compagnie, contracte l'engagement de subir, sur son salaire,
» une retenue de 3 % au profit de la Caisse de secours ; »

« Que cet engagement est incompatible avec la demande de
» Lannoy et Ledin qui tend à la dissolution de la Caisse de secours
» et à sa mise en liquidation, puisque cette dissolution aurait pour
» résultat de les libérer de leur obligation ; »

« Que cette demande doit donc être rejetée comme contraire
» au contrat qui fait la loi des parties ; »

« Qu'elle doit l'être également comme étant en opposition avec
» le but de cette association, défini ci-dessus, et avec les prin-
» cipes généraux du droit qui ne permettraient pas le partage,
» entre les ouvriers actuels de Meurchin, des sommes versées
» par leurs prédécesseurs pour un emploi déterminé ; »

« Qu'il n'y a pas lieu, d'après ces motifs, de rechercher si la

» recevabilité d'une pareille demande n'exigerait pas, au préa-
» lable, la mise en cause de tous les intéressés. »

« Le Tribunal : »

« En donnant acte à Robasse de son désistement, qui est accepté
» par les autres parties, »

« Déboute Lannoy et Ledin de leur demande, »

« Les condamne aux dépens envers toutes les parties à l'excep-
» tion de ceux relatifs à Robasse qui demeurent à la charge de ce
» dernier. »

Signé : « Félix Le Roy »
et « Fiévet. »

Accident du 3 février 1872. — Survenu à la fosse n° 1,
vers 9 heures du soir.

Quatorze ouvriers remontaient dans une cage : à 12 mètres
au-dessus de l'accrochage de 220 mètres (le puits avait 232 mètres
et le puisard était à peu près plein d'eau), la patte du câble se
rompt ; l'une des griffes du parachute fonctionne et se brise,
l'autre glisse sur le guide et la cage retombe au puisard : six
ouvriers s'échappent à la nage, les huit autres sont noyés ou
tués dans la chute. L'enquête de l'Administration des Mines
établit que la patte du câble était en mauvais état, et que la griffe
du parachute qui n'avait pas fonctionné était usée par le frotte-
ment. Il est bon de noter que la patte rompue fonctionnait depuis
le matin seulement. Le Parquet de Lille fit remonter la responsabilité de l'accident aux agents chargés de la surveillance et de
l'entretien des engins d'extraction, et à l'Ingénieur ; celui-ci fut
condamné à 3 mois de prison, le maître-porion à 20 jours, et le
maître-forgeron qui avait posé la patte, à 15 jours. Une partie des
peines fut remise par la Commission des grâces.

PUITS.

N° 184. — Fosse n° 1. Sur Provins. — 1857. — Niveau passé avec une machine à traction directe puissante. Fourni , à certains moments , jusqu'à 140 hectol. d'eau par minute. Terrain houiller à 130 mètres. A peine l'a-t-elle atteint , qu'elle rencontre une veine de 1 m. 10 , inclinée à 16°. Traverse ensuite 102 m. 15 de terrain stérile , et rencontre une 2e couche , également de 1 m. 10 , à 232 m. 15.

Entre en exploitation en 1859 , à 173 m.

En 1870 , Le chevalet est incendié. On le remplace par deux massifs en maçonnerie.

L'approfondissement du puits, repris en 1878, est poussé à 283 m. 30 Il rencontre une veine n° 3 , à 252 m. , et à 273 m. , la même veine rejetée.

Avaleresse de Carvin. — 1857. — Abandonnée à 14 m. 80. Entreprise en vue d'obtenir une partie du terrain demandé par la Compagnie de Carvin.

185. — N° 2, à Meurchin. — 1864. Terrain houiller à 132 m. 50. Jusqu'à 185 m., rencontre des schistes compactes, noirâtres et très siliceux (phtanites) ; de 185 à 190 m. , les schistes sont mélangés de rognons de calcaire. 1re veine, irrégulière, de 0 m. 60 , à 194 ; 2e veine de 0 m. 50 , à 203 m. A partir de 213 m. , une partie de la fosse se trouve dans les terrains bouleversés, sans consistance ; l'autre partie continue à traverser des assises plus régulières de schistes noirâtres. Faille presque verticale , présentant de grandes difficultés dans l'approfondissement.

En 1866 , on ouvre un accrochage à 240 m.

La bowette sud est entièrement dans le calcaire. Elle recoupe une première venue d'eau à 35° ; puis , à 15 m. du puits , une deuxième source d'eau à 40°, qui fournit bientôt , 20,000 hectolitres par 24 heures ; et la fosse se remplit d'eau et doit être abandonnée.

Profondeur totale , 250 m.

Eau minérale très sulfureuse. Plusieurs tentatives sont faites pour l'utiliser, mais sans résultat.

235. — N° 3. — 1er puits , commencé en 1869 par le procédé à niveau vide. N'a pu être poussé que jusqu'à 21 m. 38 de profondeur. Eaux très abondantes , 84 hectolitres par minute , dans des marnes très fendillées et ébouleuses qui amènent des affouillements au jour, malgré l'emploi des moyens les plus énergiques.

On y avait dépensé 150,517 fr. 18 , lorsqu'on se décide à poursuivre le creusement de ce puits par le système Kind-Chaudron. On est obligé de soutenir les terrains par des tubes en fonte jusqu'à 32 m. 65.

Le cuvelage en fonte est descendu jusqu'à 81 m. 50 ; à la fin de 1873, atteint le terrain houiller à 127 m. 60. Profondeur totale , 290 m. — Entre en exploitation en 1875.

Un 2e puits , destiné à l'aérage, est ouvert, en 1873, à 35 m. du 1er, par le procédé Kind-Chaudron.

Le diamètre de ces deux puits est de 3 m. 20. Au 30 août 1879, il a été dépensé, pour le creusement des 2 puits du siège n° 3, non compris les terrains, bâtiment et machine 1,197,352 fr. 37.

SONDAGES.

N° 350. — Sondage d'Haverskerque, près Saint-Venant. — Exécuté par la Société Daquin et Cⁱᵉ, en 1854-55.

Calcaire carbonifère à 208 m 76.

177. — N° 1 à Meurchin. — Sur la route qui conduit du village au canal. — 1856.

Terrain houiller à........	118 m. 95
Passée de 0 m. 30 à......	119 55
Veine de 0 m. 55 à.......	133 01
Profondeur totale........	145 35

178. — N° 2, à Meurchin. — Sur le chemin de Meurchin à Carvin, à l'extrémité du territoire contre Carvin. — 1857.

Terrain houiller à........	134 m. 40
Veine de 0 m. 85 à.......	148 95
Profondeur totale........	177 43

230. — N° 3, à Haisnes. — Contre la route départementale n° 12, de Lens à la Bassée. — 1857.

Terrain houiller à	143 m. 88
Passée de 0 m. 10 à.......	150 39

Arrêté, par suite d'accident, à la profondeur de 154 m. 69.
Est compris dans la concession de Douvrin.

179. — N° 4, à Provin. — 1857.

Terrain houiller à	134 m. 80
1ʳᵉ veine de 1 m. 14 à.....	145 65
2ᵉ « 0 m. 75 à.....	154 55
Profondeur totale........	155 60

180. — N° 5, à Bauvin. — 1857.

Terrain houiller à	123 m. 20
1° Passée de 0 m 20 à.....	125 60
2° » 0 15 à.....	136 35
Profondeur totale	174 50

181. — N° 6, à Bauvin. — 1587.

Calcaire carbonifère à.....	129 m. 80
Profondeur totale à	130 63

231. — N° 7, à Camphin. — Au nord-ouest du village, à 450 mètres de la route de Lille. — 1857.

Calcaire à	122 m. 10
Arrêté à	124 25

233. — N° 8, à Annœullin. — A 100 mètres au sud de l'église.

Schistes argileux grisâtres, mais sans empreintes, paraissant appartenir à la formation houillère à......................... 130 m. 70

Schistes pyriteux à......	177	45
Calcaire à..............	178	05
Arrêté à................	178	70

165. — N° 9, à Carvin. — Sur la route de Lille. — 1857.
Épaisseur des morts-terrains, 128 m. 55.
Calcaire carbonifère.
Profondeur totale, 131 m. 30.
Est compris dans la concession de Carvin.

232. — N° 10, à Annœullin. — 1858.

Calcaire noirâtre à........	129 m. 23
Profondeur totale........	129	50

234. — N° 12, à Douvrin. — 1857.

Calcaire carbonifère à.....	140 m. 50
Arrêté à................	140	85

189. — N° 13, à Wingles. — A la limite méridionale de la concession. — 1867.

Terrain houiller à	124 m	55
Veine de 0 m 65 à........	178	35
» 0 20 à........	245	15
Profondeur totale........	255	05

Terrains brouillés.

190. — N° 14, à Berclau. — 1867.

Terrain houiller à	120 m.	»
Veine de 1 m. 60 à......	170	33
Calcaire à..............	217	90
Arrêté à	219	18

921. — N° 15, à Provin. — A côté du n° 4 (179). — 1873.

Terrain houiller à	135 m. 15
Veine de 0 m. 80 à........	146	36
» 0 30	154	88
» 0 25	165	36
» 2 30	165	86
» 0 20	224	50
» 2 74	267	53
Arrêté à	291	83 dans des grès.

922. — N° 16, à Douvrin. — Sur la route de Douvrin à Billy-Berclau, à 750 mètres du clocher de Douvrin. — 1876.

Terrain houiller à	138 m. 45
Veine de 0 m. 80 à........	185	14
» 0 35	194	90
» 0 51	199	30
» 0 20	204	»
» 1 07	225	38

Veine de 1   46 à........ 257 m. 31
    »   0   76   260   48
    »   1   03   356   »
Arrêté à 406   92 dans des grès.

SONDAGES EXÉCUTÉS PAR DIVERSES SOCIÉTÉS.

18. Sondage n° 2 de la Compagnie de Courrières. — 1856. — Terrain houiller à 142 m. 25.

    1 veine de 0 m. 45 à ...... 146 m. 45
    1 »   0   84   152   59
    1 »   0   25   152   99

Profondeur totale, 153 m. 10. — Inclinaison, 24°.

182. — Sondage n° 1 de la Compagnie de Lens à Billy-Berclau. — 1857.

    Terrain houiller à .... 136 m. 20
    Veine de 0 m. 77 à....... 141   14
    »   0   10   143   91
    »   0   43   150   34
    Profondeur totale........ 151   92

183. — Sondage n° 2 de la Compagnie de Lens à Billy-Berclau. — 1857.

    Terrain houiller ou phtanite à. 136 m.
    Calcaire carbonifère à....:.... 155

On traverse 17 m. de ce dernier terrain, et on arrête le sondage à 172 m.

382. — Sondage n° 4 de la Compagnie de Douvrin. — 1858.

Terrain houiller à 138 m. 35.

Aurait, d'après la Compagnie, découvert une couche de houille de 0 m. 57, en janvier 1859, à 169 m. 37.

Profondeur totale, 171 m.

401. — Sondage de la Compagnie de Douvrin. — A effleuré le terrain houiller à 140 m. 50, et traversé une veine de houille de 0 m. 42 de hauteur verticale.

Profondeur totale, 142 m.

XV.

MINES DE CARVIN.

Société de recherches la Basséenne. — Statuts de la Compagnie de Carvin. — Concession. — Travaux — Production. — Gisement. — Chemin de fer. — Procès. — Dividendes. — Valeur des actions. — Dépenses faites. — Emprunt. — Ouvriers. — Salaires. — Maisons. — Prix de revient. — Prix de vente. — Renseignements sur la vente. — Agglomérés. — Puits. — Sondages.

Société de recherches la Basséenne. — Le 23 mars 1857, c'est-à-dire deux ans après l'établissement des premières recherches d'Ostricourt, MM. Descat-Leleux, Lecocq, Grenier et autres, formaient une société dite *la Basséenne*, pour rechercher la houille au nord des concessions de Lens et de Courrières.

Cette Société avait pris possession d'un terrain à Provin, dès le 14 février 1857, mais n'y avait fait aucun travail. Puis, changeant d'avis, elle commençait, le 20 février 1857, sur Carvin, un sondage, n° 161, qui atteignait le terrain houiller à 133 m. 50, puis la houille à 135 m. 90.

Encouragés par cette découverte, MM. Descat-Leleux et consorts se constituèrent en société sous une nouvelle forme, et sous la dénomination de *Société houillère de Carvin*, par acte reçu par Me Calonne, notaire à Béthune, le 29 juillet 1857.

La nouvelle Société entreprit sur Annœullin trois nouveaux sondages, nᵒˢ 160, 162 et 163, et y rencontra le terrain houiller dans tous les trois, et la houille dans les deux premiers, qui fut constatée par l'Administration des Mines fin 1857 et au milieu de 1858.

Statuts. — La Société est civile.

Elle prend la dénomination de *Compagnie houillère de Carvin*.

Son siège est à Carvin.

Le capital est fixé à 4 millions, divisé en 8,000 actions de 500 francs.

Ces actions seront émises au fur et à mesure des besoins.

Elles seront nominatives jusqu'à leur complète libération ; alors elles seront au porteur.

Il est attribué aux comparants ou membres de la Société de recherches, 1,920 actions affranchies de tout versement et exemptes de tous appels de fonds, et au porteur, en compensation de leur apport, de travaux de sondages exécutés ou en voie d'exécution, de leurs droits d'invention et de priorité.

Il est de plus remis au Conseil d'administration, 80 actions libérées, pour récompenser des services rendus ou à rendre à la Société.

Il est émis immédiatement 1,000 actions payantes ; les 5,000 restant ne seront émises qu'ultérieurement, sur la décision du Conseil d'administration, avec privilège spécial pour leur souscription au profit des propriétaires des actions libérées ou payantes de la première émission.

Le Conseil d'administration est composé de 7 membres, élus pour 7 ans.

En cas de décès d'un administrateur, il est pourvu à son remplacement par les membres restants.

La présence de trois membres suffit pour la validité des délibérations.

Un des administrateurs est délégué pour suivre les affaires de la Compagnie.

Le Conseil d'administration est investi des pouvoirs les plus étendus.

L'Assemblée générale se compose de tous les porteurs de dix

actions, donnant droit à une voix. Un même actionnaire ne peut réunir plus de cinq voix.

Elle entend le rapport du Conseil, approuve les comptes, s'il y a lieu.

Elle nomme un Comité de 3 membres pour la vérification des comptes.

Les écritures seront arrêtées le 2 janvier de chaque année (1).

Le Conseil d'administration détermine le chiffre des dividendes, dont la quotité est fixée définitivement par l'Assemblée générale.

Il sera prélevé, sur les bénéfices, 5 % destinés à former un fonds de réserve de 300,000 francs.

Sur le capital de 4 millions, divisé en 8,000 actions de 500, il fut attribué aux fondateurs, en compensation de leur apport, 2,000 actions libérées = 1,000,000. Il fut émis successivement :

1º 1,000 actions, à l'origine, ayant produit ...			500,000	francs.
2º 400 » en 1858,	»	...	200,000	»
3º 600 » en 1859,	»	...	800,000	»
2,000 actions			1,000,000	francs.

de sorte que le capital était d'abord représenté par 4,000 actions de 500 francs = 2,000,000.

Ce capital est encore le capital actuel, une délibération de l'Assemblée générale du 6 juillet 1868 ayant réduit à 2 millions le capital fixé, dans l'acte de Société, à 4 millions.

Concession. — La concession de Carvin a été instituée le 19 décembre 1860, comme celles de Meurchin, Annœullin et Ostricourt. La superficie est de 1,150 hectares.

Les concessionnaires sont, d'après le décret, les sieurs Masclet, Le Rousseau, de Leven, Descat-Leleux, Grenier, Lecocq et Testelain, administrateurs de la Société civile houillère de Carvin.

La première demande de concession de la Société de Carvin datait du 1er novembre 1857, après la découverte de la houille

----

(1) A partir de 1866, l'année commerciale commence le 1er mars pour finir le 28 février de chaque année.

dans son premier sondage. Elle portait sur une partie des terrains demandés par la Compagnie de Meurchin.

La Compagnie de Courrières, qui avait exécuté antérieurement plusieurs sondages au sud de Carvin, avait aussi demandé, longtemps auparavant, les terrains à concéder, à titre d'extension de sa concession primitive.

D'un autre côté, la Société de Don, qui avait aussi exécuté des sondages heureux au nord de Carvin, disputait à cette dernière les terrains concessibles.

L'instruction de ces diverses demandes fut longue et laborieuse. L'Administration se prononça à la fin en faveur de l'établissement de deux nouvelles concessions, celles de Carvin et de Don, qui furent accordées aux deux Sociétés connues sous ces noms.

La Compagnie de Courrières réclama ensuite le remboursement des dépenses de sondages exécutés dans le périmètre concédé à la Compagnie de Carvin. Une transaction amiable intervint entre les deux Compagnies ; la Compagnie de Carvin paya à la Compagnie de Courrières une somme de 20,000 francs à titre de remboursement de parties de ces dépenses.

La Compagnie de Meurchin éleva une semblable réclamation pour un sondage exécuté par elle dans le périmètre de la Société de Carvin. Celle-ci paya à la première, 5,013 fr. 67.

Mais à son tour, la Compagnie de Carvin fit payer à la Compagnie de Don, la moitié de la dépense d'un sondage exécuté par elle, dans le périmètre d'Annœullin, soit 3,049 fr. 13.

Pendant l'instruction des diverses demandes en concession du nord du Bassin, les Ingénieurs conclurent à accorder une seule concession aux deux Sociétés réunies de Carvin et de Don.

Un projet de fusion fut longtemps débattu et discuté entre les deux Sociétés, et au moment d'aboutir.

Toutefois, le Gouvernement se décida à partager entre les trois Sociétés de Meurchin, Carvin et Don, le terrain houiller concessible, et à accorder à chacune d'elles une concession distincte.

Travaux. — Immédiatement après la découverte du terrain houiller au sondage n° 161, en 1857, la Société de Carvin ouvrait, sur le territoire de la commune de ce nom, une fosse n° 1 (157). Le niveau fut facile à passer à l'aide d'une simple machine

d'extraction de 30 chevaux. A un moment donné, on eut
cependant 6,000 hectolitres d'eau à épuiser par 24 heures.

Le terrain houiller fut atteint à 135 mètres, puis on traversa
successivement :

1 couche de houille de	0 m.	90	à	152 m.	80
1 »	»	0	83	164	30
1 »	»	0	60	189	60

inclinées vers le sud de 18 à 26°. La houille, de nature sèche,
était de bonne qualité et convenait bien au chauffage des générateurs. Un accrochage fut ouvert à 150 mètres, et, malgré que
les terrains fussent assez accidentés, l'exploitation des trois belles
couches rencontrées, commencée en 1859, fournissait déjà en
1860, 1,500 hectolitres par jour, et réalisait des bénéfices importants, 146,760 fr. 83 pour 1859 et 1860.

L'extraction de la fosse n° 1 s'élève successivement :

En 1859 à...............	16,659	tonnes.
» 1860...............	30,532	»
» 1861............ ...	40,795	»
» 1862......	65,680	»

Une deuxième fosse, n° 158, fut ouverte, au midi de la première,
en 1861. Le niveau, sans offrir de grandes difficultés, ne put être
passé qu'à l'aide d'une forte machine d'épuisement.

Cette fosse atteint le terrain houiller à 140 m. 18, et entre en
exploitation en 1863. Cette exploitation fournit des houilles
beaucoup plus maigres et de moins bonne qualité que celle de la
fosse n° 1. C'est une anomalie ; la fosse n° 2 est pourtant plus au
centre du Bassin, et la houille devient plus grasse, et renferme
plus de matières volatiles, au fur et à mesure qu'on s'avance du
nord au sud. (Voir la planche XXVIII.)

Tandis qu'à la fosse n° 1, les couches présentent une faible
inclinaison, environ 18°, à la fosse n° 2, cette inclinaison varie
de 23 à 44°.

La mise en exploitation de cette dernière fosse n'amena pas
une grande augmentation dans l'extraction de la Compagnie.

Cette extraction qui était, avec une seule fosse, de 65,680
tonnes en 1862, ne s'éleva, avec les 2 fosses, qu'à 68,000 tonnes
de 1863 à 1865, et à 77,000 tonnes de 1866 à 1869.

Une troisième fosse, n° 245, fut ouverte, en 1867, au sud-est du n° 2. Les eaux furent assez abondantes dans le niveau. Le terrain houiller fut rencontré à 138 m. 40, et cette fosse entra en exploitation en 1870. Les couches fournissent une houille assez maigre. La bowette au nord, du niveau de 188 mèt., à 30 mèt. de l'accrochage, et immédiatement en dessous du mur d'une veine, a traversé une couche de schiste, de 7 mètres d'épaisseur, renfermant de nombreuses coquilles marines du genre *Productus* et *Orthis*.

Cette couche repose sur un banc de grès donnant une assez grande quantité d'eau salée, renfermant par litre :

Chlore..............	0 gr. 797
Acide sulfurique	1 328

Cette composition de l'eau n'est pas particulière à la fosse n° 3 de Carvin ; dans la plupart des houillères du Nord et du Pas-de-Calais, les eaux rencontrées dans le terrain houiller sont salées et présentent une composition analogue, et se rapprochant de celle de l'eau de mer.

Production. — La première fosse de Carvin fut ouverte en 1857, et dès l'année 1859 elle entrait en exploitation. Sa production fut successivement :

En 1859 de.......	16,659 tonnes.
" 1860..........	30,532 "
" 1861..............	40,795 "
" 1862.	65,680 "
	153,666 tonnes.

Une deuxième fosse, ouverte en 1861, commence à extraire en 1863, et la production totale s'élève :

En 1863 à........	67,096 tonnes
" 1864..............	68,907 "
" 1865..............	66,765 "
" 1866	76,156
" 1867	75,420
" 1868	75,607
" 1869	76,904 "
	506,855 "
A *reporter*......	660,521 tonnes.

Pl. XXVII

CONCESSION ET TRAVAUX DE CARVIN

188 C.C.
C^{on} Calcaire
D'ANNŒULLIN
162 T.H.
159 C.C.
D U
297 C.C.
Camphin-
en-Carembault
298 C.C.
165 C.C.
Lille

Provin
Carbonifère
D E P^t
160
à
Carbonifère
D
164
NORD

D E
de
Fe
C^{on}
161
919 C.C.
172
de
de Carvin

179
MEURCHIN
St Émile
St Adelphine
St Julien
20
N°1
Grande
Calcaire
Route
de
CARVIN
OSTRICOURT
174

D U
Don
159
N°2
918 C.C.
P A S
Chemin de Fer de Carvin-Ville
D E
173
917

178
N°3
Hénin-Liétard
C A L A I S

D E P^t
18
920 T.H.
245
17
C^{on}

Echelle de 1/40.000
C^{on} DE COURRIÈRES

gravé par R.Hausermann Lille. Imp. Danel

Report...... 660,521 tonnes.

La troisième fosse entre en exploitation en 1870, et l'extraction des trois fosses atteint :

En 1870...............	84,927	tonnes.
» 1871...............	101,998	»
» 1872...............	117,733	»
» 1873...............	136,506	»
» 1874...............	133,621	»
» 1875...............	149,880	»
» 1876...............	117,827	»
» 1877...............	126,513	»
» 1878...............	133,148	»
» 1879...............	127,297	»
	1,229,450	»

Production totale depuis l'origine...... 1,889,971 tonnes.

Gisement. — La planche XXVII, dressée à l'échelle de 1/40,000ᵉ, donne la position des puits et sondages exécutés dans la concession de Carvin, et la trace des diverses couches qui y sont exploitées, d'après les plans des travaux.

Ces couches sont au nombre de 19. Elles forment, d'après la nature de la houille, 3 groupes distincts :

1° GROUPE Nᵒ 1. — 7 couches exploitées par les fosses nᵒ 1 et nᵒ 2, charbon demi-gras, tenant de 14,50 à 17 % de matières volatiles ;

2° GROUPE Nᵒ 2. — 6 couches exploitées par les fosses nᵒ 2 et nᵒ 3, charbon quart-gras, tenant de 13 à 14 % de matières volatiles ;

3° GROUPE Nᵒ 3. — 6 couches exploitées également par les fosses nᵒ 2 et nᵒ 3, charbon maigre, tenant de 10 à 12,50 % de matières volatiles.

A l'inverse de ce qui se présente dans toute la formation houillère du Nord de la France, à Carvin ce sont les couches exploitées par la fosse nᵒ 1, c'est-à-dire les plus septentrionales, ou qui paraissent les couches inférieures, qui sont les plus grasses ; et les couches méridionales, exploitées par la fosse nᵒ 3, ou qui paraissent les couches supérieures, qui sont les plus maigres.

C'est là une anomalie, dont on trouvera l'explication dans les coupes verticales à l'échelle de 1/10,000ᵉ dues à l'obligeance de M. E. Daubresse, directeur des mines de Carvin, et reproduites dans la planche XXVIII.

Personne mieux que M. E. Daubresse, qui a suivi et exécuté depuis l'origine tous les travaux des mines de Carvin, n'était plus à même de rendre compte des faits singuliers qui se présentaient sur ce point de la formation houillère : c'est d'abord la pénétration d'un grand cap de calcaire carbonifère, qui s'avance du nord jusque près la fosse n° 3 ; puis une série de failles qui ne laissent apparaître le groupe n° 1 des couches de houille demi grasse, que sur une faible partie de la concession, ce groupe de couches ayant été enlevé par des érosions sur les autres points où se montrent les couches de houille quart grasse, et maigre.

Chemin de fer. — Dès la mise en exploitation de la première fosse de Carvin, les moyens d'écoulement des produits faisaient défaut.

La Compagnie établit, en 1861, sur la grande route, un petit chemin de fer, à traction de chevaux, pour conduire ses charbons au canal de la Deûle.

En même temps, elle demandait l'autorisation de relier, par un grand chemin de fer, ses fosses à la ligne du Nord, à la gare de Carvin-Libercourt. Cette autorisation lui fut accordée par décret du 7 octobre 1863, et avec la condition de faire un service public de marchandises et de voyageurs jusqu'à Carvin-Ville.

La Compagnie du Nord se chargea de la construction de ce chemin moyennant une somme de 345,810 fr. 07, payable en dix annuités de 42,626 fr. 54, y compris les intérêts.

L'inauguration eut lieu le 15 juin 1864, pour le service des charbons, et une année après, pour le service public.

La longueur du chemin est de 7,850 mètres, y compris les voies de garage. Il a nécessité l'achat de 14 hectares 63 ares 13 centiares de terrains qui ont coûté à la Compagnie 230,000 francs.

Au 1ᵉʳ mars 1871, ce chemin de fer est repris dans le bilan pour 883,662 fr. 67.

Procès. — En septembre 1865, quelques actionnaires assignèrent le Conseil d'administration en *nullité* de la Société *sous prétexte d'ordre public.*

CONCESSION
DE
CARVIN

COUPE NORD-SUD
suivant A.B

COUPE OUEST-EST
suivant C.D.

Groupe N° 1   Charbons demi-gras.
Groupe N° 2   Charbons gras et très-gras.
Groupe N° 3   Charbons maigres.

Fosse N° 3   Fosse N° 2   Fosse N° 1

Tourtia   Tourtia

Terrain houiller   Bassin inexploré

Groupe

Calcaire   Calcaire

Fosse N° 1   Tourtia

Terrain houiller   Bassin inexploré   Groupe N° 3

Groupe N° 2   Groupe N° 1

Calcaire   Terrain houiller

Groupe N° 3

Échelle de 1 à 25000

Le Conseil confia sa défense à M° Dufaure. Le tribunal de Béthune, tout en déboutant les demandeurs des conclusions auxquelles ils attachaient certainement le plus d'importance, crut néanmoins devoir prononcer la nullité de la Société (1). « Le » tribunal semble dire que certaines responsabilités ont été éludées » par la forme qui a été donnée à notre acte social. »

Le Président du Conseil et administrateur délégué, était nommé par le jugement du tribunal, liquidateur judiciaire et administrateur provisoire de l'exploitation.

La Compagnie interjeta appel de ce jugement, et les actionnaires qui avaient entamé le procès, à l'exception d'un seul, se désistèrent. Une transaction intervint avec ce dernier, auquel on remboursa, en capital et intérêts, le prix de 55 actions, soit 48,231 fr. 85, ou 876 fr. 94 par action (2).

A partir de cette époque, les actions formant le capital social en émission se sont trouvées réduites de 4,000 à 3,945.

Dividendes. — Le succès de la Compagnie de Carvin fut rapide, et son exploitation productive dès le commencement.

Aussi, dès le 15 septembre 1864, pouvait-elle distribuer, comme résultat de l'exercice 1863-64, un premier dividende de 25 francs à chacune des 4,000 actions émises

Un deuxième dividende de même importance, prélevé sur les bénéfices de 1864-65, fut distribué en 1865.

On distribue ensuite :

30 francs par action sur les résultats de l'exercice	1865-66
40 » » »	1866-67
20 » » »	1867-68
40 » » »	1868-69

Il n'y eut pas de répartition en 1869-70 ni en 1870-71.

Mais en 1871-72 on distribua 25 francs par action,
et en 1872-73 » 52 » »

Les hauts prix qu'atteignent les houilles permettent de distribuer 120 francs par action sur chacun des exercices 1873-74, 1874-75 et 1875-76.

(1) Rapport du Conseil d'administration à l'Assemblée générale du 8 avril 1866.
(2) Rapport du Conseil d'administration à l'Assemblée générale du 17 février 1867.

Le dividende tombe ensuite à 30 francs en 1876-77, et à 15 francs pendant chacun des exercices 1877-78 et 1878-79.

Il remonte à 25 francs en 1879-80.

Valeur des actions. — En janvier 1861, la Compagnie de Carvin avait émis 4,000 actions de 500 francs, chiffre auquel fut réduit le capital social en 1868. La fosse n° 1 était en exploitation, et les actions valaient 650 francs et même 700 francs.

Elles tombent, en 1862, à 500 francs et même à 480 francs.

A partir de 1864 et jusqu'en 1869, les actions reçoivent six dividendes qui varient de 20 à 40 francs. Le nombre d'actions en circulation est réduit, en 1867, à 3,945, par le rachat de 55 actions, à 876 fr. 94 l'une.

Le prix de vente des actions s'élève et atteint 1,030 francs en 1868.

Mais il n'est plus, en juillet 1872, que de 900 francs.

A partir de cette date, et pendant les hauts prix de vente des houilles et avec des dividendes de 120 francs, la valeur des actions s'élève successivement à

A 1,040 francs en janvier 1873.
2,000   »   juillet   »
2,500   »   »   1874.
2,580   »   janvier 1875.
3,500   »   avril   »
3,600   »   août   »

Ce dernier chiffre est le prix maximum qu'aient atteint les actions de Carvin.

Les dividendes diminuant, on les retrouve :

Eu janvier 1876 à 2,800 francs.
»   juillet   »   2,500   »
»   janvier 1877   1,700   »
»   juillet   »   1,500   »
»   janvier 1878   1,400   »
»   juillet   »   1,140   »
»   janvier 1879   1,125   »

Elles oscillent entre 1,000 et 1,380 francs pendant l'année 1879, et en juillet 1880 elles se vendent, à la Bourse de Lille, à 1,440 francs.

Dépenses. — Au 31 décembre 1860, la Compagnie de Carvin avait une fosse en exploitation. Elle avait alors dépensé en terrains, bâtiments, fosse, matériel et approvisionnements .... 1,128,702 f. 45

Elle avait encaissé sur les actions émises.... 867,750 »

Différence............ 260,952 f. 45

représentée :

par ce qu'elle devait à divers.................... 114,191 f. 62

par les bénéfices réalisés sur l'exploitation...... 146,760 83

Son bilan, au 31 mars 1864, alors qu'elle avait deux fosses en exploitation, comprenait les dépenses suivantes :

Valeur de la fosse n° 1 .... 398,578 f. 62

»   »   n° 2 .... 395,654 01

794,232 f. 63

Terrains et constructions.......................... 258,574 98

Appareils à vapeur.................. .... 214,855 73

Matériel................................. . 184,132 53

A compte sur le chemin de fer..................... 21,275 41

1,572,561 f. 28

Fonds de roulement :

Caisse et créances.................... 161,667 f. 56

Charbon et marchandises en magasin... 69,785 54

231,453 10

Total............ 1,804,024 f. 38

La production était, en 1864, de 68,907 tonnes. Il avait donc été dépensé alors 26 francs par tonne, sans tenir compte des dépenses faites en recherches avant l'obtention de la concession.

Le bilan arrêté au 1ᵉʳ mars 1872 donne, pour dépenses faites à cette date, avec trois fosses en exploitation, le chiffre de 4,367,143 fr. 81.

Savoir :

Fosses (terrains, matériel, constructions et appareils)... 2,222,224 f. 63

Chemin de fer (terrains, matériel et construction)...... 883,662 67

3,105,887 f. 30

Fonds de roulement :

Espèces , portefeuille , banquiers..	99,229 f.	92
Charbon et marchandises en magasin.	102,526	97
Dû par acheteurs de houille , etc.	59,499	62
	261,256	51
Ensemble.	3,367,143	81

Si l'on ajoute à cette somme la valeur de la richesse houillère apportée par la Société de recherches , et la valeur des 80 actions employées à récompenser divers services   1,000,000   00

On a pour la dépense totale de la Compagnie de Carvin au 1ᵉʳ mars 1872.   4,367,143   81

L'extraction de l'année 1872 fut de 117,733 tonnes. On avait dépensé alors environ 30 francs par tonne produite , et 40 francs, en tenant compte de la valeur de l'apport de la Société de recherches.

Ce chiffre de dépenses est peu élevé. Il témoigne d'une grande économie apportée dans les travaux, comme de l'absence de difficultés dans leur exécution.

Emprunt. — L'Assemblée générale du 17 février 1867 vota un emprunt de 500,000 francs pour l'exécution d'une troisième fosse.

Cet emprunt fut réalisé par l'émission de 2,000 obligations de 250 francs , rapportant 6 % d'intérêt , et remboursables à 280 fr., en 10 ans , à partir du 1ᵉʳ octobre 1869.

C'était une charge annuelle , en intérêts et remboursement, de 82,000 francs.

On avait tenté d'abord l'émission de 1,000 actions ; mais il n'en fut souscrit que 85 , et il ne fut pas donné suite à cette émission.

Cet emprunt est aujourd'hui complètement remboursé.

Ouvriers. — Salaires. — En 1864. la Compagnie de Carvin occupait , au fond et au jour, 430 ouvriers. Sa production était alors de 68,907 tonnes ; de sorte qu'il fallait un ouvrier pour produire annuellement 160 tonnes.

Les rapports des Ingénieurs des Mines donnent, pour un certain nombre d'années, les renseignements contenus dans le tableau ci-dessous, sur le nombre d'ouvriers, la production par ouvrier et les salaires.

ANNÉES.	PRO-DUCTION.	NOMBRE D'OUVRIERS			PRODUCTION PAR OUVRIER		SALAIRES	
		au fond.	au jour.	Total.	du fond.	des 2 catégories	Totaux.	par ouvrier.
	Tonnes.				Tonnes.	Tonnes.	Fr.	Fr.
1869	76.904	600	195	795	128	96	502.130	631
1871	101.998	585	135	720	174	141	594.539	825
1872	117.733	662	133	795	177	148	751.114	944
1877	126.513	791	190	981	160	128	893.978	911
1878	133.148	829	195	1.024	160	130	913.737	892
1879	127.297	784	182	966	162	132	858.389	888

Les mines de Carvin, situées dans un centre de population important, ont pu se procurer facilement des ouvriers, et les former petit à petit aux travaux de l'exploitation. Les salaires y sont en général moins élevés de 10 % que dans les autres mines du Bassin, et la production individuelle également moins grande.

Maisons. — Dès 1860, la Compagnie avait fait construire 40 maisons d'ouvriers.

En 1864, elle en possédait 65.

Elle n'en a plus fait construire depuis, de sorte que le nombre de ses maisons est encore de 65.

Prix de revient. — Les états de redevances donnent les indications suivantes pour les dépenses et les prix de revient en 1873 et 1874.

	1873.		1874.	
Production........	136,506 tonnes.		133,621 tonnes.	

Dépenses :							
De 1ᵉʳ établissement	84,035 f.	par tonne	0 f. 25	70,196 f.	par tonne	0 f. 52
D'exploitation.....	1,297,885	»	9 50	1,433,310	»	10 72
Totales........	1,831,890	»	9 f. 75	1,503,506	»	11 24

On remarquera la faible dépense en travaux de premier établissement, 0 fr. 25 et 0 fr. 52 par tonne, tandis que dans la plupart des autres houillères, cette dépense s'élève, pendant les mêmes années, à 2 et 3 francs et plus par tonne.

Quant au prix de revient d'exploitation proprement dite, il est peu élevé, 9 fr. 50 et 10 fr. 72 par tonne. L'entreprise est conduite sagement et économiquement, et les salaires des ouvriers y sont moins élevés que dans les autres mines, par suite de la facilité avec laquelle on trouve du personnel dans la localité.

Prix de vente. — Les rapports des Ingénieurs fournissent les renseignements suivants sur le prix de vente moyen des houilles de Carvin :

1862................	11 f. 34	la tonne.
1869...	9 91	»
1871................	11 91	»
1872................	12 40	»
1873................	15 »	»
1874................	15 60	»
1875................	15 85	»
1876.....	15 68	»
1877................	12 60	»
1878................	11 43	»
1879................	11 25	»

Ces houilles, partie quart gras, et partie maigre, se vendent à des prix notablement inférieurs à ceux auxquels se vendent les houilles grasses.

Le prix minimum a été, en 1869, 9 fr. 91, et le prix maximum, en 1873, 1874, 1875 et 1876, 15 à 15 fr 85.

En 1878, ce prix de vente est redescendu à 11 fr. 63, et en 1879, à 11 fr. 25.

Mais, comme les prix de revient de la Compagnie de Carvin sont très réduits, cette entreprise a réalisé cependant d'assez beaux bénéfices qui lui ont permis de distribuer des dividendes chaque année, sauf en 1869-70.

Renseignements sur la vente. — D'après les rapports des Ingénieurs des Mines, la composition, d'après la grosseur, des houilles extraites par la Compagnie de Carvin était de 1876 à 1878 :

	1876.	1877.	1878.	Moyenne.	P. %.
	Ton.	Ton.	Ton.	Ton.	
Gros	11.563	12.604	3.445	9.204	7,1
Tout venant.	104.025	111.193	127.075	114.098	90,7
Escaillage	2.240	2.716	2.628	2.528	2,1
Totaux	117.828	126.513	133.148	125.830	100,0

Au point de vue des localités, ces houilles se répartissaient ainsi dans les trois dernières années :

	1876.	1877.	1878.	Moyenne.	P. %.
	Ton.	Ton.	Ton.	Ton.	
Dans le Pas-de-Calais . .	4.491	5.664	7.756	5.970	4,8
» Nord.	85.021	87.094	95.264	89.126	71,7
» les autres départs	16.059	15.564	25.505	19.043	15,3
Ensemble.	105.571	108.322	128.525	114.139	91,8
Consommation de la mine	10.000	10.373	10.265	10 213	8,2
Totaux	115.571	118.695	138.790	124.352	100,0

Enfin, au point de vue des modes d'expédition, Carvin expédiait dans les trois dernières années :

	1877.	P. %.	1878.	P. %.	1879.	P. %.
	Ton.		Ton.		Ton.	
Par voitures	8.484	7,1	11.056	8,0	13.105	10,2
Par bateaux.. ...	12.508	10,5	9.088	6,4	8.717	6,8
Par chemin de fer ...	87.330	73,6	108.381	78,0	95.510	74,6
Ensemble	108.322	91,2	128.525	92,4	117.332	91,6
Consommation	10.373	8,8	10.265	7,6	10.814	8,4
Totaux........	118.695	100,0	138.790	100,0	128.146	100,0

Agglomérés. — Les houilles de Carvin, surtout celles de la fosse n° 2, étaient en général menues et maigres, et l'écoulement s'en effectuait difficilement. Pour remédier à cet inconvénient, la Compagnie eut recours, en 1867, à un procédé d'agglomération dû à MM. Dumoutier et Rondy, qui consistait à mélanger les charbons menus avec du goudron de gaz, et à chauffer la masse dans des appareils spéciaux, de manière à l'amener, par le refroidissement, de l'état pâteux à l'état solide.

Le rapport à l'Assemblée générale du 3 mai 1868 s'exprime, à ce sujet, dans les termes suivants :

« L'excellente qualité de nos charbons ne les préservant pas de
» la désagrégation partielle qu'ils subissaient dans le travail de
» l'extraction, et par leur séjour sur le carreau de la mine ; il en
» résultait des difficultés pour nos livraisons et un préjudice réel.
» Nous avons trouvé un moyen infaillible d'y porter remède : nos
» résidus peuvent être amenés à un état de solidité rocheuse,
» et, en cet état, ils activent, dans la plus heureuse mesure, la
» combustion de nos charbons maigres. Nous avons soumis, à
» titre d'essai, nos résidus convertis en charbon pierre, à des
» fabricants haut placés en industrie. Partout on a constaté que
» ces agglomérés étaient excellents pour allumer le feu des four-

» neaux et pour l'entretenir en pleine activité. Nos résidus, ainsi
» préparés, loin d'être rebutés, sont au contraire particuliè-
» rement recherchés en addition à nos livraisons. »

« Nous nous sommes hâtés d'installer nos appareils. Notre
» fabrication d'agglomérés marche déjà dans de bonnes propor-
» tions ; elle prend chaque jour de nouveaux développements.
» Nous nous félicitons d'avoir à vous donner ces informations. »

Malgré tout ce que promettait ce procédé d'agglomération,
son application ne tarda pas à être abandonnée, et cela devait
être. Pour utiliser du charbon menu coûtant d'extraction environ
7 à 8 francs la tonne, il fallait y ajouter 20 à 25 % de goudron à
50 francs les 1,000 kilos, soit 10 à 12 fr. 50 d'un produit étranger,
plus les frais de préparation. On obtenait ainsi un combustible
revenant à 20 ou 23 francs la tonne, prix supérieur aux meilleures
qualités de houille.

PUITS.

N° **157**. — N° 1. — Ouvert fin 1857. Terrain houiller à 135 m. 05.

Niveau facile. Maximum d'eau 600 mètres cubes par 24 heures . extraits par une machine d'extraction de 30 chevaux.

1re veine de 0 m. 90 à 152 m. 80. Inclinaison 26°.

2e »   0   83   164   30.   »   18°.

3e »   0   60   189   60.

Profondeur totale , 200 **mètres**.

Terrains accidentés.

Dernier accrochage ouvert à 250 mètres.

Charbon un quart gras.

Entre en exploitation en 1859.

158. — N° 2. — Ouvert en 1861. Terrain houiller à 140 m. 18.

1re veine de 0 m. 13 à 146 m. 60. Inclinaison 35°.

2e passée de 0   30   155   18.

3e »   0   20   156   58. Inclinaison , 44°.

4e »   0   32   176   12.   »   23°.

Profondeur totale, 194 m. 24. — Diamètre, 4 m. — Cuvelage de 7 m. à 83 m. 30. Exploite 2 couches. — Niveau assez facile. A 60 m. on a du faire marcher la machine d'épuisement. — Charbon maigre.

Entre en exploitation en 1863.

En 1868 , on y installe une machine d'extraction verticale à 2 cylindres.

245. N° 3. — Ouvert en 1867. Terrain houiller à 138 m. 40. Entre en exploitation en 1870. On y exploite 7 veines. — Charbon maigre.

Le creusement du puits dans la craie s'est fait à la poudre , à cause de la dureté des terrains ; cependant le niveau a fourni plus d'eau que celui des deux autres fosses.

On y a rencontré une couche de schistes de 7 m. d'épaisseur , située immédiatement au-dessous d'un mur de veine , et complètement remplis de coquilles des genres *Productus* et *Orthis*.

Est en communication avec la fosse n° 2.

Avaleresse de Carvin. — 1857 — Entreprise par la Compagnie de Meurchin en vue d'obtenir une partie du terrain demandé par la Compagnie de Carvin.

Abandonné à 14 m. 80 .

SONDAGES.

N° 161. — **N° 1, sur Carvin.** — 1857. — Terrain houiller à 133 m. 50.

Veinule de........... 0 m. 25 à 135 m. 95
Veine de............ 0   42   140   30
»   0   85   141   80

Inclinaison , 12 à 15°.
Profondeur totale , 142 m. 67.

160. N° 2, sur Annœullin. — 1857. — Terrain houiller à 133 m. 85.

1re veine de 0 m. 60 à 180 m. 17.
2e »   0   84   182   22, charbon 0 m. 30 , escaillage 0 m. 45.
Escaillage et charbon à 184 m. 28.
Profondeur totale , 190 m. 45. Inclinaison , 12 à 15°.

62. — **N° 3, sur Annœullin.** — 1857. — Terrain houiller à 142 m. 53.

1re veine de......... 1 m. 23 à 152 m. 43
2e »   0   62   156   89
Escaillage et charbon. 0   65   158   07

Profondeur totale , 158 m. 86. Inclinaison des strates , 12 à 15°.
Compris dans la concession d'Annœullin.

163. — **N° 4, sur Annœullin.** — Terrain houiller à 128 m. 79.
Profondeur totale , 169 m.
Compris dans la concession d'Annœullin.

164. N° 5, à Buqueux. — 1858.
Terrain houiller à 151 m. 15.
Profondeur totale , 171 m.
Terrains inclinés à 66°.
Est compris dans la concession d'Ostricourt.

918. — **N° 6, au nord de la fosse n° 3.** — 1875.
Calcaire carbonifère.

919. — **N° 7, à l'est de la fosse n° 1.** — 1875
Calcaire carbonifère.

920. — **N° 8.** — 1877. — Terrain houiller à 135 m.
Traverse une 1re veine de 0 m. 75 à 141 m.
»   2e »   1   70   221 m.
La 1re veine est inclinée à 6°, et la 2e à 30°.
A 280 m. rencontre une faille.
Profondeur totale , 293 m.

SONDAGES DE LA COMPAGNIE DE COURRIÈRES.

_____

N° 17. — N° 1, A 300 mètres au sud du clocher de Carvin.
Commencé en janvier 1856.
Terrain houiller à 140 m. 50.
Profondeur totale, 177 m. 47.
Veine de 0 m. 44, à 146 m. 70.
Constatée officiellement le 27 avril 1856.
Inclinaison, 20°.
Charbon et escaillage, 1 m. 20 à 157 m.

18. — N° 2, à l'extrémité ouest du territoire de Carvin, vers Meurchin.
1856. — Terrain houiller à 142 m. 25, puis 3 veines : l'une de 0 m. 55, à 146 m. 45 ; l'autre de 0 m. 84, à 152 m. 89 ; et une de 0 m. 26, à 152 m. 99. Inclinaison 24°.
Profondeur totale, 153 m. 10.
Est compris dans la concession de Meurchin.

17. — N° 3, aux Justices, à l'intersection du chemin des Postes avec le chemin de Carvin à Meurchin.
Terrain houiller à 142 m. 20.
Profondeur totale, 155 m. 90.
1 veine de 0 m. 98, à 154 m. 25. Inclinaison, 10°.
Vérifiée officiellement le 10 mars 1857.
Charbon à 14 % de matières volatiles.

20. — N° 4, à l'intersection du chemin des Postes avec le sentier d'Annœullin à Carvin.
Terrain houiller à 181 m. 55.
Profondeur totale, 148 m.
Veinule de 0 m. 80 à 181 m. 55.
Vérifiée officiellement le 23 mars 1857.
Charbon à 15 % de matières volatiles.

_____

SONDAGES DE DIVERSES COMPAGNIES.

_____

N° 165. — N° 9 de la Société de Meurchin. Sur la route de Lille. — 1857.
Epaisseur des morts terrrains, 128 m. 55.
Calcaire carbonifère.
Profondeur totale, 131 m. 30.

159. — N° 1 de la Société de Don. — 1857.

Epaisseur des morts terrains , 184 m. 80.

Calcaire carbonifère.

Profondeur totale . 135 m. 26.

172. — N° 7 de la Compagnie Douaisienne. Dit des Écussons. — 1857. — Terrain houiller à 146 m. 77.

Veine de 0 m. 86 à 157 m. 68 , inclinée à 10°. Constatée officiellement le 27 mai 1858.

Profondeur totale , 161 m. 67.

297 et 298. — Sondages exécutés en 1857 et 1858 par la Société du canton de Seclin.

Calcaire carbonifère.

174, 173 et 917. — Voir chapitre XIII , Mines d'Ostricourt.

178 et 179. — Voir chapitre XIV , Mines de Meurchin.

XVI.

MINES D'ANNŒULLIN [1].

1º SOCIÉTÉ DE DON.

2º SOCIÉTÉ D'ANNŒULLIN-DIVION.

Premiers travaux. —Une Société s'était formée, le 13 juin 1857, au capital de 36,000 fr., pour entreprendre des recherches au nord de celles exécutées par la Compagnie de Courrières, en vue d'une extension de sa concession, et concurremment avec celles qu'exécutaient deux autres Sociétés, celles de Meurchin et de Carvin.

---

(1) La concession d'Annœullin est située en très grande partie dans le département du Nord, et jusqu'en 1877, elle était comprise dans le Bassin du Nord. A partir de cette année, elle figure dans le Bassin du Pas-de-Calais.

Elle exécuta 9 sondages, dont 5 atteignirent le calcaire carbonifère, 2 le terrain houiller, mais sans houille, et 2 la houille.

Statuts de la Société. — La Société de recherches du 13 juin 1857 fut transformée en Société d'exploitation par acte notarié du 2 février 1858.

La Société est civile.

Elle prend la dénomination de *Société houillère de Don*.

Les comparants font apport à la Société de leurs travaux de sondage, de leur matériel et outillage, enfin de leurs droits d'invention et de priorité à invoquer pour l'obtention d'une concession.

Le capital est fixé à 3 millions, divisés en 3,000 actions de 1,000 francs.

Elles seront émises au fur et à mesure des besoins.

Il est attribué aux comparants, en compensation de leurs apports, 480 actions affranchies de tous versements et exemptes de tous appels de fonds.

Elles demeureront à la souche et ne seront remises aux comparants qu'après l'obtention de la concession.

En outre, 15 actions libérées sont mises à la disposition du Conseil d'administration pour récompenser des services qui pourraient être rendus à la Société.

La Société sera administrée par un Conseil composé de cinq membres, possédant chacun au moins dix actions.

Les Administrateurs sont élus pour cinq ans et se renouvellent par cinquième, d'année en année, à partir du 1er janvier 1863.

Les pouvoirs du Conseil d'administration sont les plus étendus.

L'Assemblée générale est composée de tous les porteurs de dix actions, donnant droit à une voix. Le même actionnaire ne peut réunir plus de trois voix, soit par lui-même, soit comme fondé de pouvoirs d'un autre actionnaire.

L'Assemblée générale se tient chaque année, le premier mardi de février.

Elle entend les rapports de l'Administration, reçoit les comptes, les discute et les approuve s'il y a lieu.

Elle nomme les Administrateurs.

Dans le but de ne pas livrer les fonds étrangers aux chances aléatoires de recherches qui, quoique jusqu'aujourd'hui très satisfaisantes, ont encore à se compléter, les fondateurs ont voulu coopérer à former de leurs propres deniers la réalisation complète de ce qui doit former les fonds de l'exploitation.

En conséquence, avant l'émission des fonds d'exploitation, dont le moment est laissé à l'appréciation du Conseil d'administration, il est émis 80 parts de 1,000 francs, dites *semi-fondatrices*, dont la souscription est réservée de préférence aux fondateurs, et qui donneront droit comme rémunération, à 4 actions de la Société d'exploitation.

Modifications successives des Statuts. — Le capital primitif, ou de la Société de recherches, de 36,000 francs, complété par l'émission de 80 parts *semi-fondatrices* de 1,000 fr., fut élevé ainsi à 116,000 francs, et permit l'achèvement des sondages d'exploration.

Les Assemblées générales des 1er février 1859 et 10 octobre 1860 modifièrent en conséquence le chiffre des actions libérées de 1,000 francs attribué aux fondateurs, et le fixèrent à 800, qui ne furent toutefois délivrées aux ayant-droit qu'après le décret de concession du 19 décembre 1860.

Ces Assemblées décidèrent :

1° La création du poste de Directeur-Gérant, dont la nomination était laissée au choix du Conseil d'administration ;

2° La constitution nouvelle de l'Assemblée générale, qui se composerait, à l'avenir, de tout porteur d'action, même d'une seule, chaque action donnant droit à une voix, sans qu'un même actionnaire pût réunir plus de 20 voix.

Quoique la Société ait été constituée par acte du 2 février 1858, il ne fut émis d'actions payantes qu'à partir du 14 juin 1858, ainsi que le constate l'exposé historique présenté par le Conseil d'administration à l'Assemblée générale du 7 juin 1864, dont on trouvera ci-dessous le résumé.

Historique financier de la Société de Don. — Après quelque temps d'hésitation, la souscription des actions payantes marchait enfin sans encombre et était même l'objet d'une certaine recherche, quand la publicité donnée intempestivement à l'avis administratif de l'un des Ingénieurs chargé d'instruire la demande en concession vint l'arrêter brusquement : 882 actions seulement étaient souscrites.

L'opinion des Ingénieurs tendait à dénier à la Société de Don tout droit à une concession, et à la faire indemniser de ses travaux, par une Compagnie voisine, par le paiement d'une somme de 200,000 francs. Bientôt même, elle prit tant de consistance dans leur esprit, qu'on lui imposa une fusion avec la Compagnie de Carvin, fusion dont les termes furent longtemps discutés, débattus, et qui fut sur le point de s'accomplir.

C'est au milieu de ces perplexités que la Compagnie de Don entreprit des recherches de houille en Belgique, à Wiers et à Pommerœul-Hensies.

Le décret du 19 décembre 1860, qui instituait la concession d'Annœullin, semblait devoir modifier l'opinion du public. Il n'en fut pas ainsi, et le placement des actions ne s'effectuait pas.

C'est alors que la Société de Don dut, dès 1860, recourir aux emprunts.

Le 5 juin 1860, une émission de 850,000 francs d'obligations à 250 francs, produisant 5 % d'intérêt et remboursables à 300 fr., en 20 ans, ne rencontra preneurs que jusqu'à concurrence de 99,750 francs.

Le 10 octobre de la même année, un emprunt de 500,000 francs fut voté, par l'Assemblée générale, sous la garantie d'une très grande partie des actionnaires, auxquels, en retour de ce service, on alloua un intérêt de 4 % sur leurs actions.

On ne trouva à le réaliser que sous la signature personnelle des Administrateurs et du Directeur.

Mais ce moyen n'était que transitoire; il était trop onéreux, puisque l'intérêt s'élevait à 10 %.

Le 4 juin 1861, le Conseil d'administration proposa à l'Assemblée générale de porter le capital actuel à 6 millions, divisés en titres au porteur de 500 francs; et pour déterminer des souscriptions nouvelles parmi les actionnaires, le Conseil demandait qu'une action fut donnée, à titre gratuit, à tout porteur d'une action ancienne de 1,000 francs qui en souscrirait un nouvelle de 500 francs émise an pair. Il y avait alors en circulation 1,662 actions seulement.

L'Assemblée générale n'adopta pas cette proposition et, malgré l'opposition du Conseil, une nouvelle Assemblée, tenue le 25 du même mois, décida l'émission d'actions de 500 francs à 400 francs avec un intérêt annuel de 5 % sur les sommes versées.

Cette émission n'eût pas de succès ; 365 actions seulement furent souscrites.

Une nouvelle Assemblée générale se tint le 28 août 1861 , et décida l'émission de 2,676 actions de 500 francs , libérées à 400 , produisant 25 francs d'intérêt annuel , et conférant droit à pareil intérêt sur une action ancienne de 500 francs ; en résumé 50 fr. d'intérêt pour 400 francs versés.

Il ne fut souscrit que 1,720 actions , dont le produit ne servit qu'à payer une partie du découvert chez les banquiers.

La même Assemblée avait voté aussi l'émission d'un emprunt de 3 millions en obligations de 400 francs , remboursables à 500. Il en fut souscrit seulement 61.

L'Assemblée du 3 juin 1862 ne put que constater la réduction de la dette à 250,000 francs.

Un nouvel emprunt de 2 millions , voté par l'Assemblée générale , n'eut pas plus de succès , bien que , véritable vente à réméré , il portât pour condition l'abandon aux porteurs de tous les droits de propriété de la Société en cas de cessation de paiement des intérêts.

Force fut de réunir l'Assemblée générale le 11 septembre suivant. Elle vota , avec un emprunt de 1 million à 6 %, garanti hypothécairement sur les charbonnages d'Annœullin et de Wiers , l'émission de 1,604 actions nouvelles à 400 francs et aux conditions d'intérêt précité.

1,044 actions seulement furent souscrites et 603,800 francs procurés sur l'emprunt de 1 million.

Les dettes qui , au 27 mai 1861 , s'élevaient à 592,571 fr. 33 furent intégralement couvertes ; toutes les garanties dégagées , la marche des travaux provisoirement assurée , et les intérêts payés régulièrement pour la seconde fois à l'échéance.

Mais toutes ces mesures successives , toujours insuffisantes , avaient créé à la Société une charge énorme , le paiement d'un intérêt annuel de.................................... 137,825 fr.
sur 5,513 actions privilégiées , et................... 45,000
sur l'emprunt.

Ensemble.............. 182,825 fr.

Aussi la balance du 1er mai 1864 faisait elle ressortir un déficit de 61,742 fr. 06. Savoir :

Sommes dues à divers...................... 119,179 f. 31

A déduire :

Valeurs en caisse et portefeuille et créances.   57,437   25

Reste un déficit de............   61,742   06

Dont 45,178 fr. 12 immédiatement exigibles et exigés.

En présence de cette situation, et pour échapper à une liquidation forcée, il fut décidé que l'on mettrait en vente les charbonnages belges de Wiers et de Pommerœul-Hensies pour le prix de 800,000 francs, payable moitié en espèces, moitié en actions de Don qui seraient acceptées en paiement au taux d'émission de 500 francs pour les actions privilégiées, et de 250 francs pour celles n'ayant pas droit à intérêt.

En même temps, il fut proposé de constituer une Société pour ce rachat des charbonnages belges, au capital de 1 million, divisé en 2,000 actions de 500 francs (1).

On voit, par un rapport à l'Assemblée générale du 6 février 1865, que la vente du charbonnage de Wiers ramena quelques ressources dans la caisse de la Société de Don, et permit de reprendre les travaux d'Annœullin un instant interrompus.

Toutefois ces ressources furent vite épuisées.

Le Conseil d'administration avait bien obtenu du charbonnage

---

(1) Voici la circulaire adressée, à cette occasion, aux actionnaires de la Société de Don :

« Lille, 17 juin 1864. »

« Monsieur, »

« Nous avons l'honneur de vous adresser le procès-verbal de l'Assemblée générale » extraordinaire de ce jour. »

« Il en résultera pour vous cette opinion, que nous sommes arrivés à un moment » essentiellement critique et fatal. Un moyen de salut vous est offert : la séparation » des établissements. La souscription doit être complétée avant le 1er juillet, faute » de quoi la liquidation est inévitable. ·

« Que tous les actionnaires, donc, qui veulent conserver une valeur à leurs actions » se hâtent d'apporter un concours efficace. »

« Que ceux qui étaient absents ou qui se sont abstenus souscrivent largement. »

« Et que tous ceux qui ont déjà souscrit fassent un nouvel et suprême effort en » ajoutant à leur souscription ! »

« Ce moyen, en évitant une catastrophe, peut seul sauver tout à la fois vos titres » et vos établissements. »

« *Le Conseil d'administration.* »

de Wiers 800,000 francs, moitié espèces et moitié titres d'actions a rentrer à la souche. Mais la souscription ouverte pour constituer la Société de rachat de ce charbonnage eut le sort de toutes les émissions précédentes. Il fallut dégager une hypothèque de. . . . . 103,800 f. 00 sur Wiers, et il ne rentra en caisse, de cette vente, que. 162,850 00 qui servirent à payer le découvert et différentes dépenses.

Au 1er février 1865, il ne restait disponible que   196   34

Pour continuer les travaux, il fallait se procurer   250,000 00

On demanda aux actionnaires de rapporter. . . .   50 00 par action.

La vente de Wiers avait fait rentrer à la souche 570 actions, il en restait en circulation 5,518, qui, par un versement de 50 fr., auraient fourni . . . . 275,900 f. 00

La rencontre du calcaire dans une galerie de recherches avait amené une grande quantité d'eau, et l'exploitation avait été suspendue. Il fallait monter une machine d'épuisement, faire des dépenses importantes. Aussi les actionnaires refusèrent-ils d'apporter de nouveaux fonds, et la liquidation de la Société fut décidée.

Emprunt en 1861. — D'après un prospectus répandu dans le public à la fin de 1861, la Société de Don tenta, par l'entremise d'un banquier de Paris, l'émission d'un emprunt de 4 millions, destiné plus spécialement à la création du siège d'exploitation de Pommerœul, et à la construction d'un chemin de fer à Annœullin.

Cet emprunt était divisé en 2 séries de 4,000 obligations chacune, émises à 410 francs, remboursables à 500 francs, et rapportant 25 francs d'intérêt par an, avec jouissance du 1er janvier 1862.

Une Compagnie d'assurances garantissait le remboursement des obligations à 500 francs, par 1/30 et par voie de tirage au sort, à partir de 1882, avec faculté, par la Société de Don, de commencer le remboursement à partir de 1866.

Une prime fixe, prélevée sur les premiers fonds à provenir des souscriptions, devait être versée à la Compagnie d'assurances qui, moyennant ce versement, se substituait à la Société de Don pour garantir et effectuer directement le remboursement des obligations.

Cet emprunt, le même qui avait été voté par l'Assemblée générale du 28 août 1861, échoua complétement; ainsi qu'il a été dit précédemment, il ne fut souscrit que 61 obligations.

Concession. — Peu de mois après le commencement de ses sondages, le 27 novembre 1857, la Compagnie de Don formulait une opposition aux demandes de concession des Compagnies de Carvin, de Meurchin et de Lens.

Plus tard, le 17 juin 1858, elle demandait elle-même une concession.

L'instruction de cette demande se fit en même temps que celles des autres Sociétés qui avaient exploré le nord du Bassin. Elle fut longue et laborieuse.

Les Ingénieurs des Mines, dans leurs rapports, déniaient à la Compagnie de Don tout droit à une concession, sauf à la faire indemniser par les Compagnies qui obtiendraient le territoire sur lequel elle avait exécuté des travaux. Ses dépenses s'élevaient alors à 480,209 fr. 72.

Il était proposé de lui servir une indemnité de 200,000 francs.

Une autre proposition fut faite : c'était de donner une seule concession aux deux Sociétés réunies de Carvin et de Don.

La fusion de ces Compagnies fut longuement débattue et discutée entre elles, et elle fut sur le point de s'accomplir.

Cependant un revirement soudain s'opéra dans les dispositions du Gouvernement, et le chiffre des dépenses alors faites par la Société de Don. 834,499 fr. 53 au 1ᵉʳ septembre 1 60, ne fut pas sans influence dans ce revirement.

Quatre décrets, datés du 19 décembre 1860, instituèrent en même temps les quatre concessions d'Ostricourt, de Carvin, de Meurchin et d'Annœullin.

Cette dernière fut accordée aux sieurs Eckmann, Leuwart, Emile Arnould, Bouchard-Schmidt et Auguste Toffart, administrateurs et directeur de la Société de recherches de houille constituée le 13 juin 1857 sous le nom de Société de Don.

Sa superficie était de 920 hectares.

Fosse d'Annœullin. — La Compagnie de Don ouvrit à Annœullin, fin 1858, un puits de 4 mètres de diamètre. On y rencontra les eaux à 4 m. 50 du sol, et en grande abondance. Une machine d'extraction de 60 chevaux, mettant en mouvement 4 pompes de 0 m. 45, permit d'épuiser, jusqu'à environ 30 mètres, une quantité d'eau qui s'éleva à 80,000 hectolitres par 24 heures; mais à partir de 30 mètres, les pompes cessèrent de fonctionner et le creusement se continua avec des tonneaux jusqu'à 50 mètres.

La rencontre d'une nouvelle venue d'eau de 12,000 hectolitres par 24 heures obligea de remonter les pompes que faisait fonctionner de nouveau la machine d'extraction. La base du cuvelage fut établie à 86 m. 50. On atteignit le terrain houiller à 131 m. 86 et la houille à 133 m. 36, le 16 janvier 1860.

En continuant le creusement de la fosse, on rencontra deux veines : l'une, dite de Sainte-Marie, de 0 m. 60 d'épaisseur, à 136 m. 70 ; l'autre, dite de Saint-Émile, de 0 m. 45, en plusieurs sillons, à 140 mètres, et plusieurs passées, toutes inclinées vers le nord.

Un accrochage fut ouvert à 148 m. 80, dans la veine Marie, et l'on commença, en 1860, à extraire un peu de charbon, tout en continuant l'approfondissement du puits, qui fut poussé jusqu'à 197 m. 50.

D'après un rapport, de M. H. Deroux, ingénieur, du 15 juillet 1861 « les travaux d'exploitation n'ont eu lieu que dans la veine » Sainte-Marie, ayant une puissance moyenne de 0 m. 45, la 2e » couche, divisée en plusieurs sillons, n'ayant pas permis jusqu'ici » d'y préparer une exploitation fructueuse. »

« Au point où fut pris l'accrochage, la couche présentait une » assez forte pente au nord, pente qui se maintint sur une » certaine distance dans la galerie de direction de l'ouest, mais » cette pente ne tarda pas à décroître et à rendre la couche » sensiblement horizontale. Cette galerie de direction de l'ouest » se poursuit très régulièrement sans inflexion sensible. »

« Quant à la galerie de direction ou d'allongement de l'est, elle » ne tarda pas à s'infléchir presque brusquement vers le nord, » avec tendance à tourner de plus en plus à l'ouest ; la couche, » très inclinée à l'origine, ne tarda pas, dans un mouvement » d'inflexion, à prendre une horizontalité de plus en plus marquée,

» de sorte que le champ à exploiter a maintenant une relevée de
» plus de 100 mètres. »

Dans le rapport du Conseil d'administration à l'Assemblée
générale du 7 juin 1854, il est dit :

« Nos richesses souterraines ont été doublées par la rencontre
» d'un second bassin à 500 mètres au nord de la fosse. Cette
» deuxième exploitation, bien que se faisant par le même puits,
» a réclamé des moyens spéciaux et des travaux préparatoires
» assez longs, mais enfin terminés et d'une manière fort heu-
» reuse. »

« L'extraction a atteint le chiffre de. . .   245,048 hectolitres;
» elle n'avait été, durant l'exercice précé-
» dent, que de   189,787   »

Rencontre du calcaire. — Au niveau de 186 mètres, il
avait été exécuté une bowette de recherche au sud-est, dans la
direction des veines reconnues par la fosse n° 1 de Carvin.

Cette galerie était arrivée (20 décembre 1864), à 409 m. 90
de la fosse, à travers des terrains inclinés au nord de 18 à 20°,
lorsqu'elle rencontra une pointe de calcaire carbonifère qui amena
de l'eau.

Cette venue d'eau, jointe à celle que fournissaient déjà les
travaux, donna d'abord 400 hectolitres à l'heure. Son débit
tomba ensuite à 350 hectolitres.

La machine d'extraction suffisait à peine à l'épuiser, et l'exploitation dut être arrêtée.

Du reste, cette exploitation s'effectuait dans des conditions
très ruineuses. La veine Saint-Émile n'avait ni régularité, ni
continuité, et se présentait en chapelets. La veine Sainte-Marie,
exploitée d'abord avec avantage à l'étage de 161 mètres, avec
une puissance de 0 m. 45 en moyenne, était tombée à 0 m. 33,
et ne donnait que des pertes.

Un autre champ d'exploitation, dit du Beurtia, à l'étage de
146 mètres, avait donné, au début, de beau charbon. Mais la
veine s'était aussi brouillée, et son exploitation était également
en perte.

Le Conseil d'administration, en exposant ces fâcheuses circonstances à l'Assemblée générale du 6 février 1865, proposa de
cesser tous travaux d'exploitation, et de reporter tous les efforts

sur la continuation de la galerie sud-est, qui avait traversé le calcaire.

On devait se préparer à prolonger cette galerie de 500 à 600 mètres avant de trouver et de mettre en exploitation de nouvelles couches, ce qui exigerait deux années, pendant lesquelles il y aurait à dépenser 245,000 francs. Savoir :

Machine d'épuisement..................	60.000 francs.
Travaux.............................	96,000 "
Remboursement des 2,20e des obligations ..	9,000 "
Intérêts d'emprunts et obligations........	80,000 "
Total.............	245,000 francs.

Mais il ne restait à la Société aucune ressource pour faire face à cette dépense.

Le Conseil ne voyait qu'un moyen de conjurer le péril en tentant une dernière fois la fortune. C'était le rapport, par chaque action, de 50 francs. La vente de Wiers avait fait rentrer 570 actions à la souche ; il en restait 5,518 en circulation ; qui, à 50 francs, donneraient . . . . 275,900 francs

Les actionnaires découragés n'acceptèrent pas cette proposition, et la liquidation de la Société fut prononcée.

Fosse de Wiers. — La Société de Don craignait de ne pas obtenir la concession qu'elle avait demandée sur Annœullin, et elle entreprit des recherches à Wiers (Belgique), à la limite nord-ouest du Bassin houiller belge, vis-à-vis la concession de Château-l'Abbaye appartenant à la Compagnie de Vicoigne-Nœux.

Elle exécuta plusieurs sondages, dont l'un recoupa une couche de houille maigre de 1 m. 24, à la profondeur de 50 mètres.

Ce succès l'engagea à ouvrir, en 1860, une fosse de 4 mètres de diamètre qui rencontra le terrain houiller à 39 mètres. D'après les prévisions basées sur l'inclinaison de la couche de 1 m. 24, traversée au sondage, on devait rencontrer cette couche dans le puits.

Mais l'allure tourmentée des assises du terrain houiller d'abord inclinées au sud, puis après au nord, détruisit cette espérance.

Le puits avait 92 mètres de profondeur.

On ouvrit, à 79 mètres, un accrochage et des galeries à travers bancs et la couche du sondage fut retrouvée et mise en exploitation.

L'extraction fut de 110,165 hectolitres pendant l'exercice 1862-63, et de 140,908 hectolitres en 1863-64.

Vers le milieu de l'année 1864, la Société de Don, pour échapper à une liquidation forcée, décida de mettre en vente ses charbonnages de Wiers et de Pommerœul-Hensies pour le prix de 800,000 francs, payable moitié en espèces, moitié en actions de la Société, ainsi qu'il a été dit précédemment.

Cette vente produisit :

266,650 francs espèces, dont 103,800 francs furent consacrés à dégager une hypothèque mise sur le dit charbonnage, et fit rentrer à la souche 570 actions.

Or, il avait été dépensé, à Wiers, au 1er mai 1864, 1,017,378 f. 53. Savoir :

Frais de premier établissement.......	250,146 f. 26
Sondages.......................	51,801 88
Propriétés et constructions.....	65,144 41
Construction de la fosse......	410,011 26
Machines..........	166,946 88
Outillage et mobilier.......	1,105 11
Magasin général..................	52,886 08
Chemin de fer et rivage............	19,836 65
Total..............	1,017,378 f. 53

Le million dépensé à Wiers fut à peu près perdu. La Société de Don ne retira de cette dépense énorme pas plus de 150,000 fr. nets.

Sondages à Hensies et à Pommerœul. — En même temps qu'elle ouvrait une fosse à Wiers, la Compagnie de Don entreprenait, en 1860 et 1861, deux sondages en Belgique, le long du canal de Mons à Condé.

Le premier, dit de la Malmaison, sur Hensies, avait atteint le terrain houiller à 139 m. 67. Il y pénétra de 91 m. 01 et traversa, outre 3 veinules de

0 m. 15 à..................	146 m. 54
0 20....................	159 56
0 20......:	163 10

trois couches de houille grasse de

0 m 72 d'épaisseur verticale à.....	172 m. 30
1 00 » »	188 96
1 52 » »	224 51

Le deuxième sondage, ou du Pont-de-Thulin, sur Pommerœul, rencontra, après avoir surmonté bien des difficultés, le terrain houiller à 243 m. Il fut abandonné, en 1861, à 348 m. 10, après avoir rencontré une couche de houille de 0 m. 65 à 301 m. 61 (1).

La Société de Don avait sollicité une concession de 1,128 hectares ; sa demande subit les formalités de publications et d'affiches, mais il ne parait pas que cette concession lui ait été accordée par le Gouvernement belge.

En 1864, on chercha à vendre ces recherches ; il parait également qu'on ne trouva pas d'acheteur.

La Société de Don y avait dépensé 187,404 fr. 51, dont elle ne retira pas un centime.

Minerai de fer. — L'un des sondages, n° 239, sur Sainghin, à 500 mètres environ du pont de Don, découvrit, sous le tourtia et dans un terrain d'argile ferrugineux, un dépôt de minerai de fer hydroxydé, donnant à l'analyse une teneur de 38 % de métal.

Ce minerai gît en trois couches de

3 m. 87 à	133 m. 64
4 28..................	138 78
1 19..................	147 11

Ce dépôt de minerai, analogue aux gîtes belges et rhénans, doit être constitué en amas ou poches irrégulières (2).

Production. — La fosse d'Annœullin entre en exploitation en 1860. Son extraction reste toujours très faible. Elle est successivement :

(1) Rapport de M. J. Delanoue à MM. les Administrateurs de la Société de Don. 19 décembre 1862.

(2) Rapport de M. H. Deroux, ingénieur civil des Mines, rédacteur en chef du Journal des Mines. — 15 juillet 1861.

En 1860 de.......... 8,342 tonnes
1861............. 10,512 »
1862............. 14,220 »
1863............. 23,000 »
1864............. 19,324 »

_____

75,398 tonnes.

L'exploitation, constamment improductive, fut supendue à la fin de 1864, à la suite de la rencontre du calcaire carbonifère qui donna une venue d'eau de 400 hectolitres à l'heure.

Nombre d'ouvriers. — De 1860 à 1864, le nombre d'ouvriers employés par la Compagnie varie de 130 à 225.

La production annuelle de l'ouvrier est très faible. Elle reste comprise entre 64 à 100 tonnes.

La Compagnie avait fait construire à Annœullin 34 maisons pour le logement de son personnel.

Gisement. — Dans un rapport demandé en 1866, par la Compagnie de Meurchin, à MM. de Bracquemont et De Clercq, sur le parti à prendre au sujet de la fosse n° 2, qui venait d'être inondée, on trouve le passage suivant relatif aux Mines d'Annœullin.

« Les sondages exécutés ont constaté l'existence d'un banc de
» calcaire carbonifère, d'environ 600 mètres de largeur, qui
» isole la concession d'Annœullin du Bassin houiller proprement
» dit. Aussi cette concession ne possède qu'un bloc de terrain
» houiller peu profond dans lequel la fosse d'Annœullin a exploité
» la seule couche de houille qu'il contient. »

» Cette fosse, abandonnée en 1865, après avoir traversé, par
» une bowette vers l'est, à la profondeur de 186 mètres, une
» longueur de terrain houiller de 410 mètres, incliné de 18 à 20°,
» a atteint une venue d'eau considérable qui a forcé à abandonner
» les travaux. »

Cette description est aussi complète que possible et se trouve vérifiée par l'examen de la planche XXIX, donnant le plan et la coupe verticale des travaux d'Annœullin. La coupe verticale est un simple croquis communiqué que l'on a jugé bon de reproduire. en l'absence d'une coupe verticale régulière.

manque carte n° XXIX

Deux analyses de la houille exploitée par la fosse d'Annœullin donnent :

Analyse de 1862 : Matières volatiles......... 14,6 %.
        »   1876 :   »   »   .... 13,16 %.

BILAN AU 1er MAI 1864.

Actif. — CHARBONNAGE D'ANNŒULLIN.

Frais de premier établissement...........	945,878 f. 78
Sondages............................	92,222 35
Propriétés et constructions..............	385,553 12
Fosse n° 1. — Construction...........	632,039 08
Matériel............................	161,272 69
Outillage et mobilier................	18,576 08
Chemin de fer et rivage............. ...	15,012 92
Magasin général et charbon............	52,503 53
	2,253,058 f. 55
CHARBONNAGE DE WIERS........	1 017,378 53
» DE POMMERŒUL..	187,404 51
Caisse, portefeuille, débiteurs	37,437 25
Profits et pertes. — Solde débiteur.......	45,347 84
Total de l'actif...........	3,560,626 f. 68

Passif.

	Actions..............	2,761,773 f. 00
Capital........	Obligations..........	75,000 00
	Emprunts	603,800 00
Créanciers et effets à payer		98,959 07
Comptes courants. — Divers		21,094 61
Total du passif		3,560,626 f. 68

Vente de la concession. — En 1866, le charbonnage d'Annœullin, concession, immeubles, constructions, machine, outillage, magasin et marchandises furent mis judiciairement en vente.

Une première adjudication eut lieu, le 5 mai, à un prix fort bas.

La Compagnie de Béthune mit une surenchère, et resta adjudicataire au prix de 120,000 francs, de compte à demi avec les créanciers de la Société d'Annœullin, qui avaient voulu prendre une participation dans cet achat (1).

Mais, d'accord avec ses copropriétaires, elle la revendit, en 1874, au prix qu'elle lui avait coûté, se contentant, pour intérêts de son capital, de divers ustensiles qu'elle en avait retirés (2).

Valeur des actions. — Sur les 3,000 actions de 1,000 fr.. constituant le capital social, il n'avait été émis, en 1859, que :

> 800 actions libérées, attribuées aux fondateurs pour leur apport.
> 882   »   payantes.
> ———
> 1,682 actions.

Ces actions de 1,000 francs étaient offertes à 900 francs en mars 1861.

L'Assemblée générale du 25 juin 1861 décida le doublement des actions et l'émission des actions de 500 francs à 400 francs. avec intérêt annuel de 5 % sur les sommes versées Il ne fut souscrit que 365 actions.

Le 28 août de la même année, nouvelle décision de l'Assemblée générale relative à l'émission de 2,676 actions de 500 francs, libérées à 400 francs, produisant 25 francs d'intérêt annuel, et conférant droit à pareil intérêt sur action ancienne de 500 francs; résumé, 50 francs d'intérêt pour 400 francs versés.

Malgré ces conditions si avantageuses, il ne put être placé que 1,720 actions.

En 1862, il fut placé 1,604 autres actions aux-mêmes conditions. Elles n'étaient toutefois cotées, pendant cette année, qu'à 170 francs à la Bourse de Lille.

> En 1863, on les trouve cotées à.... 300 francs
> 1864,   »   »   175   »

1) Rapport à l'Assemblée générale de la Compagnie de Béthune de 1867.

(2) Rapport à l'Assemblée générale de la Compagnie de Béthune du 7 septembre 1877.

En février 1865, il y avait en circulation 5,518 actions, déduction faite des 570 rentrées à la souche, par suite de la vente du charbonnage de Wiers.

A la liquidation de la Société, en 1866, les actions privilégiées, comme les actions ordinaires, perdent toute valeur. Le produit de la vente de l'établissement, 120,000 francs, ne couvrit qu'une faible partie des dettes de la Société.

PUITS.

N° 187, à Annœullin. — Ouvert à la fin de 1858.

Diamètre, 4 m. Niveau donnant 80,000 hectolitres d'eau par 24 heures jusqu'à 30 mètres; passé avec 4 pompes de 0 m. 45, mues par 1 machine d'extraction de 60 chevaux.

Base de cuvelage à 86 m. 50.

Terrain houiller à 131 m. 86.

       Traverse 1 veine, Sainte-Marie, de 0 m. 60 à 136 m. 70.

           1   Saint-Emile, de 0 m. 45 à 140 m.

avec pendage au nord.

Houille tenant 14,6 % de matières volatiles.

Entre en exploitation en 1860.

Accrochages à 146, 160 et 186 m.

Profondeur totale, 197 m. 50.

Au fond du puits, on a exécuté un trou de sonde de 40 m.

Une galerie, pratiquée au sud-est, rencontre à 409 m. 90, en décembre 1864, le calcaire carbonifère et une venue d'eau de 400 hectolitres à l'heure.

La fosse est abandonnée au commencement de 1865.

Elle avait produit 75,398 tonnes de houille.

Reprise en 1875 par la Société d'Annœullin-Divion.

Produit en 1877 et 1878, 33,749 tonnes.

Est de nouveau abandonné en août 1878.

SONDAGES.

N° 159. — N° 1, à Carvin. — 1857.

Épaisseur des morts-terrains, 134 m. 80.

Calcaire carbonifère.

Profondeur totale, 135 m. 26.

Est compris dans la concession de Carvin.

236. — N° 2, à Annœullin. — 1857.

Terrain houiller à 129 m. 53.

A traversé 3 couches de houille, dont une de 0 m. 70   141 m. 62.

Profondeur totale, 145 m. 60.

237. — N° 3, sur Annœullin. — 1857.
Calcaire gris-brun et fétide à 127 m. 37.
Profondeur totale, 128 m. 73.

238. — N° 4, sur Sainghin. — 1858.
Quartzites dévoniens à 146 m. 43.
Profondeur totale, 146 m. 70.

239. — N° 5, sur Sainghin. — 1858.
Découvre sous le tourtia et dans un terrain d'argile ferrugineuse, un dépôt de minerai de fer hydroxydé, donnant à l'analyse 88 % de fer.

1er amas de	3 m. 87 à		133 m.	64
2e »	4	28	138	78
3e »	1	19	147	11

Arrêté à la profondeur de 148 m. 39, dans un calcaire compacte.

241. — N° 6, sur Annœullin. — 1858.
Terrain houiller avec lingules à 128 m. 79.
Profondeur totale, 182 m. 64.

N° 7, à Don. — 1858.
Calcaire carbonifère compacte et fétide à 129 m. 23.
Abandonné à 129 m. 50.

243. — N° 8, à Annœullin. —
Terrain houiller à 138 m. 97.
A traversé 3 couches de houille.
Profondeur totale, 150 m. 07.

188. — N° 9, à Provin. —
Épaisseur des morts terrains, 130 m.
Terrain houiller et calcaire carbonifère.
Profondeur totale, 142 m.

SONDAGES EXÉCUTÉS PAR DIVERSES SOCIÉTÉS.

N° 233. — Sondage à Annœullin, exécuté par la Compagnie de Meurchin — (N° 8), à 100 m. au sud de l'église.
Schistes argileux grisâtres, mais sans empreintes, paraissant appartenir à la formation houillère

à	130 m.	70
Schistes pyriteux à	177	45
Calcaire à	178	05
Arrêté à	178	70

Est compris dans la concession de Carvin.

181. — Du Bac de Bauvin, exécuté par la Compagnie de Meurchin. — (N° 6.) — 1857.
Calcaire carbonifère à 129 m. 80.
Profondeur totale, 130 m. 63.

180. — **De Bauvin**, exécuté par la Compagnie de Meurchin. — (Nᵒ 5.) — 1857.

Terrain houiller à............   123 m. 20
1ʳᵉ passée de 0 m. 20 à.......   125   60
2ᵉ   »   0   15   136   35

Profondeur totale , 176 m. 50.
Est compris dans la concession de Meurchin.

33. — **D'Hantay**, exécuté par la Compagnie de Courrières. — 1857.

Rencontre le calcaire à ....   147 m.
Et y pénètre jusqu'à.............   152

163. — **D'Annœullin**, exécuté par la Compagnie de Carvin. — (Nᵒ 4.)
Terrain houiller à 128 m. 79.
Profondeur totale , 169 m.

232. — **A Annœullin**, exécuté par la Compagnie de Meurchin. — (Nᵒ 10.)
— 1858.
Calcaire noirâtre à 129 m. 23.
Profondeur totale, 129 m. 50.

162. — **Sur Annœullin**, exécuté par la Compagnie de Carvin. — (Nᵒ 3.)
— 1857.

Terrain houiller à...........   142 m. 53
1ʳᵉ veine de 1 m. 23 à.......   152   43
2ᵒ   »   0   62   156   89

Escaillage et charbon , 0 m. 65 à 158 m. 07.
Inclinaison des strates , 12 à 15ᵒ.
Profondeur totale , 158 m. 86.

160.— **sur Annœullin**, exécuté par la Compagnie de Carvin. — (Nᵒ 2.)
— 1857.

Terrain houiller à ....   133 m. 85
1ʳᵉ veine de 0 m. 60 à.......   180   17
2ᶜ   »   0   84   182   22
Escaillage et charbon.......   184   28

Inclinaison des strates , 12 à 15ᵒ.
Profondeur totale , 190 m. 45.

242. — **De Provin**. — 17 m. de terrain houiller sans houille.

243. — **D'Annœullin**. —

Calcaire noir homogène à.......   134 m. 08
Profondeur totale............ .   134   16

2° SOCIÉTÉ D'ANNOEULLIN–DIVION.

Recherches de Divion. — MM. Ruphy, Ducasse, Dubois et de Coussemaker avaient formé, par acte du 16 avril 1873, une société civile sous le titre de *Compagnie de Divion*, pour faire des recherches de houille à Houdain et Divion, au sud de la concession de Bruay.

Le capital était de 32,000 francs, divisé en huit parts de 4,000 francs.

Un procès-verbal du garde-mines d'Arras, du 16 juin 1873, avait constaté, au sondage de Divion, le fait suivant: « Il a été » extrait en notre présence, le 14 juin 1873, de la profondeur de » 84 m. 39, au moyen de l'outil appelé soupape, des fragments » de querelles et nous présentant d'une manière évidente tous » les caractères distinctifs du terrain houiller. »

La Compagnie de Divion, par deux pétitions du 19 avril et 20 juin 1873, forma une demande en concession de 2,740 hectares, s'étendant au sud des concessions de Bruay, de Marles et de Cauchy-à-la-Tour, et cette demande fut mise aux affiches.

En août 1874, la Compagnie de Divion achetait la concession d'Annœullin de la Compagnie des Mines de Béthune (Bully-Grenay), et des créanciers qui s'en étaient rendus adjudicataires, ainsi qu'il a été dit page 125, et elle constituait, le 17 août 1874, une Société nouvelle dont les statuts sont analysés ci-dessous.

Statuts. — La Société a pour objet la continuation des travaux pour arriver à la découverte et à l'exploitation de la houille dans la concession demandée de Divion, et dans la concession accordée d'Annœullin.

Elle prend la dénomination de *Compagnie houillère d'An-nœullin-Divion*.

Son siège est à Paris.

Le capital social est fixé à 3 millions, divisé en 6,000 actions au porteur de 500 francs.

Les fondateurs reçoivent, pour l'apport de deux sondages de recherches, de la concession d'Annœullin, et de leurs droits etc. 738,000 francs, en représentation desquels il leur est attribué 1,476 actions libérées.

    100   »   »   seront mises à la disposition du Conseil d'administration pour rémunérer des services rendus ou à rendre.

1,000 actions sont émises et souscrites dès à présent.

  2,576

3,424 actions restent à la souche pour être émises lorsque le dit Conseil le jugera convenable.

Le Conseil d'administration est composé de 5 membres nommés à vie.

En cas de démission ou de décès d'un ou plusieurs membres, les membres restant pourvoient à leur remplacement.

Nul ne peut être Administrateur s'il n'a pas la propriété et la jouissance d'au moins 10 actions, ou s'il remplit déjà ces fonctions dans une autre Société charbonnière en France.

Les pouvoirs du Conseil sont les plus étendus.

Il peut faire toutes associations avec d'autres exploitations, toute acquisition de tout ou partie de concession charbonnière, ou toute vente ou cession de concession.

Il pourra racheter des actions jusqu'à concurrence de la moitié du fonds de réserve alors existant, et émettre de nouveau ces actions ou emprunter sur leur dépôt.

Il propose seul les modifications à faire aux présents statuts.

Les actionnaires pourront, chaque année, nommer entre eux trois délégués chargés de prendre connaissance, au siège de la Société, des comptes de l'administration.

L'Assemblée générale se compose de tous propriétaires d'au moins dix actions.

Chaque membre aura autant de voix qu'il aura de fois dix actions.

Les Assemblées générales auront lieu toutes les fois que le Conseil d'administration jugera convenable de les convoquer.

Le 30 juin de chaque année, les écritures seront arrêtées, et l'inventaire dressé par les soins de l'Administration, qui fixera le chiffre des dividendes.

Il sera créé un fonds de réserve qui ne pourra jamais dépasser 300,000 francs. Il sera formé au moyen d'une retenue du quart du bénéfice de chaque année après la répartition de 5 % du capital émis, etc., etc.

Reprise de la fosse d'Annœullin. — Les deux sondages entrepris, l'un au sud-ouest de Divion, l'autre un peu à l'ouest d'Houdain, étaient restés dans les terrains négatifs.

Peu de temps après l'acquisition de la concession d'Annœullin, la Société avait repris la fosse abandonnée. Une nouvelle machine fut installée et on épuisa les eaux qui remplissaient la fosse.

En septembre 1875, on put pénétrer dans les galeries et procéder à leur rétablissement. Le rapport à l'Assemblée générale du 18 novembre 1875 constate qu'il a été dépensé pendant l'exercice 1874-75, 395,000 francs.

On mit en exploitation la seule veine existante, dont l'épaisseur n'était que de 0 m. 40. Cette exploitation fournit :

En 1877..........	22,533 tonnes.
» 1878..........	11,216 »
Total..........	33,749 tonnes.

Le champ d'exploitation était de tous côtés limité au fond par le calcaire carbonifère, et il n'y avait plus d'espoir d'y trouver d'autre couche exploitable ; dans ces conditions, la fosse fu condamnée et les travaux y furent complétement abandonnés en août 1878.

La Société d'Annœullin-Division entre en liquidation, et le 21 août 1880, on met en vente sur publication judiciaire, au Palais de Justice de Paris, les mines d'Annœullin sur la mise à prix de 250,000 francs. L'adjudication a eu lieu en faveur de M. Lecocq au prix ci-dessus. On dit que M. Lecocq est le réprésentant d'un groupe de banquiers de Paris qui songent à reprendre les travaux d'Annœullin, et qui auraient même déjà entrepris un nouveau sondage.

Valeur des actions. — On a vu que la Société d'Annœullin-Division avait été constituée au capital de 3 millions, divisé en 6,000 actions de 500 francs.

D'après les indications des journaux financiers, en 1878, il restait à la souche 3,600 actions. Il n'en avait donc été émis que 2,400, sur lesquelles 1,476 libérées avaient été remises aux fondateurs pour leur apport. Il n'avait été placé que 924 actions payantes de 500 francs, soit pour une somme de 462,000 francs.

Ces actions, toujours d'après les journaux financiers, se vendaient :

En mars....	1875............	800	à	820	francs.
» août.....	»	750		800	»
» novembre	»	618		620	»

En juin 1876, elles ne sont plus qu'à 420 francs.

En septembre 1877, elles sont descendues à 185 francs.

A la fin de 1878, elles ne sont plus qu'à 20 francs.

Elles tombent en 1880, à 10 francs.

XVII.

MINES DE DOUVRIN.

Société de recherches. — En 1855, les houilles étaient très demandées, et leur prix s'était notablement élevé. Aussi de nouvelles Sociétés de recherches se formaient pour explorer les terrains situés sur les limites des concessions alors instituées.

C'est ainsi que par acte du 16 juillet 1855 se constitue, sous le nom de Société d'Houdain, une association de personnes des environs de Béthune, pour la recherche de la houille, au capital de 30,000 francs, représenté par 30 actions de 1,000 francs. Trois actions libérées étaient attribuées au fondateur.

La Société établit, en 1855, deux sondages au midi de la concession de Bruay : l'un à Houdain, n° 386, fut bientôt abandonné, à 45 mètres, dans des schistes dévoniens ; l'autre à Division, n° 387, fut poussé jusqu'à 140 mètres, et rencontra, comme le premier, la formation dévonienne.

Après ces deux échecs, les actionnaires, réunis en Assemblée générale le 3 décembre 1856, prirent la décision suivante :

« Tout pouvoir est donné au Conseil d'administration à l'effet
» de s'aboucher avec toute personne qui pourra lui donner
» des documents pour la découverte de gisement houiller où
» l'on pourrait faire des recherches dans l'intérêt de la Société,
» et de leur attribuer, en cas de réussite, six actions bénéficiaires
» libérées de fondateurs, pourvu que le Conseil d'administration
» trouve que le périmètre indiqué offre des chances de réussite à
» l'obtention d'une concession. »

L'Assemblée générale décida, en outre, « que 15 nouvelles
» actions seront émises au pair, au taux d'émission des actions
« primitives. »

Un peu plus tard, chacune des anciennes et des nouvelles 15
actions fut subdivisée en 4 coupons représentant 250 francs.

Un nouveau sondage fut établi à Bouvigny-Boyeffles, au sud
de la concession de Nœux. Il atteignit la base de la craie à
154 m. 75; il fut continué jusqu'à 192 mètres et abandonné à
cette profondeur, « sans doute, dit M. Sens, dans des schistes
« appartenant à la formation carbonifère. »

Société d'exploitation. — Le 1er mai 1857, dans un acte
reçu par Me Calonne, notaire à Béthune, les actionnaires de la
Société de recherches exposaient : « que le sondage de Bouvigny
» était arrivé à 168 mètres ; qu'ils espéraient, sous très peu de
» temps, recouper une ou plusieurs veines ; qu'ils avaient fait, le
» 16 mars dernier, opposition à la demande d'extension de
» concession formée par la Compagnie de Vicoigne-Nœux le
» 6 avril 1854 ; que dans ces circonstances, il y avait lieu de se
» constituer en Société d'exploitation ; qu'en conséquence, ils
» arrêtaient les clauses et conditions de cette Société. »

La Société est civile.

Elle prend le nom de *Société houillère d'Houdain.*

Le capital social est fixé à 3 millions, représentés par 6,000
actions de 500 francs.

Sur ces 6,000 actions, 1152 libérées sont attribuées aux actionnaires de la Société de recherches en compensation de leurs
apports, forages, droits d'invention, etc.

En outre, 44 actions libérées sont mises à la disposition du
Conseil d'administration pour récompenser les personnes qui
pourront donner des documents pour la découverte de gisement

houiller, conformément à la décision du 3 décembre 1856, reprise ci-dessus.

Etc., etc.

Sondages au nord de la concession de Lens. — Le sondage de Bouvigny-Boyeffles fut abandonné, d'après les indications recueillies sur le prochain octroi de l'extension de la concession de Nœux, et la nouvelle Société d'Houdain transporta ses recherches au nord de la concession de Lens.

Un premier sondage fut établi à Salomé, nº 383, puis un second à Douvrin, nº 382.

Le sondage de Salomé avait passé le tourtia à 143 mètres, et pénétré ensuite « dans des terrains noirs, puis blancs-bruns. »

Le sondage de Douvrin atteignit le terrain houiller à 138 m. 35, puis une couche de houille.

Enfin, deux autres sondages avaient été ouverts à Auchy-lez-la-Bassée et à Haisnes.

Ces travaux avaient nécessité des émissions de nouvelles actions de la Société de recherches, et, par suite, il fut apporté des modifications au contrat de la Société d'exploitation.

Modifications de l'acte de société. — Ces modifications sont reprises dans deux actes reçus par le dit Mᵉ Calonne, en date des 12 et 24 décembre 1858, dans lesquels il est dit :

« Aux termes de l'acte de société du 1ᵉʳ mai 1857, chaque
» action de la Société de recherches a droit à 24 actions de
» 500 francs. »

« Diverses décisions des Assemblées générales ont autorisé
» l'émission, en 1857 et 1858, de 115/4 d'actions de la Société de
» recherches, qui jouissent des mêmes droits et avantages que
» les actions primitives, et qui, par suite, recevront 690 actions
» libérées de la Société d'exploitation. »

« Le capital social est fixé à 4 millions, représentés par
» 8,000 actions de 500 francs. »

« Le droit de chaque actionnaire par chaque action de fondation
» est réduit de 24 actions à 14 actions de 500 francs. »

« Le Conseil d'administration est autorisé à émettre 1,200
» actions de 500 francs, et les autres au fur et à mesure des
» besoins sérieux de la Société. »

« Il est accordé à diverses personnes, en compensation de
» services rendus, 3 actions de fondateur. »

« Il est créé 80 actions dites *semi-fondatrices*, divisibles en
» demies et quarts d'actions, pour lesquelles chaque souscripteur
» aura à verser 250 francs pour chaque quart. »

« Les actions semi-fondatrices auront moitié valeur des actions
» fondatrices, c'est-à-dire qu'elles donneront droit à 8 actions de
» 500 francs. »

« Pour avoir droit aux 16 actions et 8 actions ci-dessus, chaque
» actionnaire, par chaque action de fondation, sera tenu de
» souscrire, lors de l'émission des 1,200 actions de roulement,
» deux actions de 500 francs et une par chaque action demi-fon-
» datrice; dans le cas contraire, chaque action fondatrice sera
» réduite à 12 actions, et chaque action semi-fondatrice à 6. »

Diverses autres modifications furent apportées aux statuts par
les Assemblées générales des 17 décembre 1859, 22 avril 1860,
11 juin et 10 septembre 1861, en vue de faciliter le placement
pénible des actions.

Enfin, après l'institution de la concession de Douvrin,
l'Assemblée générale extraordinaire du 2 septembre 1864 vota
les statuts définitifs analysés ci-dessous.

Statuts définitifs. — Les anciens statuts sont abrogés.

La Société est civile.

Elle prend la dénomination de *Compagnie houillère de Douvrin*.

Le capital social est fixé à 4 millions, divisés en 8,000 actions
de 500 francs.

Les actions nos 1 à 3,566, émises à ce jour, sont et restent
nominatives. Elles ne participent aux bénéfices qu'après prélèvement, par les actions nos 3,567 à 5,066, d'un intérêt de 5 %.
Ces dernières actions sont nominatives jusqu'au jour où elles
sont complétement libérées; dès lors elles sont au porteur.

Lorsque les actions nos 1 à 3,566 auront reçu un dividende de
25 francs, tous les titres nos 1 à 5,066 ne formeront plus qu'une
seule et même catégorie d'actions.

La Société est administrée par un Conseil composé de cinq
membres, possesseurs d'au moins chacun 30 actions.

Les administrateurs sont élus pour 5 ans par l'Assemblée

générale. Le renouvellement aura lieu par cinquième, d'année en année.

Les pouvoirs du Conseil sont très étendus. Il émet les actions et fixe le prix d'émission.

L'Assemblée générale aura lieu chaque année le premier jeudi du mois d'août.

En feront partie, tous les porteurs de 5 actions. Ils auront droit à une voix par 5 actions, sans qu'un même actionnaire puisse réunir plus de 10 voix.

Un Comité, composé de 3 membres nommés par l'Assemblée générale, est chargé de la surveillance des comptes.

Etc., etc.

Concession. — La Société d'Houdain avait fait, en 1857, opposition à la demande d'extension de la concession de Nœux, en alléguant une découverte de charbon faite par elle sur un point voisin.

Cette découverte fut considérée comme apocryphe par l'Administration qui ne tint aucun compte de l'opposition de la Société d'Houdain; bien plus, elle considéra plus tard cette allégation de découverte du charbon comme une manœuvre des plus répréhensibles.

Lorsque cette Société eut transporté ses recherches au nord de la concession de Lens, en 1857, elle fit également opposition à la demande d'extension de cette concession. Toutefois, cette opposition fut contestée, et il paraît qu'on n'en trouva pas trace dans l'instruction des demandes des Compagnies de Lens et de Meurchin.

Le 10 mars 1859, la Société d'Houdain formait une demande de concession d'une superficie de plus de 24 kilomètres carrés, qu'elle réduisait, le 13 septembre suivant, à 14 kilomètres.

Une décision ministérielle du 27 octobre 1859, prise sur l'avis du Conseil général des Mines, rejeta cette demande. Ce rejet était motivé : « sur ce qu'un seul des 4 sondages exécutés par la » Société avait découvert une couche de houille de 0 m. 57, les » 3 autres n'ayant atteint que le terrain houiller avec quelques » veinules de charbon insignifiantes, et sur ce que tout ce qui » résultait jusqu'alors de l'ensemble de ces recherches et de » celles auxquelles se livrent diverses Compagnies sur ces mêmes

» territoires, c'est qu'il existe au nord de la concession de Lens
» seulement 2 kilomètres carrés appartenant à la formation
» houillère. »

La Société d'Houdain contestait ces assertions exprimées dans
leurs rapports par les Ingénieurs des Mines. Elle exposait qu'il
avait été découvert : 1° le 17 septembre 1858, 1 veine de 0 m. 60
environ, au 1er sondage de Douvrin ; 2° le 6 janvier 1859, 1 veine
de 0 m. 60, au 2e sondage de Douvrin ; 3° en mars 1859, 2 veines
d'ensemble 0 m. 45 environ, séparées par 0 m. 25 de schiste, au
sondage d'Auchy.

En même temps, elle ouvrit un nouveau trou de sonde a côté
du sondage n° 382 de Douvrin, pour confirmer la rencontre de la
houille dans ce sondage, qui fut en effet constatée en avril 1860.

Sur les instances de la Société d'Houdain, le Ministre des
Travaux publics ordonna, le 16 mai 1860, un supplément
d'instruction ; et le 11 juillet suivant, le Conseil général des
Mines se prononça, 4 membres pour le rejet, et 4 membres pour
l'adoption de l'affichage de la demande de concession.

L'instruction de cette demande se poursuivit pendant 3 années
au milieu de péripéties très diverses et qui plaçaient la Société
dans une situation des plus critiques. Elle avait fait des dépenses
considérables, soldées en grande partie par des emprunts successifs à courtes échéances, qu'il fallait renouveler sans cesse et
avec des difficultés croissantes. Le discrédit le plus complet s'était
attaché à la Compagnie ; les émissions d'actions tentées sous
toutes les formes, avaient entièrement échoué : et les Administrateurs se trouvaient sous le coup de poursuites de la part des
créanciers, qui voulaient saisir leurs biens, et le matériel de la
fosse de Douvrin.

Le 7 août 1862, la demande de concession était portée devant
le Conseil d'État, et la discussion engagée, lorsque M. de
Bourseuille entre dans la salle, et donne lecture d'une dénonciation adressée au Ministre par un sieur Roger (de Wazemmes),
se disant actionnaire de la Société.

D'après cette dénonciation, les Administrateurs auraient
demandé qu'il fût mis à leur disposition 250 actions de 500 francs
chacune pour acheter et corrompre les employés du Ministère et
obtenir de leur complaisance la concession.

Le Secrétaire général, au nom du Ministre, demanda qu'il fût sursis à l'examen de l'affaire jusqu'après le résultat de l'enquête prescrite par le Ministre sur cette grave inculpation.

Le dossier fut retiré du Conseil d'État.

Dans l'enquête faite par le Préfet du Pas-de-Calais, les Administrateurs répondirent par un mémoire de 25 pages, et des documents tendant à établir que les 250 actions votées dans l'Assemblée générale du 11 juin 1861, par 52 actionnaires réunissant 232 voix, contre 4 ayant 34 voix, avaient été votées pour reconnaître les services rendus par 2 Administrateurs et leurs collaborateurs, et que ces 250 actions n'avaient pas encore été distribuées; par conséquent, qu'elles n'avaient pu servir à influencer des employés du Ministère pour l'obtention de la concession.

L'enquête fut complétement favorable aux Administrateurs de la Société de Douvrin, et le sieur Roger reconnut lui-même que son accusation ne reposait sur aucun fondement.

Le Conseil intenta une action contre ce dernier, qui fut condamné, par jugement du tribunal civil de la Seine du 26 décembre 1863, pour dénonciation calomnieuse, à des dommages et intérêts envers les Administrateurs et la Société de Douvrin, avec insertion, dans 2 journaux, du dit jugement.

Enfin parut le décret du 1863 qui institua en faveur de la Compagnie de Douvrin, constituée le 10 septembre 1861 par la transformation de l'ancienne Société d'Houdain, une concession de 700 hectares.

Un décret du même jour accordait à la Compagnie de Meurchin une extension de sa concession de 137 hectares.

La concession de Douvrin a été achetée, en 1873, par la Compagnie de Lens, moyennant le prix de 500,000 francs, et sa réunion à la concession de Lens a été autorisée par décret du 5 mars 1875.

Travaux. — La Société avait ouvert, en mars 1859, un puits d'extraction, n° 43, sur le territoire d'Haisnes, à environ 400 m. de la limite nord de la concession de Lens, sur le bord de la route de Lens à la Bassée.

Il rencontra le terrain houiller à 150 mètres, et on y ouvrit deux accrochages, à 178 et à 213 mètres, dont les bowettes traversèrent sept couches de houille maigre, tenant 8.1 °/₀ de matières volatiles. Cinq de ces veines étaient exploitables et furent exploitées sur une certaine étendue. Mais leur allure était irrégulière et découpée par de nombreuses failles ; de 1861 jusqu'à 1866 leur exploitation ne fournit que des produits insignifiants, s'élevant, en totalité, pendant ces 5 années, à 12,642 tonnes seulement.

Il est vrai que le défaut de ressources financières et l'incertitude dans laquelle se trouvait la Société relativement à l'obtention d'une concession, l'avaient déterminée, en 1863 et 1864, à suspendre à peu près entièrement son exploitation.

On avait toutefois approfondi la fosse jusqu'à 240 mètres, et retrouvé la veine n° 5 avec une allure plus régulière et une puissance de 1 m. 20 à 1 m. 50.

Un décret du 18 mars 1863 avait accordé à la Compagnie de Douvrin une concession de 700 hectares ; une maison de Paris avait fourni les fonds nécessaires à la reprise des travaux.

L'extraction de la fosse de Douvrin qui n'était que

De............	5,405	tonnes en	1865
s'élève à.......	23,575	»	1866
»	20,738	»	1867

Elle tombe ensuite :

à............	12,358	»	1868
à............	11,484	»	1869

et continue à décroître les 4 années suivantes, 1870 à 1873.

Elle n'est en totalité que de 17,285 tonnes pour ces 4 années.

C'est que, dès la fin de 1869, un jugement du tribunal de Béthune avait prononcé la dissolution de la Société ; et les liquidateurs maintenaient la fosse en activité, mais sans exécuter aucun autre travail que celui indispensable en vue de la vente de l'entreprise.

Cette vente eut lieu le 3 octobre 1873, en faveur de la Compagnie de Lens, moyennant le prix de 500,000 francs.

Un décret du 5 mars 1875 a autorisé la réunion de la concession de Douvrin à celle de Lens, et la Compagnie de Lens a réorganisé la fosse de Douvrin, actuellement désignée sous le n° 6. A la surface, des installations spacieuses et bien entendues

LA BASSÉE

Hantay

DÉPᵗ

Lille

à

DU   NORD   383   La Bassée.

d'Aire

Béthune

de

à

381   380   DÉPᵗ   234   DU   401 PAS DE CALAIS

Canal

St.Pol à Lille

183

Chemin   de   Fer   de   Chⁱⁿ   385   Cᴼᴺ DE   T.H.et C.C.

à la Bassée

400   Rᵗᵉ Natˡᵉ Nolaines à   N° 41   221   896   DOUVRIN   182

Till.et C.C.

Cᴼᴺ   Auchy   384   379   N° 6   382   Billy

lez la Bassée   N° 4   Berclau

DE   372   N° 2   N° 3   Douvrin   182

Haisnes   Décline   N° 1   N° 5

BULLY-   893   N° 4   Société   des

215   N° 5   Mines

Chemin de Fer de Bully-Grenay à Violaines   N° 6   Creu   de   Wingles

GRENAY   894   Lens

Echelle de 1/40.000   Cᴼᴺ   DE   LENS   N° 7   895

Route

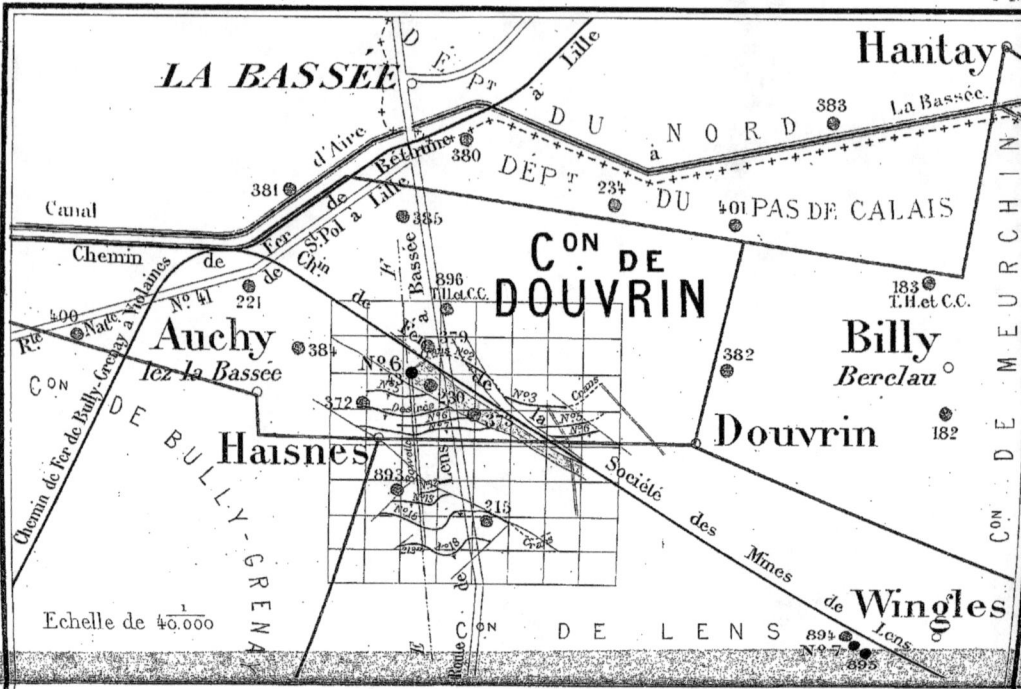

CONCESSION DE DOUVRIN

COUPE SUIVANT LA LIGNE E.F.

Sondage   Fosse N° 6

Morts Terrains   150ᵐ

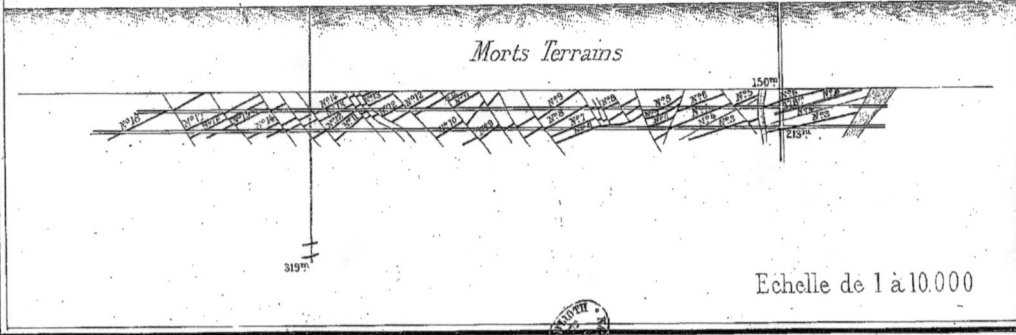

213ᵐ

N° 10   N° 11   N° 2   N° 7   N° 6   N° 8   N° 5   N° 3

319ᵐ

Echelle de 1 à 10.000

Gravé par R. Hausermann.   Lille. Imp. Danel

ont été construites pour la manœuvre des wagons, pour le triage et le criblage des charbons ; une très belle machine d'extraction, système Corliss, à détente, a été montée, et la voie ferrée qui relie la fosse au rivage de Pont-à-Vendin et à la gare de Violaines a été terminée.

Des travaux souterrains, dans la direction du sud et pénétrant dans la concession de Lens, ont amené la découverte de neuf couches de houille, de nature sèche, tenant de 15 à 16 % de matières volatiles, propre au chauffage des générateurs, et dont l'exploitation, malgré l'irrégularité des terrains, fournit actuellement une extraction importante, qui figure, à partir de 1874, dans la production totale des mines de Lens.

Ainsi, il a été extrait par la Compagnie de Lens à la fosse de Douvrin :

En 1874	8,782	tonnes.
» 1875	11,661	»
» 1876	31,716	»
» 1877	14,888	»
» 1878	37,746	»
» 1879	67,000	»
Total	166,788	tonnes.

Toutefois, la formation houillère ne paraît avoir qu'une faible épaisseur à Douvrin. En effet, un puits d'enfoncement pratiqué à 50 mètres de la fosse, et vers 310 mètres de profondeur, a constaté la présence de schistes dévoniens avec intercalations de calcaires. Cette indication annonce, en cette région, la fin du bassin à la profondeur de 310 mètres.

Production. — La fosse de Douvrin commença à extraire du charbon en 1861. Mais pendant cette année et pendant les 4 années suivantes, son extraction fut très faible, ainsi que le constatent les chiffres ci-dessous :

1861	1,425	tonnes.
1862	4,571	»
1863	419	»
1864	832	»
1865	5,405	»
	12,642	tonnne.
A reporter	12,642	tonnes

Report............ 12,642 tonnes.

Les 4 années suivantes furent plus favorables ;
ainsi la production est :

En 1866............ 28,575 tonnes.
» 1867............ 20,788   »
» 1868............ 12,358   »
» 1869............ 11,434   »

68,105   »

Elle redescend ensuite :

En 1870 à.......... 6,731 tonnes.
» 1871 5,361   »
» 1872 2,709   »
» 1873 2,484   »

17,285   »

La concession de Douvrin ayant été achetée.
en octobre 1873, par la Compagnie de Lens,
à partir de ce moment la production de la fosse
de Douvrin figure dans la production totale de
celle de Lens.

Extraction totale de la Compagnie de Douvrin...... 98,032 tonnes.

Émission des actions. — Sur les 8,000 actions de 500 fr.
formant le fonds social, il avait été attribué aux fondateurs par
les actes des 12 et 24 décembre 1858, en compensation de leurs
apports,

1,910 actions libérées, mais à la condition de souscrire une
action de roulement de 500 francs par chaque
part de 8 actions.

96 actions libérées avaient été mises à la disposition du
Conseil, par l'acte du 1er mai 1857, pour
rémunérer des services rendus.

250 actions libérées avaient été mises à la disposition du
Conseil, par décision de l'Assemblée générale
du 11 juin 1861, également pour rémunérer
des services rendus.

Total 2,256 actions libérées.

1,310 actions payantes, dites de roulement, avaient été émises avant la constitution du 10 septembre 1861, savoir :

268	au pair de 500 fr. pour......			134,000 fr.
529	au taux de 300	»	. ....	158,700
6	» 275	»	......	1,650
500	» 200	»	......	100,000
7	» 328	»	......	2,300

1,310 actions (au taux moyen de 303 f.)   896,650 fr.

La souscription de ces 1,310 actions payantes n'avait été obtenue que très difficilement et par de nombreuses tentatives d'émissions successives dont la plupart avaient complétement échoué.

Ainsi, le 4 janvier 1861, une circulaire adressée aux actionnaires annonçait l'émission d'actions au prix de 400 francs, dont la souscription leur était réservée par privilège. Une seule action fut souscrite.

L'Assemblée générale du 11 juin 1861 avait décidé l'émission de 2,000 actions privilégiées de 500 francs, rapportant 30 fr. d'intérêt. Malgré ces conditions avantageuses le Conseil, dans sa séance du 11 juillet suivant, « apprend avec peine que la sous-
» cription aux 2,000 actions privilégiées, ouverte depuis le 20 du
« mois dernier, est sans effet. Un seul actionnaire s'est présenté
» au siège social pour souscrire une action, c'est le sieur X....,
» gendarme à Lens. Les actionnaires n'ont pas mieux apprécié
» l'émission des actions privilégiées que les précédentes émissions
» de 1859 et 1860. Est-ce impuissance ou mauvaise volonté de
» leur part ? Leur exemple est d'un fâcheux augure pour l'avenir
» de la Société. »

« A Paris, la souscription n'a obtenu aucune adhésion. »

« Un Membre propose la liquidation et la dissolution de la
» Société. »

« Le Conseil se prononce pour l'ajournement de cette mesure. »

Cependant une maison de banque de Paris se charge, par traité du 2 novembre 1861, d'ouvrir une souscription pour le placement des 1,200 actions privilégiées au taux de 450 francs, et à la condition que ces actions seraient remboursées au pair, par l'actif de la Société, si la concession n'était pas obtenue. Les 3/5 du produit des actions devaient servir à couvrir les emprunts alors contractés, et les deux autres cinquièmes à faire face à l'achèvement des travaux. Mais, par suite du discrédit de la Société de Douvrin et de l'incertitude qu'une concession lui fut accordée, le placement de ces actions ne put être réalisé, et le traité fut résilié en mars 1862.

Au commencement de cette année 1862, il était dû trois quinzaines aux ouvriers qui refusaient de continuer à travailler. Il y avait en circulation des obligations . souscrites par les Administrateurs, pour des sommes importantes, et qui arrivaient à échéance sans que la Société ait aucun moyen de les payer.

Des poursuites étaient exercées contre les Administrateurs. Les créanciers menaçaient de saisir les meubles des dits Administrateurs, ainsi que tout le matériel de la fosse ; une de ces saisies fut même effectuée et suivie d'une annonce dans les journaux de la mise en vente du matériel

Après l'obtention de la concession, le 18 mars 1863, la Compagnie dût s'occuper de se procurer des ressources pour reprendre les travaux de la fosse qui avaient été interrompus.

Il fut proposé à l'Assemblée générale de juin 1863, l'émission de 2,070 actions libérées de 500 francs, à 450 francs, avec jouissance d'un intérêt annuel fixe de 25 francs.

Les 2,070 actions anciennes qui souscriraient les 2,070 actions nouvelles jouiraient également chacune d'un intérêt annuel fixe de 25 francs.

Cet intérêt cesserait d'exister lorsque les produits de l'exploitation permettraient de donner un dividende de 25 francs à toutes les actions.

A cette date il avait été émis............	3,570 actions.
Qui, ajoutés aux actions nouvelles........	2,070 »
Donneraient............	5,640 actions.
Et il resterait à la souche..............	2,360 »
Ensemble............	8,000 actions.

Les actions libérées étaient invendables à 125 francs.

Il ne fut souscrit d'actions nouvelles que par les Administrateurs et des membres de leur famille. Par suite, la souscription fut annulée, et on fut obligé de reconnaître qu'il était impossible de compter sur les actionnaires pour apporter de nouveaux fonds dans l'entreprise.

Après l'échec de l'émission des actions votées par l'Assemblée générale de juin 1863, le Conseil d'administration entra en négociations avec des capitalistes français et anglais pour se procurer des ressources.

Ces derniers envoyèrent un ingénieur anglais visiter l'établissement de Douvrin, et les négociations paraissant devoir aboutir, il fut donné, le 22 octobre 1863, pouvoir au Président du Conseil de traiter sur les bases suivantes :

1° Les 3,570 actions de 500 francs alors émises entrent dans le capital de la Société nouvelle pour les 2/3 de leur capital nominal, en sorte que chaque actionnaire recevra 2 actions nouvelles pour 3 actions anciennes.

2° Les 1,500 obligations émises, avec les intérêts, constituant une dette de 754,695 francs, le capital de la nouvelle Société devra être au moins de 5 millions, etc.

3° Une somme de 1 million en actions sera attribuée aux capitalistes anglais qui se chargent de la souscription des actions à émettre ;

4° Le traité à intervenir devra être ratifié par l'Assemblée générale.

La proposition ci-dessus fut remplacée par la suivante des capitalistes anglais :

1° Transformation de la Société en une nouvelle *à responsabilité limitée* suivant la loi anglo-française, au capital de 2,800,000 fr., représentés par 5,600 actions de 500 francs au porteur ;

2° Les 3,570 actions émises recevront 2,380 actions de la nouvelle Société, libérées de 500 francs, soit 2 actions nouvelles pour 3 anciennes, et les 3,220 actions nouvelles restant seront attribuées aux capitalistes.

3° Les nouveaux capitalistes fourniront, dans le délai d'un mois 600,000 francs, dont 500,000 pour fonds de roulement de la nouvelle Société, et 100,000 pour solder les intérêts échus des 1,500 obligations ainsi que toutes les dettes ;

4° Après prélèvement de l'intérêt et de l'amortissement des 1,500 obligations émises, sur les bénéfices, les 3,220 actions des capitalistes prélèveront 40 francs par action ; sur le surplus des bénéfices, les 2,380 actions des anciens actionnaires prendront également 40 francs chacune, et le restant des bénéfices sera partagé ensuite entre les 5,600 actions, ou ajouté à la réserve ;

5° Un ingénieur anglais dirigera les travaux.

L'assemblée générale repoussant cette combinaison les Membres du Conseil d'administration donnèrent leur démission le 2 mars 1864.

Le nouveau Conseil nommé dans l'Assemblée générale du 22 mars 1864 adressa la circulaire suivante aux actionnaires :

1° Il est fait un appel de 50 francs à chacune des actions émises jusqu'à ce jour ;

Les actions qui auront fait ce versement jouiront d'une prime annuelle de 10 francs.

La souscription sera annulée si elle n'atteint pas au moins 3,000 actions.

2° Il est émis 500 obligations de 300 francs portant un intérêt de 20 francs, remboursables à 400 francs, par quinzième, à partir de 1868.

Chaque souscripteur actionnaire jouira d'une prime de 10 francs par obligation.

1,541 actions seulement répondirent à l'appel de 50 francs, et il ne fut souscrit que 91 obligations.

On entama des négociations avec la Société générale pour se procurer des ressources ; mais ces négociations n'aboutirent pas.

On s'aboucha alors avec le Directeur de « l'Office général des Compagnies houillères » qui offrait de se charger de l'émission des 1,500 actions autorisée par l'Assemblée générale de juin 1864, à la condition que la Société de Douvrin recevrait 325 francs par action émise à 500 francs, avec intérêt annuel de 25 francs. Un traité fut conclu, et des prospectus répandus dans le public.

Le placement de ces 1,500 actions ne fut réalisé que très difficilement et par parties successives, et dura jusqu'en 1869. Il procura cependant quelques ressources à la Compagnie de Douvrin qui lui permirent de végéter péniblement. Elle ne vivait que d'expédients, d'émissions de traites tirées sur le Directeur de l'Office général des Compagnies houillères, et pour lesquelles elle faisait les fonds à l'échéance, fonds qu'elle ne se procurait que par la négociation de nouvelles traites à des dates plus reculées.

L'exploitation avait été reprise ; elle fournissait une certaine quantité de charbon maigre, menu, que l'on n'écoulait que très difficilement et à bas prix. Il est triste, en même temps que curieux, de voir les moyens auxquels on devait recourir pour obtenir le placement des actions de la Société, et pour obtenir ainsi quelques ressources afin d'empêcher l'entreprise de sombrer.

Lettres curieuses. — Quelques extraits de correspondance sont intéressants à citer pour montrer les moyens auxquels on avait recours pour tromper des actionnaires.

29 juin 1865.

« Attendez-vous à recevoir la visite à Douvrin de MM. X...
» Vous avez trop l'intelligence des affaires pour ne pas savoir
» que les meilleures opérations ont encore besoin de mise en
» scène ; veuillez donc vous arranger pour produire le meilleur
» effet ; que M. Y... explique abondamment qu'on tire actuelle-
» ment 7 à 800 hectolitres de charbon par jour et qu'on se prépare
» à en tirer 15 à 1,800 l'hiver prochain. Pour prouver l'extraction
» de 7 à 800 par jour, il faudrait faire en sorte d'avoir sous la
» main, au moment de l'arrivée, une certaine quantité de berlines
» pleines, qu'on ferait remonter vivement pendant la visite pour
» témoigner de l'activité qu'on déploie déjà. »

« Il faudrait aussi que vous, Monsieur, quand M. Y... aura
» dévelopé toutes ces ressources en charbon, que vous expliquiez
» vous-même combien l'écoulement est facile, et pour le prouver,
» il faudrait faire en sorte d'avoir une certaine quantité de
» voitures en charge en route partant pleines, revenant vides,
» etc. Il faudrait aussi faire mouvoir les ouvriers pour démontrer
» qu'il y en a beaucoup et que l'affaire est en bonne voie. »

22 février 1869.

« Pour que M. X... apporte à la Compagnie les fonds dont
» elle a besoin, il ne lui manque qu'une liste de personnes bien
» posées qu'il puisse donner comme références à ses clients. »

« Cette liste il faut que tous nous contribuions à la former, et
» que nous la composions de noms de toutes sortes, maires,
» curés, industriels, etc., sur lesquels nous puissions compter et
» qui répondraient à des demandes de renseignements, la lettre
» ci-après : »

« *La situation du charbonnage de Douvrin est prospère ; elle*
» *est due à différentes causes : la bonne qualité et l'abondance*

» *des charbons qu'elle extrait actuellement, et son admirable*
» *position géographique sur le chemin de fer de Lille à Béthune*
» *et sur le canal d'Aire à la Bassée. Sa concession est la plus*
» *rapprochée du grand centre industriel de Lille, Roubaix,*
• *Tourcoing, etc., pays riche et qui consomme des masses*
» *énormes de charbon ; je crois que Douvrin, plus jeune que*
» *les autres charbonnages voisins, atteindra le degré de pros-*
» *périté de ceux-ci quand son exploitation aura atteint tout son*
» *développement. C'est une affaire honnêtement administrée.* »

« Voilà le sens, sinon les termes exacts de ce que nous vou-
» drions voir répondre. Faites donc en sorte de vous aboucher
» avec quelques personnes de vos amis pour les décider à vous
» prêter leur concours : les huissiers du pays, que vous connaissez
» tous, ne sauraient vous refuser ; vous avez aussi les industriels
» qui se fournissent à la fosse ; vous pourriez voir les curés de
» Douvrin ou de Haisnes, en leur remettant des bons pour leurs
» pauvres. »

« Enfin, il faut absolument placer la Compagnie dans une
» situation de bon crédit, et il n'est pas trop du concours de tous
» ses agents, et puisque M. X... ne demande que cette chose si
» simple : de bons renseignements, donnons les lui. »

« P. S. — Il est essentiel que vous voyiez vous-même chacune
» des personnes dont vous me donnerez les noms et que vous
» leur remettiez à chacune une copie de ce qu'elles auront
» à répondre ; il est bien entendu que cette copie doit être
» conçue en termes variées pour que les réponses se ressemblent
» au fond, mais non dans la forme. Il est aussi essentiel que la
» rédaction soit affirmative et qu'on ne dise pas, par exemple :
» *La Société se trouve maintenant dans des conditions plus*
» *favorables que précédemment.* Il faut qu'on dise : *La Société*
» *se trouve dans des conditions favorables*, sans faire allusion
» au passé de l'affaire. »

« Nous comptons sur vous. »

22 mai 1869.

« Dans une de vos précédentes lettres, vous nous avez indiqué
» M. le Curé de Douvrin, comme référence à nos correspondants.
» L'un d'eux lui a écrit et il lui a été répondu ceci : »

« *Vous avez raison, Monsieur, de vous défier des actions*

» qu'on vous offre, elles ont si peu de valeur, qu'elles n'ont
» même pas cours à la Bourse de Lille et ne se vendent qu'au
» loin, dans les prix de 50 à 55 francs. Ce charbon est trop
» maigre pour que l'exploitation prenne de grands dévelop-
» pements, et rapporte un dividende quelconque aux action-
» naires. »

« Vous voyez que des renseignements de cette nature ne nous
» aideront pas beaucoup à terminer l'émission. Voyez donc M. le
» Curé de Douvrin et priez le de s'abstenir de répondre à
» l'avenir. »

Valeur des actions. — Lors de la constitution définitive de
la Société, le 10 septembre 1861, il avait été émis :

```
2,256 actions libérées, de 500 fr.
1,310    »    payantes,      »
_____
3,566 actions.
```

Peu de temps auparavant, en juillet 1861, il fut vendu :
72 actions bénéficiaires ou libérées, qui devaient rester à la
souche jusqu'après l'obtention de la concession, à 275 francs ;
et 50 actions de roulement, ou payantes, à 300 francs. Mais
cette vente donna lieu à un procès qui se termina par un jugement
du tribunal de Béthune déclarant nulle la vente de ces actions.
On avait bien essayé, au commencement de 1861, d'émettre
des actions à 400 francs ; il ne fut souscrit qu'une seule action.
Une seconde émission d'actions de 500 francs, rapportant 30 fr.
d'intérêt annuel, tentée au milieu de la même année 1861, n'avait
pas eu plus de succès que la première.
Une troisième tentative, faite au commencement de 1862 par
l'intermédiaire d'une maison de banque de Paris, eut le même
sort que les deux premières.
Après l'obtention de la concession, le 18 mars 1863, quatrième
tentative d'émission d'actions à 450 francs, et intérêt de 25 francs ;
nouvel échec.
Les actions étaient cotés à la Bourse de Lille à 75 francs.
En juin 1864, l'*Office général des Compagnies houillères* se
charge de l'émission de 1,500 actions de 500 francs, rapportant

un intérêt annuel de 25 francs, en prélevant, à titre de rémunération, une prime de 175 francs par action.

Cette émission exigea 4 années pour sa réalisation, et l'emploi de manœuvres dont on peut se faire une idée par les extraits de la correspondance citée plus haut.

Malgré tout, les actions étaient invendables.

Au commencement de janvier 1869, sur l'annonce de la vente de 100 actions à la Bourse de Lille, l'un des administrateurs, « pour empêcher cette vente dont l'effet aurait été désastreux » pour la Société, fit l'acquisition, pour le compte de la Société, » de ces 100 actions et de 20 autres qu'on promenait sur la place, » le tout au prix de 20 francs l'une. »

Le nombre d'actions émises était alors de 4,340.

Emprunt. — Au commencement de 1862, la Société était aux abois. Toutes les tentatives d'émission d'actions, même avec intérêt garanti, avaient échoué. Les dettes étaient considérables ; certains créanciers exerçaient des poursuites, et avaient même fait saisir les immeubles, la fosse et son matériel. De plus, le Ministre ne voulait envoyer au Conseil d'État le dossier de la concession qu'après justification du paiement intégral des dettes de la Société.

Le Conseil d'administration réunit une Assemblée générale, lui exposa la situation critique de l'entreprise, et lui proposa, comme seul moyen de la sauver, un emprunt par obligations.

Cette proposition fut acceptée, et une circulaire adressée à tous les actionnaires les informait de l'émission de 1,500 obligations de 450 francs, rapportant 22 fr. 50, et remboursables à 500 francs, en 15 ans, à partir du 15 mai 1868.

La souscription de ces obligations était réservée aux actionnaires dans la proportion de 1 obligation par 2 actions.

Les actions qui souscriraient les obligations, jouiraient, hors part, et pendant 6 ans, à dater du 15 mai 1862, d'un intérêt privilégié de 15 francs par an, à prélever sur les bénéfices nets de la Société ; tandis que les actions qui ne souscriraient pas les dites obligations, ne jouiraient d'un dividende que 6 ans après celles qui les auraient souscrites, c'est-à-dire qu'à partir du 16 mai 1868. .

Malgré ces avantages considérables, les actionnaires se

montrèrent peu empressés à souscrire les obligations. La moitié fut prise par l'un des Administrateurs qui avait endossé des effets de la Société, et avec une réduction de 40,000 francs sur le prix d'émission.

On se procura ainsi 635,000 francs qui servirent à arrêter les saisies, à rembourser les hypothèques et les autres dettes.

En 1868 et 1869, les obligations, sorties au tirage au nombre de 72 et de 75, ne purent être remboursées, et les intérêts ne furent pas payés, faute de fonds. L'un des porteurs de ces obligations s'adressa, le 18 août 1869, au tribunal de Béthune pour provoquer la dissolution de la Société.

Les Administrateurs voulurent alors opérer eux-mêmes amiablement une liquidation. Deux Assemblées générales furent réunies à cet effet, et la deuxième, quoique ne réunissant pas le nombre de voix requis, décida le 19 octobre cette liquidation. Le tribunal de Béthune, par jugement du 9 décembre 1869, refusa d'homologuer la décision de l'Assemblée générale, prononça la dissolution de la Société de Douvrin, et nomma trois liquidateurs pour procéder aux opérations de la liquidation.

Vente de la concession. — Un jugement du tribunal de Béthune, du 9 décembre 1869, avait déclaré la dissolution de la Société de Douvrin, et nommé trois liquidateurs.

Sur la requête de ces derniers, le même tribunal par jugement du 18 juillet 1873, ordonna la mise en vente, par adjudication publique, sur la mise à prix de 300,000 francs, de tous les immeubles de la Société.

Ces immeubles se composaient :

1° De la concession s'étendant sur 700 hectares 32 ares, et du puits avec ses travaux :

2° Du matériel, machine d'extraction horizontale de 50 chevaux, machine alimentaire, trois générateurs, cages, berlines, etc. :

3° De 4 hectares 48 ares 5 centiares de terrain sur lesquels étaient érigés les bâtiments du puits, les logements de l'Ingénieur, du Comptable, d'un certain nombre d'ouvriers, les bureaux, magasins et ateliers.

Une première adjudication eut lieu le 6 septembre 1873, au prix de 360,000 francs, en faveur de 40 porteurs d'obligations. Mais, le 13 du même mois, il fut mis une surenchère de 65,000 francs. L'adjudication définitive fut prononcée à la barre du tribunal de Béthune le 3 octobre 1873, après plusieurs enchères successives, au profit de la Compagnie des Mines de Lens, moyennant le prix de 500,000 francs.

Un décret du 5 mars 1875 autorisa cette Compagnie à réunir à sa concession primitive la concession de Douvrin.

Résultats de la liquidation. — On vient de voir que la concession de Douvrin, avec son puits, son matériel, et ses immeubles, avait été vendue 500,000 francs.

Les dettes de la Société se montaient à 930,020 fr. 95, savoir :

Capital de 1,488 obligations émises à 450 fr		669,600 f. 00
11/21 de prime de remboursement à 50 fr., sur les dites		38,985 60
Intérêts échus, et non payés, au 31 juillet 1873		167,740 05
Il était dû, à divers créanciers...........	64,927 f. 45	
Dont à déduire divers débiteurs	11,223 15	
		53,704 30

Si l'on tient compte des frais de la liquidation, on voit que les créanciers de la Société de Douvrin n'ont par reçu plus de 50 % de leurs créances.

Dépenses. — Les dépenses faites par la Société de Douvrin, depuis l'origine des recherches jusqu'à la vente de la concession en 1873, peuvent être évaluées ainsi :

Dépenses de la Société de recherches, environ........	100,000 fr.
Produit de l'émission de 1.310 actions à un taux variable de 500 à 200 francs.........................	396,650
Produit de l'émission de 1,500 obligations ayant produit à la Société, 375 fr.......................	562,500
Emprunt. 1,488 obligations à 450 fr...............	669,600
Dettes de la Société lors de la liquidation...........	260,430
Frais de la liquidation, environ..................	20,000
Total des dépenses.............	2,009,130 fr.
A déduire :	
Prix de vente de la concession......	500,000
Perte......................	1,509,130 fr.

PUITS.

Nº 43. — Fosse d'Haisnes. — 1859. — Terrain houiller à 150 m.

Niveau passé avec une machine d'épuisement de 120 chevaux. Maximum d'eau , de 740 hectolitres par minute.

Commence à 2 m. 70, et finit à 77 m. 30. Atteint le terrain houiller à 147 m. 10, en octobre 1860.

Diamètre , 4 m. — Guide.

Accrochages à 178 et 213 m.

Profondeur, 240 m.

7 veines reconnues , dont 5 ont été exploitées sur une certaine étendue.

Ce puits est entré en exploitation en 1861. Il n'a produit que 98,032 tonnes de 1861 à 1873 , année pendant laquelle il a été racheté par la Compagnie de Lens.

Cette Compagnie l'a réorganisé et y a exécuté de grandes bowettes qui ont pénétré au sud dans la concession de Lens. De nombreuses couches de houille y ont été rencontrées ; mais elles laissent à désirer comme régularité.

En 1879, la Compagnie de Lens y a extrait 67,000 tonnes

La houille tient, en matières volatiles , 8 $\%$ dans les couches au nord ; 15 à 16 $\%$ dans les couches au sud.

Un puits d'enfoncement pratiqué à 50 m. de la fosse, et vers 310 m. de profondeur, a constaté la présence de schistes dévoniens avec intercalations de calcaires.

———

SONDAGES.

Nº 386. — Sondage à Houdain. Nº 1. — 1855.

Schistes dévoniens à 45 m.

387. — Sondage de Divion. Nº 2. — 1855-1856.

Schistes dévoniens à 140 m.

Sondage de Bouvigny-Boyeffles. Nº 3. — 1856-57.

Base de la formation crétacée à 154 m. 75.

Abandonné à 192 m. « Sans doute , dit M. Sens , dans des schistes appartenant à « la formation de calcaire carbonifère. »

383. — Sondage de Salomé. — 1857. A passé le tourtia à 143 mètres, et pénétré ensuite « dans des terrains noirs, puis blancs-bruns. »

382. — Sondage de Douvrin. Nº 2. Contre les dernières maisons au nord du village. — 1858.

Terrain houiller à 138 m. 35.

Aurait, d'après la Compagnie, découvert une couche de houille de 0 m. 57, en janvier 1859, à 169 m. 37.

Profondeur totale, 171 m.

Les Ingénieurs des Mines ayant contesté cette découverte, la Société d'Houdain fit ouvrir, en 1860, un deuxième sondage à côté. Il traversa la même couche de houille, qui fut constatée par l'Ingénieur en chef, sur l'ordre du Ministre, puis une deuxième couche de 0 m. 80.

400. — 1ᵉʳ sondage de Violaines.

Terrain houiller à 161 m. 50.

Schistes argileux parsemés de pyrites.

Arrêté à 200 m.

N'a pas rencontré de traces de houille.

401. — 2ᵉ sondage de Douvrin. — 1858.

A effleuré le terrain houiller à 140 m. 50.

Profondeur totale, 142 m.

Aurait traversé une veine de houille de 0 m. 42 de hauteur verticale.

384. — Sondage d'Auchy-la-Bassée. — 1858.

Terrain houiller à 150 m. 93

Profondeur totale, 158 m. 56.

A traversé 2 veinules insignifiantes, d'après M. Sens, et d'après la Compagnie : « 1 veine de 0 m. 70, coupée par 0 m. 25 d'escaillage et de charbon. »

385. — Sondage à Haisnes. Près de la route de Béthune à Lille. — 1858.

Calcaire carbonifère à 143 m. 50.

Profondeur totale, 144 m. 69.

SONDAGES EXÉCUTÉS PAR LA COMPAGNIE DE LENS.

Nº 182. — Sondage de Billy-Berclau. Nº 1. — 1857.

Terrain houiller à	136 m.	00
1ʳᵉ veine de 1 m. 10 à	142	23
2ᵉ veine à	151	45
Profondeur totale..............	151	86

183. — Sondage de Billy-Berclau. Nº 2. — 1857.

Base des morts terrains à 134 m. 65.

Profondeur totale, 259 m. 56.

Terrain houiller bien caractérisé, puis calcaire carbonifère noir.

215. — Sondage de Haisnes ou Douvrin. Dans la concession de Lens.

Terrain houiller à 149 m. 52.

Profondeur, 175 m. 92.

896. — Sondage sur la route de Lens à la Bassée. Au nord de la fosse nº 6.

Terrain houiller, puis calcaire carbonifère.

893. — Sondage d'Haisnes. Dans la concession de Lens , au sud de la fosse n° 6. — 1874.

Profondeur, 319 m.

A fourni de bons résultats.

SONDAGES D'AUTRES SOCIÉTÉS.

N° 230. — Sondage d'Haisnes. Exécuté par la Compagnie de Meurchin. — 1857.

Terrain houiller à 148 m. 88.

Passée de 0 m. 10 à 150 m. 89.

Arrêté par suite d'accident à 154 m. 69.

221. — Sondage d'Auchy-lez-la-Bassée. — 1859. — Exécuté par les Mines de Bully-Grenay.

Épaisseur des morts terrains , 153 m.

Schistes noirs , gris jusqu'à 169 m. 60 , puis calcaire compacte.

Profondeur, 170 m.

379. — Sondage de Haisnes — 1859.

Exécuté par la Compagnie d'Auchy-lez-la-Bassée.

Terrain houiller à 144 m. 04.

Profondeur totale , 206 m. 05.

N'a rencontré qu'une passée de 0 m. 15.

Les terrains traversés doivent être considérés comme appartenant à la partie inférieure et généralement stérile de la formation houillère.

Ce sondage a été cédé à la Compagnie de Douvrin.

380. — Sondage près le canal.

Exécuté par la Compagnie d'Auchy-lez-la-Bassée.

Profondeur totale , 139 m. 65.

N'a pas dépassé le tourtia , par suite d'éboulements.

381. — Sondage de Violaines.

Exécuté par la Compagnie d'Auchy-lez-la-Bassée.

Abandonné dans les dièves à 97 m. 35

234. — Sondage à Douvrin.

Exécuté par la Compagnie de Meurchin. — 1857.

Calcaire carbonifère à 140 m. 50.

Arrêté à 140 m. 85.

373. — Sondage de Douvrin.

Exécuté par la Société d'Amettes. — 1859.

Terrain houiller à 147 m.

A été poussé jusqu'à 217 m.

7 couches de houille , dont 3 exploitables , de 0 m. 67, 0 m. 60 et 0 m. 50 d'épaisseur verticale.

XVIII.

MINES DE CAUCHY-A-LA-TOUR.

Société de recherches. — Par acte sous seing privé en date à Lillers, le 6 juin 1856, une Société de recherches s'était formée à Lillers, au capital de 48,000 francs, représenté par 40 parts de 1,200 francs. Des appels de fonds successifs élevèrent les versements de chaque part à 2,400 francs, formant un capital de 96,000 francs.

Cette Société exécuta divers sondages, dont 3 rencontrèrent la houille.

Le compte-rendu fait par le Conseil d'administration à l'Assemblée générale des actionnaires du 19 avril 1859 fournit les détails suivants sur les découvertes de ces sondages. (Voir planche XXXI).

« Au premier sondage positif, nº 141, exécuté sur le terroir de » Cauchy, près de la route de Lillers, à 100 mètres environ » de la concession de Marles, et à la limite de celle de Ferfay, la » sonde, sans avoir traversé de calcaire, a pénétré dans le terrain » houiller à 138 mètres. Six veines ou veinules de charbon gras, » dont plusieurs exploitables furent traversées. »

« Un nouveau sondage, nº 265, fut exécuté au sud du premier.

» A la profondeur de 137 m. 51, après avoir traversé 1 m. 80 de
» calcaire, la sonde a recoupé 5 veines ou veinules de charbon
» gras, dont une de 0 m. 45 à 0 m. 50, et une autre de 1 mètre,
» constatée par l'Ingénieur du département, à la profondeur de
» 149 m. 56. »

» La première petite couche de charbon, de 0 m. 15, était
» adhérente au calcaire. »

» Un troisième sondage, n° 143, fut entrepris à 45 mètres au
» midi du deuxième ; il rencontra le calcaire à 156 m. 55 ; traversa
» 34 m. 46 de ce calcaire, puis 10 m. 96 de terrain houiller, et
» enfin une veine de 0 m. 80 de charbon pur reconnu par M. l'In-
» génieur. »

Société d'exploitation. — A la suite de ces découvertes et
par acte devant M⁰ Hulleu, notaire à Lillers, des 30 avril et
16 mai 1859, il fut fait de nouveaux statuts et la Société prit la
dénomination de *Camblain-Chatelain, Cauchy et Floringhem.*
Cette Société devait être définitivement constituée à partir du
jour ou 400 actions seraient souscrites.

Le 5 mars 1860, il fut dressé un acte constatant que cette
souscription était atteinte. Le capital social fut alors fixé à
1,500,000 francs, divisé en 3,000 actions de 500 francs.

Le 17 octobre 1861, ce capital fut élevé à 2 millions, représenté
par 4,000 actions, qui devaient être émises au fur et à mesure
des besoins. Ces actions, nominatives jusqu'à leur libération,
pourraient ensuite être converties en actions au porteur.

Après l'obtention de la concession, en 1864, une modification
des statuts fut jugée nécessaire. Une Assemblée générale des
actionnaires vota cette modification, et les nouveaux statuts
approuvés furent rédigés les 5 juillet et 13 septembre 1864, par
actes sous seings privés. Depuis ce moment, la Société prit la
dénomination de *Cauchy-à-la-Tour*, du nom de la concession.

L'art. 4 des nouveaux statuts fixe le capital social à 728,000 fr.,
et le nombre des actions à 3,077. Le nouveau contrat modifia
essentiellement les statuts de 1859 en substituant à des actions,
non susceptibles d'appels de fonds, des actions ou parts égales,
participant également aux bénéfices et aux charges de la Société,
obligeant leurs possesseurs à l'égard des tiers dans la proportion
de leurs parts sociales.

Actions — En compensation de leur apport, il fut accordé aux actionnaires primitifs 28 actions pour une de fondateurs ; soit en tout 1,120 actions. Mais un propriétaire d'une part ayant été déchu de ses droits, il ne fut concédé aux fondateurs que .... 1,092 actions.

80 actions avaient été mises à la disposition du Conseil d'administration pour récompenser des services rendus ; il en fut attribué 58 à divers, mais il n'en fut livré et accepté que...............   27

Le contrat social de 1859, portait que les 800 premières actions souscrites seraient regardées comme semi-fondatrices, et qu'une action de prime serait accordée à chaque souscripteur de 2 actions. 574 actions furent émises, mais 500 titres définitifs seulement furent levés. Elles forment avec les primes...........................   749 actions.

74 certificats provisoires sont restés en circulation sans que les primes aient été réclamées, ci   74   »

Enfin, lors de la souscription des emprunts dont il sera parlé plus loin, 306 actions libérées furent livrées, ci..............................   306   »

Total des actions émises et livrées......   2,248 actions.

Concession. — Après la découverte de la houille, la Société de Camblain-Chatelain avait formé une demande en concession. Voici l'appréciation que portait le préfet du Pas-de-Calais sur cette demande, dans son Rapport au Conseil général, session de 1863 :

« La Société de Chamblain-Chatelain possède à Cauchy-à-la-
» Tour une fosse qui fournit d'excellent charbon, et où d'impor-
» tants travaux de recherche ont jeté un jour nouveau sur les
» allures de la houille au-dessous des calcaires considérés
» jusqu'ici comme négatifs. Deux nouvelles veines ont été
» découvertes dans cette fosse, dont l'approfondissement se
» poursuit. J'ai cru devoir, contrairement à l'avis de MM. les
» Ingénieurs, appuyer auprès du Gouvernement la demande en
» concession formée par cette Compagnie, qui d'ailleurs n'a pas
» de concurrents sur le terrain où elle s'est posée. »

Cette demande fut accueillie, et un décret du 21 mai 1864 institua la concession de Cauchy-à-la-Tour, avec une superficie de 278 hectares.

Cette concession fut achetée par la Compagnie de Ferfay en 1870, et un décret du 7 mai 1872 autorisa cette Compagnie à la réunir à la concession de Ferfay.

Fosse de Cauchy-à-la-Tour. — Immédiatement après sa constitution, la Société ouvrait une fosse au sud de son premier sondage positif n° 141, et un peu au nord du sondage n° 265, qui n'avait traversé que 1 m. 80 de calcaire avant d'atteindre le terrain houiller. Voir planche XXXI.

Le niveau de l'eau y fut rencontré à 52 mètres. La nappe aquifère fournit peu d'eau, 3,600 hectolitres par 24 heures, et put être traversée avec des tonneaux et une machine d'extraction de 30 chevaux, jusqu'à sa base à 72 m. 50.

La fosse atteignit le terrain houiller à 137 mètres. Mais sa proximité des limites des concessions de Marles, au nord, de Ferfay, à l'Ouest, restreignait son champ d'exploration dans les seules directions du sud et de l'est.

Au sud, le calcaire avait été constaté par les sondages n°ˢ 265 et 143 comme recouvrant le terrain houiller, et même, pensait-on, d'abord en stratifications concordantes, ce qui faisait croire que ce calcaire était d'une formation postérieure à celle du terrain houiller. Mais les travaux poussés dans la direction du levant au niveau de 219 mètres, dans la veine du *Midi*, s'étant rapprochés du calcaire et l'ayant même rencontré, on ne pouvait plus admettre la concordance de stratification (1).

Quoiqu'il en soit, c'est à Cauchy-à-la-Tour que, pour la première fois, on a constaté le recouvrement du terrain houiller par une formation plus ancienne, le calcaire carbonifère. Ce fait, très extraordinaire au premier abord, a été constaté depuis sur un assez grand nombre de points de la zone méridionale du Bassin houiller, à Courcelles-les-Lens, à Drocourt, à Aix-Noulettes, à Auchy-au-Bois, et tout dernièrement au sondage n° 906 de Ferfay, qui, après avoir atteint la base du tourtia à 141 m. 50, a traversé 225 m. 82 de calcaire avant d'atteindre, à 375 m. 42,

_____

(1) Étude stratigraphique du terrain houiller d'Auchy-au-Bois par M. Breton. Lille.— 1877

Pl. XXXI

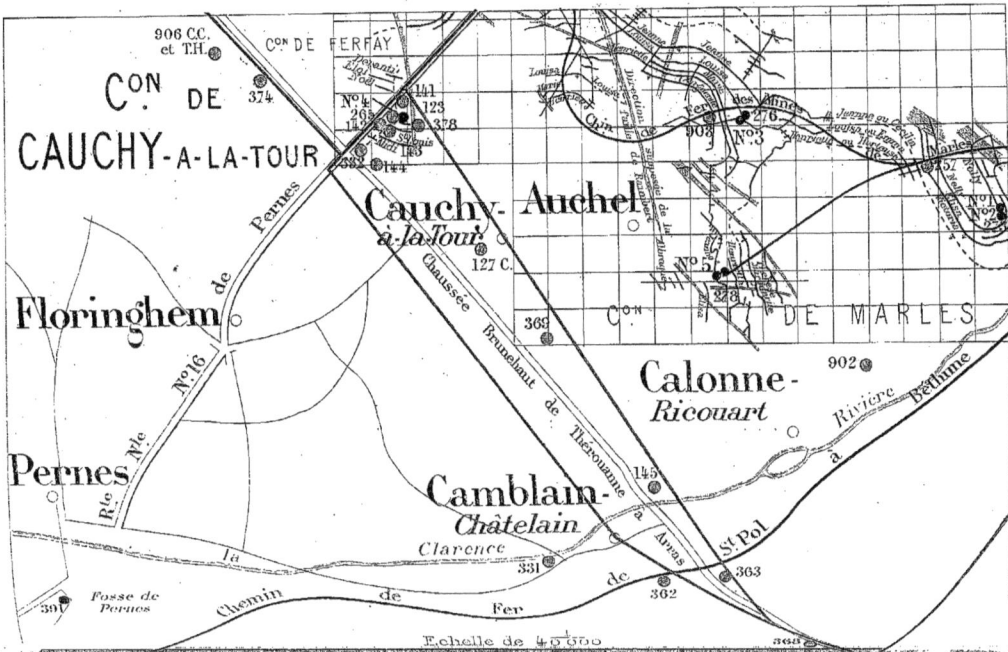

906 C.C. et T.H.

C^{on} DE FERFAY

C^{on} DE
CAUCHY-A-LA-TOUR

374

N°4
263
147

141
123
378

St Louis
163

144

Cauchy-
-à-la-Tour

Auchel

127 C.

Floringhem

903

N°3
278

A Jeanne au Trois
Laura au Trois
Pantzelot au Thérouanne

N°2

Pernes

Calonne-
Ricouart

902

N°16

363

C^{on}
DE MARLES

N°5
288

Pernes

R^{te} N^{le}

Camblain-
Châtelain

145

Rivière Béthune

Pernes

Clarence

la

Chemin

de

Fer

331

Clarence

362

363

St Pol

39V
Fosse de
Pernes

368

Echelle de 4/50 000

COUPE NORD - SUD

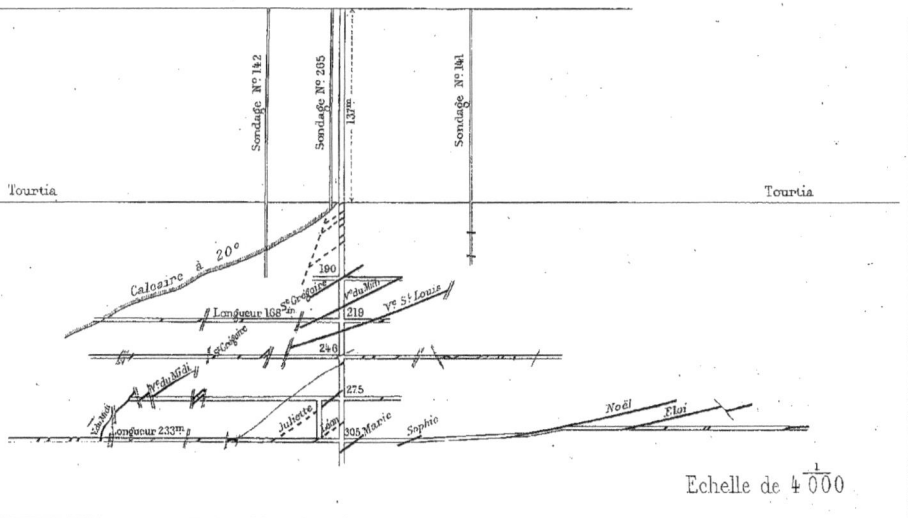

Fosse N°4

Sondage N°142

Sondage N°205

137m

Sondage N°141

Tourtia

Tourtia

Calcaire à 20°

190

V°du Midi

V°St Louis

219

Longueur 168m St Grégoire

248

St Grégoire

275

J.Dubois

305 Marie

Sophie

Noël

Flot

Longueur 233m p

Juliette

Echelle de 1/4 000

le terrain houiller, dans lequel il a pénétré de 14 m. 74, et
rencontré une veine de houille de 0 m. 85 et 4 veinules, inclinées
à 41°.

La fosse de Cauchy-à-la-Tour commença à produire, dès
1861, mais elle n'a fourni que de faibles quantités de houille,
tant à cause de la limitation de son champ d'exploitation, qu'à
cause de la pauvreté, de l'irrégularité et du petit nombre des
couches rencontrées.

L'extraction de cette fosse a été :

En 1861 de	1,147	tonnes
» 1862	7,614	»
» 1863	16,893	»
» 1864	17.775	»
» 1865	19,308	»
» 1866	18,424	»
» 1867	9,349	»
» 1868	4,860	»
» 1869	6,780	»
	102,400	tonnes

Lorsque la Compagnie de Ferfay eut acheté, en 1870, la
concession de Cauchy-à-la-Tour, elle chercha à augmenter
l'extraction de la fosse de ce nom en poursuivant les travaux
d'exploration et d'exploitation au nord-ouest, dans sa propre
concession. En même temps, elle approfondissait le puits, et
exécutait des bowettes au nord et au sud sur un développement
assez considérable. Celle du sud s'avançait sous le calcaire à plus
de 300 mètres du puits, sans sortir de la formation houillère, et
traversait, comme celle du nord poussée dans la concession
même de Ferfay, de nombreuses couches, mais très irrégulières
(voir la planche XXXI), et dont l'exploitation était onéreuse.

L'extraction n'a fourni :

En 1870 que	7,200	tonnes
» 1871	5,117	»
» 1872	6,386	»
» 1873	14,336	»
» 1874	8,742	»
» 1875	1,262	»
	43,043	tonnes.

Les chiffres ci-dessus ont été repris dans la production annuelle de la Compagnie de Ferfay donnés page 285, IX, tome I.

En 1875, la Compagnie de Ferfay reconnut qu'elle ne pouvait obtenir de résultats à sa fosse n° 4 de Cauchy-à-la-Tour, qu'en poussant le puits à une grande profondeur. Mais, comme ses fosses n°ˢ 1 et 3 étaient alors dans une situation qui exigeait aussi leur approfondissement, cette Compagnie fut amenée, par mesure d'économies, à suspendre tous travaux à la Fosse de Cauchy-à-la-Tour, qui est encore aujourd'hui (janvier 1881). en chômage complet.

La fosse de Cauchy-à-la-Tour a exploité quatre couches de houille principales dont le tableau ci-dessous donne la structure et la composition. Ces couches étaient très accidentées, et leur exploitation n'a jusqu'ici donné que des pertes, ainsi qu'il résulte de l'abandon successif de cette fosse et par la Compagnie de Camblain-Chatelain et par la Compagnie de Ferfay.

Structure et composition chimique des veines principales de la fosse de Cauchy-à-la-Tour.

NOMS des VEINES.		Avec les cendres.			Déduction faite des cendres.	
		Carbone.	Matières volatiles.	Cendres.	Carbone fixe.	Matières volatiles.
Midi.	0,60	63,40	34,60	2,00	64,70	35,30
Saint-Louis.	0,90 0,10	59,85	33,40	6,75	64,18	35,82
Noël.	0,40 0,10 0,10 0,25 0,15	64,50	31,00	4,50	67,53	32,47
Eloi.	0,35 0,20 0,25	67,57	28,30	4,13	70,47	29,5

4 Couches. — 2ᵐ,75 de Charbon. — 0ᵐ 687 Épaisseur moyenne.

Emprunts. — La Société éprouva les plus grandes difficultés à placer ses actions. Elle ne parvint à en faire souscrire que 574 à 500 francs, soit pour un capital de 287,000 fr.; et encore, pour atteindre ce chiffre, dût-elle accorder, à titre de prime, une demi action libérée par chaque action souscrite.

Aussi, dès le milieu de l'année 1860, dût-elle recourir aux emprunts pour couvrir ses dépenses de creusement de puits et d'explorations. Et comme l'exploitation ne donnait que des pertes, la Société dut continuer le mode des emprunts onéreux sous les formes les plus diverses pendant toute son existence.

1° le 3 juillet 1860, l'Assemblée générale vota un emprunt de.. 100,000 fr.
qui fut réalisé avec la maison de banque Decroix et Cⁱᵒ de Béthune, sous forme d'ouverture de crédit. Les actionnaires garantirent individuellement cet emprunt, et il fut stipulé, qu'à titre de prime, il serait accordé, à chacun d'eux, une action libérée par 1,000 francs garantis. (Voir Actions, page 161).

Le montant de cet emprunt fut remboursé par les actionnaires garants qui furent subrogés aux droits de la maison Decroix. L'intérêt primitif était de 5 % ; il fut porté à 6 % à partir du 1ᵉʳ janvier 1865 en compensation d'une prorogation d'exigibilité.

2° Les 16 avril 1860 et 4 novembre 1862, il fut décidé que des obligations de 1,000 francs l'une seraient émises à l'intérêt de 5 %, convertissables en actions au gré des obligataires et donnant droit à une action de prime par obligation.

Ces obligations étaient remboursables les 1ᵉʳ janvier 1866 et 1867. L'exigibilité ayant été prorogée, l'intérêt à 5 % fut porté à 6 %.

Il fut émis ainsi 220 obligations pour .... 200,000 fr

3° Le 8 novembre 1864, il fut demandé aux actionnaires, pour le paiement des dettes, une somme de 90 francs par action,

48 actionnaires répondirent à cet appel et versèrent le montant de leurs engagements.

Il leur fut accordé un intérêt de 6 %.

4° Une délibération de l'Assemblée générale de
1866 autorisa un emprunt hypothécaire de ....   50,000 »
qui fut réalisé.

5° En 1867, l'Assemblée générale décida un 2°
emprunt hypothécaire de ....   150,000 »
qui fut aussi réalisé.

6° Le 27 février 1868, l'Assemblée générale vota un versement
de 60 francs par actions, qui fut effectué dans les mêmes conditions que le précédent.

Liquidation de la Société. — Tous ces expédients furent
insuffisants pour conjurer la ruine de la Société de Cauchy à-la-
Tour, dont les tentatives d'exploitation ne donnaient que des
mécomptes.

Aussi la dissolution de la Société fut elle prononcée par
l'Assemblée générale du 28 avril 1868. Il fut nommé des liquidateurs, et l'entreprise fut mise en vente.

Les annonces de cette vente parurent dans les journaux de
juillet ; elles portaient :

« La vente aura lieu à Lillers, le 1ᵉʳ août 1868, sur la mise à
» prix de 300,000 francs. »

« Elle comprendra : »

« 1° Une Mine de houille en exploitation, avec concession de
» 278 hectares, accordée par décret du 21 mai 1864. Un puits de
» 315 m. 50 avec 5 accrochages, 2 veines en exploitation de
» 1 m. 30 et 1 m. 20, et 11 veines recoupées ; »

« 2° Matériel neuf. Machine de 120 chevaux. 2 générateurs de
» 60 chevaux, 1 de 30, etc. »

« 3° 2 hectares 89 ares 84 centiares de terrain. 24 maisons
d'ouvriers, etc. »

La mise à prix primitive à 300,000 francs ne fut pas couverte.
Cette mise à prix fut réduite, et le 25 août 1868, M. Déruelle,
Directeur des Mines de Ferfay, fut déclaré adjudicataire provi-
soire à 100,000 francs.

Le 31 du même mois, M. Thuillier, l'un des concessionnaires
de Cauchy-à-la-Tour, mit une surenchère d'un sixième.

Enfin, un jugement du tribunal civil de Béthune prononça, le 18 septembre 1868, l'adjudication définitive en faveur de MM. Lebreton et Coubronne au prix de 123,000 francs.

Les adjudicataires n'ayant pas payé le prix de leur acquisition, les liquidateurs de la Société de Cauchy-à-la-Tour obtinrent du tribunal de Béthune la revente sur folle enchère de l'établissement, et sur la mise à prix de 100,000 francs.

Un seul acquéreur se présenta, ce fut la Compagnie de Ferfay, qui par jugement du 31 mars 1870, fut déclarée adjudicataire définitif moyennant le prix principal de 101,000 francs, plus les frais.

Des poursuites furent dirigées contre les sieurs Lebreton et Coubronne pour obtenir recouvrement de la différence du prix de revente sur folle-enchère. Mais on ne put, faute d'actif, en obtenir seulement 2,765 fr. 14.

La vente des objets mobilier dépendant de la mine eut lieu en septembre 1868. Elle produisit 26,349 fr. 23, et net 16,126 fr. 48.

La mine et ses accessoires étaient grevées de diverses inscriptions hypothécaires. Des contestations furent élevées sur leur validité, et un arrêt de la Cour d'appel de Douai du 1er avril 1870 annula toutes ces inscriptions sauf une de 4,000 francs.

De nombreux procès furent soulevés au sujet de la répartition de l'actif de la Société. L'un entr'autres pour obtenir les versements des actionnaires qui n'avaient pas satisfaits aux appels de fonds de 50, 60 et 90 fr. dont il a été question plus haut. Mais des décisions judiciaires affranchirent les actionnaires contestants de ces appels de fonds qui furent considérés comme prêts faits à la Société.

Résultats de la liquidation. — Les liquidateurs procédèrent ensuite à l'établissement de l'actif et du passif de la Société.

L'actif se composait :

Du prix d'adjudication de la mine	101,000 f.	00
Du montant de la vente des valeurs mobilières	16,126	48
Et de diverses recettes, pour	16,770	04
Ensemble	133,896	52

Le passif comprenait :

Sommes dépensées pour la liquidation , frais , etc..	29,816 f. 91
Montant des créances produites	798,495 67
Créanciers n'ayant pas produit.................	51.669 72
Intérêts	39,924 78
Ensemble..........	919,907 f. 08

Le déficit était donc de	786,010 f. 56

à répartir sur 2,248 actions émises , soit 349 fr. 73 par action.

De nombreux procès furent entamés pour obtenir ce nouveau versement des actions , et ils n'obtinrent qu'un succès relatif. Enfin, dans ces derniers temps seulement , il a pu être remis aux créanciers de la Société de Cauchy-à-la-Tour, environ 58 % seulement du montant de leurs créances.

Dépenses. — Les comptes arrêtés au 31 décembre 1866 établissaient qu'à cette date les dépenses faites en acquisitions d'immeubles , travaux préparatoires et matériel s'élevaient à... .... 752,620 f. 00

Les dettes de la Société montaient alors à.. :.	371,720 f. 00
Lors de la liquidation ces dettes s'élevaient à .	919,907 08
Augmentation à partir du 31 décembre 1866..	548,186 f. 92

Cette augmentation des dettes , ajoutée au montant des dépenses constatées par le bilan du 31 décembre 1866 , donne pour total des dépenses faites par la Société de Cauchy-à-la-Tour le chiffre de.. 1,300,806 f. 92

La vente de la mine et des valeurs mobilières et quelques recettes ont produit.......... 133,896 52

Il reste..............	1,166.910 f. 40

qui représente la perte subie par les actionnaires et les créanciers de la Société.

PUITS.

N° 123. — **Fosse de Cauchy-à-la-Tour.** — 1859. — Diamètre 4 mètres.

Le niveau de l'eau est à 52 mètres ; règne jusqu'à 72 m. 50 ; fournit peu d'eau. On l'a traversé avec une machine d'extraction de 30 chevaux. Maximum d'eau, 3,600 hectolitres par 24 heures.

Atteint le terrain houiller à 137 mètres.

La bowette au midi, du niveau de 219 mètres, vient butter au calcaire à 168 mèt. du puits.

La fosse entre en exploitation en 1861 ; mais à cause de la pauvreté et de l'irrégularité du gisement elle ne produit que de faibles quantités, 102,400 tonnes de 1861 à 1869, soit en moyenne par année 11,378 tonnes.

A partir de 1870, année du rachat de la concession par la Compagnie de Ferfay, la production de cette fosse est encore plus faible ; elle ne s'élève qu'à 43,043 tonnes ou à 7,174 tonnes annuellement jusqu'en 1875, date à laquelle tous les travaux y sont suspendus.

Les veines donnent du grisou.

Le puits est approfondi à 310 mètres.

SONDAGES.

N° 331. — **1. Sondage de Camblain-Chatelain,** sur la rivière la Clarence, à 600 mètres ouest du clocher. — 1856. Abandonné à 121 m. 40, après avoir pénétré de 48 mètres dans le calcaire fétide.

127. — **2. Sondage de Cauchy-à-la-Tour,** à 400 mètres au sud du clocher. — 1856. Arrêté à 167 m. 27 dans un calcaire argileux très fétide, entre les bancs duquel on trouve de petites couches d'argile noire très bitumineuses.

141. — **3. Sondage de Cauchy-à-la-Tour,** sur la route nationale n° 16, de Lillers à Pernes et à 75 mètres à peine au-dessous de la limite de la concession de Marles. — 1857. On y a traversé 25 mètres de terrain houiller à partir du niveau de 138 mètres : et sur cette hauteur, on a recoupé 3 veines de houille qui ont présenté 0 m. 70, 0 m. 80, et 1 m. 20 d'épaisseur verticale.

332. — **4. Sondage à Cauchy-à-la-Tour,** à 120 mètres au-dessus de la chaussée Brunehaut, sur la route nationale n° 16. — 1857. Ce sondage est suspendu à 147 m. 83, après avoir pénétré de 12 m. 33 dans le calcaire.

265. – **Sondage de Cauchy-à-la-Tour**, à 160 mètres au sud de la concession de Marles. — 1857. D'après la déclaration de la Compagnie, on aurait trouvé 1 m. 80 de calcaire fétide au-dessous du tourtia, puis atteint le terrain houiller à 137 m. 50 et traversé une veine de 1 m. environ à 149 m. 50.

143. Sondage de Cauchy-à-la-Tour. — A 45 m. au sud du n° 265, soit à 205 m. de la concession de Marles, a traversé sous le tourtia 34 m. 46 de calcaire fétide, puis a atteint le terrain houiller à 174 m. — Arrêté à 189 m. après avoir recoupé à 181 m. 87 une veine de 0 m. 70 environ de hauteur verticale.

142. — **Sondage de Cauchy-à-la-Tour**, abandonné en 1856, par la Société de Lillers (Concession de Marles), comme négatif.

Repris en 1859, par la Compagnie de Camblain-Chatelain. Calcaire carbonifère à 125 m. 60.

144. — **Sondage** exécuté en 1852 par la Société de Lillers (concession de Marles), — Épaisseur des morts terrains recouvrant le calcaire carbonifère, 125 m. 55. Profondeur totale, 130 m. 80.

Repris en 1860 par la Compagnie de Camblain-Chatelain.

145. — **Sondage de Calonne-Ricouart.** — 1860. Profondeur, 142 m. 50. A traversé 65 mètres de terrain houiller, et n'y a rencontré qu'une veinule de houille.

806. — **N° 9 de la Compagnie de Ferfay.** — Commencé le 22 mai 1878. Épaisseur des morts terrains, 149 m. 60.

Rencontre sous le tourtia le calcaire carbonifère du sud, et à 356 mètres, une couche pyriteuse qui caractérise, dans cette région, la base du calcaire carbonifère.

Enfin, atteint le terrain houiller à 375 m. 42, et traverse une couche de houille de 0 m. 93 de hauteur verticale, et 4 passées, inclinées à 41°.

Le calcaire carbonifère présente, sur ce point, une hauteur de 225 m. 82.

Profondeur totale du sondage, 390 m. 16

374. — **Sondage de Ferfay, n° 1 de la Société d'Amettes**. — 1856. Calcaire fétide à 130 m. 76.

Profondeur totale : 158 m. 76.

378. — **Sondage de Cauchy-à-la-Tour, n° 5 de la Société d'Amettes.** — 1856. — Calcaire fétide à 137 m. 30.

Profondeur totale, 169 mètres

369. — **Sondage de Cauchy-à-la-Tour, n° 2.** — A 350 mètres au sud du clocher. Exécuté par M. Evrard, en 1857. Calcaire négatif.

368. — **Sondage de Division.** — Exécuté par M. Evrard. Calcaire.

362. — **Sondage de Camblain-Chatelain.** — 1859. Exécuté par la Société de la Chaussée Brunehaut. Prétendait y avoir trouvé le terrain houiller et même la houille à partir de 78 mètres, mais n'a trouvé que le calcaire.

363. — **Sondage de Calonne-Ricouart.** — 1860. Exécuté par la Société de la Chaussée Brunehaut. Calcaire à 78 mètres.

XIX.

MINES DE LIÉVIN.

―――――――

Premières recherches à Liévin.

1° **M. Defernez.** — D'après une note publiée par MM. Defernez fils, le 26 avril 1877, sous le titre : « *La vérité sur l'origine des Mines de Liévin,* » c'est leur père, M. Defernez, ancien employé des Mines de Douchy, qui aurait eu la première pensée des recherches de houille à Liévin.

« En 1853, disent-ils, M. Defernez s'aboucha avec différents » personnages de la Belgique pour rechercher la houille dans le » département du Pas-de-Calais. Cette tentative ne put se réaliser » et fut reprise, le 8 septembre 1856, avec la coopération seule » de M. Courtin. »

« Aucune suite n'ayant été donnée à ces deux affaires pour des » raisons causées par des circonstances malheureuses, un dernier

» projet fut arrêté le 10 mars 1858 entre MM. Defernez, Courtin,
» etc. »

« M. Defernez fut chargé de la direction des recherches, et il
» installa, le 28 mars 1858, un premier sondage, n° 54, à Liévin,
» au sud de la concession de Lens. »

« Ce sondage fut abandonné, par suite d'accidents, à 124 m.,
» dans la craie. »

« Un deuxième sondage, n° 55, fut commencé en juin, à
» l'ouest du premier. Il rencontra la houille à 134 m. 70, après
» avoir traversé quelques mètres de schistes bleus dévoniens. »

« Deux autres sondages, n° 56, à Avion et n° 57, à Liévin,
» près d'un ancien sondage exécuté vers 1847 par MM. Mathieu,
» et reconnu négatif, furent commencés en 1858. Tous deux
» découvrirent la houille, le premier après avoir traversé 43 m. 80
» de schistes et calcaires dévoniens. »

« Un cinquième sondage à Liévin, n° 58, fut poussé de 129 m.
à 233 m. 94, dans les calcaires bleus dévoniens. » Voir planche
XXXII.

2° Compagnie de Lens.

D'un autre côté, la Compagnie de Lens dit, dans un mémoire
du 11 avril 1861 (1) :

« En 1836, la Société de recherches Decoster-Agache, Rouzé-
» Mathon et Cie, dont les travaux s'étendaient entre la Scarpe et
» la Souchez, avait ouvert un sondage, n° 513, à Liévin, et
» l'avait abandonné dans les calcaires dévoniens. »

« En 1856, une autre Société, dite d'Arras, établissait un
» sondage, n° 360, à Avion, à la Coulotte, et après une année
» d'efforts l'abandonnait dans le schiste rouge. »

« Cependant, en mars 1857, la Compagnie de Lens, redoutant
» de voir exécuter au sud de sa concession des recherches fruc-
» tueuses, semblables à celles exécutées au nord, ouvrit un
» sondage, n° 44, à Liévin, et y découvrit quatre couches de
» houille. »

---

(1) Mémoire présenté à son Excellence Monsieur le Ministre de l'Agriculture, du
Commerce et des Travaux publics, par la Société des Mines de Lens, concernant sa
demande d'extension de concession au sud.

Pl. XXX

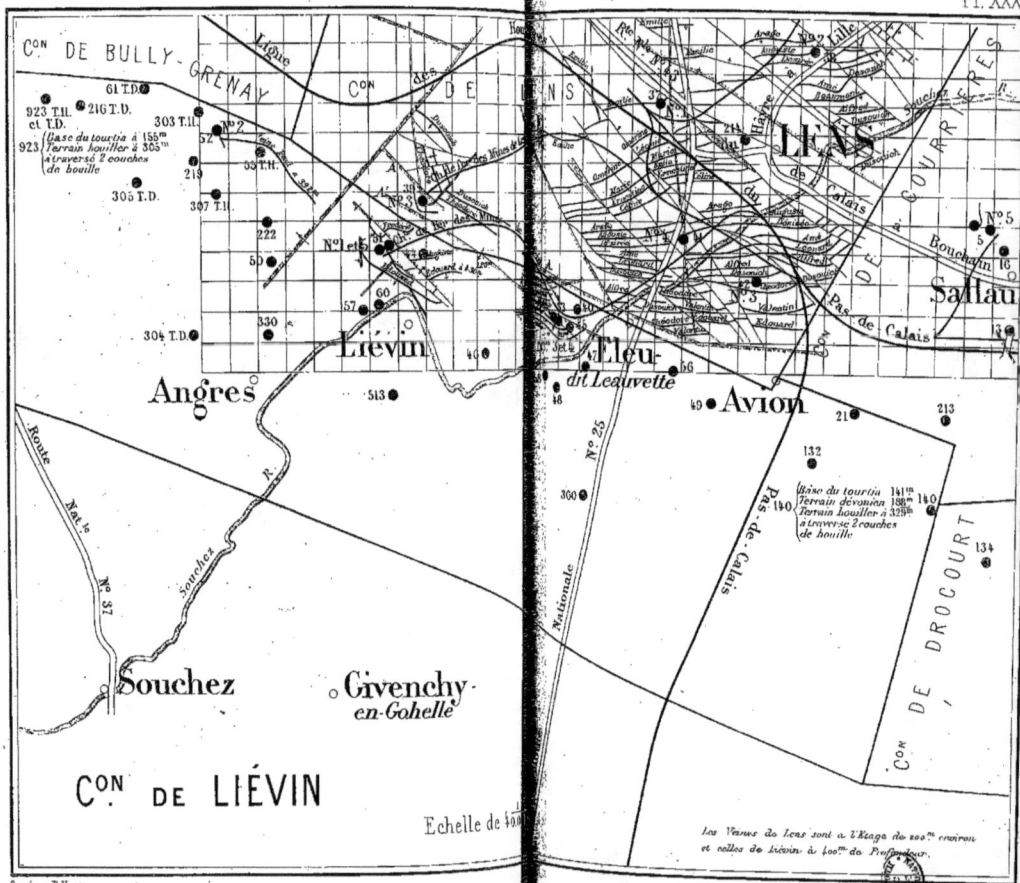

Lille Imp. Danel.

« Un deuxième sondage , n° 45 , commencé le 2 novembre 1857,
» à Eleu-Lauwette , rencontra également 2 couches de houille ,
» qui furent constatées en juin 1858 par le service des Mines ,
» comme l'avaient été celles du premier sondage. »

« S'appuyant sur ces découvertes , la Compagnie de Lens
» demanda , le 3 novembre 1857, une extension de sa concession
» au sud. En même temps , elle continuait ses explorations , et
» exécutait cinq autres sondages dans le nouveau périmètre
» demandé ; mais chacun de ces sondages rencontrait le terrain
» dévonien. »

« Les sieurs Deslinsel et consorts (Société du midi de Lens)
» firent opposition à la demande de la Compagnie de Lens, et récla-
» mèrent eux-mêmes la concession du terrain houiller constaté ,
» en·se fondant sur l'exécution d'un sondage, n° 54, qu'ils
» avaient commencé à Liévin le 28 mars 1858 , un an après l'ou-
» verture du premier sondage de Lens , et huit mois après la
» rencontre du terrain houiller, et qu'ils avaient abandonné dans
» la craie, vers 100 mètres , à la suite d'accidents. »

« La Compagnie de Lens s'empressa , pour confirmer ses titres
» à une extension de concession , d'ouvrir deux fosses , une à
» Liévin, n° 39, le 28 juin 1858, et l'autre à Eleu, n° 40, mais celle-ci
» fut abandonné à 20 mètres de profondeur. »

« La Société Deslinsel avait bien établi 4 autres sondages à
» Liévin , en mai et juillet 1858 ; le premier, n° 55 et le troisième
» n° 57, rencontrèrent le terrain houiller ; le deuxième , n° 56 ,
» donna des résultats douteux et le quatrième , n° 58, tomba sur
» le calcaire dévonien. »

« Enfin , en décembre 1858 , elle ouvrait une fosse , n° 51. »

Mémoire au Préfet. — Pour compléter les renseignements
sur l'origine des Mines de Liévin , voici l'analyse d'un mémoire
que la Société de Liévin présentait, en 1860 , à M. le Préfet du
Pas-de-Calais à l'appui de sa demande en concession :

« La Société houillère de Liévin a commencé ses travaux de
» recherches le 28 mars 1858. »

« Sa demande en concession est du 3 avril 1858. Elle a été
» modifiée par une déclaration du 2 janvier 1860. »

« La Compagnie a exécuté cinq forages , dont trois ont décou-
» vert du terrain houiller et de la houille. »

» Elle a commencé un puits à 500 mètres de la concession de
» Lens. »

« Elle y a monté une machine de 20 chevaux pour l'extraction
» et une de 120 chevaux pour l'épuisement. »

« Sous peu de jours, 45 maisons d'ouvriers seront terminées. »

« Elle a dépensé actuellement 565,000 francs. »

Le mémoire combat ensuite les demandes en concurrence faites
par diverses Compagnies pour obtenir la concession demandée.

« Lens a demandé son extension de concession le 3 novembre
» 1857. »

« La Compagnie de Liévin a fait opposition à cette demande
le 17 mai 1858. »

« Au moment de l'installation des premiers travaux de la
» Compagnie de Liévin, le 28 mars 1858, la Compagnie de Lens
» avait, depuis le 18 décembre 1857, fait constater la présence
» du charbon dans un forage n° 1 (44), situé à 450 mètres seule-
» ment de sa concession, et elle avait commencé son forage n° 2
» (45), dans lequel elle faisait constater le charbon le 6 juin. »

« A partir du mois de mars 1858, les travaux des deux Com-
» pagnies marchent concurremment. »

« Tandis que la Compagnie de Lens, comme elle le dit et le
» répète dans tous ses actes signifiés, s'efforçait de prouver qu'il
» n'existait que des bribes de charbon en dehors des terrains
» concédés, la Compagnie de Liévin établissait un forage, n° 57,
» à 1150 mètres, et délimitait, par ses découvertes, un périmètre
» exploitable que les Ingénieurs fixent à 480 hectares. »

« Ce ne fut qu'après l'installation de la fosse, n° 51, de la
» Compagnie de Liévin, au commencement de 1859, que la
» Compagnie de Lens se décida à imprimer plus d'activité à l'une
» des deux fosses, n° 39, qu'elle avait ouverte. Toutefois, la
» rencontre du charbon eut lieu presqu'en même temps dans les
» puits des deux compagnies. »

« Quant à la Compagnie de Béthune, qui demande une exten-
» sion de sa concession sur les terrains sollicités par la Compagnie
» de Liévin, elle invoque un sondage exécuté en 1855, bien loin
» de Liévin, entre Aix et Bouvignies, sondage qui n'a aucun
» rapport avec le terrain qu'elle sollicite aujourd'hui. »

« Elle a bien ouvert, en mai 1858, un sondage, n° 219, qui a
» trouvé le terrain houiller ; mais ce sondage est postérieur de

» quelques jours au sondage n° 2 (55) de la Compagnie de
» Liévin. »

« Enfin, la Compagnie d'Aix-Noulette demande aussi la conces-
» sion d'une partie des terrains explorés par la C¹ᵉ de Liévin. »

« Elle a bien fait deux sondages, Nᵒˢ 303 et 61, mais placés
» dans la limite déjà déterminée par les deux sondages de Liévin,
» n° 55, et de Béthune, n° 219. Bien plus, elle a débauché pour
» entreprendre ses forages le maître-sondeur de la Compagnie
» de Liévin, qui avait exécuté le forage n° 2 (55) de Liévin. Ni
» les sondages qu'invoque la Compagnie d'Aix, ni la fosse n° 52
» qu'elle a entreprise, n'avaient donc leur raison d'être. »

En résumé, des nombreux mémoires et rapports produits dans
l'instruction des diverses demandes en concession des terrains
situés au sud des concessions de Lens et de Bully-Grenay, il
résulte :

1° Que c'est à la Compagnie de Lens qu'appartient la priorité
des recherches et des découvertes faites à Liévin ;

2° Que la Compagnie de Lens-Midi, plus tard Société de Liévin,
n'a commencé ses premiers travaux qu'une année après la Compagnie de Lens ;

3° Que la Compagnie de Béthune (Bully-Grenay) a commencé
un sondage fructueux au sud de sa concession, peu de jours
après le commencement des premiers travaux de la Compagnie
de Liévin ;

4° Que la Compagnie d'Aix-Noulettes n'a établi ses sondages
positifs que plus d'un an après les découvertes faites par la
Compagnie de Liévin, et dans les limites de la formation houillère
déjà déterminées par les sondages de cette dernière Compagnie.

Concession. — On vient de voir les prétentions que faisaient
valoir les divers explorateurs du midi de la concession de Lens.
Il fut statué par deux décrets du 15 septembre 1862, sur ces
diverses compétitions. Une extension de concession de 51 hectares fut accordée à la Compagnie de Lens, de manière à lui
conserver sa fosse n° 3 (39).

La Compagnie de Liévin reçut une concession s'étendant
sur .... 761 hectares.

A reporter ...... 761 »

Report............   761 hectares.

Les Compagnies de Béthune et d'Aix furent
complétement évincées.

Plus tard, à la suite de nouvelles explorations,
la Compagnie de Liévin obtint, par décret du
2 février 1874, une extension de concession de   683   »

L'exécution d'un sondage fructueux, n° 923,
à Bully, fit accorder à la Compagnie, par décret
du 21 juin 1877, une deuxième extension de...   606   »

Enfin, les constatations et découvertes opé-
rées par le sondage de la Compagnie de Liévin.
à Méricourt, n° 140, ont donné lieu à une
troisième extension de.........................   931   »
accordée par décret du 24 mai 1880.

Superficie actuelle de la concession......   2,981 hectares.

Cette concession comprend tous les gisements houillers situés
au sud de la concession de Lens toute entière, de la concession
de Grenay pour moitié environ, et de la concession de Courrières
pour près d'un tiers.

Indemnité à la Société d'Aix. — On trouvera, chapitre
XX, page 204 des détails circonstanciés sur les débats auxquels
donnèrent lieu la demande en concession de la Société d'Aix
contre la Compagnie de Liévin, pour l'établissement de deux
concessions distinctes sur les terrains situés au midi des concessions de Lens et de Grenay, où venait d'être constatée la présence
de la formation houillère.

La demande de la Société d'Aix fut complétement écartée,
et le décret du 15 septembre 1862 instituant la concession de
Liévin, ne lui accordait même aucune indemnité pour la fosse
n° 52 qu'elle avait creusée, outillée et mise en exploitation.

La Société d'Aix réclama devant le Conseil de préfecture, en
1864, une indemnité de la Compagnie de Liévin de 1,237,500 fr.,
importance des sommes qu'elle avait dépensées, disait-elle, en
travaux utiles.

Cette indemnitée fut fixée, après expertise et débats, par
jugement du 4 novembre 1865, à.......... .   143,455 fr. 84.

Le Conseil d'État, devant lequel la Société d'Aix s'était pourvue, ratifia ce jugement par décision du 26 décembre 1867.

A la suite de ces décisions, intervint, le 15 février 1868, une convention entre la Compagnie de Liévin et la Société d'Aix, qui mit la première en possession de la fosse d'Aix, n° 52, moyennant paiement d'une somme de....................... 237,997 fr. 94 comprenant non seulement l'indemnité fixée par les jugements administratifs, mais encore quelques frais de sondages, l'entretien des travaux et les intérêts depuis l'introduction de l'instance.

Constitution de la Société d'exploitation. — La Société de recherches de Liévin se composait de 23 parts et demie, sur chacune desquelles il fut appelé successivement :

En 1858.............................	2,500 francs.
En 10 versements, de mars 1859 à juin 1860..	20,000 »
» 4 » d'août 1860 à juillet 1861..	7,000 »
» 2 » en juillet et octobre 1861...	3,000 »
Ensemble........	32,500 francs.

Après l'obtention de la concession, la Société de recherches se transforma en Société d'exploitation par acte du 1er décembre 1862, et arrêta les statuts analysés ci-dessous.

La Société est civile.

Elle conserve le nom de Société houillère de Liévin.

La Société est divisée en 2,916 actions de 1,000 francs, dont les versements seront déterminés par le Conseil d'administration.

Les actions sont nominatives ou au porteur, au choix des propriétaires.

Aucune solidarité n'existe entre les associés, qui ne peuvent, à quelque titre que se soit, être tenus au delà du nombre d'actions dont ils sont propriétaires.

La Société est régie par un Conseil d'administration composé de 7 membres nommés par l'Assemblée générale, et qui doivent posséder chacun au moins 15 actions nominatives, qui seront déposées au siège de la Société et inaliénables pendant la durée des fonctions de leurs propriétaires.

Les membres du Conseil sont nommés ponr sept ans. Ils sont renouvelables par septième d'année en année.

Le Conseil d'administration représente légalement la Société. Il peut conférer à un ou plusieurs de ses membres des pouvoirs permanents pour les affaires courantes, pour la surveillance des travaux, des achats et de la comptabilité.

Le comité de vérification des comptes est composé de trois membres, possédant chacun au moins 10 actions. Il est renouvelé par tiers, chaque année, et par l'Assemblée générale.

Le Directeur reçoit tous ses pouvoirs du Conseil d'administration.

L'Assemblée générale se réunit à Douai, le premier jeudi du mois d'octobre de chaque année. Pour faire partie de l'Assemblée générale, il faut posséder au moins 5 actions.

5 actions donnent droit à 1 voix. Une même personne ne peut avoir plus de 5 voix.

Le 30 juin de chaque année, les écritures sont arrêtées et les comptes, bilan et inventaires, sont dressés par les soins du Directeur qui les soumet à l'examen du Conseil d'administration et du Comité de surveillance, pour être ensuite communiqués à l'Assemblée générale.

Aux 23 parts et 1/2 primitives de la Société de recherches étaient venues s'ajouter 3 parts et 1/2 libérées qui avaient été attribuées aux personnes qui avaient dirigé les travaux, de sorte qu'au moment de la constitution de la Société d'exploitation le nombre de parts était de 27, qui reçurent chacune 108 actions dans la nouvelle Société, soit en totalité les 2,916 actions formant le fonds social.

Versements des actions. — Lors de la constitution de la Société d'exploitation, le 1er décembre 1862, il avait été dépensé fr. **915.770 02**

Savoir :

Pour forages..............................	75.510 f. 98
Pour creusement de la fosse n° 1, construction de bâtiments, installation, coût de machine, etc.	643.504 78
Pour acquisitions de terrains et constructions de maisons d'ouvriers	196.754 26
Somme égale....	915.770 02

Cette dépense correspondait à 33,917 fr. 40 par action de la
Société de recherches, et à......................... 314 fr.
par action de la Société d'exploitation.

Par décision de l'Assemblée générale du 3 décembre 1867 il fut appelé, en 1868 et 1869, par
chaque action 300 00

Total des versements sur les actions........... 614 00

Antérieurement, le 11 janvier 1866, la Société avait provoqué
un prêt de 100 francs par action, produisant intérêt à 7 %. La
somme versée atteignit 211,000 francs; elle fut remboursée,
avec les intérêts capitalisés, en janvier 1872, au moyen d'une
couversion en obligations de 300 francs à 6 %, dont l'émission
venait d'être décidée (voir ci-après 3ᵉ emprunt).

Dans l'Assemblée générale du 1ᵉʳ décembre 1878, un actionnaire fit la proposition d'un appel de fonds de 1,400 francs
par action, soit en totalité 4,012,400 francs pour effectuer le
remboursement de la dette; mais cette proposition ne fut pas
adoptée.

Travaux. — Une première fosse, nº 51, avait été ouverte à
la fin de 1858. Elle rencontra le terrain houiller à 137 mètres,
puis plusieurs couches de houille renversées et très brouillées,
dans lesquelles on commença, en 1860, une exploitation peu
productive. Jusqu'en 1866, l'extraction ne dépassa pas annuellement 20 à 27,000 tonnes.

Cette fosse fut approfondie et atteignit les belles couches
connues par la fosse nº 3 (39) de Lens, en place et régulières.
Alors l'exploitation devint fructueuse.

Une autre fosse, nº 2 (52), avait été ouverte à l'ouest, en
1859, par la Société d'Aix, qui disputait à la Compagnie de
Liévin la concession du terrain houiller reconnu au sud des
limites de la concession de Lens.

La Société d'Aix ayant été évincée, la Compagnie de Liévin
lui racheta sa fosse en 1868.

Comme la première fosse de Liévin, la fosse d'Aix n'avait
rencontré que des veines renversées et brouillées, leur exploi-

tation n'avait donné aucun résultat. Elle n'en a pas donné davantage entre les mains de la Compagnie de Liévin, qui y a suspendu en 1876 tous travaux, sauf l'exécution d'une galerie destinée à la relier à la fosse n° 1.

En 1872 fut commencé, à 2,000 mètres à l'est de cette fosse, l'établissement d'un troisième (55) et puissant siège d'exploitation composé de 2 puits jumeaux, n°s 3 et 4, de 3 m. 65 de diamètre utile, creusés par le système Kind-Chaudron.

L'un de ces puits entra en exploitation en 1876, et l'autre creusé à la profondeur de 383 mètres, ne sera installé à la surface que dans quelques années. Actuellement il sert à l'aérage.

La fosse n° 1 a été doublée par le creusement, en 1874, d'un deuxième puits, n° 5, foncé également par le système Kind-Chaudron, et sur lequel ont été installés de puissants moyens d'extraction.

La Compagnie de Liévin, avec ses 2 sièges à puits jumeaux, fortement outillés, est arrivée à produire déjà en 1879, 285,331 tonnes, et elle pense pouvoir augmenter considérablement ce chiffre d'extraction. L'extraction de l'année 1880 atteindra 350,000 tonnes.

Gisement. — La concession de Liévin s'étend au sud de a concession de Lens, et d'une partie des concessions de Courrières et de Bully-Grenay. Son étendue est de 2,981 hectares. Ses trois sièges d'extraction sont situés à une faible distance de la limite commune à ces concessions, de sorte que ses travaux ne s'étendent que sur une partie restreinte de son périmètre. La plus grande partie de la concession est donc inexplorée, et le terrain houiller, s'il existe dans cette partie, recouvert par des terrains anciens, doit se trouver à une grande profondeur. Voir planche XXXII.

La formation tertiaire et crétacée à Liévin ne présente qu'une épaisseur de 130 à 150 mètres. Elle est moyennement aquifère, et sa traversée par les puits n'offre pas de difficultés sérieuses.

La partie supérieure du terrain houiller a subi de grandes pertubations géologiques : elle est en allure renversée sur une profondeur variable et ne renferme que des couches irrégulières d'un charbon à longue flamme, tenant de 35 à 36 % de matières volatiles. Voir planche XXXIII.

CONCESSION DE LIÉVIN

COUPE VERTICALE PASSANT
PAR LES PUITS Nᵒˢ 1 ET 5

COUPE VERTICALE PASSANT
PAR LE PUITS Nᵒ 2

Puits Nᵒ 2

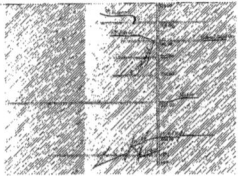

COUPE VERTICALE PASSANT
PAR LES PUITS Nᵒˢ 3 ET 4

Puits Nᵒˢ 3 et 4

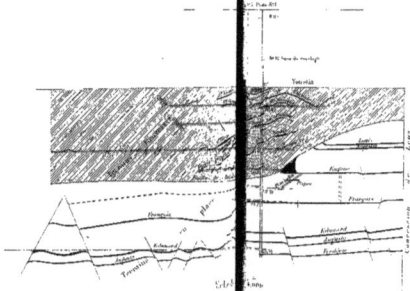

Une grande faille, formant avec l'horizon un angle jusqu'ici mal déterminé, mais qui doit être faible, sépare ces terrains renversés des terrains véritablement en place, dont la direction est sensiblement, comme dans la concession de Lens, de l'est à l'ouest. L'inclinaison de ces terrains varie de 6 à 15 et 20°.

La grande faille dont il vient d'être question est coupée elle-même par d'autres accidents qui modifient son allure. Un de ces accidents entr'autres refoule cette faille à l'ouest des puits n⁰ˢ 1 et 5 jusqu'à une profondeur inconnue, mais qui dépasse certainement 400 mètres, puisque la fosse n° 2 exploite encore à 392 mètres des terrains renversés, alors que les terrains en place apparaissent aux puits n⁰ˢ 1-5 et 3-4 à 300 mètres seulement.

Dans l'état actuel des travaux, on peut considérer trois parties distinctes sur la superficie de la concession :

1° Une région à l'ouest des n⁰ˢ 1-5 où les terrains renversés règnent sur une profondeur dépassant 400 mètres sûrement, et dans laquelle se trouve la fosse n° 2 ;

2° Une région centrale où se trouvent les puits n⁰ˢ 1-5 et 3-4 et où les terrains renversés n'atteignent pas 300 mètres. Les terrains en place rencontrés au-dessous sont réguliers et renferment des couches nombreuses dont la puissance et la composition sont indiquées plus loin. Ces couches forment la partie supérieure du faisceau de Lens, qui doit passer très probablement en grande partie dans la concession de Liévin.

3° Une région Est tout à fait vierge de travaux à partir de 500 mètres à l'est des n⁰ˢ 3-4, mais qui correspond aux exploitations des fosses n⁰ˢ 4 et 5 de la concession de Lens.

Le tableau ci-après donne la puissance et la composition des 10 couches actuellement connues et exploitées à Liévin.

Les exploitations des fosses n⁰ˢ 1-5 et n° 3 sont encore séparées en direction par un intervalle d'environ 700 mètres, traversé par plusieurs failles. Planche XXXIII. Cependant la similitude de composition et l'allure générale du gisement font présumer que la concordance des couches existe comme l'indique le tableau ci-après et les coupes de la planche XXXIII.

Structure et composition chimique des veines principales des mines de Liévin.

FOSSES Nᵒˢ 1 ET 5.

COMPOSITION DES COUCHES en place.	Avec les cendres.			Déduction faite des cendres.	
	Carbone	Matières volatiles.	Cendres	Carbone	Matières volatiles.
Veine Louis (0.15 / 0.30 / 0.15 / 0.60)	61.00	33.50	5.50	64.54	35.46
Veine Augustin (1.00)	63.90	32.60	3.50	66.22	33.78
Veine Eugène (0.50 / 0.80)	63.85	31.75	4.40	66.79	33.21
Veine François (1.00)	64.30	31.70	4.00	69.98	33.02
Veine Édouard (0 40 / 1.10)	64.35	32.20	3.45	66.25	33.34
Veine Auguste (0.90)	65.38	31.62	3.00	67.40	32.60
Veine Frédéric (0.20 / 0.70)	68.25	27.75	4.00	71.10	28.90

FOSSE Nᵒ 3.

COMPOSITION DES COUCHES en place.	Avec les cendres.			Déduction faite des cendres.	
	Carbone	Matières volatiles.	Cendres	Carbone	Matières volatiles.
5e veine (0.30 / 0.30 / 0.65)	58.25	34.75	7.00	62.64	37.36
6e veine (1.00)	60.00	33.60	4 40	63.72	36.28
6e veine (bis) (0.50 / 0.70)	61.30	32.50	6.20	64.76	35 24
7e veine. (1.00)	63.30	33.60	3.10	67.08	32.92
Veine Édouard (1.45)	63.50	33.00	3.50	65.81	34.19
Veine Auguste (0.75)	63.80	33.10	3.10	65.85	34.15
8e veine Fredéric (0.70)	63.55	32.75	3.70	66.25	33.05
9e veine Dusouich (1.50)	64.50	32.00	3.50	67.12	32.08
10e veine Alfred (1.40 / 0.30)	64.80	32.00	3.20	68.10	31.90
11e veine Beaumont (0.60)	67.20	30.00	2.80	69.14	30.86

Ainsi, on connaît à Liévin 10 couches en place dont l'épaisseur totale en charbon est de 11 m. 15. Leur puissance varie de 0 m. 60 à 1 m. 70, et est en moyenne de 1 m. 115.

Ces couches, sauf la première, sont toutes exploitées dans la concession de Lens, où quelques-unes sont cependant désignées sous des noms différents.

La composition de la houille de Liévin varie suivant les couches de 37,36 % à 28,90 % de matières volatiles, cendres déduites. Les couches supérieures, ainsi que cela a lieu dans le bassin, sont les plus gazeuses. Les chiffres donnés dans le tableau précédent indiquent que, pour la même veine, la quantité de matières volatiles va en diminuant vers l'ouest, dans une proportion de 2 à 3 %.

Production. — La première fosse de Liévin, ouverte fin 1858, entre en exploitation en 1860. Mais l'extraction y est, jusqu'en 1868, peu importante, à cause de l'irrégularité des veines renversées qui avaient alors été rencontrées.

Ainsi la production est :

En 1860 de	4,068	tonnes
» 1861	18,793	»
» 1862	25,365	»
» 1863	13,091	»
» 1864	20.457	»
» 1865	22,943	»
» 1866	27,833	»
» 1867	34,638	»
» 1868	37,051	'
	204,239	tonnes

Encore, pendant les deux dernières années, l'extraction de la fosse n° 2, ou d'Aix, rachetée par la Compagnie de Liévin, figure-t-elle dans les chiffres de production.

La fosse n° 1 approfondie rencontre les veines de Lens dans leur véritable position, et l'extraction s'y développe largement.

Elle s'élève :

A reporter ...... 204,289 tonnes.

Report......		204,289 tonnes
En 1869 à.............	67,761 tonnes.	
» 1870..............	75,987 »	
» 1871....	90,950 »	
» 1872.............	127,214 »	
» 1873.............	146,787 »	
» 1874.............	158,982 »	
» 1875.............	158,921 »	
» 1876.............	146,901 »	
» 1877........... ..	157,988 »	
		1,131,491 »

La mise en exploitation du siège n°s 3-4, et celle du deuxième puits du siège n°s 1-5, font arriver l'extraction :

En 1878 à.............	210,591 tonnes.	
» 1879......	285,331 »	
		495,922 tonnes.
Production totale depuis l'origine............		1,831,652 tonnes.

Prix de revient. — D'après les états de redevance, l'exploitation de Liévin s'est effectuée dans les conditions suivantes en 1873 et 1874 :

	1873.	1874.
Extraction...................	146,787 tonnes.	158,982 tonnes.
Dépenses ordinaires...........	1,777,345 f. ou 12 f. 10	1,977,607 f. ou 12 f. 44
Dépenses de premier établissement	834,795 » 5 69	890,485 » 5 60
Ensemble............	2,612,140 f. ou 17 f. 79	2,868,092 f. ou 18 f. 04

On remarquera le chiffre élevé des dépenses de premier établissement pendant ces 2 dernières années ou la Compagnie de Liévin exécutait le creusement et l'installation de 2 nouveaux puits.

Quant au prix de revient proprement dit, 12 fr. 10 et 12 fr. 44 par tonne, il est aussi élevé ; mais il faut se rappeler qu'à cette époque, les prix de vente étaient très hauts, les ouvriers rares et payés très cher, et qu'on sacrifiait l'économie à la condition de produire le plus possible.

Le prix de revient fut même plus élevé en 1874-75 et en 1875-76, par les mêmes motifs. Il atteignit 15 francs et 16 fr. 70, dit-on.

En 1877-78, il redescend à 12 francs, et il n'est pas doûteux que ce prix est aujourd'hui notablement inférieur, la production ayant beaucoup augmenté et l'exploitation n'ayant lieu que dans les belles et puissantes couches en place rencontrées en profondeur.

Prix de vente. — Les charbons de Liévin sont des charbons gras, gazeux, d'une bonne composition, et qui se vendent bien et facilement.

En 1862, la production était faible, et le prix moyen de vente atteignait 14 fr. 89 la tonne.

Avec l'augmentation de la production et les difficultés de l'écoulement il descend :

En 1867 à	12 f. 92
» 1871....................	11 88

La hausse générale des houilles après la guerre fait monter le prix moyen de vente de Liévin :

En 1872 à.................	15 f. »
.» 1873....................	20 50
» 1874....................	20 50

Il est encore :

En 1876 de................	19 f. 82

Mais il descend :

En 1877 à	14 f. 09
» 1878	13 11
» 1879....................	11 96

Les prix ci-dessus sont fournis par les rapports des Ingénieurs des Mines.

Les rapports du Conseil d'administration aux Assemblées générales donnent pour prix moyen de vente :

Pendant l'exercice 1875-76 . . . .   1 f. 78 l'hect.   20 f. 940 la tonne.
     »   »   1876-77   14   037   »
     »   »   1877-78   13   800   »

Voici les indications que fournissent les rapports des Ingénieurs sur la composition, les lieux de vente et les modes d'expédition des houilles de Liévin.

Extraction.	1876.		1877.		1878.		1879.	
	Ton.	%	Ton.	%	Ton.	%	Ton.	%
Gros	13.130	8,9	7.158	4,5	10.463	4,9	9.001	3,1
Tout-venant.	128.957	87,9	145.561	92,2	194.095	92,3	273.279	95,8
Escaillage	4.814	3,2	5.269	3,3	6.033	2,8	3.051	1,1
Totaux	146.901	100	157.988	100	210.591	100	285.331	100

Ventes par localité.	1876.	1877.	1878.	1879.
	Ton.	Ton.	Ton.	Ton.
Départ. du Pas-de-Calais. .	5.644	28.714	81.046	90.943
Département du Nord	42.571	43.930	52.344	88.490
Autres départements	65 495	63.584	58.175	88.050
Totaux	113.710	136.228	191.565	267.283
Consommation de la mine.	—	21.043	17.910	17.779
Ensemble	—	157.271	209.475	285.062

Modes d'expédition.	1876.	1877.	1878.	1879.
	Ton.	Ton.	Ton.	Ton.
Par voitures.	—	7.464	10.505	9.223
Par bateaux.	—	»	»	11.112
Par chemin de fer.	—	128.764	181.060	246.948
Totaux	—	136.228	191.565	267.283

La Compagnie de Liévin a commencé seulement en 1879 à expédier des houilles par bateaux. Elle les embarque au Pont-de-la-Deûle, près de Douai, ou elle les envoie par le chemin de fer du Nord, au tarif de 1 fr. 40 par tonne.

Matériel. — Installations diverses. — Les puits n°s 1 et 2 ont 4 mètres de diamètre. Ils sont cuvelés en bois de chêne dans le niveau. Les trois autres puits, foncés par le procédé Kind-Chaudron, ont 3 m. 65 de diamètre utile. Ils sont cuvelés en fonte.

Tous ces puits sont guidés en bois de chêne.

Les travaux donnent peu d'eau. On l'extrait la nuit au moyen de caisses en tôle de 10 hectolitres, placées dans les cages, sauf au puits n° 5 où l'on remplace les cages par des tonnes guidées de 40 hectolitres, avec déversement automatique.

L'aérage s'opère par des ventilateurs Guibal de grand diamètre.

Un puissant compresseur d'air a été établi au puits n° 1, et un plus petit au n° 2.

Ils ont servi à des trainages mécaniques à chaîne flottante dans des exploitations en vallée. Actuellement celui du n° 1 fait fonctionner 2 perforations mécaniques. Le perforateur employé est le Ferroux avec avancement automatique; l'affût est du type Mercier.

On a appliqué à Liévin le système d'approfondissement des puits sous stoc, de l'invention de M. Lisbet, pendant qu'il était Ingénieur de la Compagnie.

Des ateliers sont érigés prés de la fosse n° 1; ils renferment une scierie et les outils nécessaires pour la réparation du matériel. Au même endroit se trouvent les magasins d'approvisionnement et les bureaux.

Les 4 machines d'extraction montées sur les puits de Liévin présentent ensemble une force nominale de 830 chevaux. L'une d'elles, celle du puits n° 5, est de 400 chevaux.

Le compresseur à air installé sur les puits n°s 1-5 est de la force de 200 chevaux.

Chemin de fer. — Les 2 siéges importants d'exploitation de Liévin sont reliés entre eux et à la gare de Lens par un chemin de fer de 5 kilomètres, desservi par 3 locomotives, dont 1 seule fonctionne sur la ligne.

La fosse n° 2 communique au siège n° 1 par un chemin de fer à petite voie de 2 kil. 500 de longueur.

Jusqu'à ce jour, la Compagnie envoie par wagons à la gare de la Deûle, près Douai, les houilles qu'elle expédie par bateaux. Mais cet état de choses n'est que provisoire, car il est question de créer un canal de Lens à la Deûle, à construire au frais de l'État, mais avec une large subvention de la part des intéressés dont les principaux seraient la Société de Liévin et la ville de Lens.

Le projet de ce canal, dont le devis s'élève à environ 1,500,000 f. a été soumis à l'enquête d'utilité publique au mois d'août 1880.

Dividendes. — De 1858 à 1869, l'exploitation de Liévin non seulement ne donne pas de bénéfices, mais elle ne couvre pas ses frais. Ce n'est qu'à partir de 1869 qu'elle fournit des résultats, faibles d'abord, mais qui s'élèvent dans les quatre exercices de 1872-73 à 1875-76, grâce au haut prix de vente des houilles. à des chiffres importants.

Aussi la Société répartit-elle trois dividendes de :

100 francs par action sur l'exercice 1873-74.
125   »   »   »   1874-75.
125   »   »   »   1875-76.

Les 2 exercices 1876-77 et 1877-78 donnent de très médiocres résultats, surtout avec les charges d'intérêt et de remboursement des obligations, et il n'est pas distribué de dividendes.

Mais l'extraction se développant dans une large mesure, l'exercice 1878-79 procure un bénéfice important, qui s'accroît notablement en 1879-80 et permet de distribuer, sur ce dernier exercice, un quatrième dividende de 75 francs par action. Ce bénéfice est d'environ 6 % du capital dépensé en 1878-79, et 9 % en 1879-80.

Valeur des actions. — On a vu plus haut que la Société de recherches se composait de 27 parts, qui furent transformées en 2,916 actions de la Société d'exploitation en 1862; que ces

dernières actions avaient contribuées dans les dépenses alors
effectuées pour .... 314 fr.

    Ces actions se vendaient en 1863................... 700 »

    Elles tombaient en mars 1864 à.................... 600 »

    En 1868 et 1869, il fut appelé 300 francs par actions, ce qui
porta le versement de chacune d'elles à............... 614 fr.

    Ces actions se vendent en 1868 à................... 730 fr.

    Mais leur valeur s'élève en 1870 et 1871 à 1,500 et 1,600 fr.

    L'engouement pour les actions de mine qui se produit à la suite
de la hausse du prix des houilles, fait monter les actions de
Liévin :

En juillet 1872 à..................	2,550 francs.
» septembre et décembre 1873	5,000 »
» août 1874.	8,950 »
» décembre 1874...............	9,962 »
» mars 1875	13,380 »
» juin 1875...........	13,995 »

    Ce dernier prix est le maximum qu'elles aient atteint.
Elles redescendent :

En janvier 1876 à.................	10,465 francs
» juillet 1876...................	6,450 »
» janvier 1877.......:.......	4,635 »
» janvier 1878...................	4,400 »
» juin 1878	3,300 »

Elles remontent :

En janvier 1879 à.................	4,525 francs.
» décembre 1879.......	5,425 »
» février 1880.................	6,485 »

    Et restent en moyenne à 6,500 fr. pendant toute l'année 1880.

    Emprunts. — En même temps qu'elle arrêtait la constitution
de la Société d'exploitation, l'Assemblée générale du 1er décembre
1862 émettait un premier emprunt de .... 550,000 fr.
représenté par 2,200 obligations de 250 francs,
portant intérêt à 6,25 % et remboursables au pair
en 15 années à partir du 1er janvier 1873.

               A reporter........... 550,000 fr

Report............   550,000 fr.

L'exploitation de la fosse n° 1 fut longtemps improductive ; l'achat de la fosse de la Société d'Aix, et la nécessité d'y exécuter des travaux dispendieux, obligèrent la Société de Liévin à recourir une seconde fois à l'emprunt en 1869. Il fut émis alors 3.000 obligations de 300 francs portant intérêt à 6 %, remboursables au pair en 15 années à partir du 1er janvier 1874, avec faculté pour l'Assemblée générale de déterminer la quantité à rembourser chaque année................   900,000 »

A la fin de 1871, la Société songea à ouvrir un nouveau siège d'exploitation, n° 3. Pour faire face aux dépenses de cette création, elle émit un troisième emprunt de ....   900,000 fr.
en 3,000 obligations de 300 francs, portant intérêt à 6 % et remboursables au pair à partir de 1877, la quotité à rembourser chaque année devant être déterminée par l'Assemblée générale.

Le prêt de 100 francs par action consenti par les actionnaires en vertu de la décision du 11 janvier 1866, dont il a été parlé ci-devant, fut converti en obligations de ce troisième emprunt.

Les grandes installations faites au sièges n°s 1-5 et n°s 3-4 obligèrent la Compagnie à recourir de nouveau à l'emprunt à la fin de 1877. Il fut émis 2,000 obligations de 500 francs, portant intérêt à 6 % et remboursables au pair à partir du 1er avril 1866, avec faculté pour l'Assemblée générale de déterminer le nombre d'obligations à rembourser chaque année ....   1,000,000 »

Total des emprunts en obligations...   3,350,000 fr.

Sur ces emprunts, la Société avait remboursé au 30 juin 1880, par des prélèvements sur ses bénéfices........................   900,000 »

Et à cette date, il restait à rembourser........   2,450,000 fr.
Mais indépendemment des emprunts ci-dessus
A reporter............   2,450,000 fr.

Report........... 2,450,000 fr.

relatés, la Compagnie avait en compte-courant
une dette non consolidée qui s'élevait au 30 juin
1880, à... 1,633,000 »

Total de la dette................. 4,083,000 fr.

L'Assemblée générale du 28 octobre 1880 a décidé la conver-
sion de trois millions de sa dette, composés du solde de ses trois
premiers emprunts et des sommes dues en comptes courants.
Elle a créé à cet effet 6,000 obligations de 500 francs chacune,
remboursables au pair, en trente annuités, par voie de tirage au
sort, et productives d'intérêts à 5 % l'an payables les 1er juillet
et 1er janvier.

Les tirages se feront conformément à un tableau d'amortissement qui permet la libération complète en capital et intérêts au
moyen de trente annuités de 195,000 francs en moyenne,
l'Assemblée générale se réservant le droit d'augmenter le nombre
des obligations à tirer annuellement au sort.

A partir du 1er janvier 1881, la dette se compose donc comme
suit :

2,000 obligations de 500 fr. chacune du 4e emprunt 1,000,000 f.
6,000   »   trentenaires de 500 fr. chacune.. 3,000,000 »

Total.............. 4,000,000 f.

Dépenses faites. — Depuis sa création jusqu'au 30 juin 1880,
la Société de Liévin a immobilisé dans sa houillère, savoir :

Fosses, bâtiments, terrains, machines et matériel......	6,651,067 f. 94
Chemin de fer, locomotives et wagons...............	766,207 10
Maisons de direction, d'employés, d'ouvriers, d'écoles, et leurs terrains....................................	2,651,205 27
Total..............	10,068,570 f. 31

La production des Mines de Liévin a été en 1879 de 285,331
tonnes.

Ainsi, le capital immobilisé représente plus de 35 francs par
tonne, ou 3 millions et demi par cent mille tonnes extraites.

Il est vrai que les conditions actuelles de son exploitation permettent à la Société de Liévin d'augmenter notablement son extraction de 1879. Mais si l'on considère que cette augmentation exigera encore de nouvelles et importantes dépenses ; que le chiffre d'immobilisation repris ci-dessus ne comprend pas de fonds de roulement, on est amené à conclure qu'à Liévin, comme du reste dans la plupart des houillères du Nord et du Pas-de-Calais, le capital engagé restera d'environ 35 francs par tonne extraite.

Il a été fait face aux dépenses par les ressources suivantes :

1º Versements des actions. . . . . 1,790,570 f. 02
2º Emprunts. Solde à rembourser le 30 juin 1880. . . . . 4,083,000 f 00
3º Prélèvements sur les bénéfices annuels. . . . . 4,195,000 f. 29

Ensemble. . . . . 10,068,570 f. 31

De 1858 à 1869, la Société n'a réalisé aucun bénéfice. A partir de 1869, les bénéfices ont été entièrement consacrés aux travaux, sauf quatre répartitions de dividendes s'élevant ensemble à 425 francs par action.

Ouvriers. — Salaires. — Voici, d'après les rapports des Ingénieurs des Mines le nombre d'ouvriers employés, et les salaires qui leur ont été payés.

ANNÉES.	EXTRAC-TION.	OUVRIERS			PRODUCTION PAR OUVRIER.		SALAIRES	
		du fond.	du jour.	Total.	du fond.	des 2 catégories	Totaux.	par ouvrier.
	Ton.				Ton.	Ton.	Fr.	Fr.
1869	67.761	372	153	525	182	129	420.510	801
1870	75.987	. . . . . .	. . . . . .	. . . . .	. . . . . .	. . . .	525.562	. . . . . .
1871	90.950	542	133	675	167	134	629.109	924
1872	127.214	596	175	771	213	165	838.495	1.074
1873	146.787	. . . . . .	. . . . . .	. . . . .	. . . . . .	. . . .	. . . .	1.109
1874	158.982	. . . . . .	. . . . . .	. . . . .	. . . . . .	. . . .	. . . .	1.145
1875	158.921	. . . . . .	. . . . . .	. . . . .	. . . . . .	. . . .	. . . .	
1876	146.901	. . . .	. . . .	. . . .			. . . . . .	1.158
1877	157.988	840	292	1.132	188	139	1.014.325	896
1878	210.591	786	309	1 095	268	192	975.181	890
1879	285.331	897	298	1.195	319	238	1.214.234	1.016

La notice distribuée aux membres du Congrès de l'Industrie minérale de 1876, donne les renseignements suivants pour l'année 1875 :

Extraction .... 158,921 tonnes.
Ouvriers et employés : au fond.............. 914
                         au jour...... 276
                                              _____
                                              1,190

Salaire moyen de l'ouvrier mineur proprement dit, 5 fr. 35 par journée de travail, et celui des ouvriers de toute espèce à 4 fr. 30.

La production du mineur était de 6 hect 75 (573 kil), et celle de l'ensemble des ouvriers de 5 hect. 14 (437 kil.) par journée de travail.

Au mois de juin 1879, le personnel de la Compagnie de Liévin se composait de :

Surveillants et boutefeux............................... 36
Mineurs à la veine, aux galeries et aux bowettes.......... 448
Hercheurs au charbon et à terre 155
Boiseurs, chargeurs à l'accrochage, maçons, etc.......... 46
Conducteurs de chevaux et de poulies................... 30
Remblayeurs, galibots, etc............................ 71
                                                        _____
                Au fond..................... 786

Machinistes, chauffeurs, graisseurs de machines.......... 23
Moulineurs lampistes, graisseurs de chariots 36
Manœuvres cribleurs, ramasseurs de cailloux, etc......... 120
Surveillants et gardes................................. 14
                                                        _____
                Au jour..................... 193
                                             _____
        Total des ouvriers du service des fosses.... 979

Service des ateliers, magasins, etc...................... 84
     »   du chemin de fer, des équipages, etc............. 30
                                                        _____
                                                        114
                                             _____
            Total général...................... 1,093

Pendant le mois d'août 1880, le service des fosses comprenait 1,169 ouvriers au lieu de 979, chiffre de juin 1879.

La production journalière par ouvrier était de 939 kil.

Le salaire moyen était :

Ouvriers mineurs (veines , mines , bowettes).......	4 f. 63
Ouvriers du fond de toute espèce................	3 95
» du jour »	2 86
Moyenne générale..................	3 f. 78

Maisons d'ouvriers. — Au 1er avril 1880 , la Compagnie de Liévin possédait 565 maisons d'ouvriers finies et 50 en construction.

Sur ce nombre , il n'y en avait que 507 habitées par 2,526 personnes , savoir :

Hommes..........	1,332	ou	52,7 %
Femmes	1,194	»	47,3 %
	2,526		100

Cette population comprenait :

	Hommes.	Femmes.	Total.		
Au-dessus de 20 ans	605	530	1,135	ou	45 %
De 12 à 20 ans..........	202	147	349	»	14 »
Au-dessous de 12 ans....	525	517	1,042	»	41 »
	1,342	1,194	2,526		100

Dans les 2,526 habitants des maisons de la Compagnie de Liévin , on en comptait 797 qui étaient occupés dans les travaux, savoir :

	Fond.	Jour.	Ensemble.		
Au-dessus de 20 ans	450	155	605	ou	76 %
De 12 à 20 ans.........	154	38	192	ou	24 .
	604	193	797		100

Chaque maison logeait une moyenne de 5 habitants, et fournissait 1,57 ouvriers.

La Compagnie fournissait le logement à près des trois quarts de ses ouvriers (73 %).

Écoles. — Elle a établi en 1871 et 1872 de vastes écoles qui sont fréquentées par 750 enfants, et dont les instituteurs et institutrices sont logés dans 5 maisons, construites, comme les écoles aux frais de la Compagnie.

Tous les enfants des ouvriers sont obligés de suivre ces écoles jusqu'à l'âge de 12 ans révolus.

Une caisse d'épargne scolaire a été fondée dans ces écoles à la fin de 1872; elle possédait en 1876 un capital formé par les versements des élèves de 13,500 francs.

Autres œuvres de bienfaisance. — La Compagnie a fondé :

1° Une Caisse de secours alimentée par une retenue de 3 % sur les salaires, le produit des amendes, et un subside de la Société;

2° Une Caisse d'épargne où les ouvriers déposent leurs économies, à l'intérêt de 5 %, et dont les versements, qui n'étaient à la fin de 1871 que de 15,000 francs, s'élevaient en 1876 à 122,000 francs;

3° Une Société coopérative de consommation, fondée en 1874, et dont les résultats sont très satisfaisants.

PUITS.

N° 51. Fosses n°ˢ 4 et 5. -- 1858. Terrain houiller à 137 m. Terrains brouillés et renversés dans la partie supérieure. Approfondie , découvre de nouvelles veines et régulières en place. En 1875 , on établit , en même temps que la perforation mécanique , un traînage mécanique mû par l'air comprimé , pour une exploitation en vallée.

Un 2ᵉ puits n° 5 , exécuté par le procédé Chaudron , a été ouvert près du 1ᵉʳ, en 1874. Il est grandement installé.

Grisou

Profondeur, 430 m.

Cette fosse entre en exploitation en 1860 , mais jusqu'en 1868 elle produit peu.

Aujourd'hui le siège n°ˢ 1-5 est susceptible d'une production très importante.

52. Fosse n° 2 d'Aix. — 1859. Creusée par la Compagnie d'Aix, et achetée par la Compagnie de Liévin en 1868. Terrains bouleversés. En 1875 , on rencontre des terrains un peu plus réguliers , mais toujours en allure renversée.

L'exploitation y a été suspendue vers le milieu de l'année 1876 , et on se borne à y exécuter une galerie reliant cette fosse aux n°ˢ 1-5.

53. Fosse n°ˢ 3 et 4. — 2 puits creusés par le système Kind-Chaudron. Diamètre , 3 m. 65 , distants de 50 m.

1 , n° 3 , ouvert en 1872.

1 , n° 4 ,   »   1875.

Rencontre le terrain houiller à 150 m. et en allure normale vers 280 m.

Profondeur, 430 m.

Terrains peu inclinés.

Le puits n° 3 entre en exploitation en 1876.

SONDAGES.

SONDAGES DE LA COMPAGNIE DE LIÉVIN.

N° 54. - 1. — A 190 m. de la limite de la concession de Lens , sur le petit chemin de Liévin à Lens. 1858.

Resté dans la craie à 124 m., non terminé , et abandonné par suite d'accidents

55. — 2. — A 300 m. de la limite méridionale de la concession de Grenay. 1858. Terrain houiller à 123 m. 50.

Inclinaison , 65°.

Profondeur, 189 m. 40.

Rencontre une petite couche à 134 m. 70 , aprés avoir traversé quelques mètres de schistes bleus dévoniens.

56. — 3. — Sur le chemin d'Eleu à Avion , à 820 m. de la limite de la concession de Lens. 1858.

Rocher à 126 m.

Profondeur 212 m.

Résultats douteux. On y aurait trouvé des schistes calcarifères bleu foncé jusqu'à 170 m. 70 , et en dessous du terrain houiller avec filet de houille à 181 m 31.

57. — 4. — A 1,770 m. de la concession de Lens. 1858.

Rocher à 125 m.

Profondeur, 188 m.

La Compagnie de Liévin dit y avoir trouvé 3 veines de 0 m. 80, 0 m. 96 et 0 m. 80. Après avoir traversé jusqu'à 141 m. 60 des schistes calcarifères.

L'inclinaison paraît considérable.

58. — 5. — Sur le bord de la rivière de Carency, à 1,100 m. au sud de la concession de Lens. 1858.

Négatif.

Terrain dévonien à 129 m.

Profondeur, 234 m.

Est resté constamment dans le terrain dévonien.

923. Sondage de Bully. — 1874 Après avoir traversé 150 m. de terrains dévoniens rouge et gris-bleuâtre , ce sondage atteint le terrain houiller à 305 m., et traverse ensuite 2 couches de houille , l'une de 0 m. 75 , l'autre de 0 m 80 à 0 m. 90.

Poussé à 400 m. environ.

Les découvertes de ce sondage firent obtenir à la Société de Liévin , par décret du 21 juin 1877, une deuxième extension de concession de 606 hectares.

145. Sondage de Méricourt. — Commencé en février 1877.

Base du tourtia	141 m.	00
Schistes gris-verdâtres avec nodules calcaires . . .	77	10
Schistes compacts bleu-foncé , calcareux , avec intercallations de grès très durs.	110	90
Terrain houiller à	329	00

Traverse deux couches de houille, dont une de 0 m. 70 et l'autre de 1 m., tenant 36 % de matières volatiles.

Les résultats fournis par ce sondage ont fait accorder à la Société de Liévin, par décret du 24 mai 1880 , une 3ᵉ extension de concession de 931 hectares.

SONDAGES EXÉCUTÉS PAR LA COMPAGNIE DE LENS.

N° 44. — 1. — Sur la route de Lens à Liévin, à égale distance du clocher de Liévin et de la limite méridionale de sa concession. 1857. Terrain houiller à 132 m. 07. Profondeur, 163 m. 99. Traverse 4 couches de houille inclinées à 36°, et dont les 3 principales sont constatées par les ingénieurs des Mines.

45. — 2. — Sur Eleu. — 1857. Terrain houiller à 186 m. 09. Profondeur, 180 m. 06. Rencontre 2 veines de houilles peu inclinées qui sont vérifiées par les Ingénieurs des Mines.

46. — 3. — A l'angle du bois de Liévin. — 1858. Négatif. Calcaire à 146 m. 10. Profondeur, 201 m. 05.

47. — 4. A Avion. — Au sud du n° 45 et près la rivière du Souchez. 1858. Négatif. Terrain dévonien à 122 m. 05. Profondeur, 164 m. 44.

48. — 5. A Avion. Au sud-ouest du n° 47 et près la rivière. 1859. Négatif. Dévonien à 134 m. Profondeur, 160 m. 44.

49. — 6. A Avion. — A l'est du n° 47. 1859. Négatif. Dévonien à 112 m. 72. Profondeur, 123 m 42 Schistes rouges, grès bleuâtres et verdâtres.

50. A Liévin. — 1860. Douteux. Rocher à 135 m. 50. Profondeur totale, 263 m. Succession d'argiles grises et de grès gris sans traces de charbon.

216. Sur le chemin d'Aix-Noulettes à Liévin. — 1851. Schistes de la formation du calcaire carbonifère de 138 m. 80 à 147 m. 70.

SONDAGES EXÉCUTÉS PAR DIVERSES SOCIÉTÉS DE RECHERCHES.

N° 51. Sondage de Liévin. — Sur la rivière de Carency, exécuté en 1836 par la Société Decoster-Agache, Rouzé Mathon et Cie. Rencontre le terrain dévonien à 120 m.

Sondage de Carency. Exécuté en 1846 et 1847 par MM. Mathieu et consorts. Profondeur 152 m. Arrêté dans le calcaire.

360. Sondage à Avion. — Au lieu dit la Coulotte, sur la route de Lens à Arras, exécuté en 1856 par la Compagnie d'Arras.
A 132 m., calcaire, puis schiste rouge.

222. Sondage de Liévin. — N⁰ 10 de la Compagnie de Béthune. 1858. Terrain houiller (?) à 140 m. 60. Profondeur, 204 m. Veinules de charbon très terreux. Schistes très inclinés.

219. Sondage de Liévin. N⁰ 11 de la Compagnie de Béthune. 1855. Terrain houiller (?). Profondeur, 185 m. 50.

330. Sondage d'Angres. Au nord des dernières maisons du village. Exécuté par la Compagnie d'Auchy-au-Bois. Grès verdâtres dévoniens à 137 m. 60. Profondeur, 149 m. 60.

21. — Sondage d'Avion. — Exécuté en 1855 par la Compagnie de Courrières. Traverse 18 m. de terrains mélangés de calcaire carbonifère et d'argiles bleuâtres, entre le tourtia et le terrain houiller dans lequel il a pénétré à 190 m. Plusieurs couches de houille y ont été rencontrées.

213. — Au sud de Sallau. — Exécuté par la Compagnie de Courrières en 1871. Résultat positif. A donné lieu a une extension de concession.

132. — D'Avion. — Exécuté par la Compagnie de Méricourt. Terrain dévonien à 140 m Profondeur, 280 m.

134. — De Méricourt. — Exécuté en 1874, par la Société de Vimy (Drocourt).

Base du tourtia à . . . . 150 m. 50
Terrain dévonien 291   00

Terrain houiller à . . . . 441 m. 50
Profondeur totale 515   75

A recoupé un peu de charbon.

60. Sur la rivière de Carency. Exécuté par MM. Mathieu en 1847. Terrain dévonien

XX.

SOCIETE D'AIX.

Première Société de recherches. — Deuxième Société de recherches. — Travaux.
— Statuts de la Société d'exploitation. — Demande de concession. — Indemnité réclamée à la Compagnie de Liévin. — Emprunt. — Liquidation de la Société. — Dépenses faites. — Puits. — Sondages.

Première Société de recherches. — Par acte sous seing privé du 1er janvier 1859, une Société s'était formée à Béthune, sous l'inspiration de M. Calonne, pour la continuation des recherches entreprises déjà par le dit Calonne, sur les territoires d'Angres et de Liévin.

Cette Société avait pris le nom de *Société d'Aix*.

Son siège était à Béthune.

Le capital était fixé à 17,000 francs, représenté par 34 actions de 500 francs.

M. Calonne faisait apport à la Société des travaux exécutés et d'un sondage en voie d'exécution sur Bully, et pour cet apport, il lui était alloué 6 actions entièrement libérées, destinées à rémunérer les personnes qui lui avaient indiqué les points favorables pour les recherches.

En outre, moyennant les 14,000 francs restants, M. Calonne entreprenait l'exécution du sondage commencé, jusqu'à la découverte de la houille, et jusqu'à 160 m. au moins.

La houille découverte, ou la profondeur de 160 m. atteinte, une assemblée générale devait décider le parti à prendre.

Deuxième Société de recherches. — Trois mois et demi après sa constitution, la Société se liquidait après avoir dépensé 33,400 francs, et se reconstituait sous une nouvelle forme, par acte des 17 et 18 avril 1859.

Le but de la nouvelle Société était la recherche de la houille au midi et au levant de la concession de Bully-Grenay.

Le capital social était fixé à 40,500 francs, divisé en 81 actions d'une valeur nominale de 500 francs chacune, mais représentant une valeur effective de 9,400 francs seulement.

74 actions n'étaient soumises qu'à un versement de 100 fr.; 6 autres à un versement de 333 fr. 33, souscrites par M. Calonne; et la 81ᵉ, complètement libérée, était attribuée au maître-sondeur Giver.

Travaux. — Un premier sondage fut fait à Angres-Liévin (n° 304). La Compagnie prétend, dans un exposé accompagnant un extrait des statuts, y avoir trouvé le terrain houiller, et ajoute que sans s'attacher à y découvrir la houille, parceque les couches traversées étaient droites, elle l'abandonna pour se reporter à 3 kilomètres au nord-ouest. D'après d'autres indications, beaucoup plus vraisemblables, ce sondage aurait rencontré les schistes rouges dévoniens.

Un deuxième sondage, n° 303, placé au nord du premier, rencontre le terrain houiller et traverse deux couches de houille.

Un troisième sondage, n° 61, exécuté à l'ouest du précédent, découvre aussi trois couches de houille.

Après ces découvertes, la Société se transforme en société d'exploitation les 4 et 6 août 1859.

Le 1ᵉʳ octobre suivant, la nouvelle Société ouvrait une fosse, n° 52, et à 100 m. au plus de la concession de Grenay, au diamètre de 4 m. 10; en moins d'une année cette fosse atteignait le charbon. Le niveau avait été passé sans qu'on eut besoin d'autre machine pour l'épuisement que de la machine de 25 chevaux qui servait à l'extraction des déblais. Avant d'arriver à 160 m., profondeur à laquelle on établit un accrochage, le puits avait traversé trois veines de houille, dont deux de 0 m. 80 et une de 0 m. 70. Les bowettes ouvertes à cet accrochage et à celui de 192 m. constatèrent autour de la fosse des terrains très-irréguliers ; mais un peu plus loin, trois veines, dont l'une Saint-Honoré au sud, l'autre Saint-Jean-Baptiste au nord, présentaient sur certains points des renflements considérables, 6 m. dans la première et 1 m. 80 dans la seconde, suivis d'étranglements. L'exploitation de ces grandes couches fut même assez fructueuse, et fournit les quantités suivantes, en charbon de bonne qualité et d'un écoulement facile.

1861.	66,831 hectolitres	=	5,681 tonnes.
1862.	148.300 "	=	12,606 "
Ensemble.	215,131 hectolitres	=	18,287 tonnes.

La planche XXXIII (Mines de Liévin, page 181) présente une coupe verticale de la fosse d'Aix, appelée fosse n° 2 depuis l'acquisition qu'en a faite, en 1868, la Compagnie de Liévin.

Cette coupe donne les travaux exécutés par la Société d'Aix qui ne s'étendirent que jusqu'à la profondeur de 205 m., et aussi les travaux effectués ensuite par la Compagnie de Liévin jusqu'à la profondeur de 400 m.

Statuts de la Société d'exploitation.

La Société était purement civile.

Sa dénomination était : *Société houillère d'Aix*, et son siège : Béthune.

Le capital était fixé à 2,500,000 francs, divisé en 5,000 actions de 500 francs.

Il était attribué aux fondateurs, pour apports de leurs travaux et découvertes, droits d'invention, etc., 1,296 actions libérées.

De plus, 124 actions libérées étaient mises à la disposition du Conseil d'administration pour récompenser les services rendus.

Les 3,580 actions restantes auront à payer 500 fr. chacune.

Il en est émis de suite 1,000, dites actions de roulement, dont 486 sont dès maintenant souscrites par les comparants.

La Société est administrée par un Conseil de 5 membres

nommés par l'Assemblée générale. Chaque membre devra posséder au moins 15 actions.

L'Assemblée générale se compose de tous les propriétaires d'au moins 5 actions.

Elle nomme les administrateurs et les vérificateurs des comptes.

Une publication autographiée de ces statuts, accompagnée d'une carte et d'un prospectus, avait été répandue dans le public. Cette publication fut considérée par l'administration des Mines comme un procédé de la Société pour induire le public en erreur, et elle lui en faisait un grand grief.

La Société prétendait qu'elle était exclusivement l'œuvre d'un actionnaire qui l'avait publiée sous sa responsabilité et dans son intérêt.

Demande de concession. — Après les découvertes faites au midi des concessions de Lens et de Bully-Grenay, les Sociétés de Lens et de Liévin avaient formé des demandes en concession, la première le 3 novembre 1857, la seconde les 3 avril, 26 mai et 24 août 1858.

La Société d'Aix fit opposition à ces demandes, et forma elle-même, le 19 novembre 1859, une demande de concession sur 713 hectares.

Toutes ces demandes, ainsi qu'une demande en extension de concession de la Compagnie de Bully-Grenay, furent l'objet d'une longue instruction qui fut complètement défavorable à la Société d'Aix.

Les rapports de l'administration des Mines établissaient qu'à la fin de mai 1861 la Société d'Aix avait exécuté sept forages, dont quatre étaient tombés sur le terrain négatif; trois avaient trouvé le terrain houiller, et que deux de ces derniers seulement, n°s 303 et 61, avaient constaté la houille; qu'elle avait ouvert une fosse, n° 52, à 180 m. au midi de la concession de Grenay, et l'avait poussée jusqu'à la profondeur de 163 m. et y avait traversé trois veines de 0 m. 70 et 0 m. 80; qu'elle avait, suivant sa déclaration, dépensé alors 472,431 francs, dont 66,329 pour les sondages et le reste pour la fosse.

Les mêmes rapports faisaient ressortir l'inutilité des travaux de la Société d'Aix au point de vue de la délimitation des terrains comprenant la formation houillère à concéder. Les deux sondages positifs, n°s 303 et 61, exécutés postérieurement à ceux des Compagnies de Lens et de Liévin, étaient situés à la faible distance de 18 et de 155 m. de la limite de la concession de Grenay ; ils n'avaient donc rien ajouté aux connaissances acquises par les travaux des autres Compagnies sur l'étendue des terrains concessibles.

Ils concluaient donc que la Société d'Aix était sans titre pour obtenir une portion quelconque du terrain houiller disponible.

Ces conclusions furent adoptées par le Conseil général des Mines le 31 mai 1861, et par la section des travaux publics du Conseil d'État.

Au moment où l'assemblée générale de ce dernier corps allait être appelée à délibérer, les administrateurs de la Société d'Aix demandèrent, en novembre 1861, au Ministre qu'il fut procédé à une instruction supplémentaire. En même temps, une supplique était adressée à l'Empereur avec une note, dont voici quelques extraits :

« Sire, il va se commettre une injustice des plus graves. Nous
» prenons la liberté de la signaler au suprême bon sens de votre
» Majesté. »

« On va nous déposséder d'une mine houillère établie depuis
» deux ans, qui a coûté 750,000 francs, qui emploie 300 ouvriers
» logés dans ses propres constructions et qu'on va réduire à la
» misère à l'entrée de l'hiver. On va irriter toute la population
» de Béthune. »

« Sire, et tout cela au profit d'une Compagnie *Orléaniste*
» dont le chef a employé toutes les intrigues pour obtenir notre
» dépossession. »

« Nous demandons un sursis et un supplément d'instruction,
» Sire, justice, c'est la force de votre popularité. »

« Non, l'Empereur ne peut pas permettre la plus déplorable
» des injustices, la plus contraire aux intérêts de l'État, aux
» idées de sa Majesté elle-même. »

« On va nous dépouiller............ Il y a une *coalition prémé-*
» *ditée d'orléanisme dans tout cela.* »

Puis viennent des accusations, des attaques contre les membres de l'administration des Mines dont « les rapports sont erronés, inexacts. »

« Le refus de concession serait une calamité publique dans
» l'arrondissement de Béthune, et cet événement pourrait occa-
» sionner les plus grands désastres. »

« 750,000 fr. complétement perdus ! ! Cette perte considérable
» répartie sur toutes les classes de la Société, qui, appréciant au
» point de vue ordinaire des masses, imputeraient leurs malheurs
» au gouvernement et à l'Empereur lui-même ! »

« La mise en faillite d'un immense établissement florissant et
» prospère ! »

« 250 à 300 ouvriers et leurs familles, soit 1,500 à 2,000 mal-
« heureux jetés sans travail dans la misère *en plein hiver*. ! »

L'instruction supplémentaire demandée fut accordée. Mais elle
ne fut pas favorable à la Société d'Aix. Les divers rapports
produits concluaient tous au rejet de sa demande de concession.
Le Conseil général des Mines adopta le 4 juillet 1862, la même
conclusion, qui fut adoptée par le Conseil d'État et par le Ministre.

La Société d'Aix avait fait valoir un motif ingénieux en faveur
de l'octroi d'une nouvelle concession. « Pendant longtemps,
» disait-elle, la science a cru qu'en dessous du calcaire, il n'exis-
» tait pas de charbon. Ce vieil axiome a reçu plusieurs démentis,
» notamment dans le bassin du Boulonnais où l'on va trouver le
» charbon en-dessous du marbre Napoléon. Et aujourd'hui il est
» reconnu qu'au midi, dans le bassin du Pas-de-Calais, une
» couche de calcaire recouvre une certaine étendue de charbon.
» C'est ainsi que la Société de Camblain-Chatelain est tombée sur
» le charbon après avoir traversé 35 m. de terrain négatif et
» ouvre à l'heure qu'il est une avaleresse en plein calcaire. Il doit
» en être de même de la Société d'Aix qui, ayant découvert un
» kilomètre et demi à deux kilomètres de charbon, a l'espoir,
» sinon la certitude d'en découvrir autant et plus par galeries
» souterraines. »

Ce raisonnement, qui fut alors combattu par l'Administration
des Mines, a trouvé, depuis 1859, une confirmation sur plusieurs
points de la limite méridionale du Bassin, notamment à Bully,
à Méricourt, à Drocourt, à Courcelles-les-Lens, à Ferfay et à
Auchy-au-Bois. Il est aujourd'hui bien avéré que le terrain
dévonien et le calcaire carbonifère, par l'effet d'une faille de
glissement, viennent recouvrir sur ces points et sur une certaine
étendue, la formation houillère, dont le dépôt est cependant

postérieur à celui des formations plus anciennes de calcaire carbonifère et de terrains dévoniens.

Indemnité réclamée à la Compagnie de Liévin. — Le décret du 15 septembre 1862 qui instituait la concession de Liévin, avait mis la Société d'Aix dans la nécessité de suspendre ses travaux. Cependant, elle continue son exploitation jusqu'au 19 février 1863, ainsi que le constate un jugement du tribunal de Béthune en date du 1er avril suivant, qui condamne le Directeur de cette Société à 200 francs d'amende « pour délit d'exploitation » d'une mine, dont la concession a été accordée à une autre » Société. »

Aucune indemnité n'avait été accordée à la Société d'Aix dans le décret de concession du 15 septembre 1852 ; il ne restait à la dite Société qu'à chercher à obtenir de la Compagnie de Liévin la reprise de sa fosse, et de ses divers travaux, comme travaux utiles.

Invoquant l'art. 46 de la loi du 21 avril 1810, relatif aux questions d'indemnités à payer par les propriétaires de mines à raison des travaux antérieurs à l'acte de concession, elle se pourvut le 4 janvier 1864 devant le Conseil de préfecture pour réclamer une indemnité de 1,237,500 francs, importance des sommes, en capital et intérêts, qu'elle avait dépensées en travaux utiles, disait-elle, à la Compagnie de Liévin.

Le Conseil de préfecture nomma le 12 mai 1864 trois experts, MM. Daubrée, Dusouich et Linder pour constater « s'il serait dû » par la Compagnie de Liévin une indemnité à la Compagnie » d'Aix à raison de l'utilité que la Compagnie de Liévin pourrait » retirer, soit des recherches faites, soit des constructions exé- » cutées, soit du matériel délaissé par la Compagnie d'Aix, en » un mot, de tous les travaux et dépenses effectués par cette » dernière, et dans l'affirmative d'évaluer la quotité de la dite » indemnité. »

Les experts, dans leur rapport du 28 janvier 1865, conclurent à ce qu'il fut payé par la Compagnie de Liévin à la Compagnie d'Aix la somme de 230,000 fr. (1).

---

(1) Conseil d'État. Pourvoi pour la Compagnie d'Aix-Noulettes.

Le Conseil de préfecture, s'appuyant sur de nouveaux rapports des Ingénieurs des Mines, adopta un moyen terme entre les chiffres d'évaluation présentés par les experts et ceux proposés par les Ingénieurs, et fixa, le 4 novembre 1865, à 143,455 fr. 84 seulement l'indemnité à payer par la Compagnie de Liévin à la société d'Aix.

Celle-ci se pourvut, en 1866, devant le Conseil d'État contre cet arrêté, et maintint sa première réclamation d'indemnités, sauf distraction de quelques dépenses rejetées avec raison par les experts.

Son pourvoi fut rejeté, et l'arrêté du Conseil de préfecture confirmé par décision du 26 décembre 1867.

A la suite de ces décisions, intervint le 15 février 1868 une convention entre la Compagnie de Liévin et la Société d'Aix qui régla de la manière suivante l'indemnité à payer par la première à la seconde.

1° Pour indemnité de travaux, déduction faite du bénéfice réalisé par la Société d'Aix par l'extraction de la houille, fosse d'Aix, agrès et annexes, construction et terrain   143,455 f. 84

2° Frais de sondage............................   9,000   00

3° Frais d'entretien à partir du décret de concession jusqu'au jour ou la remise sera faite, à raison de 900 fr. par mois...............................

4° Les intérêts des sommes dues par la Société de Liévin au 4 janvier 1864, date de l'introduction de l'instance, etc., etc............   ....

Lesdites sommes montant ensemble à .....   237,977 f. 94

Le payement de cette indemnité ayant été effectué, la Compagnie de Liévin prit possession de la fosse d'Aix.

Emprunt. — En juin 1861, la Société d'Aix se fit ouvrir au sous-comptoir du Commerce et de l'Industrie un crédit de 150,000 francs, contre ses propres billets à échéance de 3 mois et renouvelables.

C'était un véritable emprunt contracté au taux de 6 %, et avec commission de 1/2 % pour 90 jours, soit à l'intérêt de 8 % par an, pour deux années finissant en juin 1863.

En garantie de cette ouverture de crédit, la Société d'Aix donnait

hypothèque au dit Sous-Comptoir sur 3 hectares 27 ares de terrain qu'elle possédait à Liévin, 20 maisons d'ouvriers construites,
et 20 autres en construction, son puits, ses travaux et enfin tout
son matériel considéré comme immeuble par destination.

En même temps, tous les actionnaires de la Société d'Aix se
portaient solidairement garants dudit emprunt.

Le remboursement de l'emprunt ne fut pas effectué à la date
prévue par le traité; aussi, en octobre 1863, le Sous-Comptoir
fit-il commandement à l'un des actionnaires de la Société d'Aix,
le sieur X..., d'avoir à lui faire immédiatement ce remboursement. Les actionnaires qui s'étaient portés solidairement garants
de l'ouverture de crédit au Comptoir du Commerce et de l'Industrie, payèrent en 1864 la somme due par la Société au dit
Comptoir, soit 165,179 francs en principal et intérêts, et se
substituèrent dans l'hypothèque qu'il avait prise.

Ces actionnaires furent remboursés ensuite sur le produit de
la vente des immeubles et de la fosse.

Liquidation de la Société. — Le Comptoir du Commerce
et de l'Industrie n'était pas le seul créancier de la Société d'Aix.
Lorsqu'il eut été remboursé de son prêt, un fournisseur obtint
par jugements du tribunal de Béthune des 30 mars et 4 mai 1865,
la saisie et la mise en vente aux enchères d'une partie des biens
de la Société.

C'est ainsi qu'à la fin de 1865, il fut vendu des terrains, 40
maisons d'ouvriers (achetées par la Compagnie de Liévin) et
différentes pièces de matériel pour environ......... 62,150 f. 00

La reprise de la fosse d'Aix et de ses agrès par
la Compagnie de Liévin eut lieu, ainsi qu'il a été
dit, moyennant.................................... 237,977   94

Ensemble......... 300,127 f. 94

Telle est la somme totale qui entra dans la caisse de la Société
d'Aix lors de sa liquidation.

Cette somme servit à payer les créanciers et les actionnaires
qui avaient remboursé le prêt du Sous-Comptoir du Commerce
et de l'Industrie.

Dépenses faites — Dans la demande que les Administrateurs de la Société d'Aix adressaient en 1864 au Conseil de préfecture, de remboursement par les Compagnies de Lens et de Liévin des dépenses faites en travaux utiles, ils fixaient à 1,120,614 francs les frais et dépenses faites par la dite Société dans le périmètre qu'elle avait exploré.

Ce chiffre fut réduit par les experts à 1,101,367 fr. 24, d'après le relevé qu'ils avaient fait sur les livres, et dans cette somme se trouvaient compris 164,556 fr. 70 dépensés en frais d'émission d'actions, d'emprunt, d'administration, etc.

Dans les dépenses figuraient nominativement :

8 sondages.....................................	66,155 f.	00
Fosse d'Aix et ses accessoires.....................	377,809	00
Bowettes et galeries à travers bancs (573 ᵐ)........	35,850	00
Matériel autre que celui d'extraction et approvisionnements......................................	72,714	00
Frais d'émission d'actions, d'emprunts, d'administration, etc..................................	164,556	70
	717,084	70
Il aurait donc été dépensé en outre pour acquisition de terrains, construction de 40 maisons, chemin de fer, matériel divers, etc...........................	403,529	30
	1,120,614	00

Mais la Société avait fait quelques bénéfices sur les 215,131 hectolitres extraits par elle de veines épaisses, ne donnant lieu qu'à des frais d'exploitation très réduits, et fournissant un charbon de bonne qualité.

En réalité, la Société d'Aix n'avait eu à sa disposition pour faire face aux dépenses de son entreprise que :

1° Les fonds fournis par les premières et deuxième Sociétés de recherches......................	40,500 f.	00
2° Le versement de 1,000 actions de 500 fr. émises par la Société d'exploitation..........	500,000	00
3° L'emprunt au Sous-Comptoir du Commerce et de l'Industrie..........	150,000	00
	690,500 f.	00
A reporter......	690,500	00

Report........	690,000	00

On a vu précédemment que la vente des terrains, maisons, etc. et de la fosse d'Aix avait
produit.......... .... 300,127 94

Ensemble........	990,627 f. 94	
Les dépenses de l'entreprise ayant été de...	1,120,614	00

Il reste....... 129,986 f. 06

qui ont dû être fournis, pour la plus grande partie, par les bénéfices sur l'exploitation.

En l'absence de comptes plus précis, on peut admettre que les
actionnaires de la Société d'Aix ont perdu environ 600,000 fr.

PUITS.

N⁰ 52. — Ouvert en 1859, à 180 m. de la concession de Grenay.
Diamètre 4 m. 10.
Niveau passé avec une machine d'extraction de 25 chevaux.
Terrain houiller à 127 m.
Traverse 3 veines irrégulières, présentant sur certains points des renflements s'élevant jusqu'à 6 m.
Accrochages à 160 m. et à 192 m.

$$
\begin{array}{lll}
\text{Fournit en 1861} \ldots\ldots\ldots & 66,831 \text{ hecto.} \\
\qquad\quad 1862 \ldots\ldots\ldots & 148,300 \quad \text{»} \\
\hline
\text{Ensemble} \ldots\ldots\ldots & 215,131 \text{ hecto.}
\end{array}
$$

L'exploitation fut arrêtée au commencement de 1863, à la suite de l'établissement de la concession de Liévin. On se contenta ensuite d'entretenir les travaux jusqu'en février 1868, date à laquelle la Compagnie de Liévin en prit possession après paiement d'une indemnité.

SONDAGES.

N⁰ 304. Sondage d'Angres-Liévin. N⁰ 1. — 1858.
La Société d'Aix dit avoir trouvé le terrain houiller. — Les couches y étaient droites. D'après d'autres indications, beaucoup plus sûres, on y aurait atteint les schistes rouges dévoniens à 123 m. 65, et le sondage aurait été poussé jusqu'à 160 m. 05.

303. 1ᵉʳ sondage de Liévin. — A 155 m. au sud de la concession de Grenay.
N⁰ 2. — 1859.
Terrain houiller à 122 m. 20.
Traverse 2 couches :

$$
\left.
\begin{array}{l}
1 \text{ de } 0 \text{ m. } 32 \text{ à } 122 \text{ m. } 22 \\
1 \text{ de } 1 \quad\;\; 15 \text{ à } 141 \quad\;\; 49
\end{array}
\right\} \text{ épaisseur verticale}
$$

constatées par l'Ingénieur des mines.
Profondeur totale, 146 m. 49.

61. 2° sondage de Liévin. — A 18 m. au sud de la concession de Grenay.
N° 3. — 1859.

Terrain houiller à 127 m. 09.

A traversé 3 couches :

$$\left. \begin{array}{l} \text{1 de 0 m. 72} \\ \text{1 de 0 \quad 62} \\ \text{1 de 1 \quad 80} \end{array} \right\} \text{épaisseur verticale.}$$

Profondeur totale , 158 m. 35.

306. Sondage de Bully-Grenay. — 1859.

Schistes rouges dévoniens.

Est compris dans la dernière extension de la concession de Bully-Grenay.

307. Sondage de Liévin. — 1860.

Schistes rouges dévoniens.

305. Sondage de Liévin. — 1859.

La Société prétend y avoir trouvé le terrain houiller à 128 m. 50 , et une couche de
0 m. 25 à 0 m. 28 à 136 m.

Profondeur totale , 140 m.

Abandonné à la suite d'accident.

60. Sondage de Liévin. — 1859.

Schistes argileux carbonifères.

XXI.

MINES DE COURCELLES-LEZ-LENS.

1° SOCIÉTÉ DU MIDI DE L'ESCARPELLE.

Société de recherches. — Société d'exploitation. — Procès. — Liquidation.

2° SOCIÉTÉ DU COUCHANT D'ANICHE.

Constitution de la Société du Couchant d'Aniche. — Mise sous séquestre en 1868.
— Inventaire. — Procès avec le sieur Lebreton.

3° SOCIÉTÉ DE COURCELLES-LEZ-LENS.

Nouvel acte de Société. — Nouveau procès avec le sieur Lebreton. — Statuts. —
Concession. — Fosse de Courcelles. — Gisement. — Émission des actions. —
Valeur des actions. — Emprunts. — Dépenses. — Chemin de fer. — Maisons
d'ouvriers. — Caisse de secours. — Puits. — Sondages.

Société de recherches. — Au commencement de l'année
1857, une Société à la tête de laquelle était M. Dellisse-Engrand,
avait établi un sondage N° 282 à Courcelles-lez-Lens, à l'intersection de la route N° 43 de Béthune à Douai, avec le chemin
qui conduit d'Equerchin à Courcelles.

Ce sondage rencontra au-dessous du Tourtia, à 140 mètres,
des schistes argileux noirs, auxquelles succédèrent, à 146
mètres, des grès quartzeux blanchâtres.

Le sieur Lebreton-Dulier, qui avait exécuté ce sondage, comme entrepreneur, contesta le caractère négatif attribué à ce sondage, et prétendit qu'on l'avait arrêté avant d'avoir dépassé les morts-terrains, Il vint à la fin de 1858 s'établir à Courcelles, avec l'intention d'entreprendre de nouveaux sondages et d'en commencer l'installation.

Le 27 avril 1859, il créait une Société dite : *Société du Midi de l'Escarpelle*, « dont le but (art. 2 des Statuts) était la re-« cherche et plus tard, s'il y avait lieu, l'exploitation de la « houille sur les territoires de Courcelles-lez-Lens, Flers, etc., « au Midi de la Concession de l'Escarpelle, au levant de la « Concession d'Henin-Liétard, et au couchant de celle d'Aniche. »

L'acte de constitution renfermait les clauses suivantes :

M. Lebreton aura seul la direction des travaux.

Le capital social est fixé à 23.000 francs, divisé en 230 actions de 100 francs chacune, sur lesquelles 30 actions libérées sont attribuées à M. Lebreton, comme fondateur de l'entreprise (1).

Les actions sont nominatives.

Il y aura un Conseil d'Administration formé de six membres, parmi lesquels figurera de droit M. Lebreton. Les cinq autres seront choisis parmi les actionnaires, en assemblée générale.

M. Lebreton entreprendra deux sondages sur les points choisis, moyennant 20.000 francs, soit 10.000 fr. par chaque sondage, mais seulement jusqu'au tourtia, pourvu qu'il soit atteint avant 180 mètres.

Au delà du tourtia, la Société continuera les travaux et payera à M. Lebreton :

1° 10 francs par jour pour le loyer de l'outillage et la direction des travaux ;

2° L'entretien de matériel et le tubage, et tous les autres frais.

En cas de réussite, M. Lebreton aura seul la direction des travaux, sera de droit dans la Commission et le Conseil d'Administration et fera, de concert avec deux délégués, les démarches pour l'obtention de la Concession.

Cette Société exécuta deux sondages à Courcelles. N° 1 (266) à 10 à 15 mètres de la limite de la Concession de l'Escarpelle et

---

(1) Ultérieurement le capital fut porté à 68,000 francs.

à 200 mètres de celle de Dourges. Il atteignit le terrain houiller à 144 mètres 30 et la houille à 173 mètres, le 19 avril 1860.

Continué ensuite jusqu'à 234 mètres, ce sondage aurait d'après le sieur Lebreton, traversé sept veines de houille grasse, Mais d'un rapport officiel des Ingénieurs des Mines, il résulterait qu'il n'aurait rencontré que deux veinules inexploitables.

N° 2 (267), à 350 mètres de la concession de Dourges, et au Sud du N° 1. Il aurait, d'après le sieur Lebreton, rencontré le terrain houiller à 137 mètres et y aurait pénétré de 32 mètres. Mais les Ingénieurs des Mines ont toujours considéré ce sondage comme négatif.

Société d'exploitation. — Le 2 décembre 1860, la Société de recherches ayant épuisé son capital, se transforma en *Compagnie d'exploitation du Midi de l'Escarpelle*. Les statuts définitifs, arrêtés par délibération du Conseil général des actionnaires en date du 20 janvier 1863, sont analysés ci-dessous.

La Société est civile.

Son objet est l'exploitation de la houille découverte par les sondages n°s 1 et 2 à Courcelles-lez-Lens ; la continuation des travaux nécessaires pour l'obtention d'une ou plusieurs concessions, etc.

Elle prendra provisoirement la dénomination de : *Compagnie houillère du Midi de l'Escarpelle.*

La Société sera constituée dès que 400 actions seront souscrites.

Les fondateurs apportent à la Société les travaux de sondage, les droits d'invention et de priorité, les dépenses faites, les outils de sondage, etc.

Ils recevront, en compensation, 920 actions libérées ; 80 actions également libérées serviront à récompenser, par le Conseil d'administration, les services rendus ou à rendre à la Société.

Le capital social est fixé à 3 millions, divisé en 6,000 actions de 500 francs.

Les 5,000 actions payantes seront émises par séries par le Conseil. Elles seront nominatives.

La Société est administrée par un Conseil de 7 membres nommés par l'assemblée générale. Il a les pouvoirs les plus étendus. Il convoque l'assemblée générale toutes les fois qu'il le juge nécessaire.

Le sieur Lebreton a la direction des travaux ; il est de droit Membre du Conseil d'administration.

Une assemblée générale se réunira chaque année le 1ᵉʳ mardi d'octobre.

Elle nomme trois actionnaires chargés de vérifier les comptes.

Le 1ᵉʳ août de chaque année, les écritures seront arrêtées, l'inventaire dressé, etc.

La Société d'exploitation poussa sans nouveau résultat jusqu'à 234 m. le sondage n° 1 (266), et elle entreprit ensuite 2 nouveaux sondages, nᵒˢ 3 et 4. Le n° 3 (286), près de la porte de Béthune, vers Douai, fut suspendu dans le calcaire à 156 m., et le n° 4 (268), à Courcelles, rencontra à 138 m. 60 le terrain dévonien, qu'il suivit jusqu'à 283 m. 50, profondeur à laquelle il fut abandonné.

Sur les indices fournis par le sondage n° 1, une fosse dite N° 1 (284) fut commencée. Son inauguration eut lieu le 1ᵉʳ octobre 1861, avec beaucoup de pompe. Son approfondissement fut arrêté à 33 m. de profondeur.

Voici les instructions que le sieur Abel Lebreton donnait à un chef-ouvrier pour l'organisation de la fête d'inauguration de la fosse de Courcelles :

« On demandera à ce que le drapeau soit mis sur le clocher et » chez tous les cabaretiers et même chez les ouvriers, sur les deux » sondages. Je ferai déposer sur le terrain de l'avaleresse autant » de tonnes de bière qu'il y a de cabaretiers à Courcelles. Les » mineurs d'Enquin iront à la fête et les chefs-sondeurs ; on » invitera la musique de Courcelles à se trouver sur les lieux, » avec des mineurs et porions de la Morinie qui sont aussi musi-» ciens ; on fera partir des mines et un gros coup de mine parti » de l'avaleresse, annoncera l'arrivée des nouveaux membres et » actionnaires sur les lieux avec moi.

» On arborera le drapeau sur un arc de triomphe à l'entrée du » champ que l'on y fera, et dont vous devrez commencer à vous » procurer de grandes perches à emprunter pour la faire, dont » voici le modèle tracé, avec une couronne de laurier au milieu » de laquelle on écrira sur une bande de percale placée au milieu, » le nom de la houillère : « La Victoire d'Abel. »

COUPES IMAGINAIRES CURIEUSES DU Sᴿ LEBRETON

COUPE DU BASSIN HOUILLER A COURCELLES-LEZ-LENS.

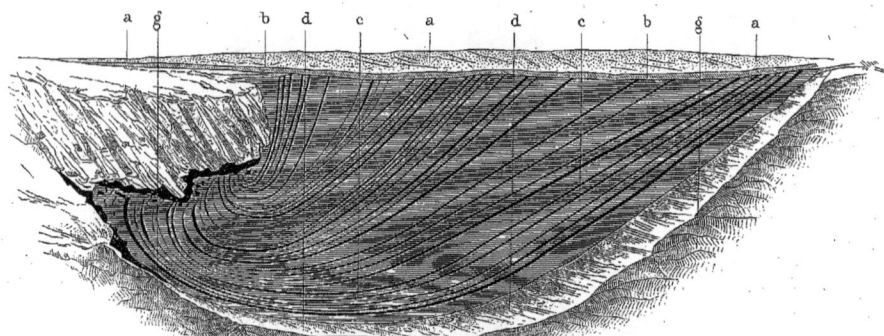

COUPE DU BASSIN HOUILLER A FLÉCHINELLE

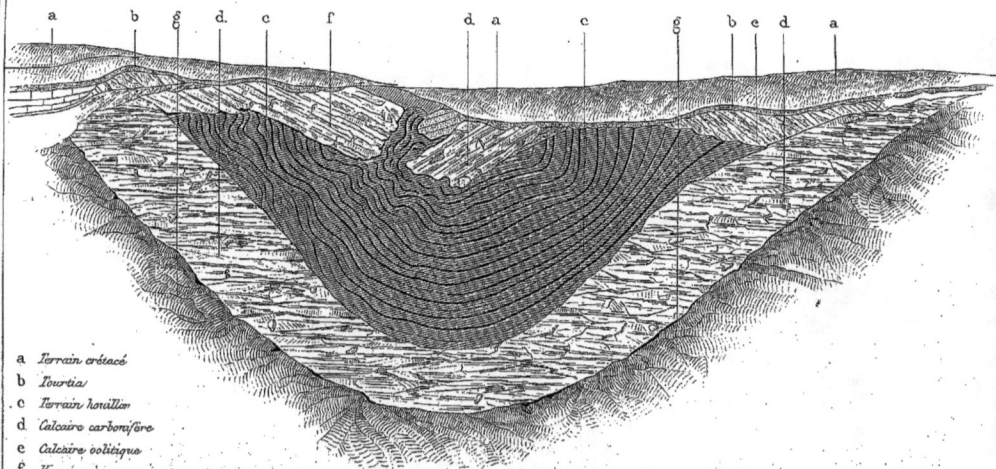

a   Terrain crétacé
b   Tourtia
c   Terrain houiller
d   Calcaire carbonifère
e   Calcaire oolitique
f   Vieux grès rouge
g   Terrain dévonien

Gravé par R.Hausermann.

Lille Imp. Danel

(L'arc de triomphe portait en outre sur les panneaux de côté, les deux inscriptions suivantes :

« Paix sur la terre aux hommes de bonne volonté. »

« Dieu est le père et les actionnaires forment une famille. »)

« Préparons tout.....

» Que lundi on puisse monter une tente pour offrir les vins » d'honneur. Après l'assemblée générale, toutes les voitures » arriveront à l'avaleresse.

» Enfin, il faut une grande fête, cela convient aux action- » naires de Paris qui y viennent exprès pour l'inauguration de » l'avaleresse. »

La lettre qui précède montre les moyens que mettaient en œuvre le sieur Lebreton pour faire miroiter aux yeux du public et des actionnaires l'importance de ses découvertes.

A cette époque, il s'occupait non seulement des recherches du Midi de l'Escarpelle, mais-encore des recherches à l'extrémité du bassin, vers Fléchinelle, dont il sera question plus tard.

Pour rendre saisissables aux actionnaires qu'il recherchait pour ses diverses Sociétés, les espérances qu'il fondait sur ses explorations, il publia des coupes imaginaires de la formation houillère fort curieuses, dont le fac-simile est reproduit ci-contre. Planche XXXIV. Ces coupes avaient pour but de faire voir que la rencontre par les sondages des terrains négatifs, antérieurs au dépôt de la formation carbonifère, n'était nulle-ment un indice de l'absence de cette dernière formation : que poursuivis à une plus grande profondeur, ces sondages attein-draient le terrain houiller et la houille. Aux actionnaires que décourageaient les insuccès des recherches entreprises, on mon-trait ces coupes fort ingénieusement appropriées à la démonstration qu'on avait en vue, et des hommes sérieux et très positifs, mais privés des connaissances les plus élémentaires de la géologie, n'hésitaient pas à accepter aveuglément ces images frappantes pour les yeux, et cela d'autant plus facilement, que certains faits récents semblaient leur donner une apparence de raison.

Procès. — Mais dès le milieu de l'année 1861, la division se mit entre le sieur Lebreton et le Conseil d'administration. Deux assemblées ont lieu en septembre et octobre; on s'y dispute beaucoup, et la dernière révoque Lebreton de ses fonctions de

Directeur et d'Administrateur. Celui-ci, à son tour, fait nommer un nouveau Conseil d'administration.

Un jugement du tribunal de Douai du 30 janvier 1862, confirmé par un arrêt de la Cour du 2 juin suivant, mit fin à ces tristes débats par le maintien de la révocation du sieur Lebreton.

Liquidation. — Cependant, la Société avait formé une demande de concession, qui fut rejetée par décision ministérielle du 10 janvier 1865. Elle avait à lutter dès 1863, contre la nouvelle Société fondée par le sieur Lebreton. Ses ressources étant épuisées, sa dissolution fut prononcée par jugement du tribunal de Béthune du 6 juin 1867. Le liquidateur fut autorisé à vendre sans adjudication au sieur Lebreton, moyennant 25,000 francs, aucune offre supérieure ne s'étant produite, les droits, meubles et immeubles de la Société du Midi de l'Escarpelle. L'acquisition eut lieu au nom du sieur Lebreton, qui déclare qu'elle était faite *pour son compte personnel.* Cette déclaration fut attaquée plus tard et infirmée par un arrêt de la Cour d'appel de Paris.

La Société d'exploitation du midi de l'Escarpelle avait dépensé près de 250,000 fr. La liquidation donna aux actionnaires un dividende de 7 fr. par chaque action de 500 fr.

2º SOCIÉTÉ DU COUCHANT D'ANICHE.

Constitution de la Société du Couchant d'Aniche. —
Il a été dit précédemment que le sieur Lebreton-Dulier avait été,
par jugement du tribunal de Douai du 30 janvier 1862, confirmé
par arrêt de la Cour du 2 juin suivant, révoqué de ses fonctions
de Directeur de la Compagnie du Midi de l'Escarpelle.

Par acte sous seing-privé du 29 octobre 1863, il fonda une
nouvelle Société, sous le nom de : *Compagnie du Couchant de
la concession d'Aniche*, pour explorer, en concurrence avec la
Société du Midi de l'Escarpelle, les mêmes terrains que celle-ci.

Le siège de cette Société était à Paris.

Le sieur Lebreton faisait apport de ses études, de la priorité
de ses travaux et des droits qui en résultaient.

En compensation de cet apport, il s'attribuait 7 % dans les
bénéfices futurs de la Société, l'entreprise à forfait de 3 sondages et la direction des travaux, jusqu'à la traversée par la
fosse d'une première veine exploitable.

Il a été dit également que lors de la liquidation en 1867 de la
Société du Midi de l'Escarpelle, le sieur Lebreton avait acquis
pour 25,000 francs tous les droits, meubles et immeubles de
cette dernière Société.

Après cette acquisition, le sieur Lebreton abandonna à 23 m.
95 de profondeur, la fosse nº 2 qu'il avait commencée en 1866
(285), pour reprendre la fosse nº 1 du Midi de l'Escarpelle (284),
qui était un peu plus avancée et plus rapprochée du sondage nº 1.

Du reste, aucun des 3 sondages qu'il avait entrepris à forfait
n'avait abouti. Il avait été dépensé plus de 250,000 francs, et on
n'avait obtenu aucun résultat.

Mise sous séquestre de la Société en 1868. — Des actionnaires de Rouen s'émurent de cette situation. Ils présentèrent une requête au Président du Tribunal de la Seine pour la nomination d'un séquestre. Ils motivaient leur demande sur ce qu'il n'y avait pas eu de comptabilité tenue ; que le sieur Lebreton avait fait trois émissions d'actions dont le total encaissé s'élevait à 325,000 fr. au moins ; qu'il y avait eu dilapidation ; qu'ils avaient porté une plainte devant le Parquet, plainte qui était alors à l'instruction.

La requête fut accueillie et une ordonnance de référé, confirmée par un arrêt de la Cour de la Seine du 26 mai 1868, nomma M. Harouel, administrateur judiciaire de la Compagnie houillère du Couchant de la concession d'Aniche.

Inventaire. — Un inventaire, dressé par un notaire de Douai, les premiers jours de juin 1868, donne le détail des immeubles et du matériel existant alors à Courcelles. On en a extrait les renseignements suivants sur les travaux effectués alors :

Puits N° 1, sur le pavé de Courcelles.

Partie maçonnée.................	12 m. 75	
» cuvelée	30 m. 40	
		43 m. 15

1 machine d'extraction de 35 chevaux . système oscillant ; 3 générateurs, etc.

Puits N° 2, le long de la route n° 43 de Douai à Hénin-Liétard..

Partie maçonnée...........	13 m. 10	
» cuvelée...................	10 m. 85	
		23 m. 95

1 machine d'extraction horizontale et 1 générateur.

1er sondage sur Courcelles.....................	Profondeur,	155 m.
2e » sur Lambres.................	»	55 m.
3e » sur Douai, sur la direction de Cuincy.	»	193 m.
Un 4e sondage avait été commencé sur Flers et abandonné à		20 m.

Procès avec le sieur Lebreton. — Plusieurs Assemblées générales furent tenues en 1868 ; on y décida des poursuites contre le sieur Lebreton, afin de l'amener à justifier des sommes reçues et des dépenses.

Un expert commis par la justice, reconnut dans les comptes des erreurs nombreuses ; toutefois, il déclarait que si ces erreurs pouvaient donner lieu à une action civile, elles ne constituaient pas un délit.

Mais les Tribunaux de la Seine n'apprécièrent pas les choses comme l'avait fait l'expert.

Un jugement du 16 janvier 1869, confirmé par un arrêt de la Cour en date du 26 février suivant, condamna Lebreton à la prison et à des dommages et intérêts. Au cours de l'instruction correctionnelle dirigée contre lui, Lebreton avait introduit une instance civile pour revendiquer la fosse N° 1, achetée du liquidateur de la Société du Midi de l'Escarpelle; il se prévalait de ce que cet achat avait été déclaré en son nom personnel, sans mention de sa qualité de Directeur de la Société du Couchant d'Aniche. Cette prétention fut détruite par un jugement du Tribunal de 1re Instance de la Seine, du 9 avril 1869, qui décida que l'acquisition dont il s'agissait avait été réellement faite pour le compte et avec les fonds de la Société du Couchant d'Aniche (1).

Dans le rapport de l'expert (2), les recettes générales de la Société houillère du Couchant de la concession d'Aniche sont évaluées à .... 249,315 f. 00

Savoir :

Emission d'actions :

1re série de 500 actions, dites de fondation, émises à 125 fr, libérées de 1,000 fr.	
428 actions placées qui ont produit.....	52,800 f. 00
2e série, dite de demi-fondation de 500 actions de 250 fr., libérées de 1,000 fr.	
407 actions placées qui ont produit	101,750 00
3e série de 1,000 actions émises au prix de 1,000 fr.	
279 actions placées qui ont produit	94,750 00
Total général des recettes faites sur placement d'actions.	249,300 f. 00
Vente de vieux bois	15 00
Total............ ...	249,315 f. 00

(1) Six ans plus tard, le sieur Lebreton interjeta appel de ce jugement, qui fut confirmé purement et simplement par arrêt du 14 mai 1875.

(2) La vérité sur M. Lebreton-Dulier, fondateur de la Société du Couchant de la concession d'Aniche et ses accusateurs, MM............, créateurs de la Société de Courcelles-les-Lens. Arras, 1874.

Les dépenses générales sont évaluées à ....   254,768 f. 86

Savoir :

Fosse N° 1. Ancienne Société du Midi de l'Escarpelle :

Prix d'achat par Lebreton-Dulier........... ..	25,000 f. 00	
Condamnation de l'arrêt de la Cour de Douai du 14 août 1866	12,633 32	
Dépenses pour divers travaux exécutés par la Compagnie du Couchant d'Aniche.........	30,496 20	
		68,129 f. 52

Sondages :

N° 1. Sur Lambres, 60 m. et 55 m. d'après l'inventaire	2,200 f. 00	
N° 2. Sur Courcelles-les-Lens , terminé le 13 août 1866..........	8,000 00	
Sondage de Flers, 20 m................. ......:	1,000	
N° 3. Sur Douai, 210 m. et 193 m. d'après inventaire	10,725	
		21,925 00

Travaux houillers :

Fosse n° 2	43,336 f. 44	
Sondage n° 2. Sur Courcelles..............	2,049 70	
» n° 3. Sur Douai.................	200 00	
		45,586 14

Frais généraux	3,926 f. 65	
Frais de voyage........................	29,105 00	
Compte de commission sur placement d'actions..	56,404 50	
		89,436 15
Matériel, immeuble, divers............................		29,692 05
Total............		254,768 86

Ajoutez que :

Il résulte de l'arrêt correctionnel précité et du jugement du 9 avril 1869 , que cet état de dépenses était indûment majoré de 70,345 fr. 32 , dont 57,712 fr. d'une part, pour frais de voyages et commissions, et 12,633 fr. 32 d'autre part, pour majoration illicite du prix d'achat des biens du Midi de l'Escarpelle.

3° SOCIÉTÉ DE COURCELLES-LEZ-LENS.

Nouvel acte de Société. — Les procès avec le sieur Lebreton, la suspension des travaux, avaient placé la Société du couchant d'Aniche dans une situation critique. Pour sauver les épaves de l'entreprise, les actionnaires tinrent plusieurs assemblées générales, et dans celle du 14 octobre 1868, ils crurent pouvoir modifier leurs statuts originaires et changer le nom de la Société qui prit la dénomination de *Compagnie de Courcelles-lez-Lens*. Ces modifications furent réalisées par acte notarié du 12 Juin 1869.

Dans cet acte, tous les avantages que s'était réservés le sieur Lebreton dans le contrat constitutif du 29 octobre 1869, avaient été supprimés.

Nouveau procès avec le sieur Lebreton. — La Compagnie de Courcelles, ainsi reconstituée, avait poursuivi ses travaux, et elle se croyait parfaitement en règle vis-à-vis du sieur Lebreton, lorsque celui-ci lui intenta, en 1875, une action en demande de nullité de l'acte du 12 juin 1869, et de rétablissement des avantages stipulés en sa faveur dans l'acte primitif de la Société du couchant d'Aniche, notamment des droits à 7 0/0 dans les bénéfices.

Un jugement du tribunal de Béthune en date du 10 Décembre 1875, confirmé par un arrêt de la Cour d'appel de Douai du 22 Juillet 1876, déclara que c'était à tort et en excédant ses pouvoirs, que l'assemblée générale du 14 Octobre 1868 avait apporté des modifications aux statuts et changé la dénomination de la Société, et annula l'acte modificatif du 12 Juin 1869.

La Société reprit la dénomination de *Société du Couchant d'Aniche*, et continua ses opérations sous le régime des Statuts primitifs. Mais en même temps elle poursuivit devant les tribunaux la révocation du sieur Lebreton de ses fonctions de directeur et d'administrateur, etc.

Un second jugement rendu par le tribunal de Béthune le 2 Mars 1877 donna gain de cause a la Société sur une partie de ses demandes : Ce jugement retira au sieur Lebreton ses fonctions de directeur des travaux et d'administrateur, mais il maintint ce dernier dans les droits à 7 0/0 des bénéfices que lui avaient conférés les Statuts du 29 octobre 1869.

Sur appel de la Société, la Cour de Douai rendit, le 13 Juillet 1877, un arrêt qui confirmait la révocation du sieur Lebreton, et, de plus, annulait, comme résultant d'un apport purement fictif, sa prétention à 7 0/0 des bénéfices (1).

Statuts. — Par suite de ces derniers jugements et arrêts, la Société se retrouvait replacée sous le régime des statuts primitifs du 21 octobre 1863, mais avec cette différence que tous les droits quelconques du sieur Lebreton en étaient régulièrement supprimés.

Ces statuts furent coordonnés en conséquence dans une assemblée générale tenue le 15 Octobre 1878, et ils régissent actuellement la Société. En voici l'analyse :

La Société a pour objet la recherche et l'exploitation de la houille sur les terrains de Lambres, Esquerchin, etc., au couchant de la concession d'Aniche.

Elle a été constituée sous le nom de *Compagnie Houillère du couchant de la concession d'Aniche*.

Le décret de concession du 18 Septembre 1877 ayant donné à la concession le nom de « *Concession de Courcelles-lez-Lens* », la Compagnie prend la dénomination de « *Compagnie des Mines de Courcelles-lez-Lens*. »

Le siège de la Société est à Paris.

Par suite de la souscription des 500 premières actions, la Société a été définitivement constituée.

---

(1) Déclaration du 14 octobre 1878 du Président du Conseil d'administration par-devant Mc Lefebvre et son collègue, Notaires à Lille.

Le capital social est fixé à 4 millions, représentés par 4,000 actions de 1,000 francs (1).

Le Conseil d'administration déterminera le nombre, les époques et le taux des émissions, selon les besoins de la Société.

Les actions sont nominatives.

Le Conseil d'administration est composé de 7 Membres, qui doivent posséder chacun au moins 20 actions.

Le Conseil se renouvelle par 1/7 tous les ans.

Les Membres sont nommés par l'Assemblée générale.

Les pouvoirs du Conseil sont très étendus.

L'Assemblée générale se compose de tous les actionnaires possédant au moins 5 actions; chaque membre aura autant de voix qu'il aura autant de fois 5 actions.

L'Assemblée générale se réunit le 1er lundi du mois de septembre de chaque année, au siège de la Société.

Un Conseil de surveillance de 3 Membres est nommé par l'Assemblée générale.

Le 15 juillet de chaque année, les écritures seront arrêtées et l'inventaire dressé par les soins du Conseil d'administration.

Il sera créé un fonds de réserve qui ne pourra dépasser 300,000 fr., et qui sera procuré par la retenue de 1/10e au maximum du bénéfice net de chaque année, après la répartition de 5 % du capital émis.

Sur la retenue qui sera faite pour le fonds de réserve, 2 % de ce même bénéfice net seront distraits et serviront à former une caisse de secours en faveur des ouvriers employés par la Société.

Concession. — Le 31 janvier 1863, la Société du Midi de l'Escarpelle formule une demande de concession. Cette demande est instruite conformément à la loi; mais sur les conclusions du Conseil général des Mines, elle est rejetée, par le motif que le terrain reconnu ne présente qu'un petit espace de trente hectares, insuffisant pour instituer une concession.

Le 22 janvier 1874, la Compagnie de Courcelles-les-Lens adressa à l'administration une demande de concession sur 512 hectares 60 ares, qui fut mise aux affiches. Le sieur Lebreton-

---

(1) Le 18 septembre 1877, date du décret de concession, le nombre des actions émises était de 2,000.

Dulier fit pour son compte personnel opposition à cette demande, prétendant avoir des droits antérieurs par la découverte du terrain houiller, au sondage n° 1 du Midi de l'Escarpelle (266), et formula une demande concurrente qui fut mise aux affiches le 21 mai 1875. Pour appuyer sa prétention il interjeta appel du jugement du 9 avril 1869, qui avait déclaré que les droits de l'ancienne Société du Midi de l'Escarpelle n'étaient pas sa propriété ; mais la Cour de Paris le débouta par un arrêt du 14 mai 1875.

De son côté, la Compagnie de l'Escarpelle renouvela l'opposition qu'elle avait faite en 1863 à l'établissement d'une concession au Sud de la sienne, et demanda, à titre d'extension, la portion de terrain dans laquelle avait été constatée la formation houillère.

Un décret du 18 septembre 1877 trancha la question en faveur de la Compagnie de Courcelles-les-Lens et lui accorda une concession de....................... 440 hectares.

A la suite de la rencontre du terrain houiller dans son sondage (n° 139) de Beaumont à 450 m. de profondeur, en-dessous du terrain dévonien, la Compagnie de Courcelles a obtenu une extension à sa concession, par décret du 30 avril 1880, de............................. 722   »
                                                                   _____

Superficie actuelle de la concession...... 1162 hectares.

Fosse de Courcelles N° 284. — La Compagnie du Midi de l'Escarpelle avait ouvert en Octobre 1861 une fosse à Courcelles-les-Lens, près du sondage N° 1 (266), lequel avait traversé deux veinules de houille. Son approfondissement fut suspendu à 33 mètres lors du procès de 1862 qui fut suivi de la liquidation de la Société.

En 1867, le sieur Lebreton qui s'était rendu acquéreur des biens de la Compagnie du Midi de l'Escarpelle, les apporta à la Compagnie du Couchant d'Aniche qu'il avait fondée dès 1863.

Cette Société reprit le creusement de la fosse de Courcelles, et la poussa jusqu'à 43ᵐ 15. A cette profondeur, les travaux y furent de nouveau suspendus, en 1868, à la suite de nouvelles contestations avec le sieur Lebreton.

Pl. XXXV

Noyelle-Godault Courcelles
lez-Lens

Auby
343

342

Con

Flers

291 C.C.

212

26 75

266

282 28

285 A⁰ 43

268 T.D. 290 C.C.

de

Bouchain

l'Escrébieux

C°ⁿ DE COURCELLES
LEZ-LENS

Lauwin
Planque

302

139

G2
333 T.D.
334 T.D.

Cuincy

D E   L' E S C A R P E L L E

Calais

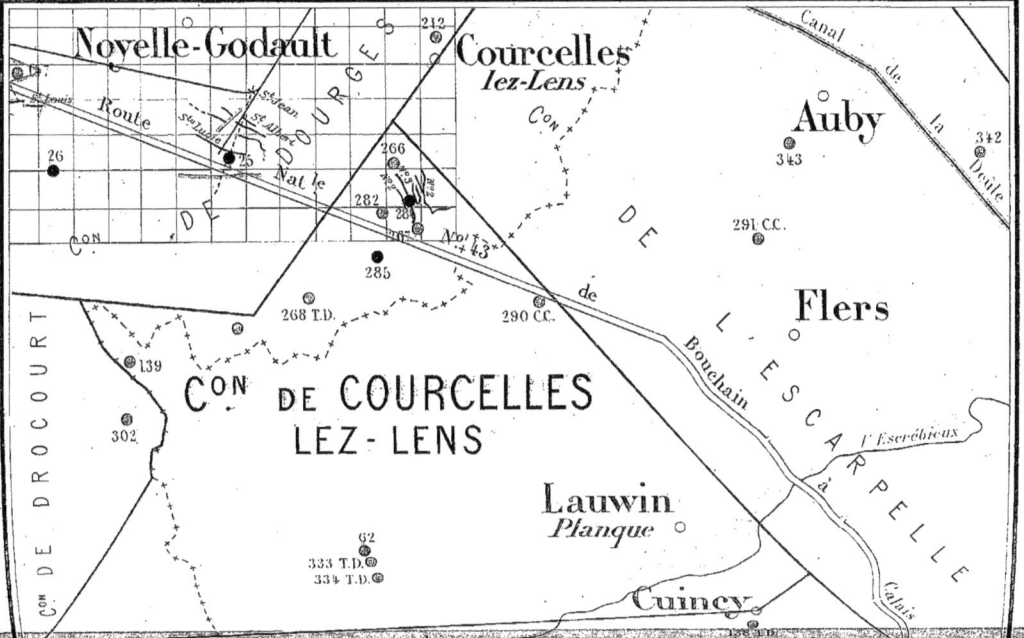

COUPE VERTICALE DE LA FOSSE
DE COURCELLES-LEZ-LENS.

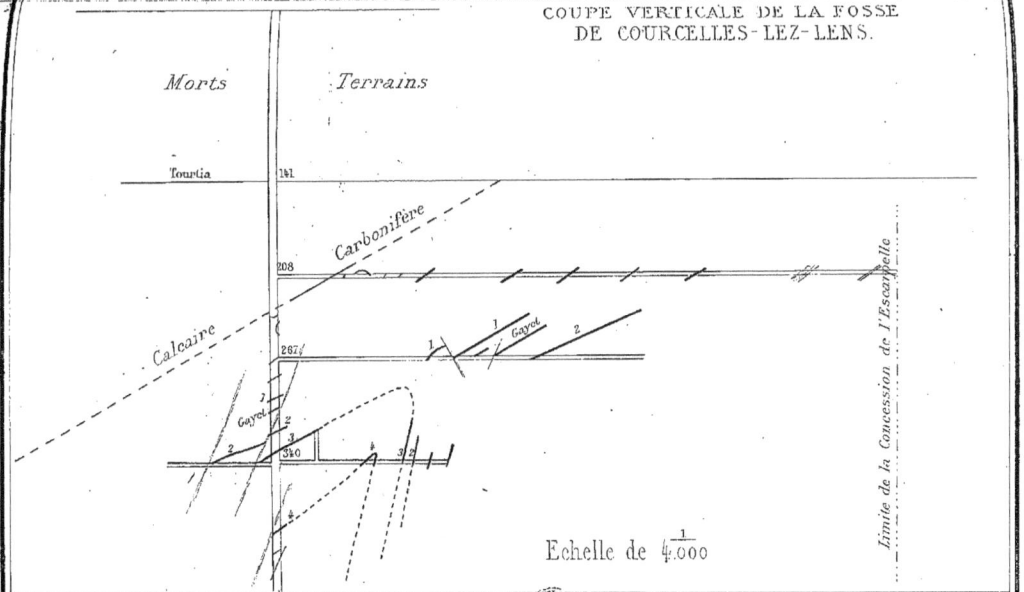

Morts   *Terrains*

Tourtia 141

Carbonifère

208

Calcaire

267

1 *Gayot* 2

1

Gayot
2 3 340

4 3

Limite de la Concession de l'Escarpelle

Echelle de $\frac{1}{4000}$

La Société qui venait de prendre la dénomination de Compagnie de Courcelles-les-Lens, s'occupa en 1869 de poursuivre le creusement de la fosse de Courcelles, et conduisit ce travail à bien.

En dessous du tourtia, à 141 mètres, on atteignit le calcaire que l'on suivit jusqu'à la profondeur de 240 mètres environ, puis on pénétra dans le terrain houiller.

Un accrochage avait été pratiqué à 208 mètres, c'est-à-dire, dans le calcaire, et une bowette au Nord ouverte a ce niveau, rencontra le terrain houillier à 45 mètres du puits. Elle fut poussée jusqu'à 415 mètres et traversa de nombreuses veinules et 7 couches de houille grasse, tenant de 27 à 28 0/0 de matières volatiles. Une descenderie pratiquée au même niveau sous le calcaire fut suivie sur une assez grande longueur et elle démontra que le terrain houiller s'enfonçait régulièrement sous le calcaire, suivant une ligne de séparation des deux formations inclinée à 28°. A la suite de cette constatation, l'approfondissement fut continué, et deux étages d'exploitation ouverts à 267 et à 340 mètres. On est arrivé aujourd'hui (1er février 1881) à 408 mètres de profondeur, et un quatrième accrochage sera ouvert à 450 mètres environ.

Les terrains traversés dans l'approfondissement et ceux recoupés par la bowette Nord de 340 mètres sont riches en empreintes, réguliers, mais fortement inclinés, à 85° environ. Voir planche XXXV.

Les travaux pratiqués dans les couches sont encore peu développés ; ils ont fourni cependant une certaine quantité de houille, savoir :

En 1877..........	978	tonnes.
» 1878..........	2,578	»
» 1879..........	11,051	»
» 1880..........	18,471	»
Ensemble......	33,082	tonnes.

La fosse de Courcelles est grandement installée : puits de 4m 10 de diamètre ; guidage en chêne de 14/16 centimètres ; goyau solide. Machine d'extraction à 2 cylindres horizontaux de 0m, 90 de diamètre et 1m, 90 de course, à détente Corliss variable à la main, pouvant développer 500 chevaux de force. Ventilateur Guibal de 7m, 50 de diamètre.

Gisement. — La fosse de Courcelles, planche XXXV, est située dans un angle rentrant formé par les limites des concessions de l'Escarpelle et de Dourges, et à 420 mètres environ au Midi de la limite de l'Escarpelle. Un sondage N° 1 (266) situé de 10 à 15 mètres de cette limite, avait rencontré sous le tourtia, le terrain houiller et la houille.

La fosse placée à 400 mètres environ au Sud-Est de ce sondage, est tombée sous le tourtia à 141 mètres, sur le calcaire carbonifère ou dévonien. Elle y a pénétré jusqu'à 240 mètres environ avant d'atteindre le terrain houiller, qui est donc recouvert sur ce point par une épaisseur de 99 mètres de terrain appartenant à une formation géologique plus ancienne que le terrain houiller.

Une descenderie a montré que le terrain houiller se poursuivait et s'enfonçait au Sud assez loin sous le calcaire, et que la ligne séparative des deux formations était inclinée vers le Sud d'environ 28°.

Ce fait anormal avait déjà été constaté d'abord à la fosse d'Etrœungt des Mines d'Azincourt en 1841, puis à la fosse de Cauchy-à-la-Tour en 1859, et plus tard par la fosse N° 3 d'Auchy-au-Bois. Mais c'est à la fosse de Courcelles que ce phénomène a été constaté plus complètement, non-seulement par la traversée dans le puits du calcaire ancien sur une hauteur de 99 mètres, mais encore par la descenderie pratiquée sur une assez grande longueur à la séparation du calcaire et du terrain houiller.

Depuis lors un grand nombre de sondages exécutés dans ces dernières années, sur la lisière méridionale du Bassin houiller, ont mis en évidence le recouvrement, sur une grande épaisseur, du terrain houiller par une formation plus ancienne, calcaire carbonifère ou terrain dévonien. Ainsi :

Le sondage d'Aix-Noulettes N° 229, a atteint le terrain houiller à 407^m, 48 après avoir traversé 258^m, 88 de terrain dévonien ;

Le sondage de Ferfay, N° 906, a recoupé le terrain houiller à .... mètres, après avoir traversé des calcaires, des schistes et grès dévonien ;

Le sondage de Méricourt, N° 134, a traversé 291 mètres de terrain dévonien avant d'atteindre le terrain houiller à 441^m, 50 ;

Le sondage de Drocourt, N° 135, a atteint le terrain houiller à 361^m, 75, après avoir traversé 232, 75 m. de terrain dévonien

L'explication la plus accréditée et la plus plausible de ce fait anormal consiste à admettre une grande faille qui a soulevé les formations anciennes et les a fait glisser suivant un plan incliné, généralement de 30° environ, sur la formation houillère restée en place, ou refoulée elle-même sur une étendue plus ou moins grande.

Émission des actions. — Sur les 4,000 actions de 1,000 fr. formant le capital social, il avait été émis en 1868 par la Compagnie du Couchant d'Aniche, d'après le rapport de l'expert (voir page 225).. 1,109 actions.

Savoir :

423 actions, dites de fondation, 1ʳᵉ série, émises à 125 f., et ayant produit.	52,800 f.
407 actions, dites de demi-fondation, 2ᵉ série, émises à 250 fr., et ayant produit......................	101,750
279 actions, 3ᵉ série, émises à 1,000 fr, et ayant produit	94,750
1,109 actions ayant produit............	249,300 f.

Le 18 Décembre 1877, date du décret de concession, le montant total des actions émises était de 2,000. Il avait donc été placé de 1868 à 1877 par la Compagnie de Courcelles-les-Lens......... 891 actions.

Après la publication du décret de concession il fut émis un emprunt de un million pour l'exécution des travaux,

En Avril 1879, le produit de cet emprunt devait être épuisé, puisque la Société mit en souscription, réservée par priorité aux actionnaires et au taux de 600 fr,............................ 500 actions.

Enfin le 25 Juin 1880, le Conseil d'administration informe les actionnaires qu'il serait fait, sur les 1,500 actions restant à la souche, au fur et à mesure des besoins, une émission qui n'excéderait pas 500 actions, au prix de 1,000 fr. l'une, payables moitié en souscrivant et moitié 6 mois après.

A reporter............ 2,500 actions.

Report............	2,500 actions.
Il ne fut souscrit que.........................	71 actions.
Le total des actions émises est de.............	2,571 actions.
Il reste à la souche	1,429 actions.
Ensemble.............	4,000 actions.

Valeur des actions. — A la fin de Mars 1875, les actions de Courcelles étaient cotées à la Bourse de Lille, Fr.. 1,400 »

Elles montent tout d'un coup, en avril à..........	1,700 »
Et en Août à....................................	1,800 »
En janvier 1877, on les trouve cotées à...........	850 »
Et le 2 Septembre de la même année à......	800 »
En Octobre 1878, elles ne sont plus qu'à...........	700 »
Et en Février 1879, qu'à.........................	600 »
En Avril 1879, il est émis 500 actions à.............	600 »
Et le 1er Février 1880, elles ne sont encore cotées qu'à..	680 »
Mais en Décembre 1880, il est émis 711 actions nouvelles à 1000 fr. moins l'escompte, soit................	987 50
En Décembre, la cote est de........................	990 »

Emprunts — L'émission des premières actions, faite à 125 et 250 fr, et un certain nombre à des prix un peu supérieurs, n'avait fait entrer dans la caisse de la Société que de faibles ressources, insuffisantes pour le creusement de la fosse.

Aussi avait-on dû recourir aux emprunts. C'est ainsi que l'assemblée générale du 24 Janvier 1870 décidait l'émission d'Obligations de 500 fr. et celle du 29 Juillet 1872, l'émission d'Obligations de 1,000 fr., sans que l'on puisse donner les chiffres de ces émissions.

En 1877, après l'obtention de la concession, il fut contracté un emprunt de 1,000,000 fr. par l'émission de 2,000 obligations de 500 fr., rapportant 6 0/0 ou 30 fr. d'intérêt annuel, remboursables à 540 fr. en 25 années à partir du 15 Janvier 1883, ou avant cette date, au choix de la Compagnie, mais alors à 520 fr.

Ces Obligations furent souscrites avec empressement, notamment par les forts actionnaires de Roubaix.

Dépenses. — La Société de recherches du Midi de l'Escarpelle avait formé un capital de qui était entièrement dépensé lors de sa constitution en 1859 en Société d'exploitation. 63,000 f. 00

Cette dernière, ainsi qu'il a été dit, dépensa en continuation de recherches et en travaux préparatoires, environ 250,000 00

La Société du Couchant d'Aniche, qui succéda à la Compagnie du Midi de l'Escarpelle, et qui est devenue la Compagnie des Mines de Courcelles, a dépensé depuis l'origine jusqu'au 31 décembre 1880 (approvisionnements de magasin et fonds de roulement non compris)...... 2,230,839 25

Total............. 2,543,839 f. 25

pour les dépenses effectuées à ce jour dans la concession de Courcelles-lez-Lens.

Le détail des dépenses de la Société actuelle comprend :

Frais de 1ᵉʳ établissement. — Recherches, fosse et travaux préparatoires...................... 1,469,374 fr. 42

Immeubles. — Terrains seuls .... 71,968 f. 00
Cités ouvrières, sans le terrain.............. 124,522 30
Bâtiment d'extraction 106,458 35
Magasin, ateliers, bureaux, maisons d'employés.... 20,203 25
328,151 90

Immeubles par destination. — Machines d'extraction, ventilateurs, pompes et générateurs .. 123,032 f. 95
Petit chemin de fer au rivage. 19,418 34
142,451 39

Matériel et outillage, au fond et au jour.............. 97,661 54
Constructions de 26 nouvelle maisons, passerelle au rivage, ateliers, écuries, outillage non entièrement soldé........ 198,200 00

Total égal........... 2,230,839 fr. 25

Chemin de fer. — Dès que la fosse de Courcelles commença à produire une certaine quantité de houille, la Compagnie établit, en Mai 1879, un chemin de fer à petite section, de 1,800 mètres de longueur pour envoyer ses berlines au canal de la Deûle. Ce chemin a été complété en 1880 par une passerelle en fer sur le canal, sur laquelle les berlines sont élevées par un ascenseur à vapeur. On peut facilement charger, avec les appareils actuels, un bateau par jour.

Depuis 1879, la Compagnie est en instance pour établir sur l'accotement de la route nationale n° 23, un chemin de fer à grande section, de 4 kilomètres de longueur, qui reliera sa fosse à la gare d'Hénin-Liétard du chemin de fer du Nord. L'instruction de la demande d'autortsation touche à sa fin, et elle paraît favorable à l'exécution de cette ligne qui pourrait être ultérieurement prolongée jusqu'à Douai.

Maisons d'ouvriers. — Dès 1876, la Compagnie de Courcelles possédait......................... 48 maisons d'ouvriers.
En 1879, elle en a construit.......... 26

Ensemble........ 74 maisons
qui doivent suffire à loger son personnel actuel tout entier.

Caisse de Secours. — La Compagnie a institué en 1874 une Caisse de Secours en faveur de ses ouvriers. Elle est alimentée par une cotisation sur le montant des salaires de 1 0/0 fournie par la Compagnie, et de 3 0/0 par les ouvriers.

Les Statuts de la Compagnie de Courcelles ont doté cette Caisse de Secours d'un fonds spécial à prélever sur les bénéfices. Ainsi l'article 33 des Statuts prescrit de prélever sur le bénéfice net de chaque année, c'est-à-dire après la répartition de 5 0/0 d'intérêt aux actions, 2 0/0 pour être versés à la Caisse de Secours. C'est la première dotation de ce genre qui ait été inscrite dans les Statuts des Compagnies houillères du Nord.

PUITS.

N° 284. 1. Fosse de Courcelles. — Commencée en 1861 par la Compagnie du Midi de l'Escarpelle.

Approfondissement suspendu à 33 m.

Reprise par la Société du Couchant d'Aniche en 1868, n'avait atteint en juin 1868 que 43 m. 15, et était de nouveau suspendue.

Reprise par la Compagnie de Courcelles-lez-Lens en 1869, trouve à 141 m., sous le tourtia, le calcaire, et y est poursuivie jusqu'à 240 m. environ, profondeur à laquelle elle atteint le terrain houiller.

1er accrochage ouvert à 208 m. dans le calcaire. Une bowette prise à ce niveau rencontre le terrain houiller à 45 m. du puits, puis successivement de nombreuses veinules et plusieurs veines de houille.

2e accrochage à 267 m.

3e   »   à 340 m.

Profondeur actuelle (1er février 1881), 408 m., dans des strates régulières inclinées à 85°.

Une descenderie pratiquée sous le calcaire a été suivie sur une assez grande longueur, et a constaté que ce calcaire s'enfonçait sous une inclinaison de 28°.

Charbon gras tenant de 27 à 28 %, de matières volatiles.

Puissante machine d'extraction.

N° 285. 2. — Ouverte par le sieur Lebreton en 1866, après sa révocation de Directeur de la Compagnie du Midi de l'Escarpelle. — Abandonnée à 23 m. 95.

SONDAGES.

SONDAGES DE LA COMPAGNIE DU MIDI DE L'ESCARPELLE.

N° 286. 1er sondage de Courcelles. 1858. — A 10 à 15 m. de la limite de la concession de l'Escarpelle, et à 200 m. de celle de Dourges. — 1858. — Atteint le terrain houiller à 144 m. 30, et la houille à 173 m., le 19 avril 1860.

Continué ensuite jusqu'à 234 m., ce sondage aurait, d'après le sieur Lebreton, traversé 7 veines de houille grasse, et d'après les Ingénieurs des Mines, seulement 2 veinules inexploitables.

N° 267. 2ᵉ sondage de Courcelles. — A 350 m. de la concession de Dourges et au sud du 1ᵉʳ. — 1859. — Épaisseur des morts-terrains, 137 m., aurait, d'après le sieur Lebreton, trouvé le terrain houiller et y aurait pénétré de 32 m. ; mais a été considéré par les Ingénieurs des Mines comme négatif.

N° 286. 3ᵉ sondage à 500 m. de la porte de Béthune, près Douai. 1860. — A été suspendu dans le calcaire à 156 m., puis repris en 1866, par la Compagnie du Couchant d'Aniche. — Abandonné en 1868 à 193 m. — Repris une 3ᵉ fois par la nouvelle Compagnie du Midi de l'Escarpelle en 1875, il aurait été, d'après le sieur Lebreton, poussé jusqu'à 233 m. sans sortir du calcaire.

N° 268. 4ᵉ sondage de Courcelles. A 60 m. de la concession de Dourges. 1860. — Aurait, d'après le sieur Lebreton, atteint le terrain houiller. — Mais en réalité, a trouvé le terrain dévonien à 138 m. 60, et y est resté jusqu'à la profondeur de 283 m. 50, à laquelle il a été abandonné.

SONDAGES DE LA COMPAGNIE DU COUCHANT D'ANICHE.

N° 65. Sondage de Lambres, sur la rive gauche de la Scarpe. 1867. — Suspendu à 60 m. de profondeur.

N° 283. Sondage de Cuincy. 1869. — Arrêté à 130 m. dans les bleus.

SONDAGES DE LA COMPAGNIE DE COURCELLES-LEZ-LENS.

138. Sondage de Cuincy. A 200 m. du clocher. — Commencé en octobre 1873. Arrêté le 19 août 1876, à 473 m. 50, dans des grès schisteux rouges. N'est sorti de la craie qu'à 193 m.

139. Sondage de Beaumont ou d'Esquerchin, à la limite des départements du Nord et du Pas-de-Calais. 1875. A 1,500 m. au nord du clocher. — Calcaire à 143 m. A la profondeur de 235 m. 60, atteinte en 1876, était encore dans des calcaires analogues à ceux de la fosse de Courcelles. A atteint en 1878 le terrain houiller à 450 m., après avoir traversé 307 m. de calcaires et de grès ou schistes dévoniens.

Ce sondage a donné lieu à une extension de la concession de Courcelles le 30 avril 1880.

SONDAGES EXÉCUTÉS PAR DIVERS.

N° 282. Sondage de la Société Dellisse-Engrand, à Courcelles. 1857.
Rencontre au-dessous du tourtia, à 140 m., des schistes argileux noirs, auxquels succèdent à 146 m. des grès quartzeux blanchâtres

L'entrepreneur, le sieur Lebreton, conteste en 1858 le caractère négatif attribué à ce sondage, et prétend qu'on l'a arrêté avant d'avoir dépassé les morts-terrains.

N° 290. Sondage exécuté par la Compagnie de l'Escarpelle en 1850, sur la route de Douai à Béthune. Atteint le calcaire à 141 m. et est aussitôt arrêté.

N° 291. Sondage du Moulin d'Auby. — Exécuté par la Compagnie de l'Escarpelle en 1854. Sondage Kind. — Calcaire à 158 m. 47. — Profondeur atteinte, 174 m. 36, sans être sorti du calcaire.

N° 343. Sondage d'Auby. — Exécuté en 1838 par la Compagnie de Douai et Hasnon. Abandonné dans la craie à 140 m., par suite d'accident.

N° 62. Fosse d'Esquerchin. — Creusée en 1752-1758 par la Société Willaume Turner. Approfondie à 85 toises (165 m.) dans le rocher. On y exécute, sans résultat, des bowettes au nord et au midi.

Sur l'assertion d'un mémoire de 1774 qu'on y avait atteint « la tête d'une mine à charbon », cette fosse fut reprise en 1837 par une Société dite d'Equerchin.

Tourtia à 140 m. 50. Profondeur, 147 m. Bowettes au nord de 11 m. Terrain dévonien incliné à 35° vers le sud.

N° 333. 1er sondage Salmon, près de la fosse d'Equerchin. 1873-75. — Abandonné à 167 m. 11, à la suite d'accident, dans le terrain dévonien.

334. 2e sondage Salmon, à côté du 1er (n° 338). 1875-77. — Terrain dévonien à 150 m. Poussé à 598 m. 47 sans sortir des grès et schistes verts et rouges.

Ce beau sondage fut exécuté en 15 mois.

302. Sondage de Beaumont. — Exécuté par la Compagnie Béthunoise. — Terrain dévonien à 137 m.

XXII

MINES DE DROCOURT.

Rencontre du terrain houiller au-dessous de la formation dévonienne. — Constitution de la Société de Vimy et du Midi de Courrières. — Exécution de trois sondages. — Concession. — Résultats obtenus. — Constitution de la Société d'exploitation. — Statuts. — Dépenses au 21 août 1880. — Puits de Drocourt. — Sondages.

Rencontre du terrain houiller au-dessous de la formation dévonienne. — Jusque dans ces dernières années, on avait considéré la rencontre du terrain dévonien dans les sondages de recherches, comme l'indice certain de l'absence du terrain houiller, et par suite de la houille. La formation dévonienne s'est en effet déposée avant la formation houillère ; elle ne doit exister qu'en-dessous de celle-ci, et lorsqu'on a pénétré dans la formation dévonienne, on ne doit plus avoir d'espoir de trouver le terrain houiller. Aussi, tous les sondages qui atteignaient le terrain dévonien étaient abandonnés et considérés comme négatifs.

Quelques travaux d'exploration et des observations géologiques, faits en Belgique et dans le Nord de la France jusque dans le Boulonnais, sont venus démontrer qu'il n'en était pas toujours ainsi, et que le terrain houiller pouvait, dans certain cas, être recouvert par le terrain dévonien.

Les deux formations ont subi sur quelques points des replis immenses, sous forme de ∽, dont la partie supérieure a été dénudée, ce qui a ramené le terrain dévonien à recouvrir le terrain houiller.

Une théorie nouvelle est apparue, en vertu de laquelle on a été porté à croire que certaines recherches, abandonnées comme négatives, auraient conduit à des résultats positifs, si elles avaient été continuées en profondeur.

Constitution de la Société de Vimy et du Midi de Courrières. — C'est en s'appuyant sur de semblables considérations, qu'un certain nombre d'industriels du Nord et surtout de la Belgique, formèrent en 1873, une association sous le nom de Société de recherches de Vimy et du Midi de Courrières (voir planche XXXVI).

Exécution de trois sondages. — La nouvelle Société commença ses travaux par un sondage (n° 133) à Vimy, à 4 kilomètres au sud de la concession de Courrières, le 15 avril 1873. Il rencontra le terrain dévonien à 151 m. et fut continué jusqu'à 258 m. 50, profondeur à laquelle il fut abandonné. On pensa, avec raison, que la position de ce sondage était trop éloignée de l'affleurement connu du terrain houiller au tourtia.

Un 2e sondage (n° 134) fut entrepris en 1874 à Méricourt, à 600 m. environ de la limite de la concession de Courrières, et au sud d'un ancien sondage (n° 260), exécuté en 1857 par une Compagnie de Méricourt, et qui avait été abandonné dans le terrain dévonien.

Ce 2e sondage de la Compagnie de Vimy sortit du tourtia à 150 m. 50. Il traversa jusqu'à 253 m. 50 les mêmes grès rouges, verts, plus ou moins argileux que celui de Vimy, puis jusqu'à 441 m. 50 une série différente de schistes et de grès. Alors il entra dans le terrain houiller bien caractérisé, non seulement par des schistes et des querelles avec empreintes de végétaux fossiles, mais aussi par des veinules charbonneuses. Il fut abandonné à 515 m. 75 au commencement de 1877.

A cette époque, la Compagnie de Vimy exécutait un 3e son-

Pl. XXX

Route Nat^{le} N° 43 de Calais

Ligne des Houillères du Pas-de-Calais

C^{on} DE COURRIÈRES

C^{on}

DÉP^t

d'Arras

DU

Rouvroy

Drocourt

C^{on} DE DOURGES

T.D. 130

T.D. 136

135

135

T.D. 137

T.D. 351

T.D. 12

T.D. 302

PAS-DE-CALAIS

Beaumont

DÉP^t DU NORD

Route

Base du Tourtia	120^m00
Terrain dévonien sur	232.75
Terrain houiller à	361^m75
Profondeur totale	507.65

a traversé 3 belles couches de houille
constatées de 0^m60 a 1^m

CONCESSION DE DROCOURT

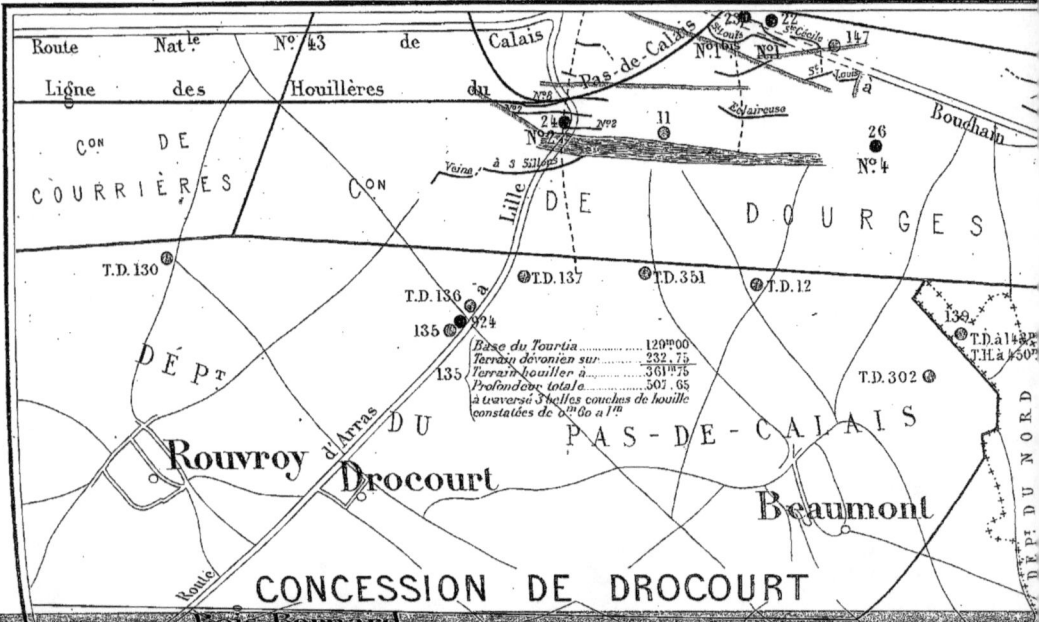

COUPE NORD-SUD DU SONDAGE DE DROCOURT N° 135

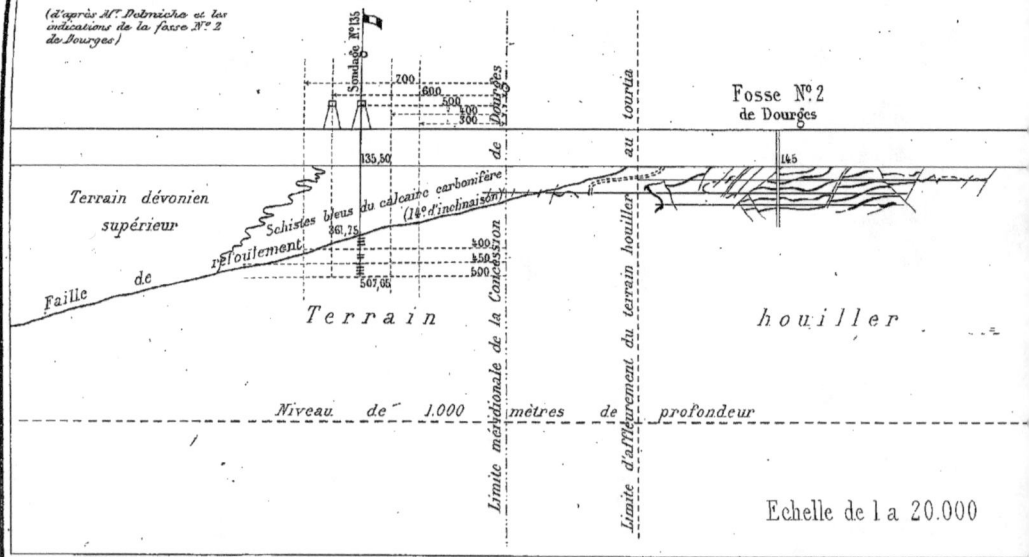

(d'après Mr Delmiche et les
indications de la fosse N° 2
de Dourges)

Fosse N° 2
de Dourges

Terrain dévonien
supérieur

Faille de refoulement

Terrain

houiller

Schistes bleus du calcaire carbonifère
(14° d'inclinaison)

Niveau de 1.000 mètres de profondeur

Echelle de 1 a 20.000

Limite méridionale de la Concession

Limite d'affleurement du terrain houiller au tourtia

135.50

361.75

507.65

dage (n° 135) à Drocourt, qui avait été commencé le 15 juillet 1875 (voir planche XXXVI).

Ce 3ᵉ sondage était situé à 600 m. de la concession de Dourges, au sud et pas loin de 2 anciens sondages (nᵒˢ 136 et 137) exécutés en 1858 par la Société Calonne, et abandonnés de 180 à 187 m. dans un terrain schisto-calcaire. Après avoir rencontré au-dessous du tourtia, à 129 m., des schistes bleus et gris jusqu'à 361 m. 75, il pénétra dans le terrain houiller, puis rencontra diverses couches de houille inclinées à 30°.

1 de 1 m. » à 373 m. 15 constatée officiellement les 7 et 8 novembre 1876.
1 de 1 m. » à 385 m. 15 » 15 et 16 novembre 1876.
1 de 0 m. 60 à 494 m. 65 » 29 et 30 mars 1877.

Dans l'intervalle de 385 à 494 m., ce sondage traversa également 6 couches de houille de 0 m. 50 à 0 m. 80, mais qui ne furent pas constatées officiellement.

Le sondage de Drocourt fut arrêté à 507 m. 65 en avril 1877.

Il avait amené des découvertes d'une importance capitale : 9 couches de houille grasse, renfermant 33 % de matières volatiles, dont 4 d'une épaisseur de 0 m. 70 à 1 m. Leur composition indique qu'elles sont supérieures aux couches exploitées par la Compagnie de Dourges, qui n'ont que de 27,72 à 30,50 % de matières volatiles.

Concession. — Dès la rencontre de la houille à Drocourt, la Société de Vimy forma une demande en concession, qui reçut satisfaction par un décret du 22 juillet 1878.

La concession de Drocourt s'étend au midi des concessions de Courrières et de Dourges, sur une superficie de 2,544 hectares. Plusieurs oppositions à la demande de concession de la Société de Vimy, et des demandes en concurrence se produisirent. Ce fut d'abord celle de la Société de Liévin, qui, après les succès obtenus par les deux sondages de Méricourt et de Drocourt, installa en février 1877, un sondage à 600 m. du premier. Il rencontra la base du tourtia à 141 m., puis les mêmes terrains que le sondage voisin de la Compagnie de Vimy. Le 31 octobre 1877, il était à 231 m. 05.

La Compagnie de Dourges, voulut aussi mettre à profit les découvertes de la Société de Vimy et reprit une ancienne bowette

au sud, ouverte à la fosse n° 2 ou Mulot, à l'étage de 240 m.
Cette galerie avait atteint le 6 octobre 1877 la limite de la concession ; elle dépassa environ de 21 m. 70 cette limite, et ne fut
arrêtée qu'à la suite d'un arrêté du Préfet.

Ces demandes en concurrence furent repoussées.

La Compagnie de Courcelles-lez-Lens, qui a obtenu une concession le 18 septembre 1877, avait exécuté à l'ouest des terrains
demandés par la Société de Vimy, deux sondages, l'un à Cuincy
en 1875-76, qui fut abandonné à 473 m. 50 dans des grès schisteux gris, verts et rouges ; l'autre à Beaumont, qui, après avoir
traversé 160 m. de craie, et 290 m. de calcaire carbonifère, a
enfin atteint en août 1878, le terrain houiller à 450 m.

La Compagnie de Courcelles n'a pas fait d'opposition à la
Société de Vimy, se réservant de faire une demande d'extension
de sa propre concession.

Les habitants de Drocourt avaient produit dans l'instruction de
la demande de la Société de Vimy, une réclamation ayant pour
but d'obtenir le charbon nécessaire aux besoins des habitants,
à un prix déterminé. Cette réclamation ne fut pas prise en con-
sidération.

Résultats obtenus. — La Compagnie de Vimy a dépensé
en sondages 213,585 fr. 55, non compris les frais généraux.
Elle a obtenu des résultats très remarquables qui indiquent la
prolongation du terrain houiller sous les terrains dévoniens, à
une grande distance des concessions actuelles. On estime que le
terrain houiller, s'il existe, serait rencontré à 1,000 m. de profondeur, à 2,200 m. au sud de la concession de Courrières, en
face du sondage de Méricourt, et à 3,050 m. au sud de la concession de Dourges, en face du sondage de Drocourt.

Constitution de la Société d'exploitation. — Après
l'exécution du sondage de Drocourt qui avait donné de magni-
fiques résultats, la Société de recherches de Vimy et du Midi de
Courrières, se constitua en Société civile par acte du 6 juin 1877.

Cette Société se transforma elle-même en Société anonyme
commerciale, dans les termes de la loi du 24 juillet 1867, le
31 mars 1880, après l'obtention de la concession.

Le capital social était fixé à 5 millions de francs, représenté par 5,000 actions de 1,000 francs, dont 1,800 libérées étaient attribuées aux fondateurs, en compensation de leur apport. Les 3,200 actions restantes furent mises en souscription au taux de 1,000 fr., dans les premiers jours de juin 1881.

Le capital demandé parût trop considérable et le public mit peu d'empressement à souscrire les actions. Aussi, se décida-t-on à réduire le capital à 3,500,000 fr., et l'Assemblée générale, dans ses délibérations des 4 et 22 septembre 1880, arrêta définitivement les statuts de la Société d'exploitation, sur les bases reprises ci-dessous.

Statuts. — La Société est constituée sous la forme anonyme commerciale dans les termes de la loi du 24 juillet 1867.

Elle prend la dénomination de *Compagnie des Mines de Drocourt.*

Le siège de la Société est à Hénin-Liétard.

Sa durée est de 99 ans.

Les fondateurs apportent à la Société : 1° la concession de Drocourt; 2° tous les biens meubles, les immeubles, d'une contenance de 7 hect. 22 ares 65 cent., les valeurs, droits et actions généralement quelconques, matériel, travaux de sondage, etc.

En représentation de leur apport, les fondateurs de la Société reçoivent 1,800 actions complètement libérées.

Le fonds social est fixé à 3,500,000 francs, représenté par :

1,800 actions libérées.
1,700   »   à émettre à 1,000 fr., et devant produire 1,700,000 fr.
———————
3,500 actions.

Ce capital pourra être augmenté par l'Assemblée générale, jusqu'à concurrence de 1,500 actions à émettre à 1,000 fr.

Chaque souscripteur est responsable du montant des actions par lui souscrites.

Les actions sont nominatives.

La Société est administrée par un Conseil composé de 7 Membres, devant posséder chacun 25 actions, et nommés par l'Assemblée générale. La durée de leurs fonctions est de 6 ans.

Le Conseil d'administration est investi des pouvoirs les plus étendus.

Chaque année, une somme de 10,000 fr. est portée en frais généraux pour rétribuer les débours et indemnités dus au Conseil d'administration.

L'Assemblée générale nomme chaque année, trois commissaires chargés de lui faire un rapport sur la situation de la Société, sur le bilan et les comptes présentés par les administrateurs.

L'Assemblée générale se réunit chaque année le troisième mardi de septembre.

Elle se compose de tous les actionnaires possédant au moins cinq actions.

Cinq actions donnent droit à une voix ; nul ne peut avoir plus de 50 voix.

L'ordre du jour est arrêté par le Conseil, et l'Assemblée ne peut délibérer que sur les objets portés à l'ordre du jour.

L'année sociale commence le 1ᵉʳ juillet et finit le 30 juin.

Dépenses au 21 août 1880. — D'après l'article 9 des statuts, la nouvelle Société devait acquitter tous les frais et débours faits depuis le 21 août 1880, jusqu'à la constitution définitive de la Société.

Trois experts furent nommés pour fixer ces dépenses ; ils les arrêtèrent à .... Fr. 329,501 78

Savoir :

Prix des terrains apportés en Société.........	108,563 f.	38
Marchandises en magasin	47,158	02
Constructions	95,888	25
Frais généraux, intérêts des avances.........	53,059	58
Matériel..............................	8,911	38
Dépenses diverses......................	15,926	18

Cette somme de fr. 329,501 78 était à prélever sur le premier versement des actions payantes.

Ce 1ᵉʳ versement, de 250 fr., avait produit.............	425,000 f.	00
Un deuxième versement, également de 250 fr., appelé le 15 janvier 1881, a fourni	425,000	00
Total des versements....... .	850,000 f.	00
Il restait donc pour effectuer les travaux................	520,498	22
Plus 500 fr. à appeler sur 1,700 actions	850,000	00
Total des ressources	1,370,498	22

Puits de Drocourt. — La Société civile avait commencé dès 1879, l'ouverture d'un puits, n° 924, près du sondage de Drocourt qui avait fait de si belles découvertes. A peine entré dans le niveau, la venue d'eau s'éleva à 80,000 hectolitres par 24 heures. Les terrains étaient désagrégés, et exigeaient pour être maintenus en place, un boisage provisoire très soigné. Il fallut mettre en marche une machine d'épuisement à traction directe de 150 chevaux, et deux pompes de 0ᵐ 55 de diamètre. Mais les terrains se raffermirent dans la profondeur, et des picotages successifs retinrent bientôt les eaux. Le cuvelage commencé le 25 octobre 1880 a été terminé le 20 mars 1881 à 79 m. 48 de profondeur.

Le puits de Drocourt est creusé au diamètre de 4 m. 50 dans le cuvelage. L'extraction des déblais s'effectue au moyen d'une machine à deux cylindres conjugués et horizontaux de la force de 100 chevaux.

Le 1ᵉʳ mai 1881 le puits avait atteint la profondeur de 112 m.

PUITS.

Nº 924. Fosse de Drocourt. — Commencée en 1879. La tête du niveau donne 80,000 hectolitres d'eau par 24 heures dans des terrains désagrégés , ébouleux. — Machine d'épuisement de 150 chevaux. — Diamètre du puits 4 m. 50. — Base du cuvelage à 79 m. 48.

Profondeur atteinte au 1ᵉʳ mai 1881 , 112 m.

SONDAGES.

Nº 133. Sondage de Vimy. 1873. — Base du tourtia 151 m. Pénètre de 102 m. 50 dans une série de bancs de grès rouges, verts ou gris , plus ou moins argileux, dans lesquels on l'arrête à 258 m. 50.

Ce sondage est situé à 3,700 m. de la limite sud de la concession de Courrières.

134. Sondage de Méricourt, à 400 m. au sud de la concession de Courrières. 1874. — Base du tourtia à 150 m. 50. Traverse 103 m. de même grès que le précédent de Vimy. A 253 m. 50 pénètre dans une série différente de schistes et de grès ; y reste jusqu'à 441 m. 50 , profondeur à laquelle il atteint le terrain houiller bien caractérisé. Profondeur totale 513 m. 75. Il a recoupé un peu de charbon.

Base du crétacé	150 m.	»
Alternance de schistes rouges et verts jusqu'à	318	50
Schistes bleus foncés, compactes, calcareux jusqu'à ...	441	50

135. Sondage de Drocourt, à 600 m. de la concession de Dourges. 1875. — Base du tourtia à 129 m. Traverse 232 m. 75 de schistes bleus et gris , et pénètre dans le terrain houiller à 361 m. 75. Est poussé à 507 m. 65. Rencontre plusieurs veines de houille :

1 de 0 m. 98 à 373 m. 15 constatée les 7 et 8 novembre 1876.
1 de 0   99 à 384   75   »   les 7 et 16 novembre 1876.
1 de 0   60 à 494   65   »   les 29 et 30 mars 1877.

Dans l'intervalle de 385 à 494 m. , on a traversé 6 couches de houille de 0 m. 50 à 0 m. 80 ; mais qui n'ont pas été constatées officiellement.

Les strates du terrain houiller sont inclinées à 30°.

La houille rencontrée renferme :

Matières volatiles...	30	»
Carbone fixe	59	80
Cendres	10	20
	100	»

12. Sondage d'Hénin-Liétard-Sud. — Exécuté par la Compagnie de Courrières — Terrain dévonien à 130 m. 50.

Profondeur totale 137 m. 70.

N° 130. Sondage de Bertincourt, commune de Rouvroy. 1858. — Exécuté par la Compagnie de Méricourt.

.Schistes et grès verts, rouges et bleus à 139 m.

Profondeur 235 m.

N° 136. Sondage d'Hénin-Liétard. Exécuté en 1858 par la Société Calonne. — A été poussé à 187 m. dans un terrain schisto-calcaire.

N° 137. Sondage d'Hénin-Liétard. Exécuté en 1858 par une Société Béthunoise, rivale de la Société Calonne. Aurait, dit-on, été racheté par cette dernière.

Terrain dévonien.

Profondeur 180 m.

N° 351. Sondage d'Hénin-Liétard. Exécuté par la Société Leclercq.

Terrain dévonien à 148 m.

Profondeur totale 200 m.

N° 302. Sondage de Beaumont. Exécuté par la Compagnie Béthunoise. — Atteint le terrain dévonien à 137 m.

N° 139. Sondage de Beaumont. Exécuté par la Compagnie de Courcelles. 1875. — Base du tourtia à 143 m. Traverse des calcaires, des schistes et des grès dévoniens sur 307 m. jusqu'à 450 m., profondeur à laquelle il atteint le terrain houiller.

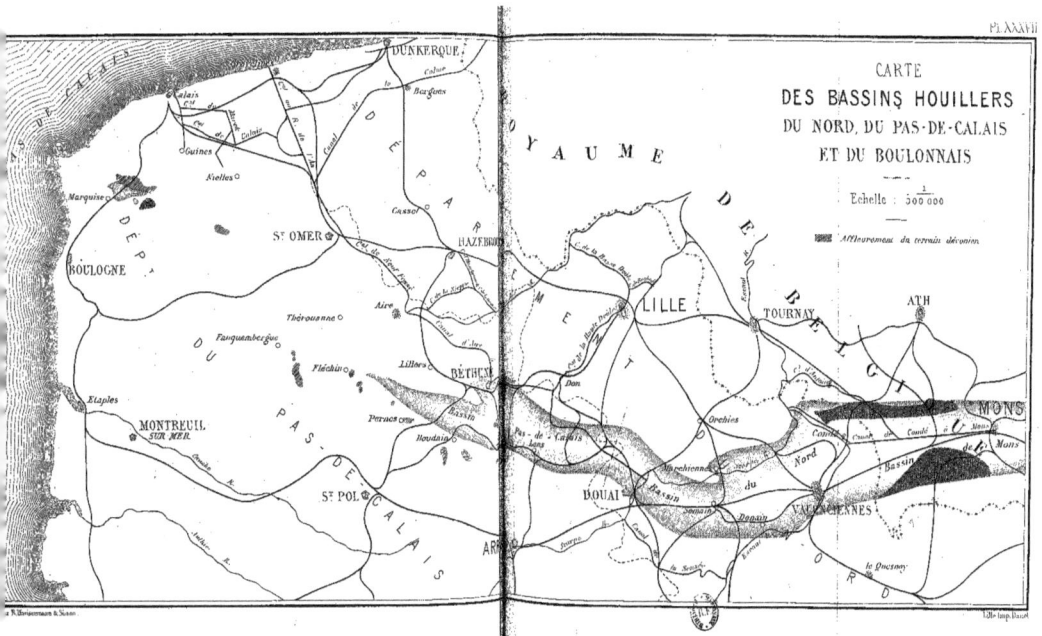

Pl. XXXVII

CARTE
DES BASSINS HOUILLERS
DU NORD, DU PAS-DE-CALAIS
ET DU BOULONNAIS

Echelle : 1/500 000

XXIII.

BASSIN DU BOULONNAIS.

Situation topographique. — Quoique situé dans le
département du Pas-de-Calais, le Bassin d'Hardinghen ou du
Boulonnais, est distinct de ce qu'on appelle le *nouveau Bassin
houiller du Pas-de-Calais*. Il est constitué par un îlot de terrain
carbonifère existant entre Boulogne et Calais, à 45 kilomètres
au nord-ouest de l'extrémité de la grande formation houillère qui
s'étend de Mons à Fléchinelle, en passant par Valenciennes,
Douai et Béthune (voir planche XXVII).

Depuis la découverte du nouveau Bassin du Pas-de-Calais, à
partir de 1850, on considérait le Bassin du Boulonnais comme la
continuation du premier. De nombreux travaux de recherches ont
été effectués dans l'intervalle qui sépare ces deux Bassins, en
vue d'établir leur liaison ; mais aucune de ces recherches n'a

abouti jusqu'à ce jour, et toutes ont rencontré au-dessous es morts-terrains, des formations dévoniennes.

La découverte de la houille dans le Boulonnais est antérieure de plus de 30 ans à celle faite dans le Hainaut français, à Fresne, en 1720. Dès la fin du XVIIᵉ siècle, il y existait des travaux d'exploitation, exécutés par les seigneurs hauts-justiciers ou par les cessionnaires de leurs privilèges.

Aujourd'hui, le Bassin est divisé en trois concessions, savoir :

1° D'Hardinghen, la plus ancienne, instituée le 11 nivôse an VIII, s'étendant sur les territoires de Réty, Ferques et Hardinghen, et d'une superficie de........................	3,431	hectares.
2° De Fiennes, instituée par ordonnance du 29 décembre 1840, et d'une superficie de	431	»
3° De Ferques, instituée par ordonnance du 27 janvier 1837, et d'une superficie de	1,364	»
Ensemble..	5,226	hectares.

Permissions de 1689 et 1692. — Un arrêt du Conseil d'État du 16 juillet 1689, avait accordé au duc de Montausier, « pendant le temps de 40 années, le don et permission de faire » ouvrir et fouiller dans l'étendue des terres et seigneuries de » l'obéissance de S. M., toutes les mines et minières de charbon » de terre qu'il découvrira, etc.... »

Ce privilège fut confirmé par arrêt du Conseil d'État du 29 avril 1692 à la duchesse d'Usez, sa fille. Celle-ci consentit aux sieurs Taigny et de Mason le droit de fouiller les terres de Réty, Austry et Arquiaux, situées dans le Boulonnais, dont ils étaient seigneurs hauts-justiciers et propriétaires.

Enfin, le 30 septembre 1709, la duchesse d'Usez céda son privilège au duc d'Aumont.

Exploitation en 1724. — L'arrêt du 16 juillet 1689, en faveur du duc de Montausier portait la réserve suivante :

« .... Sans néanmoins que ledit duc puisse empê- » cher les propriétaires de continuer à faire travailler les mines » qui sont ouvertes. »

Il est certain qu'en 1724 il existait déjà des exploitations ; c'est ce qui résulte d'un traité du 8 juin de ladite année intervenu entre le duc Crevant d'Humières, gouverneur du Boulonnais et le comte de Bucamp. Ce traité indique que des transactions commerciales avaient déjà lieu à cette époque, tant sur les lieux d'exploitation qu'à un dépôt établi à Guines.

Famille Desandrouin. — De 1724 à 1730, le duc d'Aumont avait cédé ses droits sur les mines d'Hardinghen à François-Joseph Desandrouin, seigneur de Longbois. A sa mort, arrivée en 1731, l'un de ses parents, Pierre Desandrouin-Desnoëlles lui succéda. Ce dernier était maître de verreries à Fresnes ; il avait coopéré avec son frère Jacques à la découverte de la houille à Fresne, et s'était ensuite retiré de la Société.

Pierre Desandrouin vint habiter Hardinghen, fit prospérer les mines et mourut le 29 mai 1764, sans postérité. Il légua ses mines et ses autres propriétés d'Hardinghen à son neveu, François-Théodore Desandrouin.

Ce dernier mourut en 1802, et les mines d'Hardinghen passèrent aux mains de ses sœurs et de son frère Pierre-Benoît, qui mourut en 1811. Sa succession échut à sa fille qui avait épousé le comte Liedekerke-Beaufort. Celui-ci racheta toutes les parts des mines d'Hardinghen qui n'avaient point été dévolues à sa femme.

Leurs enfants, le comte de Liedekerke et Madame de Cunchy, vendirent en janvier 1838, la propriété des mines à différentes personnes qui s'étaient constituées en Société, sous le nom de Société de Fiennes et d'Hardinghen, et dans laquelle ils s'intéressèrent pour un assez grand nombre d'actions (1).

M. de Fontanieu obtient le privilège sur Fiennes. — En 1741, parût un nouvel arrêt du Conseil accordant au duc et à la duchesse d'Aumont, un nouveau privilège « de continuer à » exploiter les mines de charbon du Boulonnais et comté d'Ardres, » à l'exception du village de Fiennes réservé en faveur de M. de » Fontanieu, et des terres de Réty et Austry réservées en faveur » du sieur de Beaucamps, et avec faculté aux propriétaires des » terrains situés dans l'étendue du privilège, d'exploiter eux-

(1) Histoire des Mines de houille du Nord de la France, par Ed. Grard. 1850.

» mêmes lorsqu'ils auront 4 arpents de terre d'une même conti-
» guité à eux appartenant. »

Le marquis de Fontanieu, seigneur de Fiennes, avait, dès
1735, présenté une requête au Roi pour obtenir le privilège sur
ce territoire.

Le 9 juin 1771, date du renouvellement du privilège, le duc
d'Aumont conserve Hardinghen; la Compagnie Desandrouin,
Réty et Austry; le marquis de Fontanieu, Fiennes.

Lorsque parut la loi sur les Mines de 1791, M. de Fontanieu
ne fit pas fixer les limites de son exploitation. Mais, après la promulgation de la loi de 1810, son successeur réclama la reconnaissance de ses droits sur le territoire de Fiennes. Il alléguait
que l'exploitation sur ce territoire avait continué sans interruption jusqu'en 1813; qu'elle était en activité lors de la promulgation
de la loi nouvelle; que par suite, il était devenu, aux termes de
cette loi, propriétaire incommutable, et qu'il n'avait pas besoin
d'une concession nouvelle.

Le conseil des Mines ne partagea pas cette interprétation, et
une ordonnance royale du 29 décembre 1840, concéda les Mines
de houille de Fiennes à M. Delaborde, ayant-cause de M. de
Fontanieu.

Les droits éventuels à cette concession, furent acquis de Mme la
baronne de Laborde par la Société de Fiennes et d'Hardinghen,
en même temps que la concession d'Hardinghen.

Travaux antérieurs à 1786. — En 1781, M. Desandrouin
avait cédé une partie de ses droits à M. Cazin d'Honninthun.

Une fosse ouverte en 1758, produisait en 1786 60.000 hectolitres
par an de charbon qui égalait, dit-on, celui de Mons.

Une verrerie fonctionnait à cette époque sur l'exploitation;
elle était dirigée par MM. Cazin frères.

Ce furent eux qui obtinrent le 11 nivôse an VIII la concession
d'Hardinghen, comprenant 3,431 hectares sur les territoires de
Réty, Hardinghen et Elinghen (commune de Ferques). Cette
concession fut confirmée par un arrêté des conseils du 19 frimaire an IX.

Voici ce que disent des Mines du Boulonnais divers auteurs
anciens :

« Le Boulonnais, dit Morand, en 1774, fournissait autrefois

» la houille à l'Artois, à la Flandre, par le canal de Calais et par
» la rivière d'Aa, qui sépare la Flandre d'avec la Picardie.......,
» mais les Mines en sont peu considérables......... Les charbons
» du Hainaut français, bien supérieurs en qualité, devenus en
» même temps plus communs et plus abondants, ont jeté le dis-
» crédit sur le charbon Boulonnais. »

Il faut ajouter qu'il y avait cinq quarts de lieu de chemin
impraticable pour embarquer ce charbon au canal, à Guines.

Monnet écrivait antérieurement à 1780 : « Les Mines du Bou-
» lonnais comptent 5 couches, inclinant du midi au nord, et
» d'une étendue de 200 toises de l'est à l'ouest, et de 300 du
» midi au nord.

» Il n'y a pas là une grande espérance pour la postérité ; car,
» cette étendue de charbon peut être fouillée et ruinée en 50 à
» 60 ans, avec 3 ou 400 mineurs qui y sont employés actuel-
» lement. »

Enfin, Duhamel écrivait en 1786 au sujet des Mines du Boulonnais : « Les seuls terrains où l'on ait, jusqu'ici, reconnu et
» exploité avec succès la houille, se trouvent dans les communes
» d'Hardinghen, de Réty et de Fiennes, dans une étendue d'en-
» viron 900 toises du sud au nord, sur 600, de l'est à l'ouest.

» Il se trouve dans cet espace des veines de charbon avec des
» pentes contraires ; celles qui sont dans la partie nord de ce
» terrain, inclinent du sud au nord ; celles, au contraire, qui
» sont dans la partie du midi, inclinent du nord au sud.

» Ces Mines ont été, en général, mal exploitées. — On y a
» fait une quantité de fosses qui, sans avoir été creusées à une
» profondeur suffisante, ont été abandonnées après avoir extrait
» très irrégulièrement la houille qu'on a pu arracher des veines
» supérieures. »

Situation en 1810. — Les documents de 1793 à 1800 (ventes,
marchés, réquisitions pour les armées et les arsenaux), indiquent
que pendant la Révolution, l'extraction des Mines d'Hardinghen
était relativement importante.

L'annuaire statistique et administratif du département du Pas-
de-Calais pour l'année 1810, renferme les renseignements qui
suivent :

« A Réty et à Hardinghen, le terrain houiller et la houille

» affleurent. Celle-ci était donc à la disposition des propriétaires
» du sol qui l'enlevaient pour leur usage.

» Le privilège d'extraire les Mines du Boulonnais fut accordé
» à la fin du XVI⁰ siècle au Gouverneur de la Province, avec
» des exceptions en faveur de quelques seigneurs pour leurs pro-
» priétés particulières.

» MM. Desandrouin et Cazin-Dhoninthun, cessionnaires de
» ces droits pour les villages d'Hardinghen, Réty et Elinghen,
» obtinrent à l'époque de l'expiration du privilège, une conces-
» sion directe pour 50 années.

» Les veines de charbon sont au nombre de 5. Leur épaisseur
» varie de 1 à 3 pieds (0,36 à 1 m.), et la distance entre elles de
» 14 à 19 toises (27 à 37 m.). Leur exploitation s'est étendue sur
» 200 toises dans le sens de l'inclinaison, et 600 toises dans le sens
» de la direction (390 et 1170 m.), et sur une profondeur de
» 160 toises (312 m.).

» Les trois couches supérieures seules donnent du charbon à
» forger, parmi lesquelles la troisième Mine à Maréchal est de
» qualité supérieure.

» On connaît une autre couche au sud. On l'a exploitée ; mais
» elle est de qualité inférieure, elle a peu d'épaisseur et peu
» d'étendue. — Elle est encaissée dans des terrains absolument
» étrangers aux Mines. On ne peut croire qu'il n'en existe
» qu'une dans cette partie, lorsque le changement de la pente
» semble indiquer au contraire que c'est le retour des Mines.
» C'est pour s'en assurer que deux puits de la plus grande dimen-
» sion sont ouverts sur cette Mine, et l'on y a placé des machines
» pour épuiser les eaux que l'on s'attend à rencontrer.

» Il y a maintenant 7 fosses ouvertes, dont 4 seulement sont
» en activité, attendu la stagnation de la vente et le manque de
» bras, une partie des ouvriers employés dans les mines ayant
» pris de l'occupation dans les différents travaux qui s'exécutent
» par ordre du Gouvernement, à des prix très élevés.

» L'extraction s'opère au moyen de machines à mollettes et
» produit journellement environ 3,000 myriagrammes (30 tonnes).

» L'on n'y emploie ni machines à feu, ni pompe, parce qu'elles
» ne sont pas nécessaires à l'épuisement des eaux.

» On embarque les charbons à Guines, et le transport à ce
» port s'élève à près de moitié du prix de vente

» L'hectolitre de charbon s'achète sur les fosses depuis 1 fr. 25
» la poussière, jusqu'à 3 fr. 50 le gros.

» L'exploitation occupe en temps de paix environ 500 hommes.

» Une verrerie dont les bâtiments sont les plus beaux et les
» plus vastes qui existent en ce genre, située au village de Réty,
» appartient aux concessionnaires. On y fabrique au charbon
» 1,100 à 1,200 mille bouteilles et 25 à 30 mille *Dames-Jeannes*
» par année.

» Les Mines et la verrerie sont dirigées par l'un des proprié-
» taires, M. P.-E. Cazin-Doninthun. »

En 1811 les Mines occupaient :

151 ouvriers au fond.
28   »   au jour.
_____

Total.... 179 ouvriers.

Dans le tableau des redevances pour l'année 1817, on trouve
les renseignements suivants sur la situation des Mines d'Hardinghen pendant ladite année.

Extraction : Gros...   684 hectolitres vendus à 3 f. 25 l'hectolitre.
           Moyen. 12,494   »   »   2   50   »
           Menu.. 30,512   »   »   1   25   »
                  _____
        Total...... 43,690 hectolitres ou 4,869 tonnes.

Valeur de la production : 71,598 fr., ou 16 fr. 38 la tonne.

L'exploitation avait lieu par deux fosses :

1° La fosse de Lin qui occupait 64 ouvriers et dont l'extraction
journalière était de 80 hectolitres.

2° La fosse des Limites qui extrayait 40 hectolitres par jour
avec 33 ouvriers.

L'entreprise occupait :

Ouvriers des fosses 97
Commis et employés 9
Ouvriers d'ateliers et du jour 11
                                           _____
                                           117

Les salaires étaient :

Mineurs , par poste de 8 heures............	1 fr. 10
Hercheurs, chargeurs et moulineurs........	0 70
Tourteurs et charpentiers	1 10

Les maîtres-mineurs gagnaient 600 fr. par an.

Situation en 1827. — Dans un Mémoire , couronné par la Société d'agriculture , du commerce et des arts de Boulogne (1) , M. Garnier , Ingénieur en chef des Mines , donne des indications précises sur l'état des Mines du Boulonnais en 1827.

« Avant la Révolution , l'exploitation des Mines du Boulonnais
» était en très grande activité, et les produits annuels s'élevaient
» à près de 150,000 fr. Cette exploitation était alors dirigée avec
» prudence et sagesse par les concessionnaires qui , pendant
» longtemps , avaient étudié le gisement de ces Mines et avaient
» établi un mode convenable d'extraction. Mais, elles furent
» ensuite presque détruites, lorsque le représentant du peuple
» *Le Bon*, y envoya des agens pour s'en emparer, et les exploiter
» au nom de la République. Comme ils voulaient obtenir sur-le-
» champ de très grands produits , ils enlevèrent la plus grande
» partie des massifs qu'on avait jusqu'alors tenus en réserve
» pour la conservation des puits , et compromirent tous les tra-
» vaux intérieurs. Ces Mines furent remises, après nos orages
» politiques, aux véritables propriétaires ; et ce n'est qu'à l'aide
» de grands sacrifices, qu'ils sont parvenus à faire disparaître une
» partie des traces de l'exploitation destructive à laquelle elles
» avaient été livrées pendant quelque temps. »

Les couches exploitées étaient au nombre de cinq. Leur pente était vers le nord-est. Elles étaient reconnues jusqu'à 200 m. de profondeur , et avaient été attaquées par un grand nombre de puits.

En 1806 , on ouvrit un puits au sud des couches alors connues, dans le bois des Roches. Il fut arrêté à 28 m. dans le calcaire. Un deuxième puits placé au nord du premier , traversa 22 m. de

---

(1) Mémoire sur les questions proposées par la Société d'agriculture , du commerce et des arts de Boulogne-sur-Mer , concernant les recherches entreprises , à différentes époques, dans le département du Pas-de-Calais pour y découvrir de nouvelles Mines de houille. 1828.

Pl. XXXVIII

Calcaire grenu (marbre)

Bois des Saulx

Calcaire grenu

Fosse sans pareille

Bois de Fiennes

Veine à boulets

Veine à Verrerie

ouvrière à

maréchal

d'aulne

Fosse Bellevue

Veine de

bois

Bois d'aulne

Calcaire grenu

Calcaire grenu (marbre)

Pas des Roches

Calcaire grenu

Echelle

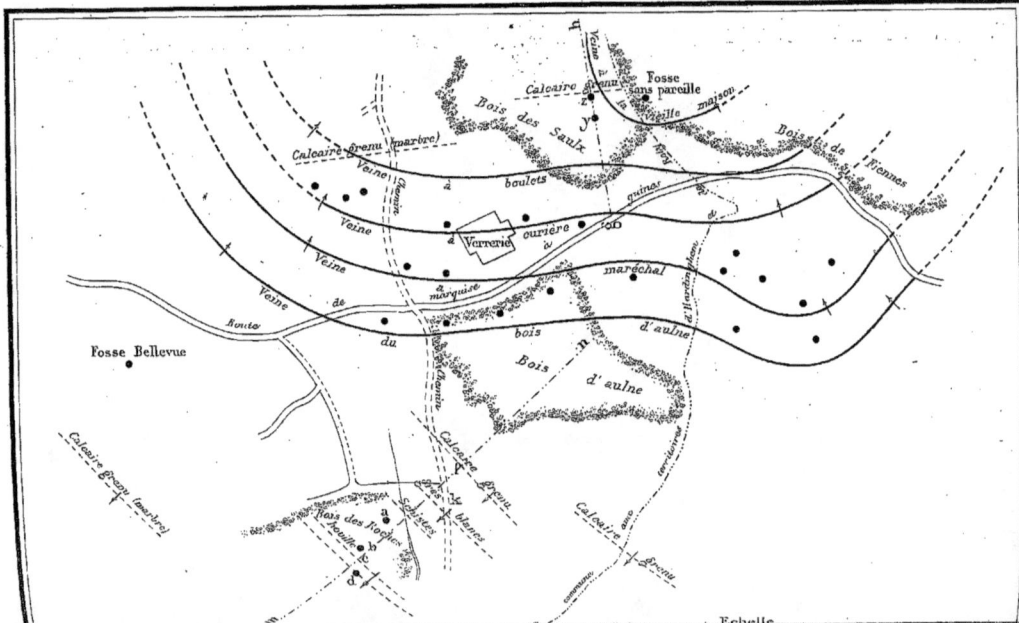

MINES DE HOUILLE D'HARDINGHEN
(Extrait d'un Mémoire de Mr. Garnier. 1827)

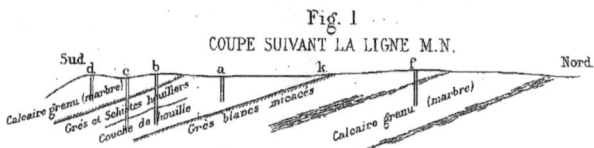

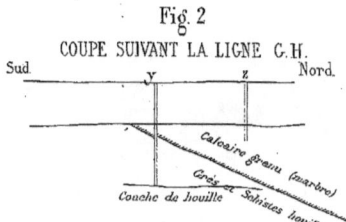

Fig. 1
COUPE SUIVANT LA LIGNE M.N.

Sud   d   c   b   a   k   f   Nord.

Calcaire grenu (marbre)

Grés et Schistes houillers

Couche de houille

Grés blancs micacés

Calcaire grenu (marbre)

Fig. 2
COUPE SUIVANT LA LIGNE G.H.

Sud   y   z   Nord.

Calcaire grenu (marbre)

Grés et Schistes houillers

Couche de houille

Echelle de la Fig. 1

Echelle de la Fig. 2

0	100	200	300	400 Mètres

0	50	100	150	200 Mètres

Lille Imp. Danel

calcaire, entra dans le terrain houiller et traversa à 56 m. une couche de houille de 0 m. 45, inclinée vers le sud-ouest, c'est-à-dire, en sens contraire des cinq couches les plus anciennement connues dans le Bas-Boulonnais. Son exploitation fut bientôt abandonnée à cause des eaux.

Au Mémoire de M. Garnier, sont joints un plan et deux coupes que l'on trouvera reproduits en grande partie dans la planche XXXVIII.

1834-1840. — Les états des redevances donnent les renseignements suivants sur les Mines du Boulonnais de 1834 à 1840 :

ANNÉES.	PRODUCTION en tonnes.	NOMBRE d'ouvriers occupés.	PRODUCTION par ouvrier.	PRIX NET de vente.
			Tonnes.	fr. c.
1834	4.461	159	28	18 40
1835	4.205	137	31	19 04
1836	5.524	116	47	17 40
1837	4.505	109	41	17 42
1838	5.241	154	34	16 64
1839	8.325	190	44	15 62
1840	7.291	156	46	15 05

Achat en 1837 des concessions de Fiennes et d'Hardinghen. — A la fin de 1837, à l'époque de l'engouement des entreprises de Mines, une Société qui prit le nom de *Compagnie de Fiennes et d'Hardinghen*, acheta des familles de Cuinchy et de Liedekerke, descendants de Desandrouin, et de M. Cazin-d'Honincthun, la concession et les établissements qu'ils possédaient à Réty et à Hardinghen, et de la baronne de Laborde la concession éventuelle de Fiennes.

Cette acquisition eut lieu au prix de 903,190 fr. 57, d'après les indications d'une note détaillée que l'on trouvera plus loin.

Un chapitre spécial est consacré à la Société de Fiennes et d'Hardinghen, et fournit des renseignements complets sur cette entreprise, de 1838 à 1870.

A cette dernière date, les Mines d'Hardinghen furent vendues judiciairement et achetées par quelques personnes constituées en syndicat, moyennant le prix de 550,000 fr. Cette somme ne représentait qu'une très faible partie du passif de la Compagnie de Fiennes et d'Hardinghen qui montait à 3,800,000 fr. Les actionnaires durent, pour combler la différence, rapporter environ 5,000 fr. par action, c'est-à-dire une somme supérieure au taux de leur émission à l'origine.

Le syndicat qui avait racheté Hardinghen se constitua en Société anonyme sous le nom de : *Compagnie des charbonnages de Rély, Ferques et Hardinghen*. Cette Compagnie continue l'exploitation des Mines du Boulonnais.

Recherches diverses. — M. Garnier (1) cite un certain nombre de recherches de houille faites à différentes époques dans le Boulonnais, sur lesquelles voici quelques renseignements.

A Baincthun, près de Samer, en 1770, on fit sans résultat des recherches dans des argiles marneuses bleuâtres, appartenant au terrain jurassique.

D'autres recherches furent faites dans des conditions semblables à Wierre-au-Bois, également près de Samer, puis à Condette.

Des travaux de recherches plus importants furent exécutés en 1777 à Manighen-lez-Vimille. Un puits fut poussé à travers les calcaires au-delà de 286 pieds 11 pouces (95 m.); mais il ne put atteindre la profondeur qu'on désirait lui donner, son boisage ayant cédé, et il s'écroula. — On y rencontra deux petits filets, de 1 pouce d'épaisseur chaque, de charbon « présentant l'aspect » d'un charbon végétal de bois fossile, et se rapportant plutôt à » des lignites qu'à des houilles bitumineuses. »

En 1782, un puits fut entrepris à Fouquesolles, commune d'Audrehem, canton d'Ardres. Il fut poussé à 30 m., profondeur à laquelle on ouvrit une galerie au nord de 8 m., puis un petit puits de 6 m. On y trouva sous des argiles et des craies chloritées, des schistes et des grès micacés, qui paraissent à M. Garnier, « avoir une assez grande analogie avec ceux qui font » spécialement partie des terrains houillers. » Aussi, conseillait-il

_____

(1) Mémoire sur les recherches de houillle dans le Pas-de-Calais, par M. Garnier, Ingénieur en chef des Mines. 1828.

d'y exécuter un sondage offrant des chances de découvertes de houille.

Concession de Ferques. — En dehors des concessions d'Hardinghen et de Fiennes, vers l'ouest, il existe sur quelques points, entr'autres à Ferques, des affleurements de terrain houiller. On y découvrit la houille en 1835

MM. de Frémicourt père et fils, Parizot, Richardson et Davidson, sollicitèrent une concession qu'ils obtinrent le 27 janvier 1837.

Une fosse avait été ouverte. Elle fournit de petites quantités de houille, et ne tarda pas à rencontrer le calcaire.

Les travaux furent continués sans succès jusqu'en 1841, puis la Société Frémicourt entra en liquidation.

Mais, en 1847, le sieur Bonvoisin, en labourant son champ à Leulinghen, découvrit un massif de houille assez important.

L'ancienne Société de Ferques s'empara de cette découverte, et reprit des travaux d'exploration qui n'eurent pas plus de succès que la première fois, et qui furent abandonnés.

En 1874, pendant la crise houillère, une Société demanda à tirer parti des gisements de Ferques. Le Ministre, après déclaration de déchéance des concessionnaires primitifs, ordonna la mise en vente par adjudication publique de la concession de Ferques.

MM. Descat et Deblon s'en rendirent acquéreurs le 9 janvier 1875, au prix de 200,000 fr. Ils ont exécuté un sondage à Blecquenecques qui a atteint le terrain houiller à 436 m. de profondeur au-dessous du calcaire.

Un chapitre spécial est consacré à cette concession.

Lors de la crise houillère de 1872-1874, de nombreuses recherches furent entreprises tant pour relier le Bassin du Pas-de-Calais au Bassin du Boulonnais, que pour découvrir la houille sur le pourtour de ce dernier Bassin.

MINES D'HARDINGHEN.

1° SOCIÉTÉ DE FIENNES OU SOCIÉTÉ DES MINES DE FIENNES ET HARDINGHEN.

2° COMPAGNIE DES CHARBONNAGES DE RÉTY, FERQUES ET HARDINGHEN.

1° SOCIÉTÉ DE FIENNES.

Situation des Mines en 1837. — On a vu dans le chapitre précédent les détails relatifs à l'exploitation des Mines d'Hardinghen depuis leur découverte jusqu'à l'année 1827.

D'après un rapport de M. Dusouich, en 1837, l'exploitation d'Hardinghen ne consistait qu'en un grapillage de charbon au milieu des restes des exploitations du siècle dernier. L'état des travaux devenait des plus précaire, et on approchait de l'épuisement des massifs laissés par les anciens. L'extraction annuelle s'élevait à peine à 50,000 hectolitres combles, revenant au prix élevé de 1 fr. 12 l'un.

Les travaux ne s'étendaient pas au-dessous de 66 m., profondeur à laquelle la machine d'épuisement pouvait prendre les eaux.

On venait de commencer sur Fiennes un puits, l'*Espoir*, que l'on se proposait de pousser à 200 m., et on y avait monté pour l'extraction et l'épuisement une machine de 35 chevaux.

Achat des concessions d'Hardinghen et de Fiennes. — Telle était la situation des Mines d'Hardinghen en 1837, à l'époque de l'engouement des capitalistes du Nord pour tout ce qui touchait de près ou de loin à l'industrie houillère.

Une Société civile s'était constituée le 10 décembre 1837, sous le nom de *Société de Fiennes*. Elle acheta des familles de Cuinchy et de Liedekerke, descendants de Desandrouin, et de M. Cazin-d'Honincthun, la concession et les établissements qu'ils possédaient à Réty et à Hardinghen, et de la baronne de Laborde, la concession éventuelle de Fiennes.

Cette dernière concession ne fut instituée définitivement que le 29 décembre 1840, par une ordonnance royale. Son étendue est de 431 hectares.

La concession d'Hardinghen, s'étendant sur les territoires de Réty, Ferques et Hardinghen, avait été instituée le 11 nivôse an VIII, et comprenait 3,431 hectares.

Une note non datée et peu explicite, communiquée à l'auteur, fournit les indications suivantes sur les parts de propriété des vendeurs, le prix d'achat de l'établissement d'Hardinghen, et l'estimation des objets composant alors cet établissement.

	fr.	c.			fr.	c.
2/8. M. Cazin-d'Honincthun	185,470	25	Objets cédés à Hardinghen		7.799	95
1/8. M. Honoré de Liedekerke ..	76,500	»	Caisse..................		6,505	09
4/8. M. Comte de Liedekerke...	300,000	»	*Inventaire :*			
7/8.	511.970	25	Terres .... 42,000 »			
			Bâtiments ...... 90,600 »			
1er paiem. à M. Cazin. 40,000 »			Mob., march., etc. 97,175 69			
2e » » . 20,000 »			Approvisionnem. 7,041 51			
3e » » . 41,155 55	101,255	55	Dépôt de Guines,			
			charbon..... 384 »			
Épingles à M. de Cuinchy	20,000	»	Fosses. Nord.... 73,328 62			
Prime sur 31 actions	186,000	»	» Sud 77,229 77			
Frais d'actes et honoraires divers.	18,498	50	» Locquin-			
Voyages et intérêts...........	3,903	15	ghen 12,150 87		401,550	88
Cédés à primes	1,644	20				
Espèces	34,000	»	Droit de concession, ou différence			
Créanciers de la Société d'Har-			entre le prix total d'acquisition			
dinghen.........	25,918	92	d'Hardinghen et la valeur d'a-			
			près inventaire............		487,334	65
	903,190	57			903,190	57

L'entreprise d'Hardinghen aurait donc, d'après cette note, été payée par la Société................. .... 903,190 f. 57

Dans ces prix, les trois fosses, Nord (n° 946), Sud (n° 926) et Locquinghen, alors existantes, étaient estimées.......... .... 162,704 26

Les terrains et bâtiments................... 132,600 »

Le matériel et les approvisionnements, etc.. 120,551 66

                                                415,855 f. 92

Le surplus du prix d'acquisition............... 487,334 65 représentait la valeur de la concession.

Statuts de la Société de Fiennes. — Les statuts de la Société de Fiennes modifiés à diverses reprises par délibérations des Assemblées générales sont, tels qu'ils étaient arrêtés en 1855, analysés ci-dessous.

La Société est civile.

Elle a pour objet la reconnaissance de l'ancienne concession de Fiennes, la recherche et l'exploitation de la houille sur le territoire de ce nom.

Son siège social est à Réty.

La Société est constituée à partir du 10 décembre 1837.

Le fonds social est fixé à 1,800,000 francs représentés par 600 actions de 3,000 francs.

26 actions, nos 1 à 26, seront actions libérées et ne seront susceptibles d'aucun appel de fonds.

30 autres actions, nos 27 à 56, appartiendront aux fondateurs et seront, comme toutes les autres actions, sujettes aux appels de fonds, mais seulement jusqu'à l'extraction de la houille.

Ces 56 actions sont partagées d'accord entre les fondateurs entre eux et les personnes qu'ils reconnaissent avoir rendu service à la Société.

50 autres actions, nos 57 à 106, seront conservées pour former un fonds de réserve à la Société. Elles ne seront émises qu'après autorisation de l'Assemblée générale, et la prime qui serait obtenue au-delà de leur valeur nominale, appartiendrait par moitié aux fondateurs, intéressés ainsi au succès de l'entreprise.

Les écritures seront arrêtées le 31 décembre de chaque année.

Il sera payé aux fondateurs 24,000 francs, comme prix des avantages et valeurs qu'ils apportent à la Société.

L'Assemblée générale aura lieu de plein droit le 15 mai de chaque année.

Tout propriétaire d'une action de 3,000 francs fera partie de l'Assemblée générale.

Chaque associé aura autant de voix qu'il a d'actions.

La Société est administrée par un Conseil d'administration composé de 5 Membres. Chacun d'eux doit posséder 3 actions. Ils sont nommés par l'Assemblée générale. Ils sont renouvelés par cinquième chaque année.

Les pouvoirs du Conseil d'administration sont très étendus.

Un Conseil de surveillance, composé de 3 Membres, nommés par l'Assemblée générale, est chargé de la vérification des écritures.

Capitaux versés par les actions. — Ainsi qu'il vient d'être dit, le fonds social était fixé à 1,800,000 fr., représenté par 600 actions de 3,000 fr.

26 étaient libérées de fondation.

30 furent libérées après un versement de 1,000 fr.

463 furent émises.

_____
519
_____

6 actions furent plus tard rachetées par la Société.

6 autres furent annulées pour défaut de paiement, lors des appels de fonds.

_____
12
_____

507 actions restaient en circulation au 1er janvier 1865, dont 451 avaient encore à verser chacune 300 fr.

Du 1er janvier 1838 au 31 décembre 1852, les divers appels de fonds produisirent .... 1,065,000 f. 00

En 1838, 75 actions furent vendues à primes et firent entrer dans la caisse de la Société 287,000 00

Enfin, de 1853 à 1864, il fut fait un appel de fonds qui produisit 237,116 67

Versement total des actions ...... 1,589,116 f. 67

Il faut en déduire le prix des 6 actions rache-tées et des 6 actions annulées pour défaut de paiement des appels de fonds.................... 35,252 f. 32

Il reste .... 1,553,864 f. 35

pour versements réels et définitifs des 507 actions en circulation en 1865.

Plus tard, en 1867, il fut appelé 300 fr. for-mant le complément des actions, soit........... 152,100 00

Total des versements .... 1,705,964 f. 35

Travaux. — On a vu qu'en 1837, lors de l'achat de la con-cession, l'exploitation d'Hardinghen se bornait à un grapillage dans les travaux des anciens, et ne fournissait qu'environ 50,000 hectolitres combles.

Un nouveau puits, l'Espoir (n° 925), fut creusé dans la con-cession de Fiennes. Il fournit d'assez grandes quantités de charbon, et permit d'augmenter l'extraction annuelle jusqu'à concurrence de 200,000 hectolitres en moyenne.

En 1845, on exploitait cinq veines par deux puits, et la production journalière s'élevait à 600 ou 700 hectolitres. Les veines avaient été fouillées antérieurement sur un grand nombre de points, dans les parties supérieures. A 800 m. au couchant des puits, elles étaient interrompues par une grande faille qui les faisait complètement disparaître. Quant au levant, ces veines et même le terrain houiller disparaissaient également pour faire place aux calcaires, qui limitaient, du reste, à ce qu'il paraissait, le bassin houiller dans tous les sens, de sorte que la largeur du bassin n'était que d'environ 800 m., et sa longueur de 1,800 m. Telles sont les indications qu'on trouve dans un rapport des Ingénieurs des Mines de décembre 1845.

On prévoyait que les anciennes exploitations ne dureraient plus longtemps. Aussi, la Société ouvrit-elle un nouveau puits, Dusouich, n° 932, à l'ouest de la faille qui interrompait les veines. Ce puits traversa 50 m. de calcaire avant d'atteindre le terrain houiller. — Il rencontra des couches amincies et très irrégulières, et dans lesquelles il ne put être extrait que de très minimes quantités de houille.

Un deuxième puits, la Renaissance, n° 931, avait été ouvert au nord de la fosse Dusouich. Il traversa 110 m. de calcaire avant d'atteindre le terrain houiller, et en 1852, on y entrait en exploitation dans la veine à Cuérelles, lorsqu'une venue d'eau se manifesta à la séparation du calcaire avec le terrain houiller.

La fosse fut inondée et abandonnée, ainsi que la fosse Dusouich.

Un troisième puits, la Providence, n° 929, plus au nord, fut immédiatement commencé. Son creusement à travers les couches, jusqu'à 176 m. 85, profondeur à laquelle il atteignit le terrain houiller, fut long et coûteux, d'autant plus qu'à la profondeur de 150 m. on rencontra de l'eau, et qu'on fut obligé de monter une machine d'épuisement. Enfin, le terrain houiller fut rencontré en août 1859. Pour retenir les eaux supérieures, on établit de 171 m. à 182 m., soit sur 11 m., un fort cuvelage en fonte, le premier qui ait été appliqué en France.

En 1860, la fosse la Providence était arrivée à 210 m. de profondeur. Elle avait traversé trois couches de houille, dont deux de 0 m. 85 et 1 m. 40, dans lesquelles on commença à exploiter en 1861, et l'extraction annuelle de cette fosse, jointe à celle des divers puits, varia de 205,000 à 233,000 hectolitres jusqu'en 1864.

Mais, à la fin de cette année, se produit le même fait qui s'était produit en 1852 à la fosse la Renaissance. Les travaux d'exploitation des veines amènent un décollage du terrain houiller avec le calcaire ; les eaux contenues dans ce dernier terrain, dont les nombreuses fissures pénètrent jusqu'au jour, arrivent en abondance et inondent le puits que l'on est forcé d'abandonner. La venue d'eau atteint 35,000 hectolitres par 24 heures, et son épuisement demande l'installation d'une puissante machine.

La situation de la Compagnie était à ce moment des plus critiques. Le puits l'Espoir, qui avait fourni pendant longtemps la très grande partie de la production, avait été inondé subitement en mars 1858, à la suite d'une venue d'eau d'une grande force, rencontrée dans le percement d'une faille entre deux séries de tailles. Les ouvriers purent tous se sauver, mais on dut abandonner dans les travaux les chevaux et tout le matériel.

Quelques exploitations superficielles ouvertes sur les affleurements, les travaux des nouveaux puits, permirent de donner du travail à tout le personnel, et de maintenir l'extraction aux chiffres des années précédentes.

Production de 1839 à 1864. — D'après des documents communiqués et présentant un réel caractère d'exactitude, la production des Mines d'Hardinghen a été, depuis 1839 jusqu'en 1864 :

1839	56,005 hect combles	=	5,600	tonnes.
1840	147,374	" =	14,737	"
1841	215,783	" =	21,578	"
1842	185,088	" =	18,509	"
1843	136,931	" =	13,693	"
1844	194,073	" =	19,407	"
1845	207,228	" =	20,723	"
1846	196,914	" =	19,691	"
1847	204,082	" =	20,403	"
1848	166,218	" =	16,622	"

A reporter. 1,709,646 hectolitres = 170,963 tonnes.

Reports....	1,709,646	hectolitres	= 170,963	tonnes
1849	167,391	hect. combles =	16,739	»
1850	190,577	»	= 19,058	»
1851	186,748	hectol. ras	= 16,803	»
1852	153,193	»	= 13,788	»
1853	168,044	»	= 15,120	»
1854	187,723	»	= 16,857	»
1855	174,268	»	= 15,687	»
1856	185,353	»	= 16,677	»
1857	165,597	»	= 14,904	»
1858	74,085	»	= 6,660	»
1859	163,295	»	= 14,697	»
1860	176,819	»	= 15,912	»
1861	233,399	»	= 21,006	»
1862	205,209	»	= 18,468	»
1863	227,311	»	= 20,457	»
1864	209 344	»	= 18,837	»
Totaux	4,577,995	hectolitres	= 432,633	tonnes.

Ainsi, la production totale des Mines d'Hardinghen, pendant
les 26 années de 1839 à 1864, n'a été que de 4,577,995 hectolitres
ou de 432,633 tonnes. Ce chiffre ne représente que la production
annuelle d'une houillère moyenne du Pas-de-Calais, et que la
moitié de la production de chacune des dernières années de la
Compagnie de Lens.

L'extraction moyenne a été seulement de 16,640 tonnes.

L'extraction maxima a été de 21,578 tonnes en 1841, et de
21,006 tonnes en 1861.

Prix de revient. — De 1839 à 1864, le prix de revient a
varié considérablement suivant les années. Ainsi, de 1839 à
1842, il est compris entre :

1 f. 448 et   1 f. 760 par hectolitre comble.
ou 14   48   et 17   60   par tonne.

De 1843 à 1850, le prix de revient est assez avantageux. Il
varie de :

0 f. 875 à   1 f. 098 par hectolitre comble.
ou 8   75   à 10   98   par tonne.

Il s'élève ensuite, et de 1851 à 1861, il oscille entre :

1 f. 008 et   1 f. 401 par hectolitre ras.
ou 11   20   et 15   50   par tonne.

On peut admettre que le prix moyen de l'exploitation d'Hardinghen, de 1839 à 1864, a été de 13 fr. la tonne. Ce prix est élevé, mais s'explique par la faible extraction, et par les difficultés d'aller chercher le peu de charbon que l'on produisait, au milieu de vieux travaux.

Prix de vente. — Pendant la même période de 1839 à 1864, le prix de vente subit des variations considérables.

Il est en moyenne de 13 fr. 36 pendant les années 1839 à 1850, et de 16 fr 15 pendant les années 1851 à 1864.

Pendant les 26 années 1839 à 1864, il atteint d'une manière générale 15 francs

Ce prix élevé tient à la situation favorable des Mines d'Hardinghen, dans une localité éloignée des autres houillères, à la faible extraction de ces Mines qui suffit à peine à l'alimentation des besoins locaux, enfin, à la composition de la houille qui est très gailleteuse et donne 50 à 60 % de morceaux.

Bénéfices. — Si l'on compare le prix de vente, 15 fr., au prix de revient, 13 fr., on voit que de 1839 à 1864, l'exploitation a donné un bénéfice moyen de 2 fr. par tonne, soit pour 433,000 tonnes extraites, de 860,000 francs.

En effet, les écritures de la Société donnent pour la période de 1839 à 1864, des bénéfices qui varient de 20,000 à 100,000 fr. par an pour 19 années, soit en totalité......... 1,120,452 f. 11

dont il faut déduire :

Pertes pendant les 8 années 1838 à 1842, 1852, 1853 et 1858............................. 270,343 00

Il reste .... 850,109 f. 11

chiffre qui ne diffère pas sensiblement de celui de 860,000 fr. obtenu par la différence entre les prix moyens de revient et de vente.

Dividendes. — En présence de ces bénéfices, la Compagnie distribua des dividendes, savoir :

En 1842......	100 fr. par action de 3,000 fr	.....	52,700 f.
» 1843......	100	"	"	......	52,700
» 1844......	200	"	"	......	105,400
» 1845......	200	"	"	......	105,000
» 1846......	200	"	"	......	104,600
» 1847......	100	"	"	......	52,100
» 1850......	100	"	"	......	52,100
» 1856......	100	"	"	......	51,700
» 1858......	100	"	"	......	51,700

Ensemble................ 628,000 f.

Les bénéfices ayant été de 850,000 fr. , il semblerait que cette distribution de dividendes était parfaitement justifiée. Mais, des dépenses de travaux neufs avaient absorbé bien au-delà de l'excédent des bénéfices. On avait dû recourir aux emprunts ; le capital primitif était diminué, et ce qu'il en restait était uniquement représenté par des valeurs immobilières.

Inventaire du 31 décembre 1864. — En effet, l'inventaire au 31 décembre 1864 présentait la situation ci-dessous :

ACTIF. — Valeur de la concession ....Fr.   487,334 35

      Terres...............Fr.   60,000 00
      Bâtiments,...........Fr.   90,401 55
                       150,401 55

Fosses : Providence........Fr.   580,991 16
       Renaissance ...... .Fr.   102,616 21
       Dusouich...........Fr.   4,815 76
       Plaines ....Fr.   4,055 85
                    692,478 98

Mobilier , machines , chaudières , matériel...Fr.   245,564 67
Approvisionnements et charbon en magasin .Fr.   49,600 10

      Total de l'actif...... ..Fr.   1,623,379 65

PASSIF.......... ....Fr.   388,052 05

      Capital net .... Fr.   1,237,327 60

Or, le placement des actions avait produit net, ainsi qu'il a été dit page 265.................Fr.   1,553,864 35

Diminution du capital ....Fr.   316,536 75

L'année 1864 se terminait donc en laissant à la Compagnie une situation des plus critiques. Les fosses Providence et Renaissance étaient inondées ; toute exploitation était arrêtée. On n'avait plus d'argent ; le capital était entièrement immobilisé ; on devait près de 400 mille francs . et la Société n'avait aucun crédit.

L'Assemblée générale du 14 février 1865 autorisa un emprunt de 75,000 fr. pour remettre les fosses la Renaissance et les Plaines en activité , et tenter ainsi de conserver le personnel ouvrier , en attendant des mesures plus efficaces. Cet emprunt ne pût être réalisé que jusqu'à concurrence de 60,000 fr. , au taux excessif de 7 3/4 % , et sur la garantie personnelle des administrateurs.

Rapport d'Ingénieurs en 1865. — Un rapport fut demandé à MM. Callon , de Bracquemont et Cabany , pour éclairer l'administration et les actionnaires sur les moyens de sortir de cette situation fâcheuse.

Dans un rapport daté du 28 mars 1865 , ces ingénieurs , après avoir établi les conditions du gisement d'Hardinghen , évaluent la richesse de la partie reconnue par les fosses Providence , Renaissance et Dusouich , à 100 millions d'hectolitres. Toutefois , ce chiffre doit par suite de diverses circonstances, et pour laisser une marge aux éventualités , être réduit , et on peut admettre une extraction par jour de 1,500 hectolitres par chacun des deux puits , soit 900,000 hectolitres par an pendant 50 ans , ou 45 millions d'hectolitres.

Ils estiment le prix de revient , ne comprenant que les frais techniques , à 0 fr. 86 par hectolitre , et avec les frais généraux à 0 fr. 96 , avec une extraction de 900,000 hectolitres par an. Ce prix s'élèverait à 1 fr. 25 au moins , avec une production de 300,000 hectolitres seulement.

Quant au prix de vente , ils l'évaluent à 1 fr. 30 , de sorte que le bénéfice peut être estimé à 0 fr. 34 par hectolitre , soit 300,000 francs pour une extraction de 900,000 hectolitres par an.

Mais la question qui domine c'est celle de l'épuisement, témoin les catastrophes de 1852 et 1864. Il faut compter que toutes les eaux du calcaire supérieur se rendront à la Providence , et qu'il faudra les y élever de 350 m. , à raison de 50,000 hectolitres par 24 heures.

Les ingénieurs consultés concluaient à l'établissement d'une forte machine d'épuisement sur le puits de la Providence, qui coûterait avec ses pompes et ses accessoires ...... 375,600 fr.

A cette dépense, il fallait ajouter :

1° Pour location d'une machine et de pompes provisoires............ 18,000

2° Dépense de cette machine pendant un an.... 72,000

3° L'approfondissement de la Providence et de la Renaissance, leur guidage, leur matériel, etc. 109,000

Travaux de mines 574,600

4° Chemin de fer 120,000

5° Maisons d'ouvriers.. 60,000

Total des dépenses .... 754,600 fr.

Il faudrait trois ans, ajoutaient-ils, pour exécuter les travaux que comportait cette dépense.

Emprunts. — On a vu que dès le 14 février 1865, l'Assemblée générale avait autorisé, pour remettre en activité les fosses la Renaissance et des Plaines, un emprunt de 75,000 fr., qui ne pût être réalisé qu'à l'intérêt de 7 3/4 % et sur la garantie personnelle des administrateurs, et à concurrence de. 60,000 fr.

Après avoir pris connaissance du rapport de MM Callon, de Bracquemont et Cabany, les actionnaires, réunis en Assemblée générale le 4 avril 1865, votèrent un emprunt de............... 1,000,000 pour l'exécution des travaux conseillés par ces ingénieurs.

Cet emprunt fut réalisé par l'émission de 2,000 obligations de 500 fr., portant intérêt à 6 %, et remboursables par tirage au sort à 750 fr, en 30 années, à partir du 1er juillet 1867.

Le produit de cet emprunt fut tout à fait insuffisant pour l'exécution du programme tracé par les ingénieurs. Des difficultés de toute nature se présentèrent dans les travaux, et il fallut bientôt s'occuper de créer de nouvelles ressources

A reporter........... 1,060,000 fr.

Report.............. 1,060,000 fr.

Dès le mois de septembre 1866, l'Assemblée générale appelait les 300 fr. restant à verser sur les actions. Un certain nombre d'actionnaires se refusèrent à faire ce versement, et en 1867, il n'avait été versé que 137,000 francs.

A la date du 15 octobre de cette même année 1867, un deuxième emprunt de.................... 500,000 était déjà réalisé, et bien plus, dépensé.

Car l'Assemblée générale du 18 novembre 1867 votait un troisième emprunt de.................... 500,000

Il fut émis en 500 obligations de 1,000 fr., rapportant 5 % d'intérêt, et remboursables au pair en 30 ans, à partir de la cinquième année. Mais les souscripteurs recevaient par chaque obligation souscrite, et gratuitement, une action de jouissance.

Total des emprunts............. 2,060,000 fr.

Ce chiffre de 2,060,000 fr., rapproché de celui de 754,000 fr. fixé par le rapport des ingénieurs, montrent combien les travaux de mine présentent en général d'éventualités et de mécomptes, et comment il faut, dans des évaluations de dépenses et de temps, compter sur l'imprévu, sur des difficultés, des retards.

Travaux de 1865 à 1869. — A la fin de 1864, les fosses Providence, Renaissance et des Plaines étaient inondées, et la fosse Dusouich abandonnée et comblée sur plus du tiers de la hauteur

Dès le commencement de 1865, on avait repris la fosse des Plaines et la fosse la Renaissance, afin de conserver le personnel, et d'extraire un peu de houille en attendant la reprise de l'exploitation de la Providence.

La fosse *des Plaines*, n° 937, fournissait de 400 à 500 hectolitres par jour de charbon de qualité médiocre, mais obtenu à une faible profondeur et à un prix de revient rémunérateur, dans deux veines fort irrégulières, l'une de 1 m., l'autre de 3 m. d'épaisseur. Cette fosse donna jusqu'à 50,000 hectolitres

d'eau par 24 heures ; on dût y monter une machine d'épuisement
de 80 chevaux et deux pompes de 0 m. 60. Mais les veines plon-
geaient tout autour de la fosse ; l'exploitation prise par suite en
vallée était fréquemment suspendue par le moindre arrêt des
pompes. Il aurait fallu approfondir le puits ; on préféra l'abandonner.

La fosse *Dusouich* fut rétablie sur toute sa hauteur. Les deux
premières veines rencontrées à cette fosse avaient été dépouillées.
On fit de nouvelles recherches qui firent voir qu'elle était placée
sur une selle. On y établit une petite exploitation de 100 hectolitres par jour dans une troisième veine , mais qui n'eut pas de
continuité. La fosse Dusouich dût être aussi abandonnée en 1868

A la fosse *la Renaissance* , une faible extraction avait été
commencée en 1852 , puis abandonnée à la suite d'une venue
d'eau. On y avait monté une machine d'épuisement de 200 chevaux. Après l'inondation de la Providence en 1864 , on en reprit
l'approfondissement, et on le poussa à 206 m. , avec une venue
d'eau de 17,000 hectolitres par 24 heures.

On était entré en galerie , et on extrayait d'abord un peu de
charbon pour les machines. On arriva même à produire 1,000
hectolitres par jour , quand une rupture de la tige des pompes
amena l'inondation de la mine. Avec l'aide d'une deuxième machine de 80 chevaux , on parvint à réparer cet accident , mais la
reprise de l'exploitation dût être ajournée à la fin de 1868 , à la
mise en marche de la grande machine d'épuisement de *la Providence*. Cette reprise présenta des difficultés sérieuses , et on
renonça à la poursuivre.

A la fosse *Providence*, on avait installé une machine d'épuisement d'une force exceptionnelle , d'environ 1,000 chevaux ,
pouvant élever en marche normale 60,000 et même 80,000 hectolitres. Elle fonctionnait dès 1867 , et en avril 1868 , elle épuisait
les eaux à 205 m. , lorsque Mgr l'Évêque d'Arras vint bénir cette
machine. Il s'écoula encore une année pour descendre les pompes
jusqu'à 275 m. , guider le puits , établir les accrochages , percer
les galeries , et en avril 1869 , on commençait à extraire 500
hectolitres de charbon par jour. Cette production alla en augmentant successivement ; elle atteignait 1,000 hectolitres en août , et
2,000 hectolitres en décembre.

Sur les 5 veines reconnues , deux étaient recoupées : la veine à Quérelles, de 0 m. 90 de puissance, et la veine Maréchal, de 1 à 1 m. 15, donnant l'une 25 % et l'autre 70 % de gros.

C'est alors que le bris d'un retour d'eau amena l'inondation de la fosse. L'ingénieur, M. Delmiche, dans un rapport du 18 février 1870, annonçait qu'il fallait six mois pour réparer cet accident, et remettre l'exploitation en état. Mais l'argent manquait ; on ne parvint pas à se procurer de nouveaux fonds, et l'Assemblée générale du 30 mai 1870 prononça la liquidation de la Société.

Situation financière à la fin de 1869. — Les travaux qui viennent d'être décrits avaient duré 5 ans, et coûté des sommes bien plus considérables que celles prévues. La situation financière de la Compagnie se présentait sous un aspect peu rassurant, ainsi qu'il résulte d'une circulaire adressée aux actionnaires par le Conseil d'administration, le 14 août 1869.

« Notre système d'épuisement est complet............

» Notre extraction est de 1,000 hectolitres par jour.........

» Nous avons eu beaucoup à faire pour arriver à ce résultat.

» Mais les ressources que vous avez votées sont épuisées.

» Nous avons emprunté jusqu'à ce jour .... 2,500,000 fr.

» Il faut encore 500,000

» car nous avons quelques arriérés à payer, les intérêts de la
» dette que nous ne pourrons peut-être pas immédiatement servir
» avec les bénéfices de notre extraction.......... Enfin, des
» travaux restent à faire ; reprendre la fosse la Renaissance,
» construire encore des maisons d'ouvriers et nous relier au
» chemin de fer du Nord.

» Comme nous, ce chiffre de 3 millions doit tout d'abord vous
» effrayer.................. »

Venait ensuite un appel à la souscription d'un nouvel emprunt, avec la perspective que s'il n'était pas réalisé, c'était la liquidation, avec la responsabilité pour tous de payer les dettes de la Société.

La situation embarrassée de la Compagnie, ressort du reste bilan dressé au 31 décembre 1869, que l'on trouvera ci-après

Bilan au 31 décembre 1869 :

Actif.

Concession de Fiennes....................		Mémoire.
» d'Hardinghen		487,334 fr. 65
Immeubles. Terres	63,400 fr. 00	
Bâtiments, maisons, etc.	262,727 40	
		326,127 40
Fosses Providence	1,123,665 fr. 27	
Renaissance nᵒ 1	422,763 00	
Dusouich	101,034 24	
Plaines nᵒ 2	56,241 24	
		1,703,703 75
Machines, matériel, chevaux, voitures		728,023 42
Approvisionnements, etc		65,556 68
Caisse, débiteurs, dépôts d'obligations........		107,450 fr. 37
Total de l'actif......		3,418,196 27

Passif

Obligations. 1ʳᵉ série.........	950,000 fr. 00	
» 2ᵉ série........	487,500 00	
‹ 3ᵉ série	450,700 00	
		1,888,200 00
Banquiers.................	363,391 fr. 44	
Créanciers divers	216,659 71	
		580,051 15
Fonds de roulement......		150,000 00
Total du passif......		2,618.251 fr. 15
Capital, ou différence de l'actif avec le passif ..		799,945 fr. 12

Si l'on compare ce bilan à celui du 31 décembre 1864, on voit :
Que l'actif est passé de 1,625,379 fr. 65 à 3,418,196 fr. 27, en augmentation de 1,792,816 fr. 62.

Mais que le passif qui était fin 1864, de 388,052 fr. 05 est fin 1869, de 2,618,251 fr. 15 en augmentation de 2,230,199 fr. 10.

et que le capital net est tombé de 1,237,327 f. 60 à 799,945 f. 12, en diminution de 437,382 fr. 48.

La concesssion est reprise dans les deux bilans pour le même chiffre de 487,334 fr. 65.

Le compte d'immeubles est passé de 150,401 f. 55 à 326,727 f. 40, en augmentation de 176,325 fr. 85.

L'augmentation de la valeur des fosses a été :

Valeur des fosses.	31 décembre 1864.	31 décembre 1869.	Augmentation.
Providence .....Fr.	580,991 16	1,128,665 27	542,674 11
Renaissance.....Fr.	102.616 21	422,763 00	320,146 79
Dusouich.......Fr.	4,815 76	101,034 24	96,218 48
Plaines........Fr.	4,055 85	56,241 24	52,185 39
Ensemble ...Fr.	692,478 98	1,703,703 75	1,011,224 77

La valeur des machines et du matériel s'est élevé de 245,564 f. 37 à 728,023 f. 42, en augmentation de 482,459 f. 05.

En résumé, du 31 décembre 1864 au 31 décembre 1869, il a été dépensé, en 5 ans :

En immeubles, bâtiments, etc............	176,325 f. 85
En fosses	1,011,224 77
En machines et moteurs..	482,459 05
En augmentations diverses..............	123,406 95
	1.793,416 f. 62
Et la dette a augmenté en même temps de....	2,230,199 10

Pendant cette période de 1864 à 1869, tous les efforts furent portés sur la reprise des fosses Dusouich, la Renaissance et surtout la Providence.

L'exploitation fut presque nulle, car elle ne fournit :

En 1865, que..	22,748 hectolitres.	2,047 tonnes.
1856 ..	76,734 »	6,906 »
1867 ..	23.351 »	2,101 »
1868 ..	20,060 »	1,805 »
1869 ..	91,445 »	8,130 »
Ensemble	234,338 hectolitres.	20,989 tonnes.

Liquidation de la Société. — A la fin de 1869, la Société était aux abois. La tentative d'un nouvel emprunt, voté en août 1869, avait échouée. — L'Assemblée générale était convoquée pour le 1er février 1870, et l'ordre du jour portait la mise en liquidation de la Société. Rien n'y fut décidé.

Dans le courant du même mois, une circulaire fut adressée aux actionnaires pour leur donner connaissance de la proposition suivante :

« Une chance inespérée de salut s'offre à nous. Un groupe de
» capitalistes et d'actionnaires s'occupe de former, au capital de
» 1,200,000 francs, une Société qui affermerait, pendant un
» certain nombre d'années, l'exploitation de notre charbonnage.

» Cette Société prendrait à sa charge les dépenses d'exploita-
» tion, le service et l'amortissement de notre dette, moyennant
» un prélèvement de 80 °/₀ sur les produits de l'exploitation.

» Les actions de cette Société seraient de 500 fr.. sur lesquels
» 300 fr. seulement seraient à verser ; les 200 fr. restant seraient
» appelés, s'il y avait lieu, en 4 versements, de 3 mois en 3
» mois.

» Les fondateurs de la Société financière demandent qu'il soit
» souscrit par les actionnaires, un nombre au moins égal d'ac-
» tions à celui existant déjà dans notre Société.

» Réponse avant le 28 février.

» Le salut de notre charbonnage en dépend. »

Le 22 mars 1870, la combinaison proposée n'avait pas abouti.
Une commission nommée par l'Assemblée générale adressait aux
actionnaires une circulaire, dans laquelle elle annonçait :

« Que par suite d'un jugement obtenu par un fournisseur, la
» Société se trouvait sous le coup d'une saisie et d'une vente par
» autorité de justice à très bref délai.........

» Que la Société avait une dette de bien près de 3 millions....

» Que si son avoir, faute d'enchères, était racheté sur la mise-
» à-prix de 110,000 fr., la différence entre le prix de vente et les
» sommes dues constituerait, à la charge de chaque action, une
» contribution qui dépasserait le chiffre de 5,500 fr........., que
» cette contribution est inévitable, la Société étant civile et
» chaque actionnaire étant responsable, pour chacune des actions
» dont il est propriétaire, de la portion de la dette qui correspond
» à cette action, n'eut-il pas assisté aux Assemblées générales ni
» voté les emprunts

» Dans une telle situation, ne serait-il pas préférable d'appli-
» quer le sacrifice auquel vous ne pourrez vous soustraire, à
» la constitution d'une Société nouvelle, en la forme anonyme,
» permettant de racheter le charbonnage pour notre compte ....

» Une combinaison de rachat est en voie d'organisation.
» Faites-nous connaître la part qu'il vous convient d'y prendre... »

Cette souscription atteignit 1,358,000 fr. Mais cette somme était insuffisante, et l'on fut conduit à liquider.

L'Assemblée générale du 30 mai 1870 prononça la dissolution de la Société et nomma des liquidateurs.

Une vérification des écritures constata un passif de 3,140,000 f., y compris une somme de 201,137 fr. 16 de prévisions diverses.

Si l'on ajoutait à cette somme 25,000 fr. par mois, dépense indispensable pour empêcher le dépérissement de l'actif, et une somme de 40,000 fr. comme frais éventuels de liquidation, on obtenait une somme de 3,180,000 fr. (150 obligations étant remboursées), valeur 31 août, pour le montant du passif à cette époque, ce qui constituait pour chacune des 507 actions émises, une part contributive de 6,272 fr. 20.

Le passif total de 3,180,000 fr. se divisait en :

1° 1,963,200 fr. payables à long terme ;

2° 1,216,800 fr. exigibles à bref délai.

Les liquidateurs, dans une circulaire du 10 juin 1870, exposaient la situation ci-dessus, et demandaient aux actionnaires le versement immédiat de 2,400 fr. par action, avec intérêt à 6 %, pour éteindre la portion exigible du passif, et exprimaient l'espoir de leur éviter le paiement du passif exigible à long terme, représentant 3,872 fr. 20 par action.

En même temps, ils annonçaient qu'ils s'occupaient de la formation d'une nouvelle Société pour racheter l'entreprise.

Voici le compte explicatif du passif au 31 août 1870, que présentaient les liquidateurs :

Obligations :

1re série.. 2,000 — 100 remboursées, soit 1,900 à	500 fr.	950,000 f. 00
2e » .. 1,000 — 25 »	975 à	500 fr.	487,500 00
3e » .. 500 — 50 non placées,	450 à 1,000 fr.	450,000 00
A-compte par souscription versée......	1	700 00

Ensemble .... 3,326 obligations.   1,888,200 f. 00

Fonds de roulement :

Emprunt du 12 juillet 1868, remboursable 1/2 le 20 juin 1873, 1/2 le 20 juin 1878.........................   150,000   00

Passif exigible à long terme...........   2,038,200 f. 00

A reporter........   2,038.200   00

		Report........	2,038,200 f. 00

Dont à déduire :

100 obligations 1ʳᵉ série ⎫		
50 „ 2ᵉ série ⎰ remboursables en 1869 et 1870,		
et compris dans le passif exigible immédiatement........		75,000 00

Reste pour passif exigible à long terme	1,963,200 f. 00

Banquiers, à eux dû au 31 mai 1870	489,293 f. 56	
Créanciers divers	235,164 28	
Intérêts sur oblig. et fonds de roulement..	176,205 00	
Remboursement de 150 obligations non .		
compris primes	75,000 00	

Passif exigible immédiatement	975,662 84

Total du passif au 31 mai 1870	2,938,862 f. 84

A ajouter :

Dépenses de conservation, intérêts, indemnités, etc........	201,137 16
Frais éventuels de la liquidation..............	40,000 00

Total du passif au 31 août 1870	3,180,000 f. 00

soit 6.272 fr. 20 par chacune des 507 actions.

Passif exigible immédiat.	1,216,800 f. 00	soit 2,400 f. 00 pʳ chac. des 507 act.
Passif à long terme.....	1,963,205 40	„ 3,872 20 „ „

3,180,005 f. 40	soit 6,272 f. 20	„ „

A la suite de la mise en liquidation de la Société, prononcée par l'Assemblée générale du 30 mai 1870, le tribunal de Boulogne, sur la demande d'obligataires créanciers, procéda à la vente de la concession d'Hardinghen, sur la mise-à-prix de 110,000 fr. L'adjudication eut lieu le 24 juin 1870, au prix de 121,000 fr., en faveur du sieur Brocquet-Daliphard.

Une surenchère fut déposée par MM. Bellart et fils, banquiers à Calais, principaux créanciers de la Société.

La vente définitive devait avoir lieu le 22 juillet; dans une Assemblée générale, qui se tint le 18, les actionnaires avaient formé un syndicat pour le rachat de la mine, et avaient souscrit 1,502 parts de 500 francs, soit 751,000 fr. Ce syndicat se présenta à l'adjudication et fut déclaré acquéreur au prix de 550,000 francs.

Cette rentrée correspondait à 1,084 fr. par chacune des 507 actions de l'ancienne Société, et réduisait le passif à 2,570,000 fr., il restait donc 5,069 fr. à payer par chacune desdites 507 actions.

Mais, les intérêts et les frais divers élevèrent la part contributive de chaque action à 6,608 fr. 05, valeur 30 juin 1873, ainsi qu'il appert d'une circulaire des liquidateurs en date du 21 août 1873, et du compte ci-dessous qui accompagnait cette circulaire.

ÉTAT COMPARATIF DU PASSIF

au 31 août 1870 et au 30 juin 1873.

PASSIF.	31 août 1870.		30 juin 1873.	
2,875 obligations de 1re et 2e série.......	1,437,500 f. 00		1,437,500 f. 00	
Primes, intérêts et frais...............	»		724,200	55
450 obligations 3e série et intérêts... ...	450,000	00	581,016	75
Emprunt de Valenciennes et intérêts	150,000	00	180,000	00
Banquiers et intérêts..................	489,293	59	686,226	28
Créanciers divers	235,864	28	240,209	38
Intérêts échus sur obligations 1re, 2e, 3e série et sur emprunts...............	176,205	00	7,500	00
Prévision pour primes, intérêts et éventualités diverses	126,137	13	63,677	51
Dépenses et frais éventuels de liquidation.	40,000	00	133,786	19
Intérêts sur versements des actionnaires...	»		46,081	85
Dépenses de conservation de juin à août 1870............................	75,000	00	»	
Totaux	3,180,000 f. 00		4,100,198 f. 51	

Augmentation du passif du 31 août 1870 au 30 juin 1873	920,198 f. 51	

L'actif au 30 juin 1873 se composait :		
Prix de vente de la concession d'Hardinghen et intérêts....	630,819	45
Reçu de débiteurs divers....................	14,225	99
Reçu pour intérêts de compte de la liquidation chez les banquiers	10,067	97
Produit des objets en magasin au 22 juillet 1870..........	43,273	76
Solde en caisse de la Société civile.....................	1,520	55
Total...............	699,907 f. 72	

Excédant du passif sur l'actif....................... représentant 6,608 fr. 05 pour chacune des 507 actions.	3,350,290 f. 79	

Dépenses faites. — Si, à ce chiffre du passif, dont les actionnaires étaient redevables .... 3,350,290 f. 79
on ajoute les versements faits primitivement
sur les actions 1,705,964   35

on obtient la somme de 5,056,255   14
pour les dépenses faites en pure perte par la Société civile des
Mines de Fiennes.

Procès avec les actionnaires et avec les obligataires.

— La Société d'Hardinghen était une Société civile, et les actionnaires étaient tenus de satisfaire aux dettes contractées, dans la
proportion de leurs actions, mais sans solidarité.

On a vu que le montant de ces dettes était d'environ
2,570,000 fr., déduction faite du prix de vente de la Mine, ce
qui représentait 5,059 fr. à payer par chacune des 507 actions
de 3,000 francs.

Les liquidateurs avaient demandé dès le mois de juin 1870, à
titre de provision, un premier versement de 2,400 fr. par action
pour éteindre la portion exigible du passif.

Un certain nombre d'actionnaires mirent peu d'empressement
à satisfaire à cet appel, et, d'un autre côté, la plupart possédaient des obligations et prétendaient être déchargés de leur
dette par l'abandon desdites obligations, à concurrence du
montant de ces dernières.

Les liquidateurs assignèrent plusieurs actionnaires devant le
tribunal de Boulogne pour faire juger la question, et par plusieurs
jugements motivés, ce tribunal condamna lesdits actionnaires,
non seulement à verser la provision de 2,400 fr. par action, mais
les déclara, à titre des obligations qu'ils possédaient, simples
créanciers ordinaires, n'ayant droit qu'aux dividendes répartis
par la liquidation.

L'un de ces jugements était ainsi libellé :

« Attendu que X...... est propriétaire de 4 actions............

   » Par ces motifs, le tribunal,

» Sans s'arrêter aux fins de non recevoir proposées, con-
» damne X...... à verser à la caisse de la liquidation, la somme
» de 9,600 fr., à titre de provision de la part contributive dans
» le passif afférent aux 4 actions qu'il possède.

» Dit que la somme sera employée à éteindre jusqu'à due
» concurrence, la portion personnelle de dette de X...... envers
» chaque créancier.

» Dit que les dividendes afférents aux obligations et créances
» dont X........ serait reconnu propriétaire, se compenseront
» jusqu'à due concurrence, et à mesure des répartitions faites et
» à faire, avec les sommes auxquelles il est tenu comme pro-
» priétaire d'actions.

» Condamne X............ aux dépens. »

Ce jugement fut confirmé par la cour d'appel de Douai, dont
l'arrêt, en date du 10 juin 1873, déféré à la Cour de cassation,
fut maintenu par un arrêt du 16 février 1874.

Les liquidateurs contestaient aux porteurs d'obligations le
droit d'exiger l'intérêt au taux de 6 % et la prime de 250 francs
consentie par la Société dans ses emprunts. Un jugement du
même tribunal de Boulogne repoussa cette prétention, dans les
termes suivants :

« Par ces motifs, le tribunal

» Déclare les liquidateurs non recevables et mal fondés à
» contester l'intérêt à 6 % des obligations.

» Dit que la totalité de la prime est due et acquise aux porteurs
» des obligations et qu'elle doit être comprise dans la collocation
» comme et avec les obligations elles-mêmes.

» Maintient en conséquence les collocations de Z........ et de
» B........., telles qu'elles ont été réglées au procès-verbal de
» M. le juge-commissaire pour le principal, la prime, les intérêts
» et les frais.

» Ordonne l'emploi des dépens en frais privilégiés d'ordre. »

Il fût appelé de ce jugement et la Cour de Douai rendit, à la
date du 24 janvier 1873, l'arrêt suivant :

« Sur le taux des intérêts :

» Adoptant les motifs des premiers juges.

» En ce qui concerne la prime :

» Attendu que le mode d'amortissement réglé par le contrat
» en était une condition essentielle et la cause même de la prime
» promise aux souscripteurs ; que cette vérité ne saurait être mé-
» connue si l'on rapproche l'insuccès du premier projet d'emprunt
» stipulant, en cas de liquidation, le remboursement pur et

» simple à 500 fr., de la réussite de la deuxième négociation
» accordant en sus une bonification de 250 fr. à chaque obliga-
» tion, au fur et à mesure qu'elle serait, dans un délai de 30
» années, favorisée par le sort.

    » Attendu.................

              » Par ces motifs,

    » La Cour confirme le jugement attaqué en ce qui concerne
» les intérêts ;

    » Émendant relativement à la prime, ordonne que, par les
» soins des liquidateurs, il sera procédé au tirage au sort de 200
» obligations de la 1re série, et 100 obligations de la 2e série
» (dont les tirages auraient dû avoir lieu le 15 mai des années
» 1869, 1870, 1871 et 1872) ;

    » Dit que les obligations dont les numéros sortiront alors seront
» colloquées à leur rang pour le principal de 500 fr., la prime de
» 250 fr. et les intérêts à 6 % ;

    » Fixe les primes acquises aux obligations restant à 60 fr. 60
» pour la 1re série, et à 48 fr. 12 pour la 2e série, valeur au 31
» décembre 1872. »

C'était un succès pour les actionnaires d'Hardinghen, car,
d'après le jugement du tribunal de Boulogne, ils avaient à payer
pour le remboursement des deux séries d'obligations, 5,227 f. 70
par chaque action, tandis que l'arrêt de la Cour réduisait ce
payement à 3,897 fr. 95 ; différence, 1,329 fr. 75.

La liquidation de la Société civile d'Hardinghen ne fut pas
moins très onéreuse pour les actionnaires, qui, pour éteindre le
passif, augmenté d'intérêts et frais divers, furent obligés de
rapporter en 1873 plus de 6,000 fr. par action primitive, dont le
taux de versement était fixé par les statuts à 3,000 fr., précédemment versés.

2° COMPAGNIE DES CHARBONNAGES DE RÉTY, FERQUES ET HARDINGHEN.

Adjudication de la concession d'Hardinghen. — Le 24 juin 1870, le Tribunal de Boulogne, sur les sollicitations des obligataires de la Société des Mines de Fiennes et Hardinghen en liquidation, mit en vente par adjudication publique, la concession d'Hardinghen seule. La concession de Fiennes devait être vendue ultérieurement et séparément, le 23 février 1875. Un actionnaire, le sieur Broquet-Daliphard, fut déclaré adjudicataire au prix de 121,000 fr.

Une surenchère fut mise par MM. Bellart et fils, banquiers à Calais, et principaux créanciers.

Enfin, le 22 juillet 1870, M. Bouchard, agent général de la Société en liquidation, et agissant pour le compte d'un syndicat d'anciens actionnaires, fut déclaré adjudicataire définitif moyennant le prix de 550,000 francs.

Statuts de la nouvelle Société. — Le syndicat d'actionnaires représenté par M. Bouchard, qui s'était rendu adjudicataire de la concession d'Hardinghen, se constitua le 5 décembre 1871 en Société, sous la forme anonyme, qui prit la dénomination de : *Compagnie des Charbonnages de Réty, Ferques et Hardinghen.*

Le capital était de 1,200,000 francs divisé en 2,400 actions de 500 francs.

Il pouvait être porté à 2 millions, représenté par 400 actions, suivant une délibération de l'assemblée générale du 27 mai 1882.

Cette augmentation prévue du capital fut en effet réalisée, et en septembre 1874, le capital de 2 millions était entièrement souscrit.

Les opérations de la Société commencèrent le 22 juillet 1870. Sa durée était fixée à 50 ans, et elle prenait fin le 22 juillet 1920.

Le siège social est à Réty.

Les actions sont nominatives ou au porteur.

La Société est administrée par un Conseil composé d'abord de 5, puis de 7 membres, nommés par l'assemblée générale. Ils pourront s'adjoindre 4 membres nouveaux.

Chaque administrateur devra être propriétaire de 20 actions, chiffre qui fut réduit à 10 dans l'assemblée générale de 1876.

Le Conseil d'administration est renouvelé chaque année par cinquième. Il a les pouvoirs les plus étendus.

Outre un jeton de présence de 20 francs et le remboursement de leurs frais de voyage, les administrateurs ont droit à 5 % des bénéfices nets.

Il est nommé chaque année en assemblée générale, trois commissaires, associés ou non, chargés de faire un rapport sur la situation, sur le bilan et sur les comptes présentés par les administrateurs.

Il est tenu une assemblée générale ordinaire chaque année.

Elle se compose de tous les actionnaires propriétaires de 5 actions au moins.

L'année sociale expire le 31 décembre.

Il est fait annuellement, sur les bénéfices nets, un prélèvement d'un vingtième au moins, affecté à la formation d'un fonds de réserve, jusqu'à concurrence du dixième du capital social.

L'excédant des bénéfices est réparti aux actionnaires.

Émission des actions. — Lors de la constitution de la Société, il avait été créé 2,400 actions de 500 fr, représentant un capital de 1,200,000 francs.

Une décision de l'assemblée générale du 27 mai 1872, autorisa l'élévation du capital à 2 millions, et il fut émis 1,600 actions nouvelles, dont la souscription intégrale était réalisée en septembre 1874. A cette date, il y avait donc 4,000 actions en circulation.

En 1876, il fut émis un emprunt en obligations de 2 millions.

Le produit de cet emprunt, joint aux 2 millions du capital actions, fut complètement insuffisant pour l'exécution des travaux, l'établissement du chemin de fer, l'organisation de l'entreprise et pour compenser les pertes de l'exploitation. Les dépenses s'élevaient au 31 décembre 1880 à plus de 6 millions. Il était dû à cette date 2 millions aux banquiers.

Aussi, l'assemblée générale du 5 mai 1881, décida-t-elle l'augmentation du capital, qui fut porté de 2 à 5 millions, et le nombre d'actions de 4,000 à 10,000.

Toutefois, l'assemblée générale « s'en rapportait au Conseil » d'administration quant aux mesures à prendre et au moment à » choisir pour réaliser cette opération. »

Exploitation. — Quoique l'achat de la concession d'Hardinghen ait eu lieu le 22 juillet 1870, la nouvelle Société ne fut constituée définitivement que le 5 décembre 1871.

L'exploitation fut presque nulle en 1870; elle ne fournit que 4,873 tonnes. En 1871, elle fournit 15,103 tonnes; et en 1872, 29,449 tonnes. Malgré la hausse du prix des houilles, l'exploitation perdait près de 40,000 fr., à cause de divers accidents dans l'épuisement.

La Société avait dépensé à la fin de 1872......   1,529,845 f. 74

Savoir :

Achat de la concession et frais	590,500 f.	00
Travaux de 1er établissement	591,884	49
Objets en magasin et mobilier.......	307,748	23
Perte sur l'exploitation.............	39,713	02

Le capital versé était de...................   1,200,000   00

Il était dû ....   329,845 f. 74

En 1873, on installe une nouvelle machine d'épuisement sur la fosse la Renaissance, une machine d'extraction de 250 chevaux et un ventilateur puissant sur la fosse la Providence. Ce dernier puits est approfondi en vue d'ouvrir un nouvel accrochage à 307 m. L'extraction est de 32,488 tonnes. Au 31 décembre de cette année, le passif monte à 2,096,391 fr. 34, en augmentation de

566,545 fr. 60, représentant les dépenses et les pertes de l'exploitation pendant l'année 1873.

En 1874, l'extraction atteint 52,771 tonnes, et donne un bénéfice de 73,000 francs, grâce au prix élevé des charbons, qui est de 24 à 25 fr. la tonne. Elle a lieu presqu'exclusivement au nouvel étage de 307 m., celui de 260 m. ayant été abandonné.

Une somme de près de 350,000 fr. est employée pendant cette année en frais de premier établissement, machines, bâtiments, construction de 64 maisons, etc., et une autre de 130,000 fr. à la préparation du nouvel étage d'exploitation.

L'exploitation fournit en 1875, 77,953 tonnes; malgré ce chiffre relativement élevé, elle donne une perte de plus de 30,000 fr., le prix de vente ayant baissé. On continue à dépenser des sommes assez importantes en travaux de premier établissement. Aussi, le capital de 2 millions est depuis longtemps absorbé, et au 31 décembre 1875, les dettes de la Société atteignent le chiffre de plus de 1 million.

L'exploitation avait lieu en partie en *vallée*, sur une longueur de 200 m., suivant la ligne de plus grande pente, au moyen de 2 machines à vapeur établies à la surface, dont une de rechange.

Le puits de la Renaissance est guidé, et on y prépare une exploitation qui commencera à produire en 1876.

L'extraction atteint en 1876 le chiffre de 94,053 tonnes. Malgré ce chiffre important, et par suite de la baisse du prix des charbons, et aussi de l'élévation du prix de revient, le compte d'exploitation présente au 31 décembre 1876, une perte de 376,281 fr 15. Le bilan établi à cette date se solde par un excédant du passif sur l'actif de 539,689 fr. 30.

Cette situation ne laissait pas que d'être inquiétante, d'autant plus que le prix de revient était très élevé, et que malgré les réformes apportées, il se maintenait encore en avril 1877 à 14 fr. 92 la tonne, tandis que le prix moyen de vente, déduction faite des frais de transport à la gare de Rinxent, n'était que de 14 fr. 68.

En 1877, l'exploitation n'a lieu que par la fosse Providence. Elle produit 87,651 tonnes, mais avec une perte de 250,000 fr. Cette perte et les dépenses de chemin de fer et autres, élevèrent l'excédant du passif sur l'actif à près de 960,000 francs.

L'extraction de 1878 est de 77,733 tonnes. Elle a lieu entiè-

rement par la fosse Providence. Malgré une diminution du prix
de revient, la baisse continue du prix des charbons, donne pour
résultat final une perte sur l'exploitation de plus de 50,000 francs.
Cette perte, jointe aux intérêts des obligations, etc., augmente
le passif de plus de 250,000 fr., et porte l'excédant de ce passif
sur l'actif à bien plus d'un million.

L'exploitation de 1879, avec une production élevée de 93,818
tonnes, donne encore une perte de 75,000 fr., parce que le prix
moyen de vente s'est encore abaissé, malgré la réduction des
frais de transport amenée par le chemin de fer. Aussi, avec les
intérêts de la dette consolidée et de la dette chez les banquiers,
l'excédant du passif sur l'actif s'élève pendant cette année, de
près de 300,000 fr., et atteint au 31 décembre 1879, plus de 1
million et demi.

En 1880, l'extraction est de 95,213 tonnes, avec une perte de
63,000 fr. En y ajoutant les intérêts des obligations, 125,000 fr.,
et les intérêts et commissions de banque, 114,000 fr., on voit que
l'exercice 1880 se solde par un déficit de 302,000 fr., ou, de plus
de 3 fr. par tonne de houille extraite.

En résumé, la production des Mines d'Hardinghen, de 1870 à
1880, par la nouvelle Société, a été :

En 1870, de	4,878 tonnes.
» 1871 »	15,108 »
» 1872 »	29,449 »
» 1873 »	32,488 »
» 1874 »	52,771 »
» 1875 »	77,953 »
» 1876 »	94,273 »
» 1877 »	87,651 »
» 1878 »	77,733 »
» 1879 »	93,817 »
» 1880 »	95,213 »
Total	661,324 tonnes.

Production depuis l'origine. — Il est assez difficile d'ap-
précier l'importance de l'exploitation des Mines d'Hardinghen
pendant le siècle dernier. Elle était certainement peu considérable,
et devait rester comprise dans les limites de 3,000 à 6,000
tonnes par an. En admettant un chiffre moyen de 5,000 tonnes,
on peut évaluer la production de ces Mines :

De 1700 à 1800 à environ	500,000 tonnes.
De 1800 à 1839, elle fut un peu plus grande, et put varier de 8 à 12,000 tonnes, et on peut admettre qu'elle fut en moyenne de 10,000 tonnes par an, soit	390,000 »
On a vu que l'extraction totale, de 1839 à 1864, s'éleva à.............................	432,633 »
Et celle de 1865 à 1869, à..................	20,989 »
Enfin, de 1870 à 1880, elle fut de	661,324 »
Ensemble.........	2,004,946 tonnes.

2 millions de tonnes, telle a été la production du Bassin du Boulonnais, depuis la date de sa découverte à la fin du 17ᵉ siècle jusqu'en 1880.

Épuisement des eaux. — L'épuisement des eaux dans les nouvelles fosses d'Hardinghen a toujours été la grosse question ; non seulement il a été un sujet de dépenses considérables, venant grever fortement le prix de revient, mais il a donné lieu à plusieurs reprises, par suite d'accidents, à des interruptions d'extraction.

On a vu qu'à la fin de 1869, alors que la fosse Providence commençait à produire, le bris d'un retour d'eau avait amené l'inondation des travaux, et conduit à la liquidation de l'ancienne Société. Les embarras financiers ne permirent de remettre en marche l'exploitation que difficilement et lentement. Ainsi, la production n'est-elle

En 1870 que de......	4,878	tonnes.
» 1871 »	15,103	»
» 1872 »	29,449	»

D'après les rapports aux assemblées générales, on voit que pendant les mois d'hiver 1871-72, le chiffre maximum d'eau à épuiser, en 24 heures, était de 45,000 hectolitres, dont 35,000 par la machine de la Providence, et 10,000 par la machine de la Renaissance.

En décembre 1872, il fallut faire face à un épuisement qui parfois dépassa 62,000 hectolitres, et cela avec la seule machine de la Providence, celle de la Renaissance ayant été démontée pour faire place à une nouvelle. La marche rapide des appareils amena des accidents successifs, et une consommation excessive de charbon. Ainsi, dans les 5 mois de décembre à avril de l'hiver 1871-72, la consommation de charbon avait été de 45,226 hectolitres ; elle atteignit 64,754 hectolitres pendant les mêmes mois de l'hiver 1872-73.

En 1873, la nouvelle machine d'épuisement de la Renaissance fonctionna. Ce puits étant moins profond que la Providence, on établit une colonne de tuyaux de 450 m. de longueur, ou syphon renversé, qui prend les eaux à la base du calcaire dans ce dernier puits et les conduit à la Renaissance, d'où elles sont élevées par la machine d'épuisement placée sur ce puits.

Quand la machine d'épuisement de la Providence doit fonctionner, la venue d'eau de la Renaissance passe également par le syphon et se déverse dans le premier puits. Les 2 machines peuvent épuiser 90,000 et même 100,000 hectolitres d'eau par 24 heures.

Les venues d'eau maxima des années 1873 et 1874, furent respectivement de 54,000 et de 63,500 hectolitres par 24 heures, et on consomma chacune de ces années 10,514 tonnes et 6,634 tonnes de charbon. Grâce à l'amélioration du matériel d'épuisement, on avait réalisé en 1874, une forte économie. Cependant, les dépenses d'épuisement étaient prévues par M. De Clercq comme devant toujours être très considérables, et s'élever jusqu'à 200,000 fr. par an. Cette dépense correspondait à 2 fr. 22 par tonne pour une production annuelle de 90,000 tonnes.

Dans l'hiver 1875, la venue d'eau maxima était de 71,000 hectolitres par 24 heures, ou de 7,500 hectolitres de plus que l'année précédente.

D'après le rapport des Ingénieurs des Mines, en 1877, l'extraction d'eau était en moyenne de 42,000 hectolitres par jour, qui étaient élevés par la machine d'épuisement de la Renaissance.

Gisement. — Les indications données dans le chapitre XXIII, et la carte et les coupes de M. Garnier qui les accompagnent, planche XXXVIII, sont les seuls renseignements que l'on possède sur le gisement exploité par les anciens travaux de Fiennes et d'Hardinghen.

Les nouveaux puits, Dusouich, la Renaissance et la Providence, ouverts à partir de 1850, fournissent des indications précises sur le gisement actuellement en exploitation, situé à l'ouest des anciens travaux, et séparé de ceux-ci par une grande faille, planches XXXIX et XXXX. D'après le rapport du 28 mars 1865, de MM. Callon, de Bracquemont et Cabany, la coupe du bassin houiller d'Hardinghen, aux environs du puits de la Providence, paraît pouvoir être établi comme suit. (Planche XXXX) :

Terrains superficiels et étage de calcaire carbonifère supérieur au terrain houiller......................	176 m.	″
1º Veine de houille, sans désignation, de 0 m. 85....	185	30
2º ″ ″ ″ en 3 sillons de 1 m. 90 , dont 1 m. 40 en charbon	195	61
3º Veine, sans désignation, de 0 m. 82 dont 0 m. 46 en charbon...	217	11
4º Veine, sans désignation, de 1 m. 14 en charbon ...	232	39
5º ″ dite à Cuérelle, de 0 m. 91 ″ ...	253	39
6º ″ dite à Maréchal, de 0 m. 90 ″ ...	270	″
7º ″ sans désignation, reconnue par un sondage au fonds du puits sur 0 m. 70	295	″
8º Veine, dite Petite Veine à 2 laies, reconnue sur d'autres points, de 0 m. 80......................	325	″
9º Veine, dite Grande Veine, de 0 m. 80.....	345	″
Terrain houiller inférieur à la veine précédente, une vingtaine de mètres.............................	365	″

Vient ensuite l'étage inférieur du calcaire carbonifère.

D'après cela, l'étage houiller aurait au puits de la Providence 189 m. d'épaisseur totale, et un ensemble de 9 couches d'une puissance totale de 7 m. 96, soit environ 1/22 de l'épaisseur totale du terrain.

Mais cette puissance va en diminuant vers le sud, et se réduit à 5 couches de 4 m. 11, vers le milieu de l'intervalle qui sépare les puits Dusouich et de la Renaissance.

Les mêmes Ingénieurs évaluaient ensuite la richesse du Bassin à exploiter par les puits de la Renaissance et de la Providence, dont le champ d'exploitation s'étendait :

1º Perpendiculairement à la direction, sur 836 m.

2º Suivant la direction, sur 2,125 m.

Avec une puissance moyenne de charbon de 5 m. 61.

Ce champ d'exploitation contenait 100 millions d'hectolitres,

Pl. XXXIX

Landrethun

C.^{on} DE FERQUES

Calais

Caffiers

de Leulinghen

402

404

Ferques

de Bleoqueneeques

de Fer de la Cie de Réty

Boulogne

935

Fiennes

952
d'Hydrequent

CONCESSION

DE FIENNES

Sans pareille 943

Veine de Marcelle
Veine Marcelline
Veine inconnue

945 947

929
930 923 941
Renaissance 931 946 944
Bussaich 933 920 934 Vieille Serie
Belle Vue 950 928 Jasset 949
940
du Bois
Suzette 951

927
Plaines 937

Rinxent

Chemin

Fer

Réty

Hardinghen

Hénichard

CONCESSION

D'HARDINGHEN

CONCESSIONS
DU
BOULONNAIS

Echelle de 1 à 40.000.

par R.Haussermann & Simon.

Lille Imp. Danel

susceptible de donner pendant 50 ans , une extraction annuelle
de 900,000 hectolitres.

En 1880, d'après un rapport de M. Lisbet, administrateur-
directeur, à l'assemblée générale du 5 mai 1881 « une grande
» faille a été rencontrée à 900 m. à l'ouest de la fosse Providence.
» Cette faille déplace les assises houillères dans le sens vertical
» de 65 m., ce qui oblige à exécuter un cheminement horizontal
» d'environ 200 m., pour recouper toutes ces assises à la même
» altitude. (Planche XXXIX).

» Au delà de cette faille, les terrains sont très solides et d'une
» parfaite régularité. Déjà trois de nos couches y sont recoupées
» dans de très bonnes conditions d'exploitation ; elles sont même
» un peu plus puissantes qu'à l'est.

» L'exploration à l'ouest de cet accident est encore peu déve-
» loppée ; mais la découverte de belles veines de charbon, aux
» sondages de la Compagnie de Ferques (Nos 404 et 952), nous
» autorise à croire que nos veines se continuent jusqu'à la limite
» occidentale de notre concession, et qu'elles seront d'une
» exploitation facile et fructueuse, ce qui, sans nul doute, aura
» une influence heureuse sur notre entreprise.

» La région Nord de notre concession peut maintenant être
» considérée comme composée de trois zônes distinctes : la
» première, connue sous le nom d'ancien bassin, s'étend entre
» la fosse l'Espoir (No 925), et les puits Renaissance (No 931) et
» Providence (No 929), dont elle est séparée par une faille qui
» fait renfoncer les couches ; la seconde est formée de la surface
» comprise entre cette dernière faille, et celle que nous venons
» de traverser à l'ouest ; la troisième part de la faille de l'ouest
» pour aboutir à la limite occidentale de la concession.

» Les trois zônes comprendraient une superficie totale de 192
» hectares de terrain houiller utile.

» La première de ces zônes a été un peu exploitée par la fosse
» Espoir..................

» La seconde, depuis l'ouverture des fosses Renaissance et
» Providence, a été l'objet d'une exploitation plus importante,
» mais bien que 7 couches de houille d'une épaisseur utile de
» 6 m. 36 y aient été reconnues, deux seulement, d'une puis-
» sance de 1 m. 81, ont sérieusement été attaquées, et une troi-
» sième n'a été l'objet que d'une petite exploitation.

» La troisième zône est complètement intacte, et tout fait » espérer que nous y trouverons de très grandes ressources. »

Chemin de fer. — Les fosses d'Hardinghen, quoique très rapprochées du chemin de fer de Calais à Boulogne, expédiaient par voitures leurs produits à la gare de Rinxent, avec des frais considérables, 2 fr. 50 à 2 fr. 75 par tonne.

On avait eu d'abord la pensée d'établir un tramway pour les relier à ladite gare ; mais on ne tarda pas à reconnaître que ce mode de transport était insuffisant. On s'adressa, à la fin de 1873, à la Compagnie du chemin de fer du Nord, pour faire l'étude d'un embranchement allant à la gare de Caffiers. Un décret du 23 janvier 1876 déclara d'utilité publique cet embranchement, dont le développement est de 7,5 kilomètres.

Mais les formalités à accomplir furent très longues, et ce n'est qu'en avril 1877, que fut rendu le jugement d'expropriation des terrains ; les travaux ne commencèrent que dans le mois d'août suivant.

La Société avait demandé à la Compagnie du chemin de fer du Nord d'exécuter l'embranchement, dont le prix serait remboursable par annuités. Mais, par suite des exigences de cette Compagnie, on dût renoncer à son concours, et la Société entreprit elle-même la construction.

Quoique la voie ne fut pas entièrement achevée, les convois de houille purent circuler sur toute l'étendue de l'embranchement en mai 1878.

La superficie des terrains sur lesquelles est établie la voie ferrée est de . . . .   5 hect. 64 ares 75 cent.

La Société a dû acquérir en outre diverses propriétés détériorées, d'une contenance de   3   74   37

Ensemble . . . .   9 hect. 39 ares 12 cent.

qui ont coûté 126,793 fr. 13, soit 13,500 l'hectare.

La dépense de la construction de l'embranchement est reprise au bilan du 31 décembre 1880, pour 624,293 fr. 16.

A cet embranchement vient se joindre celui de la Compagnie des Carrières du Pas-de-Calais, dont le transport des produits sur 4 kilomètres produit un certain bénéfice à la Société de Réty.

Pl. XXXX

C^{on} D'HARDINGHEN

COUPE VERTICALE PASSANT PAR LES FOSSES DUSOUICH, LA RENAISSANCE ET LA PROVIDENCE

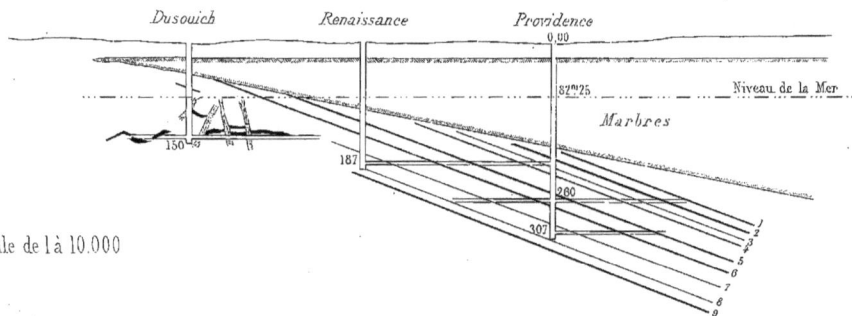

Dusouich   *Renaissance*   *Providence*

0,00

82^{m}25   Niveau de la Mer

Marbres

150   187   260   307

Echelle de 1 à 10.000

Veine de Vieille Maison	N.º 1 0^{m}35 en Charbon	
id du Bois d'Aulne	N.º 2 1^{m}40 id	
id Passée	N.º 3 0^{m}40 id	
id à Boulets	N.º 4 0^{m}60 id	
id a Querelles	N.º 5 1^{m}00 id	

Veine Maréchale	N.º 6 0^{m}90 en Charbon
id Inconnue	N.º 7 0^{m}50 id
id Petite à deux laies	N.º 8 0^{m}30 id
id Grande à deux laies	N.º 9 2^{m}20 id

par R.Haussermann & Simon.

Lille Imp. Danel

Emprunts. — Une assemblée générale extraordinaire fut tenue le 20 juin 1876, pour autoriser l'émission d'un emprunt de 2 millions en obligations. Cet emprunt était destiné à rembourser la dette qui dépassait alors 1 million, à faire face à de nouvelles dépenses de premier établissement et à constituer un fonds de roulement.

Cet emprunt fut autorisé. Les obligations devaient être émises à 475 fr., avec un intérêt de 30 fr. par an, et remboursables à 500 fr., dans un nombre d'années que fixerait le Conseil d'administration.

Cet emprunt produisit net 1,986,111 fr. 62, et fut employé d'abord à éteindre le compte des banquiers, près d'un million, et à diverses dépenses et frais.

Un second emprunt d'un million fut voté par l'assemblée générale du 14 mai 1877, pour combler l'excédant du passif, et faire face aux dépenses d'établissement du chemin de fer. Le montant de cet emprunt, qui du reste n'avait pas encore été réalisé lors de l'assemblée générale du 13 mai 1878, fut porté à 1,500,000 fr. par décision de cette assemblée, chiffre reconnu nécessaire pour rembourser la dette flottante, 430,000 fr., payer les intérêts du premier emprunt et les dépenses du chemin de fer. Cette seconde délibération ne reçut aucune suite, et les banquiers de la Société continuèrent à fournir les fonds nécessaires à la marche de l'entreprise, jusqu'à concurrence de plus de 2 millions, chiffre atteint au 31 décembre 1880.

On a vu que l'assemblée générale du 5 mai 1881, renonçant à l'idée de nouveaux emprunts, décida d'augmenter le capital actions et de le porter de 2 millions à 5 millions.

Dépenses. — Le capital primitif de la Société de Réty était de 1,200,000 fr. Il fut porté en 1872 à 2 millions, et le complément de 800,000 francs ne fut réalisé par le placement des actions qu'en 1874.

Ce capital de 2 millions était plus que dépensé à la fin de 1874, car le bilan du 31 décembre de cette année donne pour le passif :

Capital actions..........................	2,000,000 f. 00
Compte de banque....................	628,708 85
Créanciers divers.........	29,234 67
Dernière quinz. de décembre à payer .	45,089 93
Total	2,703,032 f. 95

Un emprunt par obligations de 2 millions fut contracté en 1876, et il ne tarda pas à être également dépensé. Ainsi, au 31 décembre 1877, le passif se composait de :

Capital actions....................	2,000,000 f. 00
Obligations. Emprunt de 1876	1,999,750 00
Compte de banque................	434,129 26
Créanciers divers................	52,681 66
Total...........	4.486,560 f. 92

Le payement des intérêts et le remboursement des obligations de l'emprunt, s'ajoutent ensuite aux pertes de l'exploitation et aux dépenses de construction du chemin de fer, et viennent augmenter considérablement le passif de la Société. Ce sont les banquiers qui avancent les sommes importantes réclamées pour ces dépenses.

Le passif, au 31 décembre 1879, est ainsi composé :

Capital actions....................	2,000,000 f. 00
Obligations. Emprunt 1876.........	1,985,500 00
Compte de banque................	1,666,547 57
Créanciers divers...........	77,628 45
Total du passif........	5,729,676 f. 02

L'actif comprend :

Caisse et portefeuille.....	88,607 f. 33
Débiteurs divers	82,168 81
Charbon et objets en magasin	180,677 74
Matériel........................	596,447 81
Immeubles...................	1,729,123 71
Chemin de fer sur Caffiers.........	613,111 20
Travaux de 1er établissement........	932,927 11
Total de l'actif........	4,223,063 f. 71
Excédant du passif sur l'actif........	1,506,612 31
	5,729,676 02

Cet excédant du passif sur l'actif, 1,506,612 fr. 31, représentait les pertes de l'exploitation depuis l'origine de la Société, le 22 juillet 1870.

Dans l'assemblée générale du 10 mai 1880, les commissaires de surveillance faisaient remarquer « que, si ce chiffre représentait réellement une perte, cette perte atteindrait les trois » quarts du capital social, et que, par suite, il y aurait lieu de » prendre l'avis des actionnaires, réunis en assemblée générale » extraordinaire, conformément à l'article 48 des statuts (1). » Mais ils ajoutaient : « pour nous, le chiffre de 1,506,612 fr. 31 » ne représente pas nécessairement une perte de même somme.

» On a porté au compte de charges et bénéfices, chaque » année, le déficit du compte d'exploitation............ Or, s'il » doit en être ainsi lorsque le charbonnage, étant installé et » outillé, son exploitation normale donne des pertes, il n'en » saurait être nécessairement de même pendant la période d'ins- » tallation.

» Pendant cette période, une extraction, nécessairement » limitée, opérée avec un outillage incomplet, doit plutôt être » considérée comme un allègement des frais de premier établis- » sement......... »

La question est discutée dans l'assemblée qui, par un vote unanime, décide « qu'à partir du 31 décembre 1878, le solde du » compte charges et bénéfices sera porté au débit du compte » travaux de premier établissement, et charge l'administration » de régler les écritures en conséquence. »

Il fut fait ainsi. Sur l'excédant du passif ...   1,506,612 f. 31
il fut porté au compte des frais de premier
établissement 1,211,022 17
                                                     ─────────────
montant de cet excédant à la date du 31 dé-
cembre 1878, époque à laquelle le chemin de
fer avait été mis en exploitation.

Le solde 295,590 14
fut considéré comme la perte arbitrée de l'exploitation pour l'année 1879.

Cette rectification dans les écritures opérée, le bilan au 31 décembre 1880, présente les résultats ci-dessous :

(1). Art. 48. En cas de perte des trois quarts du capital social, les administrateurs seront tenus de provoquer la réunion de l'assemblée générale de tous les actionnaires à l'effet de statuer sur la question de savoir s'il y a lieu de prononcer la dissolution de la Société.

PASSIF.

Capital actions......................	2,000,000 f.	00
Obligations. Empruut 1876	1,971,250	00
Compte de banque	2,038,842	84
Créanciers divers....................	73,290	60
	6,082,883 f. 44	

ACTIF.

Caisse et portefeuille..................	66,512 f.	57
Débiteurs divers	122,289	49
Charbon et objets en magasin...........	163,203	23
Matériel	,605,462	28
Immeubles	1,759,242	84
Chemin de fer sur Caffiers.......	624,293	16
Travaux de premier établissement	2,143,949	28
	5,485,052 f. 85	
Excédant du passif sur l'actif..................	597,830	57
	6,082,883 f. 44	

Ainsi que le montrent les chiffres de ce bilan, les dépenses effectuées aux Mines d'Hardinghen par la Société anonyme, de 1870 à 1880, s'élèvent à...................... 6,082,883 44

On a vu que les dépenses de la Société civile, de 1838 à 1869, avaient été de 5,056,255 14

Ensemble.......... 11,139,138 58

Plus de 11 millions, telle est la somme qui a été dépensée aux Mines d'Hardinghen, pour y créer une exploitation qui jusqu'ici n'a pas atteint annuellement 100,000 tonnes.

Valeur des actions. — La Société anonyme avait été constituée avec 2,400 actions de 500 fr. Ce nombre d'actions fut porté à 4,000 en 1872.

Ces actions étaient vendues à la bourse de Lille à 800 fr. à la fin de l'année 1874.

Comme toutes les autres actions houillères, elles s'élèvent en 1875 et atteignent leur prix maximum, 1,500 fr., en avril. Elles diminuent ensuite, et leur valeur n'est plus

En janvier 1876 que de . . . .   1,170 francs.
» juin   »   760   »
» décembre   »   605   »

Elles descendent au-dessous du pair , à 485 fr. en juin 1877 , remontent à 716 en décembre , pour redescendre à

480 fr. en novembre 1878
314   en juin   1879

On les trouve cotées à

415 fr. en janvier   1880
327   en juin   1880
301   en décembre   1880
178   en mai   1881
152   en août   1881
141   en octobre   1881

Prix de revient. — Les rapports des Ingénieurs des Mines fournissent les renseignements suivants pour les années 1873 et 1874.

	1873	1874
Extraction . . . . Tonnes.	32,488	52,771
Dépenses d'exploitation . . . . Fr.	788,808	951,010
» de premier établissement . . . . Fr.	185,821	529,203
» totales . . . . Fr.	968,629	1,480,213
Prix de revient de l'exploitation . . . . . Fr.	24,10	18,02
Dépenses de premier établissement . . . Fr.	5,70	10,02

Ces prix de revient, même celui de 1874, étaient excessifs. Les rapports aux assemblées générales indiquent les améliorations apportées successivement à partir de 1874. Ainsi :

En 1875, diminution 1 f. 54, ce qui laisse pour prix de revient, 16 f. 48.
» 1877   »   2 77 sur le prix de 1876.
» 1878   »   2 88   »   1877.
» 1879   »   1 19   »   1878.
» 1880, le prix de revient est le même qu'en 1879.

Prix de vente. — On trouve également dans les publications des Ingénieurs des Mines, les renseignements suivants sur le prix moyen de vente des Mines d'Hardinghen.

1869	16 f. 53 la tonne.
1871	21 77 »
1872	19 00 »
1873	22 50 »
1874	21 00 »
1876	14 72 »
1877	14 60 »
1879	14 16 »

D'un autre côté, les rapports aux assemblée générales, indiquent que le prix moyen de vente a baissé

En 1875 sur 1874 de 2 fr. 32 par tonne.
» 1876 » 1875 » 2 45 »
» 1877 » 1876 » 2 34 »
» 1878 » 1877 » 2 72 »
» 1879 » 1878 » 2 07 »
» 1880 » 1879 » 0 60 »

Quoique le prix de revient ait été abaissé très notablement dans les dernières années, il est resté toujours élevé, puisqu'avec les prix de vente assez bien indiqués ci-dessus, l'exploitation d'Hardinghen, sauf pendant l'année 1874, a toujours été en perte.

Les houilles d'Hardinghen sont des houilles sèches à longue flamme. Leur composition, d'après des essais faits à l'École des Mines en 1876 et 1877 est :

Matières volatiles	35,4	à	38,6 %
Carbone fixe	61,8		57,8 »
Cendres	2,8		3,6 »
	100,0		100,0

Renseignements sur la vente. — On trouve dans les rapports des Ingénieurs des Mines, les indications suivantes sur la composition des charbons d'Hardinghen, les lieux de consommation de ces charbons et les modes d'expédition.

	1876.		1877.		1878.		1879.		1880.	
Extraction.	Ton.	%	Ton.	%	Ton.	%	Ton.	%	Ton.	%
ros	5.816	6,1	5.888	6,7	17.009	21,9	12.858	13,7	11.521	12,1
ut-venant	67.313	71,4	60.287	68,8	38.240	49,2	51.223	54,6	56.267	59,1
scaillage	21.144	22,5	21.476	24,5	22.484	28,9	29.736	31,7	27.427	28,8
Totaux.	94.273	100	87.651	100	77.733	100	93.817	100	95.215	100
Vente.										
ans le Pas-de-Calais . .	28.174	31,1	30.457	34,2	27.960	36,9	42.157	16,3	50.406	52,3
» Nord	2.790	3,0	4.470	5,0	510	0,6	1.260	2,4	2.700	2.8
ors le Nord et le P.de-C	41.449	45,8	33.057	36,9	29.835	39,3	24.103	26,4	22.045	22,9
onsommation	18.098	26,0	21.425	23,9	17.472	23,0	22.7 1	24,9	21.274	22,0
Totaux	90.511	100	89.409	100	75.777	100	91.271	100	96.425	100
Modes d'expédition.										
ar voitures	9.903	10,9	9.609	10,7	4.918	6,5	4.077	4,4	2.889	3,1
ar chemin de fer	62.510	69,0	58.375	65,3	53.387	70,4	64.443	70,5	72.262	74,9
onsommation	18.098	20,0	21.425	23,9	17.472	23,0	22.751	24,9	21.274	22,0
Totaux	90.511	100	89.409	100	75.777	100	91.271	100	96.425	100

Le tableau ci-dessus montre :

1° Que la production du gros charbon aux Mines d'Hardinghen est beaucoup plus grande que dans les autres houillères du Bassin du Pas-de-Calais. Elle a été en moyenne de 12 %, pendant les cinq années 1876 à 1880, tandis que pour tout le bassin, elle n'a été pendant les mêmes années que de 2,2 % ;

2° Mais, par contre, la production d'escaillage est de 27 % à Hardinghen, tandis qu'elle n'est dans tout le bassin que de 4 °/° :

3° La consommation de charbon de la Mine est très considérable, à cause de la grande quantité d'eau à épuiser. Elle atteint près de 23 % de l'extraction. La moyenne de la consommation de toutes les mines du Bassin est de 8,2 %.

Ouvriers. Salaires. — Les mêmes rapports des Ingénieurs des Mines donnent les renseignements suivants sur le nombre des ouvriers et sur le taux de leurs salaires.

ANNÉES.	EXTRACTION.	NOMBRE D'OUVRIERS.			PRODUCTION PAR OUVRIER		SALAIRES	
		au fond.	au jour.	Total.	du fond.	des 2 catégor.	Totaux.	par ouvrier.
	Tonnes.				Tonnes.	Tonnes.	Fr.	Fr.
1871	15.103	180	120	300	84	50	231.882	772
1872	29.449	268	128	396	110	74	315.537	796
1873	32.488	»	»	»	90	»	»	1.148
1874	52.771	»	»	»	122	»	»	874
1875	77.953	»	»	»	»	»	»	»
1876	94.273	»	»	»	129	»	»	1.028
1877	87.651	546	234	780	160	112	737.656	945
1878	77.233	561	192	753	139	103	609.750	809
1879	93.817	434	180	614	216	152	693.801	1.130
1880	95.215	553	165	718	172	132	720.751	1.003

La production par ouvrier est faible à Hardinghen, et inférieure de 25 à 35 % à la moyenne obtenue dans le Bassin, sauf pour l'année 1879.

Le salaire est aussi généralement inférieur à celui des autres houillères.

Maisons. — En 1873, la Compagnie possédait 45 maisons d'ouvriers. En 1879, elle en possède 157, lui permettant de loger plus du tiers de son personnel.

Legs Désandrouin. — M. Désandrouin en mourant, légua une rente à perpétuité de 1,200 fr. par an, pour venir en aide aux ouvriers mineurs d'Hardinghen âgés, infirmes et devenus impropres à travailler.

Jusqu'à la mort , vers 1824 , de M. Cazin-d'Honnincthun , la répartition de cette rente se fit par les soins de ce dernier. Ensuite , le bureau de bienfaisance se chargea de la distribution des secours légués par M. Désandrouin. Seulement, il paraît résulter de divers renseignements , que ces secours n'ont pas été et ne sont pas toujours accordés aux ouvriers mineurs seulement , mais aussi aux indigents d'Hardinghen.

PUITS.

N° 932. Fosse Dusouich. — Est tombée sur le sommet d'une selle et n'a trouvé que des couches amincies et irrégulières.

A été abandonnée en 1852, après le dépouillement des veines découvertes. Reprise en 1864. On y extrait un peu de charbon, puis on l'abandonne de nouveau en 1868, les veines présentant une allure trop accidentée. Profondeur 154 m.

N° 931. Fosse la Renaissance N° 1. — En 1852, cette fosse était à peine entrée en exploitation lorsqu'elle fut envahie par les eaux et noyée. On la regarda alors comme perdue

En 1862, on y installa une machine d'épuisement de 200 chevaux, avec une pompe de 0 m. 36. L'inondation de la Providence fait suspendre l'approfondissement du puits, qui cependant est repris en 1865, et poussé jusqu'à 206 m.

N° 930. Fosse la Renaissance N° 2. — Abandonnée à 42 m. de profondeur.

N° 929. Fosse de la Providence. — Commencée en 1852 après l'inondation et l'abandon de la Renaissance.

En 1857, elle était à 147 m. dans les marbres. A 150 m., on rencontre de l'eau en abondance, une machine d'épuisement devient indispensable, mais les fonds manquent pour l'acheter. On parvient toutefois à s'en procurer, et en août 1859, le puits atteint le terrain houiller à 176 m. 85. De 171 m. à 181 m., soit sur 11 m., on est obligé pour retenir les eaux, à la séparation du calcaire et du terrain houiller, d'établir un fort cuvelage en fonte, le premier qui ait été appliqué en France.

En 1860, on atteint la profondeur de 210 m., après avoir traversé 3 couches de houille de :

$$0 \text{ m. } 85 \text{ à } 184 \text{ m. } 45$$
$$0 \quad 35 \text{ » } 184 \quad 30$$
$$1 \quad 40 \text{ » } 193 \quad 71$$

L'exploitation commence en 1861.

En 1864, la fosse est inondée. Il vient 35,000 hectolitres d'eau par 24 heures. On y installe une machine d'épuisement de 1,200 chevaux, dont le montage dure longtemps, et qui ne fonctionne qu'en 1867. Le puits est vidé, les travaux sont réparés, un nouvel accrochage est ouvert à 260 m., et l'exploitation est reprise en 1868.

La machine d'épuisement peut élever en marche normale 60,000 hectolitres d'eau par jour, et au besoin 80,000 hectolitres.

Profondeur 307 m.

N 937. Fosse des Plaines. — Ouverte en 1861. Trouve à la profondeur de 10 m. du charbon que l'on commence de suite à exploiter.

On y a rencontré 2 veines de 1 et 3 m., irrégulières et donnant du charbon de qualité médiocre, mais obtenu à un prix de revient très rémunérateur, 0 fr. 40 l'hectolitre.

Inondée en 1864 par une venue d'eau de 50,000 hectolitres par 24 heures. On y installe une machine d'épuisement de 80 chevaux, commandant 2 pompes de 0 m. 60.

Les veines formaient de gros nodules irréguliers dans le calcaire, plongeant tout autour du puits. L'exploitation prise en *vallées* était fréquemment suspendue par le moindre arrêt de la machine, et ne pouvait être continuée sans approfondir le puits, travail long et coûteux. On a préféré y suspendre l'exploitation.

Profondeur 52 m.

N° 938. Fosse de Locquinghen. — Était en exploitation en 1888, lors de l'achat des mines, et était estimée 12,150 fr. 87.

Abandonnée en 1840.

N° 946. Fosse du Nord. — Acquise en 1838 des anciens propriétaires d'Hardinghen et évaluée alors à 73,323 fr. 62.

Abandonnée en 1848.

N° 926. Fosse du Sud. Acquise également en 1838, et évaluée à 77,229 fr 77. Servait encore à l'épuisement vers 1852

N° 927. Fosse Hénichart. — Abandonnée en 1842.

N° 939. Fosse Vieille-Garde. — Abandonnée en 1845.

On y a atteint des schistes verdâtres et des psammites que M. Promper regarde comme dévoniens.

N° 945. Fosse Sainte-Barbe. — Abandonnée en 1847. A rencontré une brèche de calcaire magnésien dans laquelle son approfondissement a été arrêtée.

N° 947. Fosse Sans-Pareille. — A l'est de Sainte-Barbe.

On y a atteint la brèche du calcaire magnésien par une bowette au Nord. Elle se présentait comme un mur presque vertical contre lequel s'appuyait le terrain houiller en stratification discordante.

N° 925. Fosse l'Espoir. — Ouverte en 1838 à 80 m. seulement des schistes rouges du dévonien supérieur. Profondeur 258 m. — Est établie dans la concession de Fiennes, mais les travaux se sont étendus dans la concession d'Hardinghen.

A produit une assez grande quantité de houille. Inondée subitement en 1858 par la rencontre des eaux contenues dans les anciens travaux, et abandonnée en laissant chevaux et matériel.

De 1854 à 1857, cette fosse réalisa de 58,000 à 98,000 fr. de bénéfices annuels.

N° 941. Fosse la Boulonnaise. — Ouverte en 1838 sur la concession de Fiennes. A donné des produits assez importants pendant 2 ans; mais, en 1840, ne tirait déjà presque plus rien.

Abandonnée en 1850.

N° 928. Fosse de la Verrerie. — Était en exploitation à la profondeur de 65 m. antérieurement à 1852. Abandonnée pendant cette année.

N° 950. Fosse Bellevue. — Ouverte en l'an V.

N° 940. Fosse du Bois des Aulnes.

N° 948. Fosse Hibon. — Etait en exploitation en 1859.

N° 949. Fosse Jasset. — Produisit, en 1859, 106,534 hectolitres.

N° 951. Fosse Suzette. — Ouverte en l'an V.

SONDAGES.

SONDAGES DE LA SOCIÉTÉ DE FIENNES.

N° 942. Sondage N° 1. — 1876. — Rencontre d'anciens travaux, puis traverse à 115, 117 et 126 m. de profondeur, 3 veines de 0 m. 80, 0 m. 60 et 0 m. 90 à 1 m. de hauteur verticale.

N° 943. Sondage N° 2. — 1876. — Arrêté dans le terrain dévonien en place, à plus de 70 m.

N° 944. Sondage N° 3. — 1876. — Rencontre à 65 m. une veinule de 0 m. 10 peu inclinée, puis 2 veines de 0 m. 40 à 0 m. 50, au-dessous desquelles le terrain s'est redressé brusquement. Abandonné à 173 m. dans le terrain houiller droit en 1877.

PUITS ET SONDAGES DANS LA CONCESSION DE FERQUES.

(Voir : *Mines de Ferques*).

N° 403. Puits de Leulinghen.

N° 402. Puits Promper.

N° 404. Sondage de Blecquenecques.

N° 953. Sondage d'Hydrequent.

XXV

MINES DE FIENNES.

Concession de Fiennes. — Achat par une Société en 1837. — Vente en 1875. — Société des houillères de Fiennes. — Sondages.

Concession de Fiennes. — Ainsi qu'il a été dit précédemment, un arrêt du Conseil de 1741 avait accordé à M. de Fontanieu, le privilège d'exploiter les mines de houille sur le territoire de Fiennes.

On possède peu de renseignements sur cette exploitation. Mais il résulte de divers documents que M. de Fontanieu n'avait pas fait fixer, conformément aux prescriptions de la loi de 1791, les limites de sa concession.

Après la promulgation de la loi de 1810, son successeur réclama la reconnaissance de ses droits sur les mines de Fiennes. Il alléguait que l'exploitation de ces mines s'était poursuivie sans interruption jusqu'en 1813 ; qu'étant en activité lors de la promulgation de la loi nouvelle, le propriétaire de ces mines en était devenu, aux termes mêmes de ladite loi, propriétaire incommutable, et par suite, qu'il n'avait pas à provoquer l'institution d'une concession nouvelle.

La question soumise au Conseil général des Mines et au Conseil d'Etat, ne fut résolue qu'en 1840. Ces corps décidèrent qu'il y avait lieu de constituer une nouvelle concession pour les mines de Fiennes, et une ordonnance royale, du 29 décembre 1840, institua la concession de Fiennes, d'une étendue de 431 hectares, en faveur de M. de Laborde, ayant-cause de M. de Fontanieu.

Achat par une Société en 1837. — La Société civile qui s'était formée sous le nom de Société de Fiennes, pour acheter la concession d'Hardinghen, acquit en même temps de Mme la Baronne de Laborde, des droits éventuels à la concession de Fiennes. Les deux concessions furent ainsi réunies et exploitées par la même Compagnie.

C'est sur la concession de Fiennes que furent ouvertes en 1838 les fosses l'Espoir n° 925 et la Boulonnaise n° 941, Planche XXXIX, qui donnèrent des produits assez importants, surtout la première, jusqu'au moment de son inondation en 1858.

Vente en 1875. — Lors de la liquidation de la Société civile de Fiennes et d'Hardinghen en 1870, il ne fut procédé d'abord qu'à la vente de la concession d'Hardinghen. La mise en vente de la concession de Fiennes n'eut lieu que beaucoup plus tard, d'abord en 1874, puis en 1875, sur la mise-à-prix de 100.000 fr. pour la concession proprement dite, et de 3.600 fr. pour deux parcelles de terre qui en dépendaient.

Deux Sociétés se présentèrent à l'adjudication du 23 février 1875 : la Société de Réty, qui voulait réunir la concession de Fiennes à celle d'Hardinghen dont elle était devenue propriétaire, et une Société nouvelle qui venait de se constituer provisoirement pour cette acquisition, et qui fut déclarée adjudicataire.

Société des houillères de Fiennes. — La Société qui avait acheté la concession de Fiennes, fut constituée définitive-ment par acte du 24 octobre 1875. Son fonds social était formé de 3.000 parts. Il fut porté à 4.000 par décision de l'Assemblée géné-rale du 8 Juin 1876, et par l'émission de 1000 parts de 250 fr., payables en souscrivant, et devant « lors de la transformation de » la Société actuelle en Société anonyme, être échangée contre » une action de 500 fr. entièrement libérée, de la nouvelle » société. (1) »

_____

(1) Brochure publiée par la Société civile des houillères de Fiennes. Paris, impri-merie Jules Boyer, 11, rue Neuve-Saint-Augustin, 1876.

Cette transformation aurait d'après un article du Journal « *Le Charbon,* » du 12 août 1877, été effectuée. Ce journal dit :

« La Société civile des houillères de Fiennes (Société de recher-
» ches), vient d'être transformée en Société anonyme, au capital
» de 1. 525.000 fr. divisé en 3.050 actions libérées de 500 francs.

» L'assemblée de constitution a eu lieu le 24 juillet dernier. »

Deux ans après, les ressources dont on disposait étaient épuisées, et l'Assemblée générale du 22 avril 1879 prononçait la dissolution de la Société.

SONDAGES.

La Société de Fiennes a exécuté en 1876 et 1877, trois sondages dans sa concession, savoir : (Planche XXXIX).

N° 942. Sondage N° 1, situé à l'extrémité sud-ouest de la concession, et qui, après avoir rencontré d'anciens travaux, a traversé à 115, 117 et 126 m. de profondeur, trois couches de houille de 0 m. 80, 0 m. 60 et 0 m. 90, à 1 m. de hauteur verticale.

N° 943. Sondage N° 2, au nord du précédent, arrêté dans le terrain dévonien en place, à plus de 70 m. de profondeur.

N° 944. Sondage N° 3, à l'est des deux premiers et à l'extrémité sud-est de la concession. A rencontré à 65 m. une veinule de 0 m. 10 peu inclinée, puis deux veines de 0 m. 40 à 0 m. 50, au-dessous desquelles le terrain s'est redressé brusquement. Abandonné à 173 m. dans le terrain houiller droit, en 1877.

N° 953. Sondage de Widrethun. — (Planche XLI).

La Société de Fiennes songea, dès 1876, à faire des recherches non seulement dans sa concession, mais en dehors et au-delà de la concession de Ferques, en vue d'en obtenir une nouvelle. C'est ainsi qu'elle fut amenée à ouvrir un sondage à Widrethun, à gauche de la route de Boulogne à Calais, sur le prolongement de la petite bande houillère reconnue dans la concession de Ferques.

Ce sondage, commencé à la fin de 1876, pendant qu'on continuait 2 sondages à Fiennes, par le procédé Fauvel, dit hydraulique, dut être abandonné vers 60 m., dans le terrain jurassique, à la suite de nombreux accidents.

On ouvrit un autre trou de sonde à côté du premier avec un nouvel appareil. A la fin de 1877, le sondage était à 145 m. dans le marbre Napoléon.

Le sondage de Widrethun a été abandonné vers 175 m., avant la dissolution de la Société, qui a eu lieu le 22 avril 1879.

XXVI.

MINES DE FERQUES.

Constitution de la Société de Ferques en 1837. — Liquidation en 1842. — Nouvelle découverte en 1845. — Désistement de la renonciation à la concession. — Puits de Leulinghen. — Vente de la concession en 1875. — Sondage de Blecquenecques. — Sondage d'Hydrequent. — Procès-verbal d'une commission d'Ingénieurs en 1881.

Constitution de la Société de Ferques en 1837. — Il existe en dehors des concessions d'Hardinghen et de Fiennes, vers l'ouest, entre autres points, sur Ferques, des affleurements de terrain houiller. C'est dans l'un de ces affleurements qu'on découvrit de la houille en 1835.

MM. Frémicourt père et fils, Parizot, Richarson et Davidson, à la suite de cette découverte, formèrent dès le 20 août de cette même année 1835, une demande de concession, s'étendant sur 2.400 hectares. Leur demande fut accueillie, en partie du moins, et une ordonnance du 27 Janvier 1837 leur accorda, sous le nom de *concession de Ferques*, une superficie de 1 364 hectares.

Les concessionnaires constituèrent, par acte reçu par Mᵉ Corbin, Notaire à Paris, les 17 mars et 19 avril 1837, une société en commandite par actions.

A cette époque une fosse avait été creusée et avait déjà fourni de petites quantités de houille. On approfondissait cette fosse jusqu'au calcaire inférieur, et on se proposait d'en ouvrir une deuxième sur l'aval pendage des veines.

Les travaux furent continués pendant les cinq années 1837 à 1841, mais sans succès.

En 1842, les travaux d'exploitation étaient entièrement abandonnés, et on terminait un sondage entrepris à 150ᵐ à l'Est de la première fosse.

Liquidation en 1842. — La Société n'ayant plus d'espoir de réussite, se dissout et entre en liquidation le 5 septembre 1842.

Son matériel est vendu à la criée le 17 septembre 1843, et le produit, défalcation faite des dettes, fut réparti aux actionnaires. Le mois suivant, la Société adresssa au préfet du Pas-de-Calais, une déclaration de renonciation à la concession de Ferques, motivée sur l'inutilité de ses efforts pour la mettre en valeur.

Cependant l'administration avait continué à imposer la concession de Ferques à la redevance fixe. Les liquidateurs de la Société, par une pétition du 7 octobre 1844, demandèrent la radiation de cette imposition, comme conséquence de la renonciation à la concession. Il fut donné satisfaction à cette demande, par un arrêté du Préfet du 15 février 1845.

Nouvelle découverte en 1845. — Sur ces entrefaites, au commencement de l'année 1845, le sieur Bonvoisin, propriétaire à Leulinghen, en labourant un champ, met à découvert de la houille, et pratique des explorations qui lui font reconnaître l'existence d'un massif de charbon d'une certaine importance. Cette découverte fait du bruit dans le pays.

La Compagnie de Fiennes et d'Hardinghen vint, dès le mois d'avril, installer deux petits puits, proches du champ Bonvoisin, et y constata la présence du terrain houiller et de la houille, dès le 7 septembre 1845.

En présence de ces tentatives le sieur Bonvoisin déclare sa découverte dès le 28 août, et formule, le 30 du même mois, une demande de concession.

De son côté le Société de Fiennes et Hardinghen, adressa le 15 septembre 1845, une demande d'extension de sa concession d'Hardinghen, comprenant les terrains sur lesquels la houille venait d'être découverte.

L'administration n'avait pas alors accepté définitivement la renonciation à la concession ; toutefois les rapports des Ingénieurs des Mines, en date de septembre 1845, avaient conclu à l'acceptation de cette renonciation, la concession n'étant grevée d'aucune hypothèque.

Désistement de la renonciation à la concession. —

Deux des trois liquidateurs de la Société, se prévalant de ce que la demande de renonciation n'avait pas encore reçu de solution officielle, se désistèrent, au nom de la Compagnie de Ferques, de cette demande, en octobre 1845. Ils acquittèrent les impôts de la concession et firent afficher leur désistement de demande en renonciation (1).

L'administration fut obligée de reconnaître que les droits de la Société de Ferques à sa concession, n'étaient pas périmés, et la maintint en possession de sa propriété.

M. Adam, l'un des liquidateurs de la Société de Ferques, s'était séparé sur cette question de ses deux collègues, MM. Frémicourt et Dupont. Il s'était même mis à la tête d'une nouvelle société qui demanda la concession de partie de l'ancienne concession de Ferques.

Le 7 septembre 1847, le sieur Bonvoisin qui avait par hazard découvert, ainsi qu'il a été dit, un massif de houille à Leulinghen, réclama auprès de l'administration, une indemnité, à titre d'inventeur, de la Société de Ferques. Mais l'administration refusa d'intervenir dans cette demande (2).

La découverte du sieur Bonvoisin fit grande sensation dans le pays, et donna lieu à diverses déclarations de recherches et de demandes de concession de la part des propriétaires.

Ainsi, le 20 septembre 1845, le sieur Bourlet d'Halawgne, adresse à la Préfecture du Pas-de-Calais, une déclaration relative à des recherches qu'il va entreprendre sur le territoire de Marquise.

Le 4 octobre 1845, c'est une demande de concession de Mme V^e

---

(1) Mémoire adressé au Ministre le 5 mars 1846 par les administrateurs de la Société de Fiennes et Hardinghen.

(2) Pétition du sieur Bonvoisin , du 7 septembre 1847.

Libert, de Calais, sur les terrains qu'elle possède à Marquise, près le champ où le sieur Bonvoisin a trouvé la houille

N° 403. **Puits de Leulinghen**. — La Compagnie Frémicourt ayant été remise en possession de la concession de Ferques, reprit ses travaux en 1846, et ouvrit de petits puits creusés sur les affleurements du terrain houiller qui fournissaient une certaine quantité de charbon.

En 1848, elle ouvrit un puits à Leulinghen, également sur les affleurements, occupant une bande très étroite, et formée de terrains presque verticaux. Son but était de pénétrer dans les calcaires qui recouvrent le terrain houiller, et elle avait l'espoir d'y rencontrer un terrain en place et plus régulier.

Le puits de Leulinghen, N° 403, Planche XLI, atteignit le calcaire inférieur à 81 m. Une galerie ouverte à cette profondeur, rencontra également le calcaire, mais le calcaire supérieur à 30 m. Une série de petits puits intérieurs et de galeries superposées furent exécutés successivement et explorèrent un massif de terrain houiller de 270 m. de hauteur verticale, sur 30 à 70 m. d'épaisseur horizontale, véritable faille ou fente remplie de terrain houiller bouleversé, avec amas de houille. Voir Planche XLI.

La Compagnie avait épuisé à peu près toutes ses ressources dans ses recherches de Leulinghen, qui du reste n'avaient abouti à aucun résultat, et le 1er janvier 1852, elle suspendait tous ses travaux dans la concession de Ferques.

Elle songea alors à exécuter un sondage par le procédé Kind, à Guines : elle l'y abandonna à 241 m. 92, après avoir traversé 224 m. de morts terrains, et 17 m. 92 de grès, et schistes dévoniens.

Enfin, quelques-uns des principaux actionnaires de la Société entreprirent, à la suite de l'abandon de la position de Guines, en 1852, un sondage à Wizernes, près St-Omer, qui rencontra également le terrain inférieur à la formation houillère.

Vente de la concession en 1875. — On a vu qu'une ordonnance royale du 27 janvier 1837, avait accordé aux sieurs Frémicourt, Parizot, Richardson et Davidson, la concession des Mines de Ferques, s'étendant sur une superficie de 1.364 hectares.

Pl. XXXX

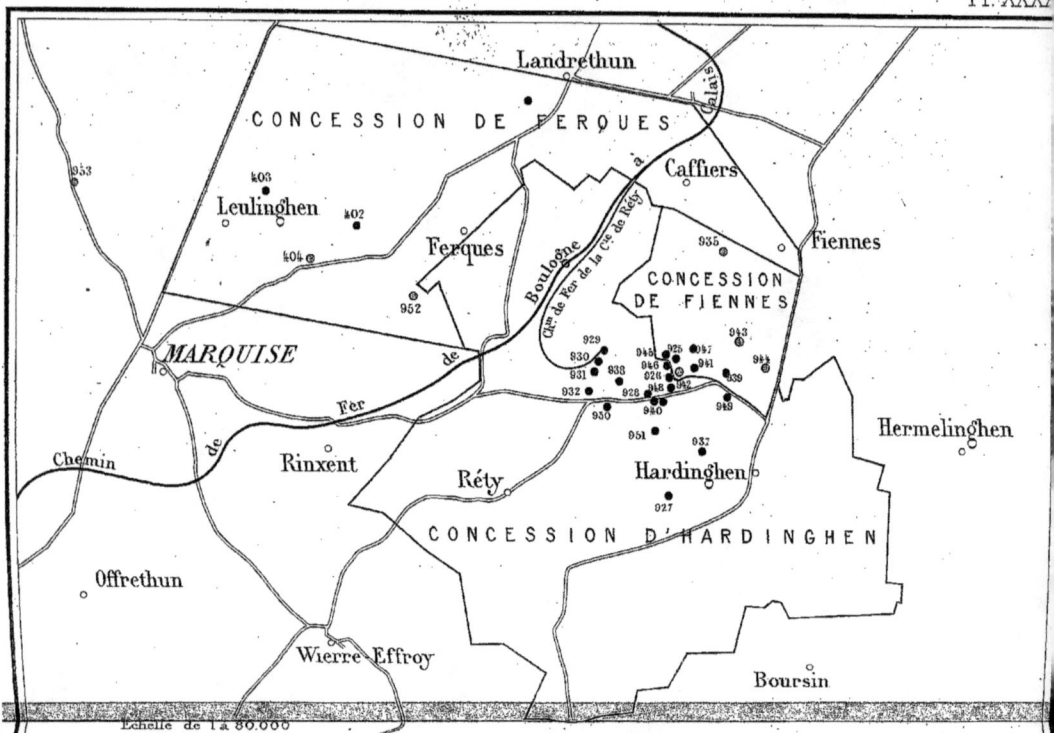

CONCESSION DE FERQUES

Landrethun

CONCESSION DE FERQUES

953

403

Leulinghen

402

404

Ferques

952

MARQUISE

Fer

Chemin

de

Rinxent

Offrethun

Wierre-Effroy

Caffiers

Fiennes

935

CONCESSION
DE FJENNES

929
930   945   925   947   943
931   938   926   941   944
         928   948   939
932   940   949
      930
951   937
Réty   Hardinghen
027

CONCESSION D'HARDINGHEN

Hermelinghen

Boursin

Echelle de 1 à 80.000

CONCESSION DE FERQUES

SONDAGE DE BLECQUENECQUES N.º 404   PUITS DE LEULINGHEN N.º 403

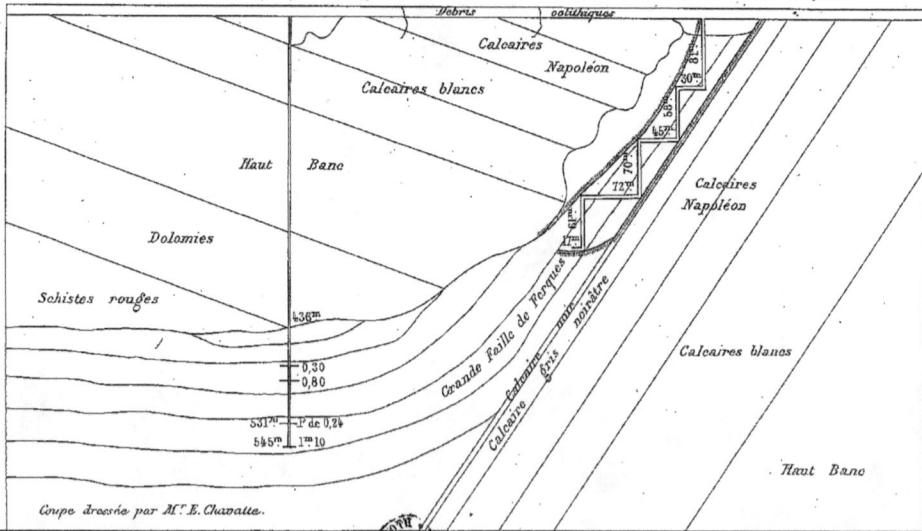

Débris   oolithiques

Calcaires   Napoléon

Calcaires blancs

Haut   Banc

Dolomies

Schistes rouges

436m

0,30
0,80

531m — P de 0,24
545m — 1m10

Grande faille de Ferques

Calcaire gris noirâtre

Calcaires
Napoléon

Calcaires blancs

Haut   Banc

Coupe dressée par M.r E. Chavatte.

Gravé par R.Hausermann & Simon.   Lille Imp.Dan

Un arrêté du Préfet du Pas-de-Calais, du 23 juin 1873, mit en demeure les sieurs Frémicourt et consorts ou leurs ayant-cause :

1° de payer les redevances échues ;

2 de reprendre les travaux.

Une lettre du Sous-Préfet de Boulogne, du 4 août 1873, constate que les concessionnaires de Ferques n'avaient pas donné de leurs nouvelles depuis plus de 4 ans.

C'est dans cette situation, et en présence d'une Société qui demandait à tirer parti des gites de Ferques, que le Ministre des travaux publics, par un arrêté en date du 21 janvier 1874, déclarant les concessionnaires des mines de Ferques déchus de ladite concession, ordonna leur mise en vente par adjudication publique.

Cette adjudication eut lieu le 9 janvier 1875, moyennant le prix de 200.000 fr. à MM. Descat, membre de l'Assemblée nationale, propriétaire à Roubaix et Charles Deblon, propriétaire à Lille. Ils avaient pour concurrent la Société d'Hardinghen.

N° 404. **Sondage de Blecquenecques**. — Les nouveaux acquéreurs de la concession de Ferques installèrent, en 1875, un sondage au hameau de Blecquenecques, au Sud-Est de l'ancien puits de Leulinghen, Planche XLI.

Ce sondage, poursuivi avec beaucoup de persévérance, resta dans les terrains de calcaires anciens, jusqu'à 436 m. A cette profondeur, il atteignit le terrain houiller dans lequel il pénétra de plus de 100 m. Il fut abandonné en juillet 1879 à 545 m. 15 après avoir traversé

```
        1 veinule de.... 0 m. 30
        1 veine de..... 0    88
        1 passée de .... 0 m. 24 à 535 m. 00
et 1 veine de..... 1    10 » 545    00
```

toutes présentant une très faible inclinaison.

Le charbon de ces veines tenait 33 % de matières volatiles, comme le charbon des fosses d'Hardinghen.

N° 952. **Sondage d'Hydrequent**. — Un 2° sondage entrepris entre Ferques et Hydrequent, après le premier, en 1879, entrait également dans le terrain houiller, après avoir traversé environ 350 m. de calcaire. Il a constaté plusieurs fois la houille, et avait atteint au mois d'avril 1881, la profondeur de 450 m.

M. l'Ingénieur Duporcq dit dans son rapport de 1881 :

« A la suite de ces deux sondages, qui ont rencontré le terrain
» houiller sous de puissantes assises du calcaire carbonifère, les
» concessionnaires vont aviser aux moyens de constituer des tra-
» vaux en vue de l'exploitation des gisements constatés. »

Procès-verbal d'une Commission d'Ingénieurs en 1881. — D'un procès-verbal dressé par cinq Ingénieurs, le 20 juillet 1881, sur la demande du Conseil d'administration de la Société des Mines de Ferques, il a été extrait les passages ci-dessous :

« Les soussignés ont pris communication des procès-verbaux
» en date des 19 novembre 1878, 17 février et 4 avril 1881, cons-
» tatant la rencontre d'une veine de 0 m. 80 tout en charbon au
» sondage n° 1 (de Blecquenecques), profondeur 480 m., et de
» deux veines au sondage n° 2 (d'Hydrequent), l'une de 1 m. 98
» d'ouverture, dont 0 m. 94 en charbon (profondeur 403 m.),
» l'autre de 2 m. 72 tout charbon, (profondeur 423 m.).

» Les soussignés ont aussi examiné les registres des deux son-
» dages mentionnant, outre les veines désignées ci-dessus, une
» couche d'une épaisseur de plus de 1 m. en charbon (profondeur
» 545 m.) dans laquelle le sondage n° 1 a été arrêté, et une autre
» de 1 m. 65, recoupée au sondage n° 2 (profondeur 379 m.) Ils
» ont reçu communication des analyses des charbons recueillis,
» desquelles il résulte que ces charbons renferment 33 à 34 % de
» matières volatiles, et fournissent un coke bien aggluliné. Ils ont
» examiné avec attention tous les échantillons et les carottes
» extraites du sondage n° 2, lesquelles révèlent des terrains non
» renversés, réguliers, inclinés de 25° vers le Sud.

» Les soussignés, considérant que la distance entre les deux
» sondages, n°s 1 et 2 est de 1750 m., qu'ils se trouvent à une
» moyenne de 500 m. de l'affleurement du terrain houiller dit
» grande faille de Ferques , qu'ainsi, se trouve démontrée
» l'existence d'un champ d'exploitation d'une étendue plus que
» suffisante pour alimenter, dès ce moment, une fosse d'ex-
» traction,

» D'un avis unanime déclarent que les résultats des sondages
» nᵒˢ 1 et 2 sont satisfaisants et de nature à justifier un puits
» d'extraction. »

Signé : A. POTIER, E. DUPORCQ, A. OLRY,
E. BERTHET, C. PLUMAT.

BASSIN DU NORD.

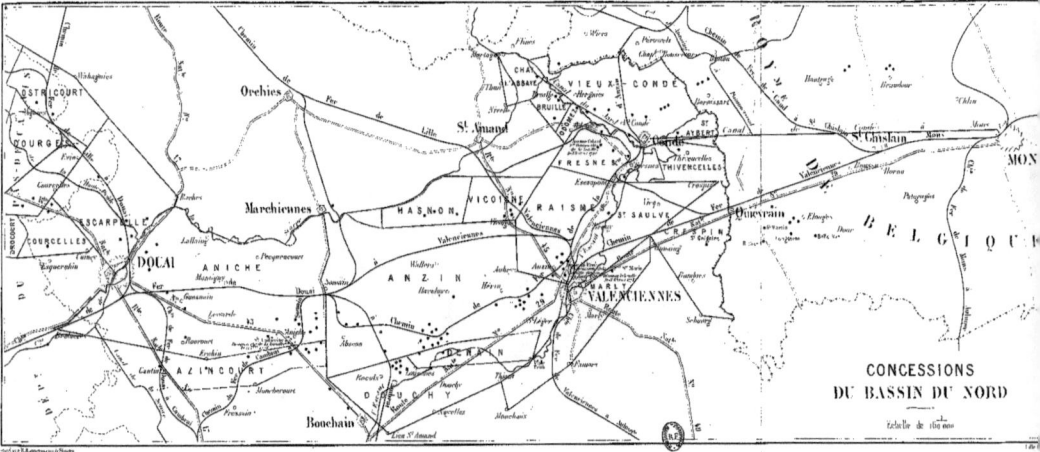

PL. X

CONCESSIONS
DU BASSIN DU NORD

Échelle de 160 000

XXVII.

BASSIN DU NORD.

Travaux antérieurs à la Révolution française.

Liaison du Bassin du Nord avec celui du Pas-de-Calais. — Découverte de la houille à Fresnes en 1720. — État de l'exploitation en 1756. — Les seigneurs hauts-justiciers réclament leurs droits sur les terrains concédés. — Constitution de la Compagnie d'Anzin. — Étendue de ses concessions. — Travaux et produits de 1756 à 1791. — Diverses autres Sociétés de recherches. — Société de Mortagne. — Recherche et découverte de la houille à Saint-Saulve. — Constitution de la Compagnie des Mines d'Aniche. — Travaux. — Dépenses. — Valeur du denier. — Concessions.

Liaison du Bassin du Nord svec celui du Pas-de-Calais. — La découverte de gisements houillers dans les environs de Valenciennes au commencement du XVIIIe siècle, fit songer immédiatement à rechercher leur prolongement dans l'Artois. On était d'autant plus fondé à entreprendre ces recherches, que le Bassin houiller du Boulonnais était alors connu, et que l'on considérait déjà ce dernier bassin, comme la suite du Bassin du Nord.

Il existe dans une liaison intime entre le Bassin houiller du Nord et celui du Pas-de-Calais, et il n'est guère possible d'écrire

l'histoire de ce dernier, sans rappeler, du moins en termes généraux, l'historique du premier.

Découverte de la houille à Fresnes en 1720.

Découverte de la houille à Fresnes en 1720. — Après
les conquêtes de Louis XIV, le traité de Nimègue (17 septembre
1678), confirmé par celui de Riswick (20 septembre 1697), avait
réuni à la France une partie du Hainaut, et laissé à l'Autriche, la
partie de cette province qui renfermait les exploitations de houille
des environs de Mons.

Un industriel intelligent et entreprenant plus qu'heureux,
Nicolas Desaubois, habitant de la ville de Condé, se disant que la
nature n'avait pas pu tracer les limites de la houille comme l'épée
de Louis XIV avait tracé la frontière des Pays-Bas, fut convaincu
que le charbon devait exister dans les provinces françaises aussi
bien que dans les provinces restées autrichiennes. En conséquence, il fit de coûteuses recherches, acquit la conviction que la
houille existait, et demanda au roi Louis XV une concession et un
secours en argent.

On lui accorda, à lui et à sa compagnie, l'un et l'autre, par
arrêt du Conseil d'État du 8 mai 1717, savoir :

« 1° La concession des terrains depuis Condé, en remontant la
» rivière du Hogneau jusqu'à Rombies, et de là à Valenciennes,
» et depuis la rivière d'Escaut jusqu'à celle de Scarpe, pour
» 15 ans. »

» 2° Et 5.000 florins faisant 6.750 livres, moitié des 12.500 livres
» qu'on croyait suffisant pour créer un premier établissement.

Nicolas Desaubois ouvrit des fosses nombreuses et découvrit
plusieurs veines de charbon. Mais il avait dépensé 60.000 livres
(environ 611.000 fr. de notre temps) au lieu de 12.500 livres et se
trouva bientôt à bout de ressources.

Cependant il avait tiré du charbon de deux fosses creusées aux
environs de Fresnes. Ranimé par ce succès, il demanda et obtint
le 9 juillet 1720, une nouvelle concession de 20 ans, de 1720 à
1740, et un don en argent de 35.000 livres, à peu près la moitié
de ce qu'il avait alors dépensé. Les 35.000 livres lui furent payées
en Bons de Law qui avaient perdu toute valeur.

Mais le cuvelage en hêtre de ces fosses fut enfoncé par les eaux
et les travaux furent noyés. Le Roi lui accorda bien le 23 mai 1751
deux cents chênes à prendre dans la forêt de Mormal pour réparer

ses fosses. Ce secours ne put le sauver, et le 21 juillet de cette même année 1721, Desaubois vendit son matériel à MM. Pierre Desandrouin des Noelles et Pierre Taffin : La concession Desaubois leur fut transférée par acte royal du 22 février 1722. Entreprenants et fort riches, MM. Desandrouin et Taffin creusèrent de nouvelles fosses, découvrirent la houille en 1724, et commencèrent des exploitations.

La version rapportée ci-dessus de la découverte de la houille à Fresnes, est tirée d'un « Mémoire pour la Compagnie d'Anzin, » concernant son origine et son droit de propriété sur les diverses » concessions qu'elle exploite » Imprimé à Paris, chez J. Claye, en 1863, et non signé, mais qui a été attribué à M. Thiers.

M. Edouard Grar, dans son « Histoire de la Recherche, de la » découverte et de l'Exploitation de la houille dans le Hainaut » français, dans la Flandre française et dans l'Artois, » imprimerie A. Prignet, à Valenciennes, 1848, donne une version un peu différente de la précédente.

De nombreuses tentatives pour découvrir la houille dans la partie du Hainaut devenue française en 1677, avaient été faites par divers entrepreneurs et avaient toutes échoué, lorsque Jacques, vicomte Desandrouin, organisa en 1716, avec son frère, Pierre Desandrouin des Noelles, Pierre Taffin, Richard et Desaubois, une Société pour rechercher la houille dans les environs de Valenciennes.

Cette Société prit le nom de Desaubois. Elle commença des travaux à Fresnes, le 1er juillet 1716, en vertu d'une permission particulière et sous la direction de Jacques Mathieu, Ingénieur de Charleroi, qui était venu *marquer* l'endroit où ils devaient s'exécuter. Dès les premières épreuves, on reconnut que l'entreprise serait aussi coûteuse que difficile. On demanda et on obtint, le 8 mai 1717, une concession de 15 ans et un secours de 6.500 livres. Six fosses avaient été inutilement tentées. Deux nouvelles, dites *Jeanne Colard*, furent ouvertes à la fin de 1718 et dans l'une d'elles on atteignit, le 3 février 1720, une veine de charbon d'environ 4 pieds d'épaisseur. On avait alors dépensé 111.750 florins ou 139.687 livres 10 sols,

A la suite de cette découverte, un arrêt du 9 juillet 1720, accorda à la Compagnie une gratification de 35.000 livres et une prorogation de privilège de 5 ans.

On avait commencé l'exploitation et tiré à peu près 300 chariots de charbon, d'une valeur d'environ 2.000 livres, lorsque la
veille de Noël 1720, une pièce de cuvelage qui était en hêtre au
lieu d'être en chêne, ne put résister à la pression des eaux qui,
par une irruption subite, submergèrent tous les travaux.

On essaya en vain de réparer ce malheureux accident ; les
fosses furent abandonnées et tout le matériel mis en vente, en
1721, fut racheté par Desandrouin des Noelles pour 2.100 florins
(3.150 livres), lequel se fit subroger par arrêt du 32 février 1722,
aux droits des premiers concessionnaires.

Une Compagnie nouvelle se forma. Le fonds social fut divisé
en 20 sols qui furent attribués :

> 11 à Desandrouin-Desnoelles
> 8 à Taffin.
> 1 à Richard.
> ———
> 20

Deux nouvelles fosses furent ouvertes, et en août 1723, on y fit
la découverte d'une belle veine de charbon, et dès 1724 l'exploitation des mines de Fresnes était fondée.

Découverte de la houille grasse à Anzin en 1734. —
Mais l'exploitation de Fresnes ne fournissait que de la houille
maigre, propre seulement à la cuisson des briques et de la chaux,
qui se vendait difficilement et sans bénéfices. Aussi, dès 1725, la
Compagnie Desandrouin se livra-t-elle à de nouvelles recherches
pour découvrir la houille grasse, et y dépensa, jusqu'en 1732,
163.400 florins (204.750 fr.), sans aboutir. Enfin, elle se reporta
en 1733 plus au Nord, à Anzin, et y découvrit la houille grasse,
à la fosse *du Pavé*, le 24 juin 1734. Il avait été creusé alors
34 puits et dépensé 1.413.103 florins.

P. Desandrouin et P. Taffin, qui se trouvaient alors seuls chargés de l'entreprise, demandèrent et obtinrent, par arrêt du
29 mars 1735, une prorogation de 20 ans, de leur privilège, pour
finir le 1er juillet 1760. Enfin, le 16 décembre 1736, leur privilège
fut étendu sur les terrains compris entre la Scarpe et la Lys, c'est-
à-dire sur une grande partie de l'Artois et de la Flandre.

État de l'exploitation en 1756. — A partir de la découverte d'Anzin, l'exploitation prit un développement considérable, et donna des bénéfices qui dédommagèrent amplement les inventeurs de leurs avances. De 1735 à 1756, on creusa, à Fresnes, 20 puits, dont 14 utiles, et sur Anzin et Valenciennes 15, dont 9 utiles.

En 1756, la Société avait 9 fosses servant à l'extraction, et 5 pour l'écoulement des eaux dont 4 avec machines à feu et une avec machine à mollettes. Elle produisait environ 100.000 tonnes par an. Les travaux étaient bien dirigés. Elle occupait 1.500 ouvriers environ, dont 1.000 au fond et 500 au jour. 180 chevaux étaient employés à l'extraction de la houille.

L'entreprise était en pleine prospérité.

Le charbon se vendait en 1734 à Valenciennes 15 livres la tonne. La Compagnie Desandrouin mit immédiatement ses charbons d'Anzin à 12 livres et en 1756, elle les vendait en détail à 9 livres et par bateaux ou en gros à 8 livres la tonne,

Les Seigneurs hauts-justiciers réclament leurs droits sur les terrains concédés. — La Compagnie Desandrouin ne jouit pas longtemps de son succès. Elle eut à compter avec les Seigneurs hauts-justiciers qui, selon les chartes et coutumes du Hainaut, étaient propriétaires des mines de houille gisant sous leurs hautes-justices, et en avaient la libre disposition.

Dès 1735, le prince de Croy, à qui appartenait la terre de Fresnes, réclama ses droits d'*entre-cens*. Une convention intervenue le 25 janvier 1737, régla ce droit à une rente annuelle de 2.000 livres.

Il possédait aussi, au delà de l'Escaut, les terres de Condé et de Vieux-Condé. Des recherches y avaient été pratiquées dès 1732, par une Compagnie de Borains, mais sans succès ; puis, en 1741 par Pierre Taffin, et en même temps par une Compagnie formée par P. Desandrouin et Cordier, bailli de Condé. Celle-ci ne découvrit la houille qu'en 1751, après l'abandon de 6 fosses creusées inutilement. Elle avait fait solliciter la concession par M. de Croy, qui l'avait obtenue en son nom propre, par arrêt du 14 octobre 1749. Un autre arrêt du 21 avril 1751, lui accorda également la concession sur sa Seigneurie d'Hergnies.

Le marquis de Cernay, qui possédait la terre de Raismes, comprise dans le privilège Desandrouin et Taffin, y avait également ouvert des travaux et découvert la houille.

Il demanda et obtint, par acte royal du 13 décembre 1754, le droit exclusif d'exploitation dans l'étendue de la paroisse de Raismes.

Les concessions de Croy et de Cernay étaient perpétuelles, comme s'appliquant à des terres dont ils avaient la haute-justice.

M. de Croy revendiqua aussi la concession de Fresnes, qui n'appartenait que jusqu'en 1760 à Desandrouin et Taffin, et un arrêt du Conseil d'État du 16 mars 1756, la lui accorda comme Seigneur de cette terre, mais seulement pour 30 ans, à partir de l'expiration du privilège Desandrouin.

Constitution de la Compagnie d'Anzin. — La lutte entre Desandrouin et Taffin et MM. de Croy et de Cernay, était établie et très animée. Elle était funeste à tous, mais surtout aux premiers. Le Prince de Croy entreprit de réunir les parties rivales en une seule Compagnie puissante, et il y réussit avec beaucoup de peines. Le 19 novembre 1757, MM. de Croy, de Cernay, Desandrouin et Taffin, signèrent un contrat d'association qui constitua et régit encore aujourd'hui la Compagnie d'Anzin.

Par ce contrat, toutes les exploitations et les droits aux concessions étaient mis en commun, et les 24 sols dont se composait la Société, furent répartis ainsi :

A M. le prince de Croy	4 sols.
A M. le marquis de Cernay	8 »
A la Compagnie Desandrouin et Taffin ...	9 »
A la Compagnie Desandrouin et Cordier..	3 »
	24 sols.

L'administration de la Société était confiée à six régisseurs à vie, investis du droit de remplacer ceux d'entre eux qui viendraient à cesser leurs fonctions.

Quant aux autres intéressés, ils n'avaient d'autres droits que de prendre « connaissance de l'arrêté des recettes et dépenses et » de la division qui aura été faite du restant, afin que chacun » puisse voir qu'il a tiré ce qui lui revient suivant son intérêt. »

Etendue de ses concessions. — La Compagnie d'Anzin

demanda, aussitôt sa formation, l'approbation de la réunion des diverses concessions qu'elle possédait par suite des divers apports de ses associés. Un arrêt du Conseil d'État du 1er mai 1759 répondit à cette demande, en accordant « aux sieurs Prince de Croy, » Marquis de Cernay, Vicomte Desandrouin, Taffin et Compa- » pagnie, leurs hoirs ou ayant-cause, la permission de continuer » d'ouvrir et d'exploiter exclusivement à tous autres, pendant » l'espace de 40 années, à partir du 1er juillet 1760, toutes les » mines de charbon contenues dans le terrain compris eutre la » Scarpe et l'Escaut et jusqu'a la route de Marchiennes à Bou- » chain. »

Le privilège ci-dessus fut prolongé de 30 ans, jusqu'en 1830, par un autre arrêté du 9 juillet 1782, sur la demande de la Com- pagnie, motivée sur la profondeur de 1000 pieds, atteinte alors par les puits, et sur la nécessité d'en ouvrir de nouveaux au Nord, sur des points où l'on rencontrait beaucoup d'eau. Elle citait à l'appui l'échec éprouvé en 1779 et 1780 dans deux puits ouverts à Fresnes, et qu'elle avait dû abandonner à 10 toises, malgré deux fortes machines mises en mouvement par 420 chevaux, et une dépense de 600.000 livres.

La loi du 28 juillet 1791 avait prescrit que « toute exploitation » actuellement et régulièrement existante, obtiendrait 50 ans de » durée à partir de 1791, mais serait restreinte à six lieues car- » rées. »

Cette loi fut appliquée à la Compagnie d'Anzin le 6 prairial an IV (25 mai 1796), et il ne lui fut laissé que deux concessions, celle de Vieux-Condé, au delà de l'Escaut, qui n'avait guère plus de 1 lieue carrée, et celle d'Anzin, comprenant Fresnes, réduite à 6 lieues carrées.

Plus tard, la Compagnie d'Anzin réclama contre cette appli- cation de la loi de 1791, en se basant sur ce que c'était à tor qu'on avait considéré, comme une seule concession, celle d'Anzin, qui se composait en réalité de 3 concessions distinctes : celle de Raisnes conférée à M. de Cernay, celle de Fresnes accordée à M. de Croy, et celle d'Anzin attribuée à MM. Desandrouin et Taffin.

Cette demande fut accueillie ; le Directoire du département du Nord révoqua son arrêté du 6 prairial an IV, et accorda le 28 ven- tôse an V, à la Compagnie concessionnaire d'Anzin, les concessions entières de Raismes et de Fresnes, dont la délimitation fut arrêtée par le Directoire exécutif de la République le 29 ventôse an VII (19 mars 1799).

La Compagnie d'Anzin restait donc propriétaire des quatre concessions de

Vieux-Condé s'étendant sur............	3,962 hectares.	
Anzin »	11,852	»
Fresnes »	2,073	»
Raismes »	4,819	»
Ensemble.............	22,706 hectares.	

Travaux et produits de 1757 à 1791. — La Compagnie d'Anzin développa beaucoup ses travaux d'exploitation, ouvrit de nombreuses fosses à Anzin, à Fresnes et à Vieux-Condé, et devint une entreprise très prospère jusqu'au moment de la Révolution.

Ainsi, en 1791, elle avait 28 puits pour l'extraction, dont 3 en souffrance, et 9 pour l'épuisement et l'aérage, soit ensemble 37 puits.

Elle possédait 12 machines à vapeur pour l'épuisement fixe et le passage des niveaux. La première avait été établie en 1732.

Dès 1783 elle occupait plus de 3 000 ouvriers.

Sa production annuelle s'éleva de 1779 à 1783 à 237.500 tonnes; et elle atteignit vers 1790, 300.000 tonnes. La Compagnie écoulait facilement ses charbons au prix de 8,50 à 9 fr. 50 la tonne, de 1780 à 1785, et de 9,50 à 10 et 12 fr. de 1785 à 1790.

Quoique ces prix paraissent aujourd'hui assez bas, ils étaient très rémunérateurs, parce que l'extraction se faisait à peu de frais.

Le salaire de l'ouvrier mineur n'était que

de 14 s.	6 d.	en	1775.
» 20	»	»	1784.
» 22	6	»	1791.

D'après M. Édouard Grar, « vers 1771, le sol rapportait plus de » 12.000 florins (15.000 L.), ce qui donnait pour les 24 sols 360.000 L. » ou au moins 2 fr. à la tonne.

» De 1764 à 1784 la moyenne des bénéfices a été de 481.903 L.

» En 1779 les bénéfices répartis étaient de 700.075 L.

Soit pour une extraction de 237.500 tonnes, 2 fr. 95 par tonne.

D'après le Préfet Dieudonné, les bénéfices de l'année 1789 s'évaluent ainsi :

					Par tonne.
Recettes —	Vente de......	250,000 tonnes pour Fr.	3,125,000	12 f. 50
	Consommation .	30,000 » estimées..	270,000	9 00
	Extraction.....	280,000 tonnes valant F.	3,395,000	12 f. 12
Dépenses. —	Salaires de 4,000 employés et ouvriers.Fr.		1,100,000	3 f. 92
	Bois et étançons : 40,000 stères		300,000	1 07
	Consommation de charbon : 30,000 tonnes..		270,000	0 97
	Entretien et achats de chevaux , machines et ustensiles		593,300	2 12
	Fr.		2,263,300	8 08
	Bénéfice ....Fr.		1,131,700	4 f. 04

D'un registre écrit de la main du Marquis de Cernay, et déposé au district de Valenciennes, il résulte que :

« Le Marquis de Cernay, propriétaire de 2 sols 1 denier et 5/19 » de denier, a reçu pour sa part dans le profit des mines d'Anzin, » année commune, depuis 1764 jusqu'en 1783, 47.474 L., soit » environ 1.876 L. par denier. »

Ainsi, dans les vingt années 1764 à 1783, la répartition annuelle moyenne aux 288 deniers de la Compagnie, aurait atteint 540.000 fr.

Le denier se vendait en 1781, 33.250 L. ; ce prix correspondait à un capital de 9.576.000 L.

C'est à la Compagnie Desandrouin qu'on est redevable de l'invention du *cuvelage* avec *picottage*, qui fut appliquée pour la première fois à Fresnes en 1720.

C'est à elle aussi qu'on doit l'application de la première machine à vapeur, en 1732, pour l'épuisement des eaux.

L'extraction du charbon se faisait au moyen de machines à mollettes, mues par des chevaux.

Diverses autres Sociétés de recherches. — Pendant que la Compagnie Desandrouin, puis la Compagnie d'Anzin découvrait et mettait en exploitation la houille , de nombreuses

Sociétés venaient à sa suite opérer des recherches dans le Hainaut.

C'était d'abord, en 1732, une Compagnie de *Borains*, (belges des environs de Mons), qui entreprit une fosse dans le bois de Condé, et qui l'abandonna dans le *tourtia* à la rencontre d'une source abondante.

Ensuite, une Compagnie qui s'établit en 1731 dans la vallée de la Sambre, à Jeumont, puis à Berlaimont, à Sassegnies et à Landrecies, et dépensa des sommes assez considérables sans résultat.

En 1782, le sieur Honnet obtint un privilège pour fouiller et extraire la houille pendant 25 ans, dans les terrains situés entre Bavay, Le Quesnoy, Maubeuge et Landrecies. C'est sans doute la Compagnie Honnet qui exécuta, à Aulnoye, deux puits de recherches qui furent poussés, dit Poirier-Ste-Brice, jusqu'à 120 ou 130 pieds, et où l'on prétendit avoir trouvé la houille.

A St-Remy-Chaussée, en 1783, le sieur Deulin poussa jusqu'à environ 150 pieds l'approfondissement d'une fosse et prétendit y avoir trouvé le charbon. Il obtint le 26 mai 1786 le privilège exclusif d'exploiter pendant 20 ans les mines des environs de Landrecies, Maubeuge, et les travaux furent abandonnés à la Révolution.

En 1756, on avait fait des tentatives à Villerspol et à Orsinval. La Compagnie Martho, après son insuccès de St-Saulve, en 1778, se reporta sur Villerspol et Sepmeries, où des puits creusés trouvèrent, au-dessous du *tourtia* des terrains rouges et des eaux abondantes

Le sieur Colins, Seigneur de la terre de Quiévrechain, exécuta de 1785 à 1787, six sondages dans les *Bleus*, et ouvrit sur la route de Valenciennes à Mons une fosse qu'il abandonna dans le premier niveau des eaux.

Antérieurement à 1756, on avait fait des recherches dispendieuses à Poix et à Prémont près Valincourt.

Le sieur Godonesche, après plusieurs forages poussés à 200 pieds jusqu'au rocher, entreprit en 1782, au Moulin de Lesquin, près Lille, 2 fosses, là même où, en 1739, la Compagnie Desandrouin avait déjà ouvert un puits poussé à 28 toises.

Il y dépensa près de 90.000 L. et obtint, en 1783, une concession de la Scarpe à la Lys. Il abandonna ses travaux sans résultat en 1785.

En 1786, le sieur Sehon Lamand, fit de nombreux sondages de 30 à 38 toises, et dont l'un, à Waulaing, atteignit le rocher à 186 pieds.

Il ouvrit une fosse qui traversa le sable mouvant, mais ne dépassa pas 49 pieds ; il obtint en 1787, une concession.

Une Compagnie, Willaume Turner, plus tard Havez-Lecellier, s'était formée à Valenciennes en 1746, pour l'exploitation de la houille dans les environs de Mons. Elle n'avait pas réussi, et elle vint, en 1752, s'établir à Marchiennes, où elle creusa un puits qui ne tarda pas à être abandonné à cause des niveaux d'eau et des sables mouvants qu'on y rencontra.

Elle transporta son matériel à Esquerchin, au delà de Douai, puis dans l'Artois, où elle exécuta avec une grande persévérance de nombreux travaux qui seront décrits dans le Tome III, en même temps que les autres recherches entreprises par d'autres sociétés dans la province d'Artois.

Toutes les sociétés dont il vient d'être question, échouèrent dans leurs recherches ; mais trois autres, les Compagnies de Mortagne, de St-Saulve et d'Aniche, découvrirent la houille, et parmi celles-ci, une seule, la dernière, parvint à créer une exploitation.

Société de Mortagne. — Le 18 juillet 1749, diverses personnes de St-Amand et de Tournay, s'associèrent pour tirer de la houille dans la Seigneurie de Mortagne, appartenant au comte de Montboisier, qui leur avait cédé ses droits.

Elles ouvrirent une première fosse à Flines, qui fut abandonnée à 28 toises ; puis une seconde à Notre-dame-aux-Bois qui fut arrêtée par une défense de l'Intendant, parce qu'on craignait qu'elle ne nuisit aux eaux thermales de St-Amand.

Une troisième fosse fut ouverte en 1751, près d'Odomez. On y trouva le charbon, mais en si petite quantité, qu'on reconnut l'impossibilité de l'extraire avec profit. La Compagnie avait dépensé des sommes considérables, et après ce dernier insuccès d'Odomez, elle entra en liquidation.

Une deuxième Compagnie se reforma en 1760, avec le concours de Christophe Mathieu, et ouvrit deux fosses à Wihers (Belgique), et deux autres à Bruille. Elle fut obligée de les abandonner à cause de l'abondance des eaux. Elle fit creuser deux autres fosses, en 1772, à Odomez et à Notre-dame-aux-Bois en 1766, mais sans plus de succès, et la Société fut dissoute.

En 1773, la Société de Mortagne se reforma avec l'adjonction de nouveaux actionnaires. Elle ouvrit une fosse à Forest (Notre-dame-aux-Bois), qu'elle abandonna à cause du terrain mouvant, puis successivement trois autres fosses sur Bruille, qu'elle abandonna également en 1775, par suite des difficultés d'épuiser les eaux.

Elle reprit ensuite la fosse abandonnée en 1750, à Notre-dame-aux-Bois, et y découvrit une *passée* dans laquelle on suivit une galerie sur 29 toises. Enfin, en 1776, tous les travaux furent suspendus. Des associés demandaient alors à faire abandon de leurs mises, afin d'être exemptés des dépenses à venir.

La Compagnie de Mortagne avait ouvert 11 puits. L'ingénieur Martho, dans un rapport du 28 mars 1787, dit que dans 3 des fosses dont il vient d'être parlé, on a reconnu des petites veines, dans une quatrième « un *rocher étranger connu sous le nom de* » *canestel,* dont les eaux ont, non seulement submergé la fosse, » mais même rejailli au jour, et étaient sulfureuses comme celles » de St-Amand. » Il conclut de ces faits : « que le terrain brouillé » reconnu aux trois premières fosses est un *cran* qui interrompt » la marche des veines du Vieux-Condé; que ces veines se » détournent, soit au Sud, soit au Nord. » (1) et les découvertes de Vicoigne, en 1839, sont venues confirmer ses prévisions.

Recherche et découverte de la houille à St-Saulve.—

Le 16 septembre 1770, le sieur Martho, ingénieur, obtint pour lui et sa Compagnie, la concession pour 30 ans, des terrains situés entre l'Escaut et la rivière du Honneau, depuis Valenciennes jusqu'à Crespin.

Les travaux furent commencés immédiatement à St-Saulve, où la fosse Ste Marie trouva une première veine de 0 m. 49 d'épaisseur, le 13 février 1773, puis une seconde de 1 m. 21, en mars 1774,

L'exploitation était commencée depuis un an, lorsqu'un incendie réduisit en cendres tout leur établissement en avril 1774.

---

(1) Les renseignements qui précèdent sur les diverses anciennes recherches sont tirés de « l'Histoire des mines de houille du Nord de la France, » de M. Édouard Grar.

Une deuxième fosse, Ste-Augustine, avait été ouverte également en 1770. On y découvrit aussi des veines de charbon, mais irrégulières et pauvres.

Ces deux puits furent abandonnés en 1778, à 93 m. de profondeur, leur exploitation ne donnant que de mauvais résultats.

Outre les fosses dont il vient d'être parlé, diverses tentatives furent faites par la Société de 1770 à 1778 par puits et sondages, mais inutilement. La Compagnie avait dépensé des sommes énormes et sans résultat. Elle essaya, en 1878, de creuser des fosses à Villerspol et à Sepmeries, et n'y trouva que le terrrain rouge.

En 1789, de nouveaux intéressés qui avaient acheté les parts des anciens, firent une nouvelle tentative à St-Saulve. Deux puits furent creusés près de l'Escaut. L'émigration les fit abandonner. (1)

Constitution de la Compagnie des Mines d'Aniche. —

Le Marquis de Trainel qui passait une partie de l'année dans son château de Villers-au-Tertre, avait obtenu, le 10 septembre 1773, la permission d'exploiter pendant un an, les mines de charbon dans ses terres de la Chatellenie de Bouchain.

Dès le 11 novembre de la même année, il constituait une Compagnie, dont les statuts, sans aucune modification, sont encore en vigueur aujourd'hui.

Le fonds social était de 25 sols ou 300 deniers, dont 2 sols 6 deniers ne faisant pas fonds, attribués à M. de Trainel et autres, et ne devant toucher que moitié des dividendes distribués, jusqu'à ce que la moitié, ainsi retenue, soit égale au versement effectué par chaque denier faisant fonds.

La gestion de la Société était confiée à 8 directeurs, non compris le Marquis de Trainel et se remplaçant entre eux.

Tous les intéressés connus pouvaient user du droit d'avoir inspection des comptes de la Compagnie au bureau et sans déplacer.

Travaux. —

Les travaux commençèrent par un sondage établi à l'angle du bois de Fressin, où l'on ouvrit, fin 1773, deux fosses, après avoir fait « opérer différents tourneurs de baguettes »

Elles furent abandonnées dans le courant desl'année 1774, et le

(1) Histoire des mines de houille du Nord de la France, par Édouard Grar.

matériel fut transporté à Monchecourt, où l'on ouvrit une fosse qui atteignit le rocher, dans lequel on exécuta deux galeries au Nord et au Midi. Ces galeries donnaient de l'eau et la fosse fut abandonnée en 1777.

La Compagnie reporta ses travaux plus au Nord, à Aniche, où elle ouvrit deux fosses, St-Mathias et Ste-Catherine. C'est dans cette dernière, que la houille fut découverte, dans la nuit du 11 au 12 septembre 1778.

Enfin, deux nouvelles fosses, St-Laurent et Ste-Thérèse, furent creusées en 1779.

L'exploitation commença en 1780. Mais les veines n'étaient guère exploitables, et dès la fin de 1781, le découragement s'était emparé des sociétaires. Cependant on rencontra quelques veines meilleures ; mais le charbon n'était pas très pur et on le vendait difficilement.

En 1786, on abandonnait les deux fosses, Ste-Thérèse et St-Laurent, comme improductives. La machine à feu montée en 1780 sur la dernière fosse, ne fonctionnant plus, les eaux envahirent et inondèrent les travaux de St-Mathias et de Ste-Catherine, et l'entreprise était considérée comme perdue. Les anciens directeurs avaient donné leur démission. Leurs remplaçants établirent plus au Nord, deux nouvelles fosses, St-Vaast et Ste-Barbe qui heureusement rencontrèrent des veines meilleures. Leur exploitation fournissait en 1789, 3831 tonnes et en 1791, environ 6.000 tonnes.

Dépenses. Valeur du denier. — Pendant les cinq années qui précédèrent la découverte de la houille, on avait ouvert 5 fosses, dont 3 infructueuses, et 6 forages. On avait dépensé alors 231,984 L. 13 s. 1 d., qui avaient été fournis par 11 mises de 1.000 L. au sol.

Huit ans plus tard, après l'inondation des fosses, en 1786, ces dépenses s'élevaient à .... 1.067.000 L.

Il avait été appelé 25 mises de 1000 L. au sol... 562.500 L. et emprunté des gens de main-mortes, en vertu d'une ordonnance du roi du 12 mars 1779........ 500.000 L.

Après la découverte de la houille, en 1779, le denier d'Aniche, qui n'avait alors versé que 916 L., valait 8.333 L.; plusieurs ventes furent faites à ce prix, et la Compagnie usa même de son droit

de retrait sur 6 deniers vendus à ce dernier prix, Mais l'engouement pour cette valeur ne tarda pas à faire place au découragement, et en 1786, le prix de vente du denier était tombé à 333 L.,
bien qu'à cette époque il eut été fait 25 mises de 1.000 L. au sol,
ou 2.083 L. au denier.

Un peu plus tard, et pendant bien des années. la possession des
parts d'intérêt d'Aniche était même considérée comme une charge,
à cause de la responsabilité et de la solidarité qui incombaient
aux sociétaires dans les dettes. Ainsi, en 1790, l'un d'eux
demanda et obtint de quitter la Société en lui abandonnant son
intérêt de 1 1/2 denier, à la condition d'être quitte des dettes. En
1795, un autre sociétaire abandonna 6 d., en payant à la Compagnie 39.766 L. 13 s. 9 d. pour sa quote-part des dettes.

Concessions. — La permission de recherches accordée au
Marquis de Trainel le 19 septembre 1773, fut convertie par arrêt
du Conseil d'État du 10 mars 1774, en une concession de 30 ans,
de tous les terrains compris entre la Sensée et la Scarpe, sur une
étendue d'environ 10 lieues carrées.

Après la découverte de la houille, et sur le consentement des
États d'Artois, un arrêt du Conseil du 6 août 1779, augmenta
considérablement l'étendue de la première concession. La nouvelle s'étendait de Marchiennes jusqu'à Cambrai, et à Monchy-le-
Preux, et comprenait 18 à 20 lieues carrées.

Par application de la loi du 28 juillet 1791, la concession d'Aniche fut réduite, le 6 prairial, an IV, (mai 1796), à 6 lieues carrées,
ou 11.850 hectares, son étendue actuelle.

XXVIII.

BASSIN DU NORD.

———

De la Révolution à 1840.

Révolution. — Invasion des Autrichiens. — Émigrés.

———

1800-1815.

Résultats obtenus. — Première machine à vapeur d'extraction.

———

1815-1830.

Anzin. — Aniche.

———

1830-1840.

Anzin. — Aniche. — Douchy. — Bruille. — Crespin. — Marly. — Marchiennes. — Hasnon. — Vicoigne. — Azincourt. — Fresnes-Midi. — Sociétés diverses.

———

Révolution. Invasion des Autrichiens. — La révolution française et l'invasion du pays par les Autrichiens en 1793, vinrent changer complètement les conditions de la nouvelle industrie houillère qui avait été créée par des hommes courageux et persévérants. Non seulement toutes les entreprises de recherches furent arrêtées, mais à Anzin et à Aniche, les ouvriers furent dispersés, les magasins pillés, les puits abandonnés et les travaux souterrains inondés. De 1793 à 1795, ces établissements furent pour ainsi dire laissés dans un complet abandon.

Émigrés. — La plupart des sociétaires d'Anzin et d'Aniche avaient émigré. Leurs parts d'intérêt avaient été confisquées par la République, qui s'était substituée à leurs droits, et dont les agents intervinrent dans la gestion des entreprises. Il fallait de l'argent pour réparer les désastres de la guerre et restaurer les établissements dévastés. L'État n'était guère en mesure d'en fournir. Aussi, le 17 frimaire an III, l'Assemblée Nationale publia un décret qui autorisait « les citoyens intéressés dans les » établissements de commerce ou manufactures, dont un ou » plusieurs associés avaient été frappés de confiscation, à racheter » de la Nation les portions confisquées sur leurs sociétaires, à la » charge d'entretenir ces établissements en activité et de » demeurer seuls soumis aux dettes sociales. »

Des experts furent chargés d'estimer la valeur des établissements et de déterminer la proportion qui revenait à la Nation pour les parts d'intérêt qui lui appartenaient du chef des émigrés.

Pour Anzin, le procès-verbal des experts du 9 pluviôse an III, établissait :

1° Que liquidation faite de l'actif et du passif, l'excédant de l'actif était de .... 4.205.337 L. 16 s. 9 d.

2° Que les parts confisquées par l'État sur les propriétaires émigrés s'élevaient à 14 sols 1 denier et 12/19 de denier, dont la valeur était de.................... 2.418.505 L. 18 s. 5 d.

Les sociétaires, non émigrés n'étaient pas en mesure de racheter les portions confisquées, M. Desandrouin s'en chargea pour son compte particulier, sauf à rétrocéder, comme il le fit, le bénéfice de sa faculté de rachat à des capitalistes dont la fortune fut en état de faire face au payement du prix qui en reviendrait à la Nation et à la restauration de l'entreprise commune.

Un arrêté, du Directoire du district de Valenciennes du 23 prairial an III, donna « acte de cession et d'abandon aux sieurs » Desandrouin et Renard, directeur de la compagnie, de toutes » les parts dévolues à l'État, dans la société des mines d'Anzin, » moyennant la somme de 2.418.506 L. 18 s. 5 d., payable en « assignats. »

A Aniche, la situation était bien mauvaise. Le procès-verbal d'estimation des experts constatait :

1° Que le passif s'élevait à............... 766.662 L. 18 s. 11 d.
2° Que l'actif n'était que de············.. 344.079 L. »   »

3° Que par suite, le passif dépasssait l'actif
de................................. .... 477.583 L. 18 s. 11 d.

4° Que les parts d'intérêt des émigrés ou
absents étaient de........................   11 s. 9 d. 1/2.

5° Que la République, réprésentant les sociétaires émigrés ou absents, devait supporter dans la masse du passif pour les intérêts respectifs desdits émigrés ou absents...... .... 233.397 L. 09 s. 10 d.

Les associés restés en France, hésitèrent beaucoup à se charger des parts d'intérêt confisquées par la République sur leurs co-intéressés ; ils s'y décidèrent cependant, mais à contre-cœur et pour sauver l'entreprise.

Un arrêté du District de Douai du 22 fructidor an III,(septembre 1795) « donne aux associés de l'extraction du charbon de terre
» aux fosses d'Aniche, acte de cession et d'abandon de toutes les
» propriétés de cet établissement, à la charge par eux, d'acquitter
» la totalité des créances qui existent à sa charge, ainsi que de
» l'entretenir en activité. »

L'assemblée générale du 15 pluviôse an VIII,(4 février 1800) décida d'offrir aux émigrés ou à leurs parents de rentrer dans la possession de leurs parts d'intérêts. Six mois s'étant écoulés sans qu'aucun intéressé eût accepté l'offre qui lui était faite, l'assemblée générale du 15 pluviôse an VIll (septembre 1800) procéda au partage des intérêts des émigrés et de ceux retraits et abandonnés à la compagnie, entre les intéressés faisant fonds en proportion de leur intérêt. — Chaque denier reçut dans ce partage 1 et 2/3 de denier.

Lorsque les émigrés rentrèrent en France, ils réclamèrent leurs parts d'intérêts confisqués par la République, de nombreux procès s'engagèrent à ce propos, mais toujours les tribunaux reconnurent comme parfaitement légaux les cessions et abandons de la Nation.

Cependant, plusieurs anciens sociétaires d'Anzin, mécontents de voir repousser leurs réclamations, s'associèrent à une compagnie, dite Lasalle, qui s'était formée en l'an XII pour revendiquer une partie des concessions de le compagnie d'Anzin, en se fondant sur ce que celle-ci avait encouru la déchéance par l'inexécution de la loi du 28 juillet 1791, prescrivant la réduction des concessions à une superficie maximâ de six lieues carrées. Cette compagnie Lasalle comptait parmi ses membres, plusieurs généraux de l'Empire qui jouissaient d'une grande influence. Toutefois, une décision du Conseil d'État du 27 mars 1806, reconnut la légitimité des droits de la compagnie d'Anzin.

D'un autre côté, les régisseurs de cette dernière compagnie, voulant mettre fin aux réclamations de ses anciens sociétaires émigrés, prirent à la date du 1er juin 1806, la délibération suivante :

« 1º Il sera acheté 3 sols, lesquels serviront à indemniser les » familles dont les intérêts ont été confisqués ;

» 2º Pour cette acquisition, il sera prélevé 800.000 L. en » quatre ans, sur les caisses de la compagnie, etc, etc.

Et en effet, en 1807, au moyen de l'achat de ces 3 sols, il fut, réparti à chaque associé émigré, le quart des parts d'intérêts qui avaient été confisquées par la Nation, « à titre de compensation, » règlement et forfait, sur les prétentions qu'il se croyait fondé à » élever contre la compagnie, à raison de l'intérêt dont lui ou ses » auteurs avaient joui, et en renonçant à pouvoir jamais contester » aucune des opérations qui ont eu lieu dans le sein de la » société. »

Cette restitution donna lieu plus tard, à un procès entre la compagnie Lasalle et les émigrés qui s'étaient associés à elle, sous la condition de partager par moitié, les résultats des revendications poursuivies contre la compagnie d'Anzin, soit par l'obtention de partie de ses concessions, soit par l'obtention d'indemnités. Le procès fut jugé en faveur des émigrés, le 14 juillet 1846.

Il a été dit précédemment, qu'à Aniche, avant le partage de l'an VIII, on avait offert aux familles d'émigrés, de reprendre leurs parts d'intérêts et qu'aucune d'elles n'avait accepté cette offre. Plus tard, lorsque l'entreprise donna quelques résultats, plusieurs réclamations furent adressées à la compagnie par les enfants d'émigrés pour obtenir la restitution des parts d'intérêts possédées par leurs auteurs. Des jugements du Conseil de Préfecture de 1811 et des tribunaux civils de 1825 et de 1867, déclarèrent ces réclamations non recevables.

1800 à 1815.

Résultats obtenus. — Cependant, les travaux d'exploitation reprennent successivement,

Anzin produit en 1797.............. .... 123.600 tonnes.
Et Aniche................................. ... 11.000 »

Ensemble........ 124.600 tonnes.

D'après le Préfet Dieudonné, les résultats de l'an IX (1802) étaient les suivants :

	ANZIN.	ANICHE.	ENSEMBLE
Extraction	220.000 ton.	19.158 ton.	239.158 ton
Valeur de la houille extraite.....	2.680.000 fr.	260.071 fr.	2.940.071 fr.
» par tonne..............	12 17	13 57	12 30
Employés et ouvriers...........	3.000	340	3.340
Salaires payés	1.100.000f00	130.000f00	1.280.000f00
» par ouvrier	367 00	382 00	368 00
» par tonne	5 00	6 78	5 23
Consommation de bois..........	275.000 00	33.400 00	308.400 00
» par tonne.......	1 25	1 74	1 29
Houille consommée	180.000 00	6.361 00	186.361 00
» par tonne............	0 82	0 33	0 78
Entretien, divers	778.334 00	34.576 00	812.910 00
» par tonne............	3 53	1 80	3 40
Dépenses totales	2.333.334 00	204.337 00	2.537.671 00
» par tonne............	10 60	10 66	10 62
Bénéfice total...............	346.666 00	55.734 00	402.400 00
» par tonne.............	1 57	2 91	1 68

L'annexion des exploitations belges à la France, le ralentisse-
ment du mouvement industriel pendant les guerres de l'Empire
s'opposent à tout développement de l'industrie houillère. Ainsi,
de 1800 à 1815, la production reste comprise :

A Anzin	entre	200,000 et 220,000	tonnes.	
A Aniche	»	15,000 et 25,000	»	
Ensemble		215,000 et 245,000	tonnes.	

Pendant cette période, la compagnie d'Anzin réalise des bénéfices d'une certaine importance, mais que l'on est dans
l'impossibilité de préciser. Seulement on a vu qu'en 1806, le
rachat de 3 sols était estimé 800.000 L., soit 266.000 L. le sol,
ou 22.000 fr. le denier. Ce prix représentait à 5 0/0 un revenu
de 1100 fr. pour denier et pour 288 deniers, un dividende annuel
de 316.800 fr., correspondant à 1f,50 par tonne de houille
extraite.

L'exploitation d'Aniche avait un peu plus d'importance ;
cinq fosses y étaient en activité en 1810. On réalisait quelques
bénéfices, et trois dividendes furent distribués, un premier
de 20f,57 par denier en 1805 et deux autres de 100 fr. en 1813 et
1814.

Le denier qui s'était vendu en 1797, 83 L., en numéraire, était
monté à 3000 fr. en 1800, puis il était descendu à 2000 fr. en
1809 et à 1400 en 1814.

1re machine à vapeur d'extraction. — L'extraction de la
houille s'opérait jusqu'au commencement de ce siècle, au moyen
de baritels à chevaux, et par conséquent était fort limitée par
chaque fosse, sous le triple rapport de la vitesse, de la capacité
des tonneaux et de la profondeur.

En 1801, la compagnie d'Anzin applique à Fresnes, pour la
première fois, la machine à vapeur à tirer le charbon, nouvelle-
ment inventée par Périer. La compagnie d'Aniche suit son
exemple en en août 1803, une machine de Périer fonctionnait
sur l'un de ses puits.

Vers la même époque, on monte à Anzin, la première machine
d'épuisement de Watt, dans laquelle la condensation se faisait en
dehors du cylindre à vapeur, au lieu de se faire à l'intérieur
comme dans la machine Newcomen.

1815 à 1830.

Après la chûte de l'Empire et la cession de la Belgique à la Hollande, le Gouvernement de la Restauration rétablit les droits à l'entrée des houilles étrangères en France. Ce droit fut fixé à 3 fr. par tonne pour les importations par terre et à 6 fr. pour les importations de la mer à Baisieux, plus le décime de guerre.

Le rétablissement de ce droit permet aux houillères du Nord, de développer leur exploitation.

La production s'élève successivement :

	A Anzin.	A Aniche.	Ensemble.
En 1820......	252,800 tonnes.	25,000 tonnes.	277,800 tonnes.
» 1825......	318,700 »	33,400 »	352,100 »
» 1830......	392,800 »	38.900 »	431,700 »

Anzin. — La compagnie d'Anzin ouvre de nombreux puits, développe ses travaux et les étend sur des territoires qui, jusqu'alors n'avaient pas été explorés. C'est ainsi, qu'elle entreprend l'épuisement du *torrent*, lac souterrain rempli de sables et d'eau qui existe au-dessous du tourtia, entre St-Waast et Denain, et qui s'opposait jusqu'alors au creusement des puits dans cette région. De 1819 à 1822, elle prépare le drainage de ce lac, par une longue galerie, puis elle en attaque résolument l'épuisement par 8 fosses munies de machines d'exhaure, et en 1826, le torrent est franchi, quoique non épuisé et les fosses nouvelles commensent à donner des produits.

En même temps, elle ouvre un puits à Abscon, à l'extrémité occidentale de ses concessions, vers Aniche, et y atteint la houille en 1822.

Un sondage établi à Denain en 1826, constate l'absence du torrent ; on y ouvre un puits, qui découvre la houille en 1828.

Diverses améliorations furent apportées de 1815 à 1830, au matériel d'exploitation, à Anzin ainsi qu'à Aniche.

Aux machines Constantin Périer de 8 à 10 chevaux, à basse pression avec chaudières à tambour en tôle de cuivre, on substitue des machines Woolf avec détente et condensation, de 12 à 16 chevaux, avec chaudières et bouilleurs en fonte. Le tambour avec câble rond est remplacé par des bobines avec câbles plats, qui équilibrent le travail du moteur, et permettent d'atteindre de plus grandes profondeurs avec des vases de plus grande capacité.

Le transport souterrain s'était effectué jusqu'alors dans de petits coffres armés de patins et glissant sur le sol. Vers 1825, on installe les premiers petits chemins de fer dans les galeries, à voie de 0m,40, sur lesquels roulent des chariots à roues à gorge.

Les puits étaient à l'origine de formes carrées et ils étaient revêtus sur toute leur hauteur, par des cadres en bois, jointifs et calfatés dans le niveau. Ils avaient 2 mètres de côté.

Vers 1810, on adopte la forme circulaire. Le niveau est cuvelé en madriers de chêne, disposés suivant un polygone de 8, puis de 10 côtés ; sur le reste de la hauteur, le puits est maçonné en briques. — Le diamètre est de 2m,66.

Aux machines primitives de Newcomen, on avait déjà depuis 1800, substitué les machines à condenseur extérieur de Watt et de Bolton.

Tous ces perfectionnements avaient apporté dans l'exploitation, des améliorations qui se traduisaient par des réductions du prix de revient. Le salaire des ouvriers avait bien augmenté, mais il était encore peu élevé et le prix de base de la journée du mineur n'était encore que de 1f,50. D'un autre côté, le prix de vente avait augmenté par suite du rétablissement du droit de 3 fr. par tonne sur les houilles belges. Il était passé de 13 fr. 40, prix de 1817 à 15 fr. et 16 fr.

Ainsi, de 1815 à 1830, le prix de revient baisse, le prix de vente hausse et la production augmente. Par suite, les bénéfices de la compagnie d'Anzin s'accroissent dans une proportion considérable.

Les renseignements manquent sur l'importance des dividendes répartis dans cette période. Mais il est avéré que la compagnie consacra alors de fortes sommes à développer ses travaux ; qu'elle fit de grandes acquisitions de terrains, et prit de gros intérêts dans les sociétés qui s'étaient chargées de l'amélioration des voies navigables existantes, et de l'établissement de nouveaux canaux dans la région du Nord. C'est évidemment sous la Restauration qu'Anzin a commencé à constituer les fortes réserves qui lui ont permis de se maintenir à la tête des plus puissantes houillères du monde.

En 1828, elle acheta même le charbonnage du Nord du Bois de Boussu en Belgique. Elle y dépensa des sommes importantes pour le mettre en exploitation, mais en pure perte, et elle le rétrocéda à une société belge.

Le denier que l'on rachetait en 1806 à 22.000 fr. était monté à 90.000 fr., prix obtenu dans une vente faite à Paris.

Aniche. — Au commencement de 1810, la compagnie d'Aniche avait 5 puits en activité, dont 3 d'extraction et 2 d'épuisement. Sa production était de 24.000 tonnes. — Elle oscille entre 28 et 30.000 tonnes jusqu'en 1819.

Un sixième puits, avait été creusé en 1815. Il avait présenté de sérieuses difficultés et avait coûté beaucoup d'argent. La situation de l'entreprise était des plus précaires, et les sociétaires fort découragés. Aussi, des négociations furent-elles engagées avec la compagnie d'Anzin, soit pour une association, soit pour une vente de l'établissement. Anzin demandait l'abandon de la moitié des actions, la direction exclusive, et se chargeait de verser et d'employer 300.000 fr. en travaux ; ou bien l'acquisition de toute l'entreprise à un prix à débattre, et fixé par les directeurs d'Aniche à 1.350.000 fr., montant de son inventaire, et 500.000 à 600.000 fr. par Anzin. Les négociations ne purent aboutir.

Cependant, les années suivantes donnèrent quelques bénéfices, et on put répartir trois dividendes en 1823, 1825 et 1826, deux de 100 fr. et un de 66 fr. par denier. Seulement, deux de ces dividendes furent donnés en vieux charbon qui encombrait les terris et dont les sociétaires ne tirèrent qu'un mauvais parti.

Aussi en 1827, de nouvelles négociations furent-elles ouvertes pour céder l'établissement à des capitalistes qui en offraient 500.000 fr ou 1.800 fr. aux 2700 deniers en circulation et ayant réellement versé 3621. Mais deux sociétaires refusèrent leur acquiescement à cette cession, et ce refus suffit pour empêcher sa réalisation.

1830 à 1840.

Le mouvement industriel qui s'était produit sous la Restauration continua sa marche ascensionnelle de 1830 à 1840, et les houillères du Nord participèrent à ce mouvement en prenant un développement de plus en plus grand, ainsi qu'on le verra par les détails ci-dessous.

Cependant, le droit de 3 fr. 30 sur les houilles belges donna lieu à de nombreuses réclamations de la part des industriels du Nord, qui se traduisirent avec beaucoup de vivacité en 1831. Une enquête fut ordonnée par le gouvernement ; mais il reconnut la nécessité du maintien du droit, pour favoriser le développement des houillères existantes et encourager les recherches et la création de houillères nouvelles.

Anzin. — La production, qui était en 1830 de 392,800 tonnes, s'élève :

En 1835 à	505,700	tonnes.
" 1838	590,000	"
" 1840	648,100	"

De nouveaux puits sont creusés à Abscon et à Denain, et ce dernier centre d'exploitation établi sur des charbons gras très recherchés, se développe beaucoup.

La Compagnie relie, dès 1335, son établissement de St-Vaast à celui de Denain, par un chemin de fer, avec locomotive, de 8 kilomètres, l'un des premiers construits en France. Plus tard, elle le prolonge jusqu'à Abscon , puis jusqu'à Somain. En même temps elle creuse le magnifique Bassin de Denain pour l'embarquement de ses charbons.

Vers 1830, deux nouvelles sociétés s'établissent, l'une à Lourches, l'autre à Bruille, découvrent la houille et demandent des concessions. La Compagnie d'Anzin entre en concurrence avec elles et obtient deux concessions nouvelles, celle de Denain, de

1.344 hectares, le 5 juin 1831 et celle d'Odomez de 316 hectares, le 6 octobre 1832.

Mais elle abandonne 4.800 hectares de la concession de St-Saulve sur 7.000 hectares octroyés le 16 septembre 1770 à la Compagnie Martho, et qu'elle avait achetée en 1807. Cet achat avait été approuvé par un décret du 22 juin 1810. On verra plus loin que cette partie abandonnée a été concédée en 1836, à la Compagnie de Marly.

Le développement de l'exploitation de la Compagnie d'Anzin, la formation de nombreuses Sociétés de recherches, amènent un manque d'ouvriers, et par suite des grèves qui se terminent par des augmentations de salaires. C'est ainsi que le prix de base de la journée du mineur qui était resté fixé depuis 1785 à 1 fr. 50 est porté successivement

En 1833, à...... .... 1 fr. 70
" 1836, à................. 1 80
" 1837, à............. ...... 2 00

L'augmentation dans cette période décennale est de 0 fr. 50 ou de 33 %.

Les prix de vente des houilles varient entre 14 et 15 fr. la tonne.

Les réserves antérieures et l'augmentation de la production, permettent à la Compagnie d'Anzin de répartir des dividendes importants. Ainsi, en 1833, il est réparti par denier

Pour intérêts des capitaux .... 4.000 fr.
» dividendes....................... 4,000
—————
8,000 fr.

En 1836 et 1837, le dividende est de.............. 8,500

Savoir : Intérêts des capitaux .... 4,000 fr.
Produit des canaux................. 500
Dividende 4,000

Comme le montrent les chiffres ci-dessus, le revenu de la réserve était égal au produit net des mines. Le dividende réparti correspondait à une valeur du denier de 160.000 fr. à l'intérêt de 5 %.

Aniche. — En 1830, la situation d'Aniche était encore très
précaire. On essaie, sans succès, de convertir la Société en Compagnie anonyme, dans l'espoir de relever l'affaire et d'y amener
de nouveaux capitaux. On cherche à vendre l'établissement
mais on ne trouve pas acheteur. Des recherches par sondages
sont exécutées dans la concession et en dehors de son périmètre,
en vue de découvrir de meilleurs gisements que ceux en exploitation. Deux fosses sont ouvertes, à Mastaing près Bouchain, et
une autre à Aniche, à l'Est. La première rencontre le terrain
dévonien, et la seconde tombe sur des terrains irréguliers.

Lors de la fièvre de spéculation sur les mines, en 1837, la plupart
des anciens sociétaires, découragés, vendent leurs parts d'intérêts à des capitalistes de Cambrai et de Valenciennes, qui se dis-
putent entre eux l'administration de l'entreprise. Un procès s'en
suit ; il se termine en 1839 par l'exclusion des acquéreurs de 48
deniers, de Valenciennes, sur lesquels on exerce le droit de retrait
au prix de 5.000 fr. le denier comprenant, outre le prix d'achat,
plusieurs appels de fonds qui avaient été versés peu de temps
auparavant.

L'administration et la direction de la Compagnie sont réorga-
nisées ; on double le capital, en appelant de 1839 à 1841, 3.500 fr.
par denier, ce qui porte le versement total du denier depuis l'origine, à 7.121 fr. 38

Une nouvelle fosse est ouverte au Nord, sur Somain, et rencontre un gisement régulier. Les anciennes fosses, qui ne produisent
qu'à des conditions désastreuses, sont abandonnées et on ne conserve que la fosse d'extraction l'Espérance et la fosse d'épuisement Ste-Barbe, sur laquelle on remplace la vieille machine
Newcomen par une machine perfectionnée de Cornouaille.

L'extraction d'Aniche avait fourni en 1830...... 39.000 tonnes
Elle atteint en 1833, au maximum .... 41.000 »
Elle redescend en 1837 à .... 31.000 »
Et en 1840 à .... 19.000 »

En 1830, le denier d'Aniche se vendait 1.500 fr. La Compagnie
racheta 6 deniers 1/2, moyennant 10.000 hectolitres de vieux
charbon de terre, estimé 0 fr. 90, et que le vendeur céda lui-même
à 0 fr. 80. Cependant, en 1835 et 1836, on répartit deux dividendes,
l'un de 100 et l'autre de 50 fr. par denier, représentant, du reste,
des sommes peu importantes, 23.000 et 11.000 fr.

On espérait ainsi ramener la confiance des sociétaires dans l'entreprise.

Douchy. — A la fin de 1826, une Société, désignée sous le nom de *Dumas et Compagnie*, s'était formée pour entreprendre des recherches, et demander la concession des terrains « situés entre Aniche et Bouchain et depuis cette ville jusqu'à Cambrai. »

En 1829, après la découverte de la houille par la Compagnie d'Anzin à Denain, la Compagnie Dumas s'adjoint de nouveaux associés, parmi lesquels figure le Maréchal Soult, et avec la coopération de MM. Mathieu, elle entreprend à Lourches, des sondages qui sont couronnés de succès. Elle demande une concession en concurrence avec la Compagnie d'Anzin. Celle-ci obtient la concession de Denain, et la Compagnie Dumas la concession de Douchy, de 3.419 hectares, par ordonnance du 12 février 1832.

Près de la moitié des intérêts furent cédés, en 1832, par les actionnnaires de la Société Dumas, à MM. Landrieu, Delerue, Piérard, Gantois, etc., qui arrêtèrent, le 16 décembre 1832, le contrat de Société des mines de Douchy, dont voici quelques extraits :

Le nombre des actions est fixé à 26.

Il y aura un comité composé de cinq gérants nommés pour trois ans par l'assemblée des actionnaires.

Il faudra être propriétaire d'une action au moins pour assister à l'assemblée générale.

Chaque actionnaire, même propriétaire de plusieurs actions, n'a droit qu'à une voix.

Tout sociétaire sera libre de se retirer de la Société quand bon lui semblera, moyennant l'abandon gratuit de ses droits, et avec l'obligation de payer sa part de dettes.

La Société a le droit de retrait sur les actions vendues, à un prix fixé à l'avance par l'assemblée générale.

Nul des sociétaires ne pourra, directement ou indirectement, devenir intéressé ou associé, ni employé dans aucune autre compagnie charbonnière en France.

« Aucun fonds ne restant aujourd'hui disponible, et attendu la » nécessité de commencer immédiatement les travaux de forage, » une mise de 500 fr. par action est ici arrêtée et sera versée, etc. »

La Société ouvrait en 1833 sa première fosse, St-Mathieu. Elle y trouva la houille le 24 mars suivant, et dès l'année 1835, cette fosse était en extraction. Cinq autres fosses furent successivement ouvertes de 1835 à 1840, et l'exploitation fournissait

En 1836................   77,137 tonnes.
 » 1838................   101,150   »

La découverte de la houille en 1834, fit monter les actions de Douchy qui avaient versé environ 3.000 fr. à 300.000 fr. Ce succès amena dans le Nord, et surtout à Valenciennes, une véritable fièvre houillère, qui se traduisit par la formation d'innombrables sociétés de recherches.

Du reste, Douchy réalisa immédiatement une extraction et des bénéfices importants. Un premier dividende de 600 fr. par denier ou de 7.300 fr. par sol ayant versé 300 fr., fut distribué en 1837. Ce dividende s'éleva par denier à 1.800 fr. en 1838, et à 2.000 fr. en 1839 et 1840.

Bruille. — Dès 1828, une Société entreprenait des sondages au Nord du Bassin, à Bruille, sur les terrains fouillés avant la Révolution, par la Compagnie de Montagne. Comme sa devancière, elle y découvrit la houille et forma une demande de concession.

La Compagnie d'Anzin formula une demande en concurrence. Une ordonnance du 6 octobre 1832, termina la lutte entre les deux Compagnies rivales, par l'établissement de deux petites concessions nouvelles, celle d'Odomez de 316 hectares, accordée à la Compagnie d'Anzin, et celle de Bruille de 403 hectares, accordée à la Compagnie de Bruille.

Cette dernière Société ouvrit deux puits qui ne rencontrèrent que de petites couches de houille maigre, dont l'exploitation était ruineuse. De nouveaux sondages exécutés au Nord et en dehors de sa concession, découvrirent une couche plus importante, ce qui valut à la Compagnie de Bruille, le 19 août 1836, l'octroi d'une nouvelle concession, dite de Château-l'abbaye, de 916 hectares. Une fosse dite de Pontpéry y fut creusée, et exploita pendant un certain nombre d'années, une seule couche plate d'environ 1 m. d'épaisseur.

Crespin. — Les terrains à l'Est de Valenciennes, près de la frontière belge, avaient été fouillés à différentes reprises, d'abord en 1728 et 1730, par la Compagnie Desandrouin, puis en 1785 et 1787 par le sieur Colins, Seigneur de Quiévrechain. La Compagnie d'Anzin avait ensuite, de 1808 à 1818, exécuté divers sondages à Crespin et à Onnaing, et même un puits. Tous ces travaux n'avaient abouti à aucun résultat, lorsque le sieur Libert vint, en 1834, établir divers sondages entre Quiévrechain et Crespin. Plusieurs traversèrent les morts terrains et pénétrèrent dans des grès que l'on considéra comme appartenant à la formation houillère.

Aussi, une ordonnance royale du 27 mai 1836, institua-t-elle une concession de 2.842 hectares, dite de Crespin, en faveur du sieur Libert.

Le 4 novembre 1836, celui-ci, qui avait fait tous les frais jusqu'alors, et dépensé plus de 100.000 fr., s'associa deux personnes de Valenciennes qui s'étaient occupées des travaux, et constitua une Société composée de 25 sols, pouvant être subdivisés en douzièmes ou deniers, et dans laquelle il conservait 22 sous. Il s'engageait à verser dans la caisse de la Société, la moitié du produit de la vente de trois de ses premières actions pour la continuation des travaux.

Un puits fut creusé à Quiévrechain, et atteignit le rocher à 119 m. 70. Il fut approfondi à 147 m. 50, dans des grès verdâtres donnant beaucoup d'eau. Une bowette au Nord, rencontra les mêmes grès verdâtres, et seulement quelques filets de schistes et une passée de charbon sale ayant l'aspect du graphite. Les travaux y furent suspendus en 1842.

Marly. — Le succès de Douchy engagea des habitants de Valenciennes à reprendre les anciens travaux de la Compagnie Martho, dont une partie de la concession, achetée en 1807 par la Compagnie d'Anzin, avait été abandonnée par cette dernière, quoique la présence de la houille y eût été constatée.

A la suite de plusieurs sondages, ils obtinrent, par ordonnance du 8 décembre 1836, une concession dite de Marly, de 3.313 hectares, et le 28 mars suivant, ils constituèrent la Société des mines de houille de Marly-lez-Valenciennes.

Le fonds social se composait :

1° D'un capital d'un million de francs, représenté par 200 actions de 5.000 fr.;

2° De 112 actions nominales de 5.000 fr. chacune, dont 88 libérées, formaient le prix de la concession, et étaient délivrées aux
fondateurs ; le surplus restait affecté au fonds de réserve pour
être émis au meilleur cours.

La Société entreprit trois fosses : Duchesnoy, Hégo et Ste-Barbe
qui ne purent franchir les nappes d'eau du torrent souterrain de
Vicq, et absorbèrent une partie considérable du capital.

Un 4° puits, fosse Petit, fut relativement plus heureux. Il atteignit
le terrain houiller à 88 m. et fut approfondi à 142 m. Deux galeries
à travers bancs, explorèrent 356 m. au Sud du puits, et 500 m. au
Nord, soit en tout 856 m. Elles ne rencontrèrent dans cet intervalle
aucune couche de houille, sauf à l'extrémité vers le Nord. Là on
trouva 3 couches assez rapprochées, dont une d'environ 0 m. 60
d'épaisseur, pût seule être exploitée sur 500 m. à l'Est et sur
10 m. de hauteur. On en retira 88.504 hectolitres de charbon
gras à 20 ou 21 %, de matières volatiles, mais sulfureux, dont une
portion fut livrée au public, et dont la plus grande partie servit à
alimenter les machines de la fosse Ste-Barbe. En 1842, le capital
social étant épuisé, tous les travaux de Marly furent abandonnés.

Il paraîtrait qu'à un moment donné, les actions montèrent à
18.000 fr.

Marchiennes. — En 1833, les Canonniers de Lille, avaient
formé une société pour la recherche de la houille dans les environs
de Lille. Ils exécutèrent deux sondages à Wattignies et à Loos,
et rouvrirent dans la première de ces localités au trou de sonde
pratiqué en 1784 et déjà repris en 1822. Ces sondages rencontrèrent le calcaire bleu.

En 1835, la Société vint s'établir sur Flers, près de l'Escarpelle.
Son sondage était arrivé à 206,m43 dans le tourtia, lorsqu'un
éboulement survint et força de l'abandonner. Poursuivi de quelques mètres encore, il aurait rencontré le terrain houiller, dix
ans avant que la compagnie de l'Escarpelle découvrit la houille
sur ce point.

La Société ouvrit successivement de nombreux sondages à
Marchiennes, à Raches, à Bouvignies et à Orchies. Ce dernier
établi sur la Place, fournit encore de l'eau pour l'alimentation de la
ville. Cependant, deux de ses sondages de Marchiennes avaient
rencontré des veinules de houille, et en juin 1838, la Société

commençait un puits qui, à travers diverses vicissitudes, n'atteignit le terrain houiller à 129 m, 41 qu'en 1844.

En même temps, en 1837 et 1838, la société des Canonniers opérait des sondages à Jenlain et à Willerspol et malgré la rencontre des terrains dévoniens, elle ouvrait dans cette dernière localité, un puits qu'elle poussa jusqu'à 42 métres.

On le voit, la compagnie des Canonniers s'était inspirée, comme du reste, la plupart des sociétés qui se formèrent pendant la fièvre houillère de 1834 à 1837, des souvenirs laissés par les entreprises de recherches antérieures à la Révolution, et qui, disait-on, avaient été mal exécutées, ou avaient fait réellement des découvertes dont la compagnie d'Anzin avait acheté l'abandon.

C'est ainsi qu'elle opéra la reprise du sondage de 1784 de Wattignies ; des recherches à Marchiennes en 1752 de la compagnie Willaume Turner et de Sehon-Lamand en 1786 ; des recherches à Willerspol en 1778 de la compagnie Martho.

Hasnon. — Vers 1833, des propriétaires de Douai formèrent une société pour rechercher la houille dans le canton de St-Amand, et demandèrent immédiatement une concession de 93 kilomètres carrés. Cette société exécuta plusieurs sondages au nord de St-Amand, à Hasnon en 1834 et 1835, et prétendit avoir trouvé la houille dans l'un d'eux, au hameau de Cataine, qui donne encore aujourd'hui un abondant jet d'eau sulfureuse.

Le 17 novembre 1837, la société de recherches se transformait en société d'exploitation, sous le nom de compagnie de Douai et Hasnon. Elle avait pour but de donner suite à la demande en concession formée par l'un de ses membres sur Hasnon, St-Amand, etc, et à la demande en recherches formée par d'autres membres, le 3 novembre 1837, sur diverses communes des environs de Douai.

Son capital était fixé à 1.200.000 fr. divisé en 600 actions de 2 000 fr., dont 100 libérées, attribuées aux fondateurs et à diverses personnes utiles à la société.

Les statuts portaient : « Il sera remboursé à la compagnie de » Douchy, 20,000 fr. avancés par elle, pour les frais relatifs » aux quatre forges exécutées à Hasnon. »

La société ouvrait successivement 3 fosses, dites des Tertres, des Près-Barrés et des Boules, et y rencontrait de minces couches de houille anthraciteuses et sulfureuses, appartenant à la partie inférieure de la formation carbonifère, dont elle retira de petites quantités de charbon, dans des conditions onéreuses. Ces fosses étaient complètement abandonnés en 1843.

Cependant la compagnie de Douai et Hasnon avait obtenu par ordonnance du 23 janvier 1840, une concession de 1488 hectares. Dès 1837, elle avait cherché la houille à Vicoigne, en dehors de ce périmètre. Le sondage qu'elle exécuta sur ce point fut abandonné par suite d'accident au commencement de 1838, à l'époque où plusieurs autres sociétés de recherches exploraient ce territoire. Ce commencement de sondage et aussi sans doute le peu de succès que la société trouvait dans ses fosses d'Hasnon, lui firent obtenir un quart dans la concession de Vicoigne, instituée le 12 septembre 1841, en faveur des quatre sociétés réunies de l'Escaut, de Cambrai, de Bruille et d'Hasnon.

On a vu dans le tome Ier de cet ouvrage, page 6, que la compagnie de Douai et Hasnon avait établi en 1838, un sondage à Auby, que ce sondage abandonné à 140 mètres, par suite d'accident : aurait découvert la houille s'il avait pu être mené à bonne fin.

Vicoigne. — En 1837, deux sociétés se formaient à Cambrai, pour explorer diverses localités du Nord et du Pas-de-Calais ; c'étaient, la compagnie de Cambrai à la tête de laquelle était M. Boitelle, et la compagnie de l'Escaut dirigée par M. Evrard. Toutes deux vinrent installer à Vicoigne, hameau de Raismes, des sondages qui en peu de mois découvrirent la houille. Toutes deux ouvrirent des puits qui servent encore aujourd'hui à l'exploitation d'un riche faisceau de couches de houille maigre.

A côté d'elles, et en concurrence vinrent s'établir d'abord la compagnie d'Hasnon qui n'exécuta qu'un sondage bientôt abandonné, par suite d'accident ; puis la compagnie de Bruille, déjà propriétaire des concessions de Bruille et de Château-l'Abbaye, qui avait précédemment exploré une partie du terrain de la forêt de Raismes, et qui creusa un puits ; enfin la compagnie de Vervins, qui perça plusieurs sondages.

Les 4 fosses creusées par ces compagnies à Vicoigne, étaient déjà en commencement d'exploitation, lorsque l'administration fort embarrassée pour démêler les titres des cinq compagnies qui demandaient la concession, et attribuer une rémunération aux travaux importants alors exécutés, invita les quatre sociétés de l'Escaut, de Cambrai, de Bruille et d'Hasnon à se mettre d'accord entre elles pour constituer une compagnie unique d'exploitation, à laquelle une ordonnance royale du 12 septembre 1841, octroya la concession de Vicoigne d'une étendue de 1320 hectares. La société de Vervins fut évincée, sans aucune .ndemnité.

Azincourt. — Pendant la fièvre de recherches, en 1838, un grand nombre de sociétés étaient venues s'établir au midi de la concession d'Aniche. Quatre d'entre elles, celles d'Azincourt, Carette et Minguet, d'Etrœungt et d'Hordaing, découvrirent la houille par des sondages dans l'angle formé par les routes de Douai et de Marchiennes à Bouchain, sur le village d'Aniche. Deux puits furent ouverts, et ne tardèrent pas à atteindre des couches exploitables.

A Azincourt, comme à Vicoigne, le Gouvernement se trouva très embarrassé pour établir les droits de priorité des divers concurrents. Il invita les quatre sociétés citées ci-dessus à se réunir en une seule compagnie à laquelle il accorda le 29 décembre 1840, une concession de 870 hectares.

Les sociétés fusionnées par acte du 8 septembse 1840, étaient :

1º La société d'Azincourt, fondée et dirigée par M. Lanvin, ancien administrateur des Mines d'Aniche, et dont la fosse livrait aux public des charbons, dès le mois d'août 1840 ;

2º La société Carette et Minguet, dont les fondateurs étaient des banquiers de Paris ;

3º La société d'Hordaing, qui creusa un puits le long de la route de Marchiennes à Bouchain, à la limite même des concessions d'Aniche et d'Anzin, et l'abandonna dans le niveau ;

La société d'Etrœungt, constituée le 7 octobre 1837, pour faire des recherches dans l'arrondissement d'Avesnes à Etrœungt, où en 1824, on avait trouvé une substance noire, rougissant au feu, et qui après y avoir échoué, vint en juin 1838, s'établir à Aniche, et y creusa un puits. Ce puits rencontra le calcaire au-dessous du tourtia, mais par une galerie au Nord, on y trouva à une faible distance, le terrain houiller et plusieurs petites couches de houille inexploitables.

Fresnes-Midi. — Trois sociétés de recherches dites de Thivencelles, Fresnes-Midi et Condéenne s'étaient établies dans des terrains non-concédés, dans les environs de Condé et y avaient exécuté plusieurs sondages, et ensuite ouvert trois fosses, à Thivencelles, à St-Aybert et à Fresnes. La première de ces fosses, établie à Thivencelles fut arrêtée dans les morts, terrains qui ont sur ce point une très grande épaisseur, plus de 200 mètres. La seconde, dite fosse Pureur, atteignit le terrain houiller vers 139 mètres, et rencontra 2 veines, l'une de 0 m, 50 et l'autre de 0 m, 60. Mais des fuites dans le cuvelage la firent abandonner bientôt. La troisième, dite fosse Soult, sur la rive droite de l'Escaut, seule fut mise en exploitation.

Ces trois sociétés se fusionnèrent, sors le nom de société de Thivencelles et de Fresnes Midi, et obtinrent par ordonnance royale du 10 septembre 1841, trois concessions ;

1º Celle de Thivencelles accordée au sieur Duc et Marquis de Dalmatie et autres, d'une étendue de........... 981 hectares

2º Celle d'Escaupont, accordée aux mêmes... 110 »

3º Celle de St-Aybert, accordée au Vicomte de Préval et autres, d'une superficie de......... 455 »

Ensemble 1.546 hectares.

Sociétés diverses. — De nombreuses autres sociétés se formèrent pendant la fièvre houillère de 1837, pour rechercher la houille dans le département du Nord. — On trouvera ci-dessous des indications sur leurs travaux, les plus importants.

1º **Société de Bouchain**.— Cette société formée à St-Quentin, exécute à la fin de 1837, un sondage aux portes de Bouchain, puis une fosse qui pénètre dans des schistes rouges et blancs de la formation dévonienne.

Trois autres sondages établis en 1838 et 1839, à Wavrechain-sous-Faux, à Wasnes-au-Bac et près de la verrerie d'Aniche, rencontrent également le terrain dévonien.

2º **Société d'Aubigny-au-Bac**. — Exécuta en 1838, deux sondages sur Aniche, dans lesquels elle prétendit avoir trouvé du charbon.

3° **Société de Monchecourt**. — Après avoir exécuté un sondage, reprend l'ancien puits creusé · par la compagnie d'Aniche en 1774 à Monchecourt et y pousse deux bowettes de 60 et de 71 mètres qui ne traversent que des schistes verdâtres.

4° **Société d'Erchin**. — Rencontre en 1838, la houille dans un sondage à Auberchicourt. — Ouvre une fosse à Erchin, et l'arrête en 1839 à 101 mètres, dans les dièves. — Un sondage pratiqué au fond de cette fosse aurait traversé dit-elle, deux passées charbonneuses.

5° **Société du Nord et de l'Aisne**. — Exécute en 1838, trois sondages à Cantin et à Arleux, qui rencontrent le terrain dévonien, puis ouvre en 1839, un fosse à Cantin, qui est abandonnée dans le terrain dévonien.

6° **Société de St-Hubert**. — Exécute de 1838 à 1841, six sondages au nord de la Scarpe, à Varlaing, là même ou Sehon-Lamand avait ouvert un puits en 1786, puis à Brillon, Bouvignies et à Hasnon. Quoique cette société ait prétendu avoir trouvé des parcelles de houille, il paraît que tous ses sondages n'ont rencontré que des phtanites ou des schistes appartenant à la partie tout à fait inférieure de la formation carbonifère.

7° **Société Parisienne**. — Trois sondages à Marchiennes, à Vred et à Flines, ont été exécutés par cette société. Le premier traverse 38 mètres de terrain houiller, sans traces de charbon ; le deuxième, pénètre dans le terrain houiller, puis est arrêté dans le calcaire. Le troisième tombe sur le calcaire.

8° **Laurent de Doullens**. — Entreprend un sondage à Lallaing et y rencontre des terrains analogues à ceux de Vred.

9° **Société de Catillon-sur-Sambre**. — Formée à Valenciennes, le 10 septembre 1837, au capital de 1.600.000 fr., divisé en 400 actions de 4.000 fr., dont 100 libérées, attribuées aux fondateurs. Reprend les recherches faites à Catillon en 1832. Ses actions se vendent bientôt à 3.500 et 4.500 fr. de prime, et sur la place de Valenciennes, il n'est bruit que de spéculations sur les mines de Catillon.

Mais on ne tarde pas à s'apercevoir que les mines de Catillon n'existent pas. Les acheteurs d'actions à prime intentent des procès à leurs vendeurs. — On ne connaît pas les jugements qui furent rendus.

10° **Société de Cartigny**. — En 1820, une société s'était formée pout rechercher la houille à Cartigny, dans l'arrondissement d'Avesnes. Elle fit des fouilles dans cette localité et sur la route d'Etrœungt, et demanda une concession. En 1824, deux Anglais achetèrent 20 actions sur les 100 qui formaient le capital social. Les recherches furent poursuivies avec activité, et le bruit se répandit qu'on y avait trouvé des matières charbonneuses. Les fouilles, suspendues en 1827, furent reprises en 1837, par une nouvelle société avec 300 actions, qui se vendaient bientôt avec une prime de 3.500 à 4.000 fr. Le tribunal de Valenciennes, sur la réclamation des acheteurs, annula ces ventes d'actions à prime, par le motif que les fondateurs avaient exercé un *agiotage honteux*, en annonçant dans l'acte de société qu'ils avaient la *presque certitude* de l'existence du charbon et de sa prochaine découverte.

11° **Société de l'Escaut (rive droite), de la Sensée et de la Scarpe**. — Formée, le 2 septembre 1837, au capital de 1.500.000 fr., divisé en 300 actions de 5.000 fr., dont 40 libérées sont attribuées aux fondateurs. Cette société ne paraît pas avoir effectué de travaux sérieux.

XXIX.

BASSIN DU NORD.

De 1840 à 1860.

1840-1850.

Production des diverses houillères. — Ouvriers. — Salaires. — Perfectionnements dans les travaux d'exploitation.— Prix de vente des houilles.— Anzin.— Aniche. — Douchy. — Bruille.— Hasnon.— Vicoigne.— Azincourt. — Fresnes-Midi. — Autres Sociétés

1850-1860.

Production. — Ouvriers. — Salaires. Prix de vente des houilles. — Dividendes. — Principales particularités de l'exploitation de 1850 à 1860. — Sociétés de recherches.

1840 – 1850.

Production des diverses houillères. — Le tableau ci-dessous contient la production de chacune des houillères du Bassin du Nord, dans la période décennale 1840-1850.

Années.	ANZIN.	ANICHE.	DOUCHY.	VICOIGNE.	AZIN-COURT.	FRESNES MIDI.	SOCIÉTÉS DIVERSES.	LE BASSIN DU NORD.
1840	648.078	19.252	84.908	"	"	"	24.058	776.296
1841	703.897	23.735	93.294	11.826	"	12.017	48.556	893.325
1842	733.825	36.577	87.786	42.754	"	12.402	"	913.344
1843	663.535	58.450	81.053	46.265	26.819	17.318	"	893.440
1844	565.044	65.434	91.800	68.110	31.685	22.374	82.729	927.176
1845	574.670	67.380	110.938	63.265	37.108	20.359	72.133	945.803
1846	617.450	84.763	119.604	40.900	31.322	22.732	122.402	1.039.173
1847	778.574	98.143	138.113	71.978	40.038	11.729	107.096	1.245.671
1848	626.789	81.009	104.569	62.077	30.179	15.955	6.733	927.311
1849	623.224	100.429	126.059	61.645	27.108	23.134	736	962.335
Moyenne.	653.509	63.512	103.812	(52.091)	(32.037)	(17.558)	46.444	952.387

La production du Bassin n'atteignait pas 800.000 tonnes en 1840. Elle s'élève successivement et arrive à 1.245.000 tonnes en 1847, année de prospérité. Les évènements de 1848 la font descendre de plus de 300.000 tonnes ou de 25 %. Anzin fournit un peu plus des deux tiers de cette production, et toutes les autres houillères fournissent l'autre tiers.

Ouvriers. — Salaires. — Le Bassin du Nord n'occupait que 5.564 ouvriers en 1834. Il en occupe :

8,933 en 1840.
10,124 en 1847.

Un ouvrier produisait 115 tonnes en 1834. Il n'en produit encore que 123 en 1847.

La chéreté du pain en 1846 est l'occasion d'une grève, et amène une augmentation de salaire de 15 %. La journée des mineurs est portée de 2 fr. à 2 fr. 30. Les évènements de 1848 occasionnent une nouvelle grève et une autre augmentation de 10 % du prix de la journée qui est fixée à 2 fr. 50.

D'après les comptes-rendus de l'administration des mines, les mines du Nord payaient en salaires :

En 1843............ 4,344,927 francs.
» 1847............ 5,387,273 »

Le salaire annuel de l'ouvrier était en moyenne :

En 1843 de 462 francs.
» 1847 » 532 »

La main-d'œuvre entrait dans le prix de revient de la tonne de houille.

Pour 4 fr. 85 en 1843.
» 4 32 » 1847.
» 5 16 » 1849.

Perfectionnement dans les travaux d'exploitation.— Jusqu'en 1810, les puits étaient de forme carrée de 2 m. de côté, et boisés sur toute leur hauteur. En 1810, on substitue à la forme carrée la forme octogonale, et plus tard, la forme décagonale, à la section du cuvelage, et la partie des puits au-dessous du niveau est muraillée en briques. Jusqu'en 1840, le diamètre des puits ne dépassa pas 2 m. 60. En 1843, ce diamètre est porté à 3 m., et plus tard, en 1850, à 4 m. avec cuvelage polygonal de 16 et 18 côtés.

La puissance des machines d'extraction qui n'était jusqu'alors que de 12 chevaux, est à partir de 1840 de 16 chevaux, et à partir de 1845 de 35 chevaux.

Aux machines d'épuisement de Newcomen, de Watt et Bolton, on substitue, dès 1837, des machines de Cornouailles de 90 chevaux.

La capacité des tonneaux d'extraction passe de 8 à 12, 15 et même 20 hectolitres. En 1849, on établit à Aniche le premier puits, guidé avec longuerines en bois, et on remplace les tonneaux par descages élevant directement les chariots qui servent au transport intérieur.

Grâce *à ces améliorations*, la puissance d'extraction annuelle des puits, qui n'était en 1833 que de 10.000 tonnes, atteint en 1841, près de 15.000 tonnes et en 1850, 20.000 tonnes.

En 1847, on applique d'abord à Vicoigne, puis à Aniche, les chevaux au transport souterrain, et on commence à se servir des plans inclinés automoteurs.

Prix de vente des houilles. — Le droit d'entrée des houilles Belges en France était resté fixé à 3 fr. 30 par tonne depuis 1816. En 1841, il fut réduit de moitié à 1 fr. 65. Le prix des houilles dût s'abaisser d'autant. Et en effet, d'après les tableaux de l'administration des mines, le prix moyen de vente du Bassin n'est que de 10 fr. 41 en 1843. Il s'élève en 1847 à 11 fr. 81, et redescend en 1849 à 11 fr. 27.

La Compagnie d'Anzin qui livrait aux forges de Denain ses charbons gras à 13 fr. 85 en 1834, les lui fournit en 1840 à 11 fr.55 et en 1849 à 11 fr. 11.

Anzin. — Dans la période décennale 1840-1850, la production de la Compagnie d'Anzin reste stationnaire, entre 565.000 et 778.000 tonnes. Les autres nouvelles houillères se développent et leurs produits se substituent en partie à ceux d'Anzin. Elles lui font une concurrence sérieuse. Aussi fait-elle des tentatives pour l'amoindrir autant qu'elle le peut. Elle achète, en 1842, moyennant 600.000 fr., la concession d'Hasnon, et par conséquent le quart de la concession de Vicoigne dont la Compagnie d'Hasnon était titulaire Cet achat est suivi d'une convention avec la Compagnie de Vicoigne, par laquelle la Compagnie d'Anzin se charge de la vente exclusive des charbons maigres de son exploitation de Fresnes et de Vieux-Condé, et de celle de Vicoigne. Celle-ci fournit le tiers de la totalité de la vente, et la Compagnie d'Anzin en fournit les deux autres tiers. Par suite de cette convention, les prix des charbons maigres qui étaient tombés lors de la concurrence à un taux excessivement bas, 7 à 8 fr. la tonne, se relèvent de 1 fr. 50 à 2 fr. par tonne, au grand avantage des deux Compagnies contractantes. Cette association faite pour 99 ans, dure jusqu'en 1880, époque à laquelle elle est résiliée à la suite de désaccord.

Une association analogue est faite avec la Compagnie de Douchy, pour la vente des charbons gras, mais elle est résiliée, à la demande de cette dernière Compagnie au bout d'un an.

Avec une extraction relativement faible, grâce au produit de ses grandes réserves, la Compagnie d'Anzin peut distribuer d'importants dividendes.

Chaque denier reçoit :

    10,000 francs en 1841.
     9,000 » en 1842.
     8,000 » par an de 1843 à 1847.
     6,000 » seulement en 1848.
     7,000 » de 1849 à 1851.

La valeur du denier est de 200.000 fr.

En 1843, la Compagnie d'Anzin possédait :

    38 puits d'extraction, produisant en moyenne 17,500 tonnes.
    12 » d'épuisement.
     3 » d'aérage.
     3 » en creusement.
     2 » en souffrance.
                  ──────
Total.. 58

D'après une brochure publiée en 1848, par M. Lebret, et intitulée : « Du sort des travailleurs et de l'organisation du travail » dans les mines d'Anzin, » la Compagnie occupait fin 1847 :

Porions	35
Maîtres-mineurs	41
Ouvriers mineurs, 1re classe	2,122
Hercheurs, etc., 2e classe	3,149
Vieux ouvriers, 3e classe	100
Ramasseurs cailloux, etc	152
Hors classe	470
Total	6,069 ouvriers

produisant annuellement chacun 128 tonnes, non compris les chargeurs, rivageurs, voituriers, etc.

La Compagnie occupait en outre dans ses ateliers du jour :

A Anzin	454	ouvriers de toute espèce.
A Denain	240	» »
A Vieux-Condé	116	» »
Total	810	» »

dont 77 forgerons, 58 ajusteurs, 68 charpentiers, etc.

La Compagnie employait donc environ 7.000 ouvriers, formant

avec leurs familles, une population de 20.000 personnes vivant du travail des mines.

Elle leur payait 3 1/2 millions de salaires, soit 500 francs en moyenne, et elle leur accordait de nombreux avantages, qui venaient augmenter ces salaires. Ainsi, fin 1847, elle possédait déjà plus de 1.000 maisons qu'elle louait à ses ouvriers, à raison de 2 fr. 50 et 4 fr. par mois. Elle accordait à chaque famille le chauffage gratuit, les secours médicaux, l'instruction des enfants. Elle payait alors 134.797 fr. 95 de pensions à de vieux ouvriers, et pendant la chéreté du pain, qui varia, en 1847 de 0 fr. 53 à 0 fr. 65 le kilog., elle distribua à son personnel, des farines, de manière à réduire ce prix à 0 fr. 40

Malgré ces libéralités, les grèves n'ont pas épargné la Compagnie d'Anzin. En 1846, puis en 1848, deux grèves successives vinrent arrêter les travaux et obligèrent la Compagnie à augmenter les salaires de 25 %.

Aniche. — L'exploitation d'Aniche, réduite à moins de 20.000 tonnes en 1840, se développe d'année en année et atteint 100.000 tonnes en 1849. Les capitaux apportés par les nouveaux sociétaires et par l'émission, en 1844, au prix de 10.000 fr., de 70 deniers retraits, permirent d'outiller deux nouveaux puits, et de réorganiser l'entreprise.

Le nouveau champ d'exploitation ouvert près de Somain sur un gisement régulier de charbon sec, donna de suite de bons résultats, grâce à un prix de revient très bas, et malgré un prix de vente très réduit. En 1846, on répartissait un dividende de 300 fr. par denier, puis de 600 fr. les années suivantes.

La valeur du denier, qui n'était en 1832, que de 1.500 fr. s'élevait à 8.000 fr. en 1840, à 12.000 fr. en 1845, et à 16.000 fr. en 1847.

Les nouveaux sociétaires trouvaient ainsi la rémunération des sacrifices qu'ils s'étaient imposés pour sortir l'entreprise de l'état de marasme dans lequel elle s'était traînée péniblement depuis 1773, et qui n'avait procuré aux fondateurs de la Compagnie, que des déboires et la perte des intérêts de leurs capitaux pendant trois quarts de siècle, puisqu'ils n'avaient reçu en totalité que 657 fr. 57 par denier, importance des 8 dividendes répartis jusqu'alors.

En même temps, la compagnie d'Aniche, creusait deux nouveaux puits, construisait des maisons d'ouvriers, complétait son outillage, et se préparait à développer largement sa production.

Dès 1847, elle imitait l'exemple de Vicoigne, en introduisant les chevaux dans les travaux souterrains ; un peu plus tard, elle guidait avec des longuerines en bois, le puits St-Louis, le premier en France, qui ait reçu l'application du nouveau mode d'extraction par cages, le seul actuellement employé dans le Nord, et on peut dire partout.

Douchy. — En 1840, Douchy avait 6 puits en activité. Son extraction était de 85.000 tonnes ; elle augmente peu et n'est encore que de 126.000 tonnes en 1849.

En 1845, on ouvre, le puits de la Naville et applique à son creusement à travers des terrains très aquifères, le système Triger, ou de l'air comprimé. Ce procédé réussit, non sans laisser les traces de son influence fâcheuse sur la santé des ouvriers employés à l'appliquer.

L'exploitation est prospère et donne des bénéfices importants. Les répartitions de dividende sont de 2.000 fr. par denier en 1840 et 1841. Elles varient de 1.200 à 1.400 fr. de 1842 à 1844, et de 2400 à 2800 de 1845 à 1847. Elles sont de 1800 fr. en 1848 et de 1900 fr. en 1849. Pendant la période décennale de 1840 à 1850, la moyenne du dividende est de 2.170 fr., soit pour les 312 deniers formant le fonds social, de 677.000 fr., correspondant à plus de 6 fr. par tonne extraite.

Ce résultat prouve que le prix de revient de l'exploitation était très bas.

Bruille. — La compagnie de Bruille abandonne ses deux puits sur Bruille qui n'avaient rencontré que des couches minces et d'une exploitation impossible. Elle maintient en activité sa fosse de Pontpéry, qui ne donne que des résultats désavantageux, et qui fournit une assez grande quantité d'eau.

Lorsque les compagnies de l'Escaut et de Cambrai vinrent s'établir à Vicoigne, la compagnie de Bruille qui avait exécuté de nombreuses recherches dans le voisinage, ouvrit un puits à Vicoigne. On a vu que cette société obtint en 1841, en communauté avec les sociétés de l'Escaut, de Cambrai et d'Hasnon, la concession de Vicoigne. — Les quatre sociétés ayant constitué en 1843, une compagnie pour l'exploitation de cette concession, a société de Bruille cède peu de temps après à cette compagnie ses deux concessions de Bruille et de Château-l'Abbaye, avec son matériel, puis elle entre en liquidation.

Hasnon. — On a vu que la compagnie d'Hasnon avait aussi obtenu en 1841 en communauté avec les sociétés de l'Escaut. de Cambrai et de Bruille, la concession de Vicoigne. Mais elle devait apporter dans la compagnie qui allait se former pour l'exploitation de cette concession une somme de 600.000 fr. Elle n'avait aucune ressource pour le paiement de cette somme. Deux de ses puits à Hasnon avaient été abandonnés comme improductifs et le troisième, n'offrait pas de bien meilleures chances de succès.

Dans cette situation, des pourparlers furent entamés avec la compagnie d'Anzin, pour la cession de la concession d'Hasnon et de ses travaux, de tout son matériel et du quart que la société d'Hasnon possédait dans Vicoigne. Ces pourparlers aboutirent en 1843, et la compagnie d'Anzin devint propriétaire, moyennant 600 000 fr. de tout l'avoir de la compagnie d'Hasnon, qui fut liquidée.

La compagnie d'Anzin exécuta deux sondages dans la concession d'Hasnon en 1843 et 1844, dans lesquels elle rencontra le terrain houiller et quelques veinules de houille. Puis elle combla les trois fosses ouvertes dans la concession et enleva tout le matériel qui les garnissait. Depuis elle n'y a fait aucun travail.

Vicoigne. — Après l'octroi en 1841 de la concession de Vicoigne, les quatre sociétés concessionnaires de l'Escaut, Cambrai, Bruille et Hasnon, cette dernière remplacée par la compagnie d'Anzin, constituèrent le 30 novembre 1843, une société d'exploitation, dans laquelle l'apport social était fixé à 2.400.000 fr., pouvant être porté à 4 millions et divisé en 4.000 actions, attribuées par quart à chacune des quatre sociétés contractantes.

L'apport de 600 fr, fait sur chaque action fut acquitté, soit en espèces, soit en travaux exécutés, matériel, outillage, etc. Ainsi la compagnie d'Anzin, substituée à la société d'Hasnon qui n'avait effectué qu'un sondage, dut apporter la presque totalité des

600.000 fr. en espèces, tandis que la société de l'Escaut qui apportait deux fosses en exploitation et un outillage complet, reçut au contraire un remboursement en espèces important.

L'entrée de la compagnie d'Anzin dans Vicoigne eut pour résultat de faire cesser la concurrence acharnée qui existait entre les producteurs de charbon maigre. Une convention intervint par laquelle la compagnie d'Anzin fut seule chargée de la vente de cette nature de charbon, dont la production, réglée sur la vente, était attribuée deux tiers à la compagnie d'Anzin et un tiers à la compagnie de Vicoigne.

Cette dernière, ainsi qu'il a été dit, avait racheté de la compagnie de Bruille les concessions de Bruille et de Château-l'Abbaye, et possédait ainsi trois concessions.

Celle de Vicoigne. d'une étendue de	1,320 hectares.	
" Bruille "	403	"
" Château-l'Abbaye "	916	"
Ensemble	2,639 hectares.	

Son extraction était dans les 4 fosses de Vicoigne de 11.000 tonnes en 1841 ; elle s'accrut progressivement, mais dans la limite de la vente, pour atteindre 72.000 tonnes en 1847 et 62.000 tonnes en 1848 et 1849.

M. de Bracquemont, qui avait pris la direction des travaux en 1844, apporta de grandes améliorations dans l'exploitation, et y abaissa le prix de revient à un taux très bas. — Aussi l'entreprise de Vicoigne, avec une production faible, réalise des bénéfices importants. Dès 1845, M. de Bracquemont proposait au Conseil d'Administration de rechercher le prolongemement du bassin houiller au-delà de Douai ; cettte proposition n'eut pas de suite. — Reprise en 1846, elle fut encore ajournée ; elle ne reçut une solution qu'en 1850, sur un nouveau rapport de M. de Bracquemont, et aboutit aux remarquables découvertes de Nœux.

Les 4.000 actions de Vicoigne, qui n'avaient versé que 600 fr., recevaient en 1844 un dividende de 65 fr., et chacune des années suivantes, un dividende variable de 50 à 93 fr. — Les actions valaient 1.600 fr. en 1844. Elles tombent à 1.200 fr. en 1848.

Azincourt. — La compagnie d'Azincourt, formée par la réunion des quatre sociétés d'Azincourt, Carette et Minguet, d'Hordaiug et d'Etrœungt, s'était constituée sous la forme anonyme par acte du 30 juillet 1842, autorisée par ordonnance royale du 30 même mois. Le fonds social était divisé en 1.500 actions nominatives, qui n'étaient dans aucun cas passibles d'appels de fonds. Ce fonds social se composait de la valeur de la concession, des travaux, etc, de 30.000 hectolitres de charbon et de 320.000 fr. espèces.

L'extraction d'Azincourt reste comprise entre 27 000 et 40.000 tonnes. Elle s'effectue dans deux puits, St-Edouard et Ste-Marie. Un nouveau puits, St-Auguste est ouvert en 1846; mais la fosse d'Etrœungt est abandonnée comme improductive.

Fresne-Midi. — A peine constituée, la compagnie de Thiven-celles et Fresne-Midi entre en contestation avec la compagnie d'Anzin. Elle ouvre en 1843, des sondages et un puits à Mâcou, près Bernissart, et y rencontre de belles couches de houille à une faible profondeur. Mais la compagnie d'Anzin revendique des terrains sur lesquels sont établis ces travaux, comme étant compris dans sa concession de Vieux-Condé, et son bon droit à cet égard est reconnu par les nombreuses juridictions qui sont appelées à statuer sur ce différend, de 1843 à 1850.

Ces longs procès, les travaux de Mâcou, l'essai du creusement d'un nouveau puits à Thivencelles, l'ouverture d'un deuxième puits à Fresnes entraînent la compagnie de Fresnes-Midi dans de grandes dépenses, et sa faible extraction de la fosse Soult, qui ne dépasse pas 20.000 tonnes, ne lui donne pas de bénéfices. Aussi cette compagnie est-elle conduite à se grever de dettes dont elle aura bien de la peine à s'acquitter.

Autres Sociétés. — La société de Crespin abandonne son puits de Quiévrechain en 1847, et exécute ensuite divers sondages à Onnaing, Quarouble et Crespin, qui creusés à 180 et 200 mètres ne sortent pas du grès vert, et viennent confirmer les données que l'on possédait déjà sur la grande épaisseur des morts-terrains dans cette partie du bassin.

A Marly, la fosse Petit est abandonnée en 1847, le matériel est vendu, et tout travail est suspendu sur la concession.

La fosse de Marchiennes, après de nombreuses interruptions, atteint le terrain houiller en 1844. Approfondie à 195 mètres, sans rencontrer de houille, on y ouvre à 178 mètres, des galeries au nord et au sud. La première traverse 200 mètres de terrains de schistres noirâtres, au milieu desquels on trouve une passée charbonneuse, des *nids* de pyrite et des infiltrations de chaux carbonatée donnant de l'eau. Celle du sud rencontre deux petites couches de houille contournées, et fréquemment brouillées, dans lesquelles on ouvre quelques tailles, On en retire environ 4.000 tonnes de houille maigre, sulfureuse et de mauvaise qualité.

La société de recherches se transforme le 14 octobre 1847 en société anonyme, sous la dénonination de *Compagnie des Canonniers de Lille*, et formule une demande de concession, le 19 janvier 1848. — Cette demande est rejetée par une lettre du Ministre de janvier 1850, « les résultats acquis par les travaux » d'exploration n'ayant pas mis en évidence une richesse minérale » suffisante pour devenir l'objet d'une concession. »

Les actionnaires découragés, décident la dissolution de la société, dont les droits et actions sont licités et adjugés le 22 mai 1850, à MM. Jourdan, Nicolle et Lenglin. La fosse de Marchiennes est abandonnée, et une fabrique de sucre s'installe sur son emplacement.

A la fièvre des recherches de 1837, succède un temps d'arrêt complet, et de 1840 à 1850, aucune société nouvelle ne se forme, sinon celle de la Scarpe, fondée par M. Soyer, administrateur des Mines de Vicoigne, lequel profita des indications fournies par M. de Bracquemont, pour venir installer à l'Escarpelle, près Douai, un sondage qui découvrit la houille en 1847. (Voir I, Mines de l'Escarpelle, page 3, tome I). Une fosse fut ouverte à l'Escarpelle, et entra en exploitation en 1850. Le 27 novembre de cette même année, un décret instituait la concession de l'Escarpelle d'une étendue de 4.721 hectares.

1850 – 1860.

Production. — La production du Bassin du Nord qui n'était que de 1 million de tonnes en 1850, dépasse 1 1/2 million en 1859. L'augmentation moyenne annuelle sur la période décennale 1840-1850, est de 425.354 tonnes, ou de 44 %, résultat d'autant plus remarquable que les houillères du nouveau Bassin du Pas-de-Calais, qui fournissaient à peine 20.000 tonnes en 1850, en fournissent près de 500.000 en 1859, Le grand mouvement industriel qui se manifeste à partir de 1852, la création de nombreuses lignes de chemin de fer, en développant la consommation de la houille , permettent aux houillères de développer largement leurs travaux d'exploitation.

Le tableau ci-dessous accuse le progrès réalisé par chaque compagnie houillère.

Années.	ANZIN. Ton.	ANICHE. Ton.	DOUCHY. Ton.	VICOIGNE. Ton.	AZIN-COURT. Ton.	FRESNES MIDI. Ton.	ESCAR-PELLE. Ton.	DIVERSES SOCIÉTÉS. Ton.	LE BASSIN DU NORD. Ton.
1850	647.787	107.583	128.226	63.377	31.215	19.706	2.009	»	999.903
1851	617.485	120.730	136.494	63.130	36.403	27.820	28.052	»	1.030.114
1852	628.870	148.911	147.638	65.673	33.454	20.826	25.171	»	1.070.543
1853	838.917	185.805	154.554	79.148	39.440	23.373	20.751	»	1.341.988
1854	860.853	201.639	179.934	93.966	49.384	26.570	31.657	»	1.444.003
1855	970.014	219.950	180.978	116.676	46.857	37.341	44.345	»	1.616.161
1856	915.904	243.840	177.894	115.248	44.884	31.966	44.744	»	1.574.480
1857	912.356	261.782	158.094	110.796	32.776	44.337	51.867	»	1.572.008
1858	926.641	269.418	164.013	112.510	32.922	39.650	57.423	»	1.602.577
1859	853.375	296.985	146.873	95.426	32.826	42.893	57.257	»	1.525.635
Moyenne.	817.220	205.664	157.470	91.595	38.016	31.448	36.328	»	1.377.741

De 1850 à 1860, comparativement à 1840-1850 :

Anzin a augmenté sa production annuelle de				164,000	tonnes ou de	25	%	
Aniche	»	»	»	162,000	»	» 220	»	
Douchy	»	»	»	54,000	»	» 50	»	
Vicoigne	»	»	»	40,000	»	» 75	»	
Azincourt	»	»	»	6,000	»	» 20	»	
Fresnes-Midi	»	»	»	14.000	»	» 80	»	

Enfin l'Escarpelle qui n'existait pas en 1850, voit son extraction monter en 1859, à 57.000 tonnes. Par contre, toutes les autres petites Sociétés cessent leur exploitation.

Ouvriers. — Salaire. — Le nombre d'ouvriers employés dans les mines du Nord reste compris entre 9.600 et 10.900 de 1850 à 1854. Il passe brusquement à 13.500 en 1855, et dépasse 14.000 à partir de 1858.

La production annuelle par ouvrier atteint son maximum, 131 tonnes en 1854. Pendant les autres années elle varie de 103 à 125 tonnes.

Le total des salaires payés par les houillères, qui n'était que de 5 à 6 millions jusqu'en 1853, s'élève d'années en années pour atteindre 9.700.000 fr. en 1858.

Le salaire annuel moyen de l'ouvrier varie de 531 à 537 fr. de 1850 à 1852. Il s'élève à 614 en 1854. En 1855, les exploitants élèvent spontanément le prix de base de la journée de 2 fr. 50 à 2 fr. 75, soit de 10 %, et le salaire moyen varie à partir de 1855 à 1860 de 650 à 706 fr.

La main-d'œuvre, qui entrait dans le prix de revient de la tonne de houille pour 5 fr. 15 en 1850, atteint 6 fr. 48 en 1860.

Prix de vente des houilles. — de 1850 à 1853, le prix moyen de vente des houilles est très bas. Il oscille entre 10 fr. 90 et 11 fr. 50 la tonne. Mais en 1854, commencent à se faire sentir des besoins très grands de houille ; les demandes sont très actives, et malgré le développement que les exploitants donnent à leur production, ils suffisent difficilement à alimenter l'industrie. Aussi les prix de vente s'élèvent successivement sur le carreau des mines, et on cote suivant les qualités :

En 1854.	1ᵉʳ janvier...........	11 fr. 40	à	13 fr.	00
	1ᵉʳ août..............	12 00	à	13	60
	1ᵉʳ octobre....	12 50	à	14	50
En 18⁻5.	1ᵉʳ mai........	13 60	à	15	40
	24 août......	14 80	à	16	50
En 1856.	26 janvier...........	16 00	à	18	80

Bientôt l'équilibre entre la production et la consommation se rétablit, et dès le mois de mars 1856, les prix courant s'abaissaient à 14 fr. 80 et 17 fr. 60, et successivement des remises de plus en plus fortes étaient faites sur ces prix,

Par suite des marchés conclus, les prix moyens de vente étaient réellement d'après les publications de l'administration des mines.

En 1854................	12 fr. 01
» 1855................	14 22
» 1856................	15 85
» 1857................	16 22
» 1859............ ...	14 81

Dividendes. — Grâce au développement de leur extraction et au prix élevé qu'atteignent les houilles, les exploitants réalisent des bénéfices importants dans la période 1850-1860. Ces bénéfices sont consacrés en partie à la création de nouveaux puits, à la construction de maisons d'ouvriers, et à l'augmentation de l'outillage ; l'autre partie vient accroître les dividendes répartis aux actionnaires.

Anzin dont le dividende n'était que de 7.000 fr. par denier en 1850 et 1851, et de 8.000 fr. en 1852 et 1853, repartit 9 000 fr., en 1854, 12.000 fr., en 1855, 14.000 fr., en 1856 et 1857, et 15.000 fr. pendant chacune des années 1858 à 1860.

Il distribue en outre en 1857 fr. à chaque denier 2 actions de la compagnie des mines de Dourges, d'une valeur de 2.000 fr., sur les 600 qui lui avait été attribué lors de la formation de cette Société, à laquelle elle avait avancé les fonds nécessaires à ses premiers travaux.

En 1852, le denier vaut 250.000 fr.

Aniche qui ne distribuait en 1850 que 800 fr. par denier

donne à ses sociétaires 1.020 fr. en 1852, 3.000 fr. en 1855, et de 4.200 à 4.800 pendant chacune des années 1856 à 1860.

Le prix de vente de ses deniers qui était de 16.000 fr. en 1850 monte à 35.000 fr. en 1854, et varie de 70.000 à 85.000 fr. de 1855 à 1860.

Le dividende de *Vicoigne* est de 70 fr. par an de 1850 à 1852, et de 90 fr. en 1853. L'exploitation de Nœux dont les dépenses d'exécution ont été prises sur les bénéfices de Vicoigne st sur les avances de la compagnie d'Anzin, donne immédiatement de beaux résultats, et permet à la compagnie de répartir des dividendes, qui progressent d'années en années et passent de 125 fr. en 1854 à240 fr. en 1859.

La valeur des actions s'élève parallèlement,et passe de 1400 fr. en 1850 à 3.000 fr. en 1855 et à 4.400 fr. en 1860.

A *Douchy*, le dividende, qui était en 1850 de 154 fr. par dou·zième de denier s'accroit d'années en années, et atteint 262 fr, en 1854, 400 fr. en 1856, pour redescendre à 300 fr. en 1859.

Azincourt qui n'avait jusqu'alors donné aucun dividende en répartit un de 50 fr. pendant chacune des 3 années 1850 à 1852, de 100 fr. en 1853 et 1854 et de 150 fr. en 1855 et 1856. Le dividende de 1857 tombe à 60 fr., et il n'en est pas distribué les années suivantes.

Les actions qui sont à 1000 fr. en 1850, montent à 1200 fr., en 1853 et à 1500 fr. en 1855.

Principales particularités de l'exploitation de 1850 à 1860. — On a vu par les détails donnés précédemment, qu'à partir de 1853, la demande des houilles fut très grande ; que les prix de vente s'élevèrent de 5 à 6 fr. par tonne, et que les houillères profitèrent de ces avantages pour développer leurs exploitations, créer de nouveaux travaux, et en même temps pour augmenter les salaires des ouvriers.

De nouveaux puits sont ouverts ; leur section est beaucoup aggrandie, et leur diamètre est porté de 3 à 4 mètres ; aux tonneaux on substitue les cages guidées et les machines d'extraction de 35 chevaux sont remplacées par des machines à deux cylindres d'abord oscillants , puis fixes horizontaux ou verticaux, et de la force de 60, puis de 100 et 160 chevaux. La production de chaque puits, est, grâce à ce nouvel outillage, augmenté dans une assez grande proportion. Elle n'atteint cependant en moyenne en 1858 et 1859, pour les 59 puits d'extraction du Bassin que 25.000 à 28.000 tonnes.

Aux machines Newcomen et aux machines de Cornouailles, employées au passage des niveaux, on substitue des machines à traction directe avec pompes de 1,^{m} 50 à 1,^{m} 60 de diamètre, et une course de 3 mètres. Ces nouveaux engins permettent de surmonter les difficultés de creusement de puits sur des points où avec les anciens appareils d'épuisement en aurait certainement échoué.

Enfin, aux foyers d'aérage on commence en 1852 à substituer des ventilateurs Fabry et Lemielle.

La descente et la remonte des ouvriers qui s'effectuent par les échelles, s'opèrent par les machines, dès l'application en 1853 des cages guidées et du parachute Fontaine.

La compagnie d'Anzin ouvre de 1851 à 1856 sept nouveaux puits de 4 m. de diamètre et en 1858 elle possède.

37 puits d'extraction.
9   »   d'épuisement.
5   »   en creusement

Elle tranforme ses anciens puits, y installe des guides et de nouvelles et puissantes machines d'extraction. Elle adopte en 1851 le mode d'adjudication, pour l'abattage dans les tailles. Elle poursuit les essais de l'appareil Méhu, monté à la fosse Davy, nouveau mode d'extraction à tiges oscillantes, qui supprime les câbles. Ses bénéfices comme il a été dit plus haut sont importants, grâce à l'augmentation du prix des houilles, dont voici un exemple.

La compagnie d'Anzin livre depuis leur fondation aux forges de Denain la plus grande partie de leur combustible. Or, de 1848 à 1853, le prix de la houille livrée à ces établissements était de 1 fr. à 1 fr. 08 l'hectolitre. De 1854 à 1859 ce prix est de 1 fr. 15 à 1 fr. 45, en augmentation de 0 fr. 26 ou d'environ 3 fr. par tonne.

Le Moniteur industriel publiait en 1859, un article paraissant émaner de la Compagnie d'Anzin, qui donnait les résultats de l'exploitation de ces mines, pendant les 9 dernières années (1850 à 1858, savoir :

Vente. — 83,070,210 hectolitres ayant produit.. 94,907,077 f. ou 1 f. 142 l'hect.
Dépenses d'après les comptes admis par les comités d'évaluation de la redevance proportionnelle . . . . 74,970,827 ou 0 902 »

Produit net restant . . . . 19,936,250 f. ou 0 f. 240 l'hect.

Pendant ces 9 années :

Le prix de vente ressortait à . . . . 12 fr. 70 la tonne.
Le prix de revient à . . . . 10 00 »

Et le bénéfice à . . . . 2 fr. 70 la tonne.

La Compagnie d'Aniche possédait en 1850, cinq fosses ouvertes sur un gisement de houille sèche. Elle vint s'établir, en 1852, près de Douai, et y découvrit un gisement de houille grasse qu'elle exploitait déjà en 1854, par la fosse Gayant. Elle creusait bientôt 3 nouveaux puits, l'un sur ce même gisement de charbon gras, et deux sur le gisement de houille sèche à Aniche.

En même temps, elle reliait tous ses puits au chemin de fer du Nord, construisait des maisons d'ouvriers, des ateliers de réparation, et établissait une fabrique d'agglomérés. Son extraction doublait de 1850 à 1859, et elle réalisait des bénéfices importants qui lui permirent de faire face à ces grands travaux de premier établissement, en même temps que de répartir à ses sociétaires de beaux dividendes.

Douchy augmente sa production et réalise des bénéfices importants, qu'il distribue, en très grande partie, à ses actionnaires. Il n'entreprend que très peu de travaux neufs dans sa concession, mais il consacre 300.000 fr. à la création des mines de Courrières (voir T. I, page 48), et obtient dans la formation de cette Compagnie houillère, près des deux tiers des actions qu'il distribue à ses actionnaires. Ces actions de Courrières, qu'ont reçu gratuitement les actionnaires de Douchy représentent aujourd'hui une valeur quatre fois plus grande, que la valeur totale des mines de Douchy.

D'après un mémoire de M. Ch. Mathieu, Directeur des mines

de Douchy : « Les houillères anglaises et les houillères du dépar-
» tement du Nord, » paru en 1860, l'établissement des mines de
Douchy, aurait coûté depuis l'ouverture de son premier puits,
près de 9 millions, savoir :

Chemin de fer..............................	1,000,000 fr.
Puits en activité avec machines et bâtiments......	3,500,000
Terrains et 600 maisons d'ouvriers	2,500,000
Matériel du fond et du jour....................	600,000
Rivage, locomotive, machines d'épuisement, che-vaux, etc.........	277,000
Puits abandonnés, explorations, forages, pavés, etc.	1,000,000
Ensemble................	8,777,000 fr.

Ce capital correspond à près de 5 millions par cent mille tonnes
de houille produites annuellement.

Vicoigne abandonne en 1854 la fosse Pontpéry de la concession de Château-l'Abbaye, qui ne fournit que de mauvais charbon. Son exploitation à Vicoigne s'effectue toujours dans des conditions de prix de revient très avantageuses. Cependant les travaux de la fosse n° 4, rencontrent le *torrent*, et une venue d'eau
de 4.500 hectolitres, l'oblige à installer une 2e machine d'épuisement. Les cuvelages des fosses, établis avec des bois d'une épaisseur insuffisante, sont en grande partie changés. Un chemin de
fer d'environ 5 kilomètres, est construit pour relier les fosses à la
gare de Raismes. En même temps, la Compagnie développe son
établissement de Nœux, qui fournit déjà 90,000 tonnes en 1857.
(Voir Tome I, page 151).

Azincourt, avec une extraction faible réalise des bénéfices et
distribue 7 dividendes. Il exécute divers sondages à l'Ouest, sur
Monchecourt, qui rencontrent le terrain houiller, et ouvre, en
1858, près de ces sondages, la fosse St-Roch. Il lui est accordé,
le 15 février 1860, une extension de concession.

Fresnes-Midi réalise quelques bénéfices qui servent à éteindre
une partie de ses dettes.

Crespin, en 1851, à l'époque où les houilles étaient très
demandées, reprend ses travaux de recherches. Il exécute un
sondage à Onnaing et y découvre le terrain houiller sans houille.

Il rouvre par le système Kind, l'ancien 2ᵉ sondage du bureau de Quiévrechain, suspendu en 1853, et y rencontre à 285 m. le terrain houiller sous la formation dévonienne trouvée à 148 m.

Poussé jusqu'à 449 m., ce sondage traverse plusieurs veinicules de charbon et même une petite veine de 0 m. 30.

Marly reste complètement abandonné.

L'Escarpelle avait, en 1850, un puits qui commençait à entrer en exploitation. Elle en ouvrait un second à Leforest. Mais ces deux puits, établis sur des houilles sèches, donnaient de faibles résultats, et la Compagnie, dont le capital était épuisé, entama des pourparlers pour céder son établissement. Ces pourparlers n'ayant pas abouti, après avoir doublé son capital, la Compagnie ouvrit un 3ᵉ puits à Dorignies, qui la remit à flot. Les actions de 500 fr. montent à 1.000 fr. en 1859. Des dividendes de 30 et 40 fr. furent répartis de 1852 à 1854, aux 3.000 actions primitives, et de 1855 à 1860, le dividende des 6.000 actions, varia de 35 à 45 fr. (Voir Tome I, page 3).

Sociétés de recherches. — Les acquéreurs des droits de l'ancienne Société des Canonniers de Lille, constituent, en 1856, une nouvelle Compagnie, dite des mines de Marchiennes, au capital de 6 millions, divisés en 12.000 actions de 500 fr. et dans laquelle ils font apport des travaux précédemment exécutés, pour la somme de 1.600.000 fr. « montant des dépenses faites en capital « et intérêts. »

La nouvelle Société, qui n'avait pu placer qu'un petit nombre de ses actions payantes, exécute en 1856 et 1857, deux sondages à Raches et au Pont-de-Lallaing, qui rencontrent la houille. Mais la Compagnie ayant épuisé ses ressources et dépensé environ 200.000 fr., est obligée de se dissoudre, vend son matériel, et cède, en 1859, tous ses droits à l'un des actionnaires, pour la minime somme de 1.100 fr.

Les entreprises de recherches qui avaient complètement cessé, se réveillent à partir de la découverte de l'Escarpelle. Mais elles se portent toutes dans le Pas-de-Calais, à Hénin-Liétard, au-delà de Lillers, et donnent lieu à l'institution des 10 concessions de Dourges à Fléchinelle, dont l'historique a été fait dans le Tome I de cet ouvrage.

En 1854, époque de reprise du marché des houilles, de nombreuses sociétés exécutent des recherches au Nord et au Sud des concessions établies, et donnent naissance aux nouvelles concessions de Vendin, Ostricourt, Liévin, etc. Un sondage exécuté en 1854 par la Compagnie de l'Escarpelle, au moulin d'Anby, ayant constaté le calcaire, M. Vuillemin en conclut que la bande houillère devait s'étendre au Nord des concessions d'Aniche, de l'Escarpelle et de Dourges. Sur ses indications, la Compagnie Douaisienne entreprit, en 1855, plusieurs sondages, dont 2 à Raches et à Montécouvé rencontrèrent le terrain houiller mais sans houille.

Une Société, dite de St-Amand, formée à Béthune en 1855, fait des recherches daus la forêt de St-Amand.

Au Midi, des recherches sont faites à Courcelles-lez-Lens, d'abord par M. Dellisse-Engrand, puis par le sieur Lebreton.

Un sondage fait à Halluin en 1858, rencontre des grès micacés avec quelques veinules charbonneuses qu'on croit tout d'abord appartenir à la formation houillère, mais qui appartiennent à la formation dévonienne.

Une Société reprend la fosse du Moulin de Lesquin, creusée en 1782 par le sieur Godonesche. Elle n'obtient pas de meilleurs résultats que ce dernier, et au commencement de 1859, après des dépenses assez considérables, elle entra en liquidation et mit en vente publique son matériel.

XXX.

BASSIN DU NORD.

De 1860 A 1880.

1860-1870.

Production. — Ouvriers. — Salaires. — Prix de vente des houilles. — Anzin. — Aniche. — Douchy. — Escarpelle. — Vicoigne. — Azincourt. — Fresnes-Midi. — Crespin. — Marly. — Marchiennes.

1870-1880.

Prix de vente des houilles. — Production. — Ouvriers. — Salaires. — Dividendes. — Valeur des actions des Compagnies houillères. — Particularités qui se sont présentées dans les diverses houillères du Nord, de 1870 à 1880. — Concessions abandonnées. — Fresnes-Midi. — Crespin-lez-Anzin. — Marly. — Sociétés de recherches. — Concessions instituées dans le Bassin du Nord.

Production. — La production annuelle moyenne du Bassin du Nord était

	de 952,387 tonnes	dans la période	1840-1850
	" 1,377,741 "	"	1850-1860
Elle est de	2,025,138 "	"	1860-1870

Ces chiffres, confirmés par les indications du tableau ci-dessous, montrent la marche ascensionnelle constante, que suit le développement de l'exploitation. Cette progression de la production du Bassin du Nord est d'autant plus remarquable, qu'à côté de lui se sont créées les nouvelles houillères du Bassin du Pas-de-Calais, qui, elles aussi, développent largement leur exploitation. Le nonveau Bassin, qui ne fournissait en 1860 que 600.000 tonnes, en livre à la consommation :

1,402,000 tonnes en 1865
et 1,840,000   »   1869

Années.	ANZIN. Ton.	ANICHE. Ton.	DOUCHY. Ton.	VICOIGNE. Ton.	AZIN-COURT. Ton.	FRESNES-MIDI. Ton.	ESCAR-PELLE. Ton.	LE BASSIN DU NORD. Ton
1860	900.123	289.473	146.715	104.467	34.882	38.307	86.316	1.599.783
1861	917.630	296.785	139.158	105.661	46.043	43.776	102.235	1.651.288
1862	936.061	349.514	153.885	101.764	39.503	41.617	115.008	1.737.352
1863	986.412	349.096	163.766	100.970	44.641	43.442	115.197	1.803.524
1864	991.805	364.947	173.999	97.326	41.088	45.162	132.840	1.847.167
1865	1.115.829	438.532	177.975	108.797	35.829	55.902	132.521	2.065.385
1866	1.275.373	482.670	172.679	112.285	35.149	58.267	108.577	2.245.000
1867	1.374.359	447.874	167.799	107.074	36.547	52.559	113.980	2.300.192
1868	1.537.919	407.725	165.713	108.433	27.122	38.888	115.572	2.401.372
1869	1.647.162	471.815	167.135	110.545	27.701	40.220	135.742	2.600.320
Moyenn.	1.168.267	389.843	162.882	105.732	36.800	45.814	115.799	2.025.138

Ouvriers. — Salaires. — Le nombre des ouvriers s'accroît nécessairement avec la production. Il était :

En 1840 de................ 8,933
» 1850 » 9,618
» 1860 » 14,187
Il est en 1869 » 16.649

La production annuelle moyenne d'un ouvrier était :

En 1840 de.............. 87 tonnes.
» 1850 .... 104 »
» 1860 .... 113 »
Elle est en 1869 .... 156 »

Ces résultats montrent d'une manière frappante, l'importance des améliorations apportées dans les procédés d'exploitation pendant les 30 dernières années, la production d'un ouvrier ayant à peu près doublé de 1840 à 1870.

Le montant des salaires payés aux ouvriers, était :

```
En   1843 de...........   4,344,927 fr.
 »   1850 » ...........   5,168,183 »
 »   1860 » ...........   9,732,993 »
Il est en 1869 » .........  13,548,377 »
```

Ainsi, pendant que le nombre des ouvriers n'a pas doublé, le chiffre des salaires a plus que triplé.

Le salaire anquel moyen de l'ouvrier, s'est donc accru dans une large mesure.

Ce salaire était :

```
En   1843 de..............   462 fr.
 »   1850 » ..............   537 »
 »   1860 » ..............   686 »
 »   1869 » ..............   814 »
```

En effet, le prix de base servant à fixer le prix de la journée du mineur

```
était en              1840 de ................   2 fr. 00
Il est passé en juillet 1846 à ................   2   30
 »          mars   1848 à ................   2   50
 »          juillet 1855 à ................   2   75
 »          octobre 1866 à ................   3   00
```

Grâce aux progrès réalisés dans l'exploitation, la grande augmentation des salaires n'a influé que dans des limites assez restreintes sur le prix de revient. Ainsi, la main-d'œuvre entrait dans le prix de revient

```
En   4843 pour .......   4 fr. 86 par tonne.
 »   1850  »  .......   5   06      »
 »   1860  »  .......   6   08      »
Elle y entre en 1869  »  .......   5   21      »
```

Prix de vente des houilles. — Les prix de vente qui étaient élevés depuis 1855, s'abaissent progressivement à partir de 1861, par suite du grand développement de l'extraction et tombent au-dessous de 12 fr. pendant les années 1863-1865.

A la fin de cette dernière année, l'équilibre entre la production et la consommation s'est rétabli ; la demande est très active et les prix s'élèvent, dans le courant de l'année 1866, de 3 fr. à 3 fr. 50 par tonne ; mais les houillères ne profitent que faiblement de cette augmentation à cause des marchés conclus aux bas prix. En effet, les prix moyens ne sont que de 12 fr. 70 en 1866, et de 13 fr. 60 en 1867. Cependant, cette augmentation produisit une véritable émotion chez les industriels qui réclamèrent la suppression du droit de douane sur la houille, et demandèrent une enquête pour conjurer le péril dont ils se voyaient menacés, de manquer de combustible. L'enquête n'était pas terminée, que le développement des exploitations faisait baisser les prix à des taux excessivement bas.

Voici, d'après les publications de l'administration des mines, les prix de vente moyens des houilles du Bassin du Nord de 1840 à 1870.

1840 A 1850.		1850 A 1860.		1860 A 1870.	
Années.	Prix.	Années.	Prix.	Années.	Prix.
»	»	1850	11 f. 31	1860	15 f. 00
»	»	1851	11 05	1861	13 80
»	»	1852	10 91	1862	12 80
1843	10 f. 41	1853	11 57	1863	11 50
1844	12 01	1854	12 13	1864	11 20
»	»	1855	14 35	1865	11 80
»	»	1856	15 96	1866	12 70
1847	11 81	1857	15 59	1867	13 60
1848	11 42	1858	14 43	1868	11 60
1849	11 27	1859	14 95	1869	11 15
Moyenne..	(11 38)	Moyenne..	13 22	Moyenne..	12 51

Anzîn. — La Compagnie d'Anzin développe son exploitation, surtout à partir de 1864. Son extraction qui n'était que de 900.000 tonnes en 1860, s'élève à 1.650.000 tonnes en 1869. Son personnel, qui ne comptait en 1860 que 8.590 ouvriers, en compte 11.300 en 1869.

Une augmentation de 3 fr. par tonne dans le prix des houilles, en 1866, contribue au développement de l'exploitation, ainsi que cela arrive toujours lorsque les houilles sont très recherchées. Mais ce développement amène toujours également une rareté d'ouvriers, et par suite, leurs prétentions à des salaires plus élevés. Aussi, en octobre 1866, une grève générale se déclare-t-elle à Anzin, et elle ne se termine que par une augmentation de 9 % sur tous les salaires.

C'est en 1860, que la Compagnie d'Anzin commence à construire des fours à coke et une fabrique de briquettes. En 1865, elle fabrique déjà 100.000 tonnes de coke et 65.000 tonnes de briquettes.

Dans cette période de 1860 à 1870, elle continue la transformation de ses anciens puits et en crée de nouveaux qu'elle munit d'appareils puissants et perfectionnés.

En 1863, elle a à lutter contre la Compagnie de Fresnes-Midi, qui lui dénie la propriété de la concession de Fresnes, et en demande la concession. Mais elle obtient gain de cause devant toutes les juridictions.

Les dividendes distribués par la Compagnie d'Anzin étaient de 15.000 fr. par denier en 1860. Ils tombent à 13.000 et 12.000 fr. jusqu'en 1864, et remontent ensuite à 15.000, 16.000 et 18.000 fr. pendant les 3 années 1867 à 1869. Dans cette dernière année, le denier se vend 300.000 fr.; capital correspondant à un revenu de 6 %.

Aniche. — De 290.000 tonnes en 1860, la production des mines d'Aniche s'élève à 470.000 tonnes en 1869. Les nouvelles fosses entrent en exploitation ; on en ouvre deux nouvelles. La Compagnie relie les verreries d'Aniche à ses embranchements de chemin de fer, et leur procure ainsi de grandes facilités pour la réception non seulement de leurs charbons et de leurs matières premières, mais pour l'expédition de leurs produits. Elle amène des industriels à créer sur ses terrains une fabrique de briquettes et des fours à coke alimentés exclusivement par ses charbons. Son personnel se recrute facilement dans les villages voisins, grâce à de bons salaires, et aussi a la construction de maisons.

Les dividendes qui avaient fléchi à 3.200 fr. pendant la baisse des charbons, de 1862 à 1864, remontent à 5.600 fr. en 1866 et à 6.360 fr. en 1867 ; ils descendent à 4.800 fr. en 1868 et 1869, par suite de la baisse des prix qui se produit pendant ces deux années.

La valeur du denier suit une marche analogue à celle des dividendes ; elle tombe à 54.000 fr. de 1862 à 1863, monte à 100.000 fr. en 1867, et ne faiblit que très peu pendant les années suivantes.

Douchy. — L'extraction de Douchy progresse, mais faiblement. Elle avait été en moyenne, dans la période décennale 1850-1860, de 157.000 tonnes. Elle est de 1860 à 1870, de 163.000 tonnes.

Mais avec cette production relativement faible, il distribue des dividendes assez importants : de 236 à 300 fr. par douzième de denier de 1860 à 1867 ; en 1868 et 1869, le dividende descend à 169 et 180 fr. La valeur du douzième du denier pendant cette période, varie de 2.000 à 4.000. fr.

Escarpelle. — La Compagnie de l'Escarpelle, extrayait 86.000 tonnes en 1860 ; elle en extrait 135.000 en 1869. Elle emprunte 900.000 fr. en 1865, pour le percement d'une nouvelle fosse n° 4, qui présente des difficultés excessives que l'on ne parvient à surmonter que par l'emploi du système à niveau plein Kind-Chaudron. C'est la première application qui est faite de ce système dans le Nord de la France, et elle réussit parfaitement. La fosse n° 4, coûte près de 1 million 1/2, mais elle tombe sur un gisement riche et régulier, dont l'exploitation a relevé la situation de la Compagnie de l'Escarpelle.

Cette Compagnie distribue chaque année des dividendes qui varient de 30 à 55 fr. La valeur de ses actions reste comprise entre 950 et 1150 fr.

Vicoigne. — L'exploitation du Vicoigne reste stationnaire, et fournit de 100 à 110 mille tonne par année. Par contre son établissment de Nœux se développe dans de grandes proportions. Son extraction qui était de 85.000 tonnes en 1860 s'élève à 250.000 tonnes en 1869. Aussi les bénéfices réalisés permettent-ils à la compagnie de Vicoigne de distribuer de 1860 à 1870 des dividendes annuels de 200 à 250 fr.. La valeur de chacune de ses 4.000 actions, varie de 4.000 à 5.000 fr.

Azincourt. — L'extraction reste comprise entre 30.000 et 40.000 tonnes, sans augmentation sur les périodes précédentes. Si la nouvelle fosse Saint Roch fournit quelques produits, les anciennes fosses voient leur exploitation diminuer.

La compagnie exécute trois sondages à Arleux, Gœulzin et Férin, et rencontre partout des terrains négatifs.

Cependant elle distribue deux dividendes de 30 fr. par action en 1863 et 1864.

Fresnes-Midi. — De 1850 à 1860 cette Société extrait de 38.000 à 58.000 tonnes de houille par an. Elle réalise quelques bénéfices qui sont absorbés entièrement par les frais généraux, les intérêts des emprunts, dont un de 1 million avancé par l'État, en 1860, sur les excédants de fonds votés pour la guerre d'Italie, et les travaux de la fosse Saint Pierre.

En 1863, les membres du Conseil d'Administration de la Société de Thivencelles et Fresnes-Midi sollicitent, à titre d'extension, les terrains formant la concession de Fresnes, d'une étendue de 1782 hectares, qu'ils prétendent disponibles et possédés sans titre pour la compagnie des mines d'Anzin.

Cette demande est mise aux affiches, mais la compagnie d'Anzin y fait opposition, et assigne la compagnie de Fresnes-Midi, devant le tribunal de Valenciennes, qui par jugement du 15 juin 1864, déclare la dite compagnie d'Anzin propriétaire de la concession de Fresnes.

La compagnie de Fresnes-Midi, se pourvut devant le Conseil d'État, dont la décision confirma la possession de la concession de Fresnes à la compagnie d'Anzin.

Crespin. — En 1861, a la suite d'arrangements intervenus entre les propriétaires de la concession et M. Mathieu, celui-ci exécute un sondage entre Blanc-Misseron et Crespin. Ce sondage renconté à 102 m., le calcaire et y est poursuivi jusquà 304 mètres.

Marly. — En 1863, les actionnaires de Marly se concertent pour reconstituer leur Société, et en 1865, ils arrêtent de nouveaux statuts dans lesquels le fonds social se composait de

1,166 parts ou actions de 500 fr., franches et libérées attribuées aux actionnaires anciens.

2,350 actions de 500 fr., à souscrire par des actionnaires nouveaux.

──────

3,516 actions représentant un Capital de 1.758.000 fr.

dont   1.175.000 fr. espèces à verser par les nouveaux actionnaires,

et   583.000 » apport de la concession et des travaux anciens.

──────

1.758.000

Mais il y eut très peu d'empressement pour souscrire les nouvelles actions, car il ne put en être placé du 31 mai 1865 à l'année 1872 que 200, et la nouvelle Société n'entreprit aucun travail.

Marchiennes. — M. Gonnet qui avait acheté pour 1.100 fr. les droits des Sociétés des Cannoniers et de Marchiennes, reprend les sondages de Raches et du Pont de Lallaing et les poursuit jusqu'à 360 et 332 mètres. Il traverse dans le premier une couche de houille de 0 m. 30 et dans le second une couche de 0 m. 40.

M. Gonnet, qui avait dépensé 70.000 fr. constitue en 1863 une Société dite la Scarpe inférieure, et demande une concession. Cette demande n'ayant pas pas été accueillie, la Société fut dissoute en 1864.

Recherches. — En 1862, il est fait un sondage à Banteux, au delà de Cambrai. Il rencontra des argiles noires, rougissant au feu et que l'on pouvait confondre avec des schistes houillers. Mais ces argiles appartenaient à la formation du grès vert.

Un sieur Legrand entreprend en 1860, un sondage à Gœulzin, à 100 m. du point choisi, quelques jours plus tard par la compagnie d'Azincourt.

Ce sondage aurait été arrêté à 150 m. dans des schistes prétendus houillers.

Le sieur Mathieu exécuta en 1861 et 1862, un sondage à 1.100 m. au sud du clocher de Monchecourt. On dit qu'il a trouvé le terrain houiller à 125 m. mais cela est plus que douteux.

1870 – 1880.

Prix de vente des houilles. — Par suite d'un ensemble de circonstances exceptionnelles qui ne se représenteront sans doute jamais les, prix de charbons s'élevèrent à partir du commencement de 1872, et successivement, à des taux exagérés, sans précédents, d'abord en Angleterre, puis en Belgique en Allemagne et enfin en France.

A Newcastle, le charbon pour vapeur qui était à 14 fr. la tonne à la fin de 1871 atteint le prix exorbitant de 31 fr. 25 à la fin de 1872, et se maintient à ce taux jusqu'au milieu de l'année 1873. Il était environ à 26 fr. au 1er janvier 1874.

A Charleroi le tout venant demi-gras passe de 14 fr., prix de la fin de 1871, à 32 fr. taux du commencement de l'année 1873 et retombe à 20 fr. en janvier 1874.

Dans le nord de la France, des variations de prix analogues se produisent, mais plus tard qu'en Belgique et surtout qu'en Angleterre. Comme exemple des variations que subirent les prix des charbons, voici les prix courant de l'une des principales houillères du Nord de 1870 à 1874.

| DATES | | PRIX DU TOUT-VENANT. | |
de l'application des prix.		Demi-gras.	Gras.
1870	2 mai................	13 fr. 00	14 fr. 00
»	21 juillet....................	14 00	15 00
1871	18 septembre.................	14 00	15 50
1872	1er janvier.................	14 50	16 00
»	1er juin....................	15 00	16 50
»	16 août	15 50	17 00
»	15 septembre.................	16 50	18 00
»	1er octobre....... ....:.....	17 50	19 00
»	20 novembre..................	19 00	21 00
1873	16 janvier...................	21 00	22 80
»	24 février..................	23 00	25 00
»	15 juillet....................	25 00	27 00
Augmentation en 4 ans................		12 fr. 00	13 fr. 00

Mais à partir du commencement de 1874, les houilles sont offertes au lieu d'être demandées, par suite de l'augmentation de la production et du rétablissement de l'équilibre entre celle-ci et la consommation, et les prix s'abaissent successivement d'année en année pour descendre en 1880, à des taux très bas, plus bas que les prix pratiqués 25 à 30 ans auparavant.

L'émotion causée par la crise houillère de 1872-1874, fut très vive dans tous les pays. Des enquêtes parlementaires eurent lieu en Angleterre et en France, dans le but de porter un remède à la situation faite à l'industrie par la chéreté de la houille, et d'aviser aux mesures à prendre pour développer l'exploitation des mines et les mettre à même de pourvoir aux besoins de la consommation. En Angleterre on alla jusqu'à proposer de mettre un droit considérable à la sortie des houilles ; en France on se borna à mettre en demeure les propriétaires des nombreuses concessions inexploitées d'y reprendre les travaux d'exploitation. Mais les enquêtes n'étaient pas achevées, que les prix des houilles étaient redescendus à un taux normal, tant il est vrai qu'il suffit qu'une industrie soit rémunératrice pour qu'elle développe ses moyens de production.

Les houillères du Nord comme les houillères de tous les autres pays, mais dans une proportion moindre que ces dernières, réalisèrent des bénéfices importants. Toutefois, ainsi que le constate M. Ducarre, rapporteur de la Commission d'enquête, ces prix excessifs de la houille ne profitèrent que d'une manière restreinte « aux compagnies houillères, engagées pour les deux » tiers de leurs productions par des marchés conclus à l'avance. » Ce sont les négociants en charbon surtout qui ont profité, » dans une large mesure, des avantages que leur donnait la pos- » session d'une matière devenue tout d'un coup plus précieuse. »

Mais par contre, lorsque les prix de vente baissèrent, les houilles du Nord conservèrent plus longtemps que les houilles de Belgique et d'Angleterre, un cours avantageux.

On trouvera la confirmation de ces assertions, dans les tableaux ci-dessous donnant les prix de vente moyen des houilles dans les Bassins du Nord et du Pas-de-Calais et de la province du Hainaut, d'après les rapports de l'administration des Mines.

ANNÉES.	PRIX MOYEN DE VENTE DES HOUILLES.			
	Bassin du Nord.	Bassin du Pas-de-Calais.	Moyenne des 2 Bassins.	Province du Hainaut.
1871	12 fr. 10	13 fr. 48	12 fr. 79	11 fr. 49
1872	13 28	14 31	13 79	13 67
1873	17 05	19 52	18 29	21 90
1874	17 89	19 67	18 78	16 88
1875	16 46	18 29	17 37	15 80
1876	14 76	17 76	16 26 ·	13 84
1877	12 51	14 28	13 40	11 24
1878	11 92	13 39	12 65	10 16
1879	11 39	12 28	11 88	9 54
1880	11 87	12 18	11 77	10 15
Moyenne ...	13 fr. 87	15 fr. 51	14 fr. 69	13 fr. 46

On remarquera que la grande hausse se manifeste au commencement de 1873 ; qu'elle dure jusqu'à la fin de 1876 ; qu'elle est
beaucoup plus accentuée en Belgique, où les prix dépassent en
1873 de 3 fr. 61 ceux du Nord ; mais que la baisse a lieu plutôt
dans le premier de ces pays, et qu'en 1876, les prix y sont inférieurs de 2 fr. 42, à ceux du Nord ; que le Bassin du Pas-de-
Calais, vend ses houilles de 1 fr. à 1 fr. 50 plus cher que le Bassin
du Nord, parcequ'il fournit des houilles grasses et plus gaille-
teuses, mais que cet écart des prix tend à diminuer avec la baisse
des cours ; enfin que les prix belges sont, sauf les exceptions
signalées, inférieurs en moyenne de 1 fr. 20 à ceux du Nord,
c'est-à-dire d'une quantité égale, au droit de douane qu'acquit-
tent les houilles étrangères à leur entrée en France.

Production. — Sous l'influence des hauts prix des houilles
et de l'activité de la demande, toutes les houillères s'efforcent de
développer leur extraction. Elles mettent en œuvre tout leur outillage pour produire le plus possible, et en même temps creusent

de nouveaux puits, construisent des maisons pour augmenter leur personnel, et cherchent à accroître par tous les procédés possibles leurs moyens de production. Elles arrivent ainsi à des résultats remarquables que l'on trouvera consignés dans le tableau ci-dessous donnant les extractions annuelles des différentes houillères du Nord de 1870 à 1880.

Années.	ANZIN. Ton.	ANICHE. Ton.	DOUCHY. Ton.	VICOIGNE. Ton.	AZIN-COURT. Ton.	FRESNES MIDI. Ton.	ESCAR-PELLE. Ton.	MARLY. Ton.	LE BASSIN DU NORD. Ton.
1870	1.763.372	447.677	171.019	112.090	36.463	54.977	143.046	»	2.728.644
1871	1.709.715	548.086	151.988	115.093	33.234	49.575	148.630	»	2.756.321
1872	2.097.248	568.416	164.502	138.602	28.746	62.654	215.900	»	3.271.068
1873	2.191.504	618.462	181.227	139.951	35.952	68.504	258.831	»	3.494.431
1874	1.961.999	624.434	186.551	131.397	39.962	55.155	261.295	»	3.260.793
1875	2.025.873	607.624	207.963	134.878	35.393	61.030	283.933	»	3.356.694
1876	2.136.878	556.303	182.910	129.219	42.274	63.457	265.122	»	3.376.163
1877	2.121.539	517.505	166.225	121.216	44.972	55.600	262.444	»	3.289.501
1878	2.085.554	544.702	155.888	119.935	32.950	51.910	261.223	300	3.252.462
1879	2.100.085	576.107	156.705	117.103	37.961	61.107	237.568	500	3.287.136
Moyenne	2.019.377	560.932	172.498	125.948	36.291	58.397	233.799	400	3.207.322

On voit par ce tableau, que la production du bassin monte de 2,7 millions, chiffre de 1870 et 1871, à 3,5 millions, chiffre maximum, en 1873. Elle se maintient ensuite entre 3,3 et 3,4 millions de 1875 à 1880.

Pendant cette période, la production du Pas-de-Calais ne cesse de s'accroître. De 2,2 millions en 1871, elle atteint 4,8 millions en 1880.

L'ensemble de la production des deux bassins,
n'est en 1871, que de 4,7 millions de tonnes.
Elle s'élève à 6,6   »   en 1875,
et à 8,5   »   en 1880.

Ouvriers. — Pour augmenter leur production, les houillères font appel à tous les ouvriers disponibles, et elles arrivent à en attirer en augmentant les salaires, et en construisant de nombreuses maisons.

Le Bassin du Nord occupait, en 1871 . . . .   16,766 ouvriers.
Et celui du Pas-de-Calais   13,610   »

Ensemble . . . .   30,406 ouvriers.

En 1874., le nombre d'ouvriers est

Dans le Bassin du Nord de . . . .   20,302 ouvriers.
   »   »   Pas-de-Calais de   19,464   »

Ensemble . . .   .   39,766 ouvriers.

Et, en 1880

Dans le Bassin du Nord de . . . .   20,659 ouvriers.
   »   »   Pas-de-Calais de   23,072   »

Ensemble . . . .   43,731 ouvriers.

Ainsi de 1871 à 1880, le personnel employé par les houillères du Nord, s'est accru de . . . .   3.893 ou de 23 %.
et celui des houillères du Pas-de-Calais de . .   9.432   »   69 %.

Augmentation totale . . . .   13.325 ou   43 %.

Production par ouvrier. — Sous l'influence de l'activité du travail, la production annuelle moyenne de l'ouvrier s'accroît, mais dans une faible proportion, parce que l'ouvrier, gagnant de forts salaires, travaille moins.

Ainsi, en 1871, un ouvrier du fond produisait :

Dans le Bassin du Nord . . . .   209 tonnes.
   »   »   Pas-de-Calais   199   »

Moyenne . . . .   204 tonnes.

En 1873, il produit :

Dans le Bassin du Nord . . . .   223 tonnes.
   »   »   Pas-de-Calais   203   »

Moyenne . , ...   213 tonnes.

Ensuite l'extraction restant stationnaire dans le Nord, et gran-
dissant, au contraire, dans le Pas-de-Calais, l'ouvrier de ce
dernier Bassin, produit davantage que celui du premier. Ainsi
en 1880, un ouvrier du fond fournit :

Dans le Bassin du Nord ....   230 tonnes.
    ‶ ·   ‶   Pas-de-Calais   266   ‶

        Moyenne.... ·   ....   248 tonnes.

Salaires. — En 1872, les ouvriers étaient très recherchés, et
par suite exigeaient des salaires plus élevés. Ils se mirent en
grève dans le Pas-de-Calais, puis à Anzin, et dans toutes les
houillères du Nord. La grève prit fin par une augmentation des
salaires, qui éleva le prix de base de la journée des mineurs de
3 fr. à 3 fr. 25, soit de 8 %.

Au commencement de 1873, une nouvelle augmentation de 8 %
parut nécessaire, et fut accordée spontanément.

Cette élévation de 16 % des salaires fut dépassée partout, et le
gain journalier de l'ouvrier mineur proprement dit, qui était
de 3 f. 50 à 4 fr. en 1870, atteignit 5 à 6 fr. de 1873 à 1875. Il est
redescendu les années suivantes à 4 f. 50 et 5 fr.

Le montant des salaires payés par les houillères était er
1871 :

Dans le Bassin du Nord de ....   13,881,500 fr.
    ‶   ‶   Pas-de-Calais de.........   12,724,820

        Ensemble ....   26,606,320 fr.

Il atteint, en 1875 :

Dans le Bassin du Nord ....   22,113,291 fr.
    ‶   ‶   Pas-de-Calais   23,438,938

        Ensemble ....   45,552,229 fr.

    En 1876 ....   46,418,240 ‶

Depuis il est descendu à 40 et 41 millions, pour remonter,
en 1880, à 43,7 millions.

Le salaire moyen courant d'un ouvrier de toutes espèces, fond et jour, homme fait ou enfant, était, pour les deux bassins, de 875 fr. en 1871.

Il monte à..............   1,050 fr. en 1872
Et à   1,100   »   1873

Il reste compris entre 1051 et 1078 fr. de 1874 à 1876, descend à 924 fr. en 1877, pour remonter successivement et atteindre 995 fr. en 1880.

La main-d'œuvre entrait dans le prix de revient de la tonne de houille pour 5 f. 40 en 1871. Elle s'élève d'année en année et monte à 6 f. 92 en 1876, puis elle baisse successivement et n'est plus de que 5 f. 11 en 1880.

Dividendes. — Ainsi qu'il a été dit précédemment, la crise houillère de 1872-1874, pendant laquelle les prix des houilles montèrent à des taux inouïs, procura aux houillères de tous les pays des bénéfices considérables et inespérés. Les houillères françaises bénéficièrent de ces hauts prix, mais dans une mesure plus restreinte que les houillères étrangères, parceque les prix des houilles s'élevèrent moins haut en France qu'en Angleterre et qu'en Belgique, et parce que le système des marchés à long terme, pratiqué dans le Nord surtout, ne leur permit pas de profiter aussitôt des hauts prix qu'atteignirent les houilles.

Mais, par contre, leurs bénéfices se maintinrent plus longtemps lorsque la baisse arriva.

Quoiqu'il en soit, les grands bénéfices réalisés furent en général employés à la création de nouveaux puits et de nombreuses maisons d'ouvriers, à l'établissement de chemins de fer, de rivages et à l'augmentation et au perfectionnement de l'outillage de l'exploitation.

Enfin, une partie de ces bénéfices profita aux ouvriers, dont les salaires s'accrurent dans une large mesure, et le reste vint augmenter, sous forme de dividendes, la rémunération des capitaux engagés dans les mines. Certaines administrations eurent la sagesse de réserver une part des grands bénéfices réalisés dans les années exceptionnellement favorisées, pour constituer des fonds de réserve en vue de parer aux éventualités de l'avenir. Et, en effet, aux prix élevés des houilles succédèrent bientôt des prix très bas, ainsi qu'on l'a vu plus haut, et les gros bénéfices, les gros dividendes se réduisirent à des chiffres très modérés, inférieurs même, si l'on tient compte de l'augmentation des extractions, aux bénéfices et aux dividendes des années qui précédèrent la crise houillère.

Anzin distribuait en 1871 et 1872 un dividende de 16,000 fr. et de 17.000 fr. — En 1872, ce dividende est porté à 27,000 fr. et, en 1873, 1874 et 1875, au chiffre extraordinaire de 40.000 fr.

Dans cette même année 1874, la compagnie d'Anzin « jugeant » que ses réserves, sans atteindre le chiffre exagéré qu'on leur » attribue, dépassaient ses besoins, a distribué entre ses associés » un certain nombre d'actions d'une compagnie voisine, actions » qu'elle possédait depuis de longues années (1). »

Cette répartition d'actions s'appliquait aux 1.000 actions de Vicoigne que la compagnie d'Anzin possédait, par suite de l'acquisition, en 1843, de la concession d'Hasnon. Chaque denier reçut trois actions de Vicoigne dont la valeur était évaluée à 14.000 fr. l'une.

Les dividendes de la compagnie d'Anzin vont en diminuant successivement les années suivantes. De 33.000 fr. en 1875, ils descendent à 26.000 fr. en 1876 et tombent à 16.000 fr. en 1877, puis à 14.000 fr. pendant les années de 1878 à 1880. La répartition du premier semestre 1881 n'est même que de 5.000 fr.

Les dividendes de la compagnie d'Anzin sont tombés pendant les quatre dernières années au-dessous de ce qu'ils étaient dans les 15 années antérieures à la crise houillère de 1872-1874, malgré le doublement de sa production, qui dépasse 2 millions de tonnes, tandis qu'elle n'était que de 805 mille à 1 million de tonnes de 1855 à 1865 et de 1.100 mille à 1,500 mille tonnes de 1865 a 1869.

Ces résultats sont la conséquence de l'avilissement des prix des houilles pendant ces dernières années, et, aussi, de la réduction du fonds de réserve, par le partage des actions de Vicoigne, qui a privé la compagnie d'Anzin d'un revenu assuré et important, et de la répartition de 22 deniers retraits antérieurement, qui touchent actuellement des dividendes qu'ils ne touchaient pas autrefois.

(1) Lettre de M. C. de Marsilly, directeur général de la Compagnie d'Anzin, publiée dans le *Journal officiel* en mai 1875

Aniche donnait 200 fr. par douzième de denier en 1870. Il distribue 570 fr. en 1871, 790 fr. en 1872, puis 1100 fr. en 1873 et 1874, et même 1150 fr. en 1875. Mais son dividende descend à 750 fr. en 1876, 470 fr. en 1877 et tombe à 360 fr. en 1878 et 1879. Il remonte à 450 en 1880.

Les gros dividendes d'Aniche de 1873 à 1875 correspondent à ses plus grandes productions qui dépassent 600.000 tonnes pendant chacune de ces trois années. Pendant les années suivantes, sa production varie de 517 à 576 mille tonnes ; aussi ses dividendes diminuent en raison de la réduction de sa production et surtout, comme ceux d'Anzin, en raison de l'abaissement des prix de vente des houilles

L'extraction d'Aniche revenant à 600 mille tonnes en 1880, son dividende augmente de 25 %.

Douchy, dont le dividende était en 1870 de 105 fr. par douzième de denier, distribue 115 et 171 fr. en 1871 et 1872, puis 300 à 412 fr., pendant les années 1873 à 1876. Mais il ne donne plus que 129 fr. en 1877, 103 fr. en 1878 et 26 fr. seulement en 1879.

Vicoigne-Nœux qui distribuait 250 fr. en 1870, en distribue 600 en 1872, 1.000 pendant chacune des années 1873 à 1875, puis 600 de 1877 à 1879. Mais la plus grande partie de ce dividende est fournie par l'exploitation de Nœux.

L'Escarpelle ne répartit pas de dividende en 1870. Elle distribue 120 fr. en 1872, 190 fr. en 1874, puis 150 à 110 fr. chacune des années suivantes.

Fresnes-Midi qui n'avait jamais donné de dividendes, en répartit un de 10 fr. à chacune de ses 5.000 actions en 1877.

Azincourt, dont le dernier dividende date de 1864, ne fait aucune répartition depuis cette époque.

Valeur des actions des Compagnies houillères. —

En voyant le prix des houilles s'élever de 14 à 28 fr. la tonne dans l'espace de 2 ans, de 1871 à 1873, l'opinion publique s'exagéra considérablement les bénéfices que réalisaient les houillères ; les prix excessifs de 28 fr. ne s'appliquèrent jamais qu'à des quantités minimes, et les prix moyens de vente ne dépassèrent guère

18 à 19 fr. D'un autre côté, on se persuadait que les houilles resteraient toujours à des prix élevés, et par suite, que les bénéfices des exploitations iraient en s'accroissant avec le développement de leur production. C'était une grave erreur, ainsi que les événements l'ont montré.

Quoi qu'il en soit, un véritable engouement se produisit pour la possession des actions des Compagnies houillères, dont la valeur prit une proportion très exagérée et s'étendit, non seulement à celles qui donnaient des dividendes, mais même à celles qui ne donnaient aucun produit. C'est vers le milieu de l'année 1875, que les actions atteignirent leur valeur maximâ.

Le denier d'Anzin qui valait 300.000 fr. en 1869, se vendit 1.200.000 fr. en juin 1875. Aniche monta à 36.000 fr., Vicoigne-Nœux à 32.000 fr., l'Escarpelle et Douchy dépassèrent 8.000 fr., Fresnes-Midi atteignit 2.700 fr., et Azincourt 1.900 fr. Ces prix non raisonnés, ne pouvaient se soutenir, et ils diminuèrent successivement, pour se mettre en rapport avec le revenu réel, calculé toutefois à un taux très bas, 3 %, se rapprochant beaucoup de celui de la propriété foncière.

Le tableau ci-dessous, donne les prix moyens de vente à la Bourse de Lille, des actions des Compagnies houillères du Nord de 1874 à 1879.

Années.	ANZIN.	ANICHE.	DOUCHY.	VICOIGNE NŒUX.	ESCAR-PELLE.	AZIN-COURT.	FRESNES MIDI.
	Fr.	Fr.	Fr.	Fr.	Fr.	Fr.	Fr.
1874	550.000	20.122	5.638	20.793	4.060	502	1.059
1875	940.400	29.900	7.552	28.063	7.262	1.600	1.918
1876	785.700	19.950	5.950	20.760	4.520	795	1.150
1877	646.800	15.390	4.240	16.650	3.770	1.220	1.080
1878	541.900	13.057	3.800	16.274	3.894	1.288	1.034
1879	463.200	12.420	2.768	16.266	3.912	788	715
Nombre d'actions.	288	3.112	3.644	4.000	5.773	1.500	5.000

Particularités qui se sont présentées dans les diverses houillères du Nord, de 1870 à 1880. — *Anzin* développe beaucoup son extraction, qui passe de 1.760 000 tonnes en 1870, à 2.380.000 tonnes en 1880, et représente les 2/3 de la production totale du Bassin. Possède 19 fosses en activité produisant en moyenne 125.000 tonnes par an, et 2 fosses en creusement. Applique trois perforations mécaniques, plusieurs trainages mécaniques. Construit 845 fours à coke, 2 usines à briquettes, avec appareils de criblages et de lavage perfectionnés. Prolonge d'Anzin à Peruwelz son chemin de fer qui se développe sur 37 kilomètres de longueur, et est exploité par 31 locomotives et plus de 1.800 wagons.

Occupe plus de 15.000 ouvriers, logés en partie dans ses 2.500 maisons.

La Compagnie d'Anzin, est sans contredit, le plus grand établissement de mines du monde entier.

Aniche. — Son extraction passe de 447.000 tonnes en 1870, à 624.000 en 1874 ; mais elle diminue les années suivantes, par le manque de débouchés. Elle est de 606.000 tonnes en 1880, avec 8 puits en exploitation, 2 puits appropriés spécialement à l'aérage et à la remonte et à la descente des ouvriers, 1 puits en approfondissement et 2 puits en creusement. Établit deux trainages mécaniques, 1 perforation mécanique, et construit une deuxième usine à coke, avec appareils de criblage, de nettoyage et de lavage perfectionnés. Possède sur son exploitation de Douai, 250 fours à coke ; à Aniche, une fabrique de briquettes. Emploie 3.500 ouvriers. A 750 maisons d'ouvriers, 3 écoles, une salle d'asile, etc.

Douchy. L'extraction varie de 150.000 à 200.000 tonnes. Un nouveau puits a été creusé par le système Kind-Chaudron. 25 fours à coke ont été construits.

Vicoigne maintient son extraction dans les limites de 112.000 à 140.000 tonnes, mais voit la production de son exploitation de Nœux, s'accroître de 236.000 tonnes en 1870 à 580.000 tonnes en 1880. Rompt son association avec Anzin, pour la vente des charbons maigres.

Escarpelle. — Son extraction était de 143.000 tonnes en 1870. Elle est de 285.000 tonnes en 1880. Ouvre un puits n° 5, par le système Kind-Chaudron. Traite avec des industriels qui viennent établir à Dorignies, 150 fours à coke et une fabrique de briquettes

des marchés à long terme, pour la livraison des charbons nécessaires à l'alimentation de ces établissements.

Azincourt. Extrait de 23.000 à 44.000 tonnes par an, de sa
fosse St-Roch. Abandonne et reprend plusieurs fois, les fosses
St-Auguste et St-Édouard, dont elle poursuit l'approfondissement
à 550 mètres, et dans lesquelles elle exécute des travaux d'exploration, mais sans succès. Ces travaux occasionnent des dépenses
importantes qui ne peuvent être couvertes que par des emprunts
successifs, dont les intérêts et le remboursement grèvent bien
lourdement cette houillère.

Concessions abandonnées. — En 1870, il existait dans le
Bassin, cinq concesssions dans lesquelles on n'exécutait aucun
travail ; c'étaient celles d'Hasnon, appartenant à la Compagnie
d'Anzin, de Bruille et de Château-l'Abbaye, appartenant à la
Compagnie de Vicoigne, de St-Aybert, de Crespin, et de
Marly.

Lorsque la pénurie des houilles se fit sentir en 1873, on demanda
partout la mise en activité des mines abandonnées, ou la déchéance des concessionnaires qui ne reprendraient pas les travaux
de leurs concessions. Des mises en demeure furent adressés, à
cet effet, par le Gouvernement. La Compagnie d'Anzin se mit en
mesure d'ouvrir une fosse à Wallers, pour exploiter sa concession
d'Hasnon ; mais elle abandonna ses préparatifs lorsque la demande
des houilles diminua.

La Compagnie de Vicoigne résista aux injonctions de l'administration, pour la reprise de ses concessions de Bruille et de
Château-l'Abbaye, en se fondant sur ce que les travaux exécutés
antérieurement dans ces concessions n'avaient donné aucun
résultat, et sur ce que des travaux nouveaux n'en donneraient pas
davantage. Ce motif fut accepté, lorsqu'il fut bien reconnu que la
houille ne manquait pas à l'industrie.

La Compagnie de Fresnes-Midi n'exploitait que sa petite concession d'Escaupont, par ses 2 fosses Soult, qui fournissaient de
50.000 à 60.000 tonnes par an. Elle émet, en 1874, les 1.000
actions qui restent à la souche, et se procure ainsi un million pour
ouvrir une nouvelle fosse dans sa concession de St-Aybert. Elle
renonce à ce projet et reprend la fosse St-Pierre, où elle n'a ren-

contré jusqu'ici que des terrains accidentés Elle distribue 50.000fr. de dividende en 1877, et cependant à cette époque, elle redevait à l'État, 1.216.700 fr., principal et intérêt, sur le prêt de 1 million, fait en 1860.

Au commennement de 1881, la situation de la compagnie est mauvaise. Une assemblée générale vote le doublement du capital, et l'émission de 2.000 actions de 1.000 fr. Mais cette émission ne peut être réalisée, la cote de la Bourse de Lille indiquant 340 fr. pour la valeur des anciennes actions.

Crespin-lez-Anzin. — Au moment de la fièvre houillère, le 22 décembre 1874, un agent de change de Lille et un propriétaire de Valenciennes, constituaient une société pour la mise en valeur de la concession de Crespin.

Le capital social était fixé à 4 millions, représentés par 8.000 actions de 500 fr., savoir :

1° 3,300 actions = 1,650,000 fr., attribuées au propriétaire de la Mine pour l'apport de la concession.

2° 4,700 » = 2,350,000 attribuées au fondatenr de la Société moyennant un versement de 2,050,000 f.

8,000 actions = 4,000.000 fr.

En 3 jours, la souscription des 4.700 actions est couverte quatre fois, et bientôt les actions font prime.

Mais, en 1875, la maison de banque qui avait encaissé les versements des actionnaires était déclarée en faillite, l'agent de change, fondateur de la société était en fuite, et sur le capital de 2.050.000 fr., dont il devait compte à la société de Crespin, celle-ci n'encaissa réellement qu'environ 1.200.000 fr.

Sur les indications d'une commission d'ingénieurs, une fosse était ouverte à Onnaing en 1875, par le procédé King-Chaudron. Les nappes d'eau de la craie y furent heureusement traversées, par un cuvelage en fonte de 109 mètres, et le creusement par le procédé ordinaire, pénétra vers 160 mètres dans le grès-vert qui donna issue à des sources abondantes. Un sondage pratiqué au fond de la fosse, rencontra le calcaire carbonifère à 180 mètres, et fut continué de 250 mètres dans ce même terrain, jusqu'à 430 mètres, profondeur à laquelle il atteignit le terrain houiller.

En présence des difficultés que l'on trouvait pour mener à bien, la fosse d'Onnaing, on se décida à l'abandonner.

La compagnie de Crespin avait entrepris en même temps que sa fosse d'Onnaing, deux sondages, l'un à Quarouble, l'autre à la chapelle de Quiévrechain. Le premier fut abandonné à 263 mètres dans le calcaire. Le second, après avoir atteint le terrain dévonien à 168 mètres, en sortit à 232 mètres, et fut continué d'environ 50 mètres dans le terrain houiller, sans trouver de veines.

Un troisième sondage fut entrepris au commencement de 1877, près du Moulin de Quiévrechain. Il rencontra le terrain houiller à 166 mètres, et traversa deux couches de houille à 36 % de matières volatiles, inclinées à 16°, l'une de 0 m, 66, à 428 mètres, l'autre de 0 m, 59, à 487 mètres, puis fut continué jusqu'à 620 mètres. La compagnie disposait encore de 500.000 fr. et sur l'avis d'une commission d'ingénieurs, que cette somme était suffisante avec le matériel disponible pour creuser un puits de 500 mètres, elle commença, en 1880, les préparatifs de l'établissement de ce puits.

Marly. — La reprise des travaux de Marly, tentée en 1863, n'avait pas abouti, faute de souscription, des actions. Mais, en 1874, l'émission de ces actions fut assez facile, et bientôt même elles faisaient prime.

La société, entreprit donc, en 1875, deux sondages, l'un à St-Saulve qui rencontra le terrain houiller à 80 mètres, puis la houille, et l'autre à Onnaing, qui fut abandonné à 154 mètres dans le calcaire.

Au commencement de 1876, elle ouvrit un puits près du sondage de St-Saulve, à l'aide du système Kind-Chaudron. Ce puits pénétra bientôt à 78 mètres dans le terrain houiller et traversa les couches rencontrées par le sondage. — On essaya de les mettre en exploitation, en même temps qu'on poussait des galeries d'exploration au Sud et au Nord. Ces travaux ne donnèrent pas de résultats satisfaisants, et les ressources de la compagnie étaient complètement épuisées, un jugement du 16 juin 1881 a prononcé la liquidation de la société.

Sociétés de recherches. — A la fin de 1873, M. Gonnet, demande en son nom et au nom de la société de la Scarpe inférieure reconstituée, une concession de 7775 hectares, au Nord de celle d'Aniche. Il fait valoir à l'appui de sa demande, les dépenses considérables, faites sur les terrains dont il s'agit, par diverses sociétés et qui se sont élevées à 1.420.000 fr. Cette demande est mise aux affiches, mais le Gouvernement refuse la concession, par le motif que les gîtes reconnus n'offrent pas les conditions d'une exploitation fructueuse.

Malgré la situation très favorable de l'industrie houillère, il n'est pas fait de nouvelles recherches dans le bassin du Nord, sans doute, parcequ'on le considère comme complètement exploré. Tous les efforts des rechercheurs de houille se portent entre Lillers et Hardinghen, dans le but de découvrir le passage du bassin du Pas-de-Calais au bassin du Boulonnais, dont la jonction est envisagée comme probable.

Il n'est fait qu'un seul sondage, par M. Cannelle, à Flines, où le terrain houiller et même la houille avaient été constatés depuis longtemps. Ce sondage trouve une couche de 0 m, 70, sans qu'il soit donné suite à cette découverte.

Concessions instituées dans le bassin du Nord. — Les concessions des mines de houille du bassin du Nord, sont au nombre de 20. Elles présentent ensemble une superficie de 60.566 hectares. Certaines parties de ces concessions s'étendent sur les formations anciennes, antérieures au terrain houiller ; mais, sans connaître exactement l'étendue de ces parties, on peut sans exagération évaluer à plus de 50.000 hectares, la superficie du bassin du Nord, renfermant des richesses houillères exploitables, dans des conditions plus ou moins favorables.

Le tableau ci-dessous donne les noms, l'étendue des concessions, avec les dates des titres qui les ont instituées.

Numéros.	NOMS des concessions.	SUPERFICIE en hectare.	DATES DES TITRES qui les ont instituées.
1	Fresnes	2.073	1717 — 1720 — 1756 — 1759 — 1782 — an VII.
2	Vieux-Condé......	3.962	1749 — 1751 — an VII — 1855.
3	Raismes..........	4.819	1754 — 1759 — 9 ventôse an VII.
4	Anzin...........	11.852	1717 — 1720 — 1735 — 1759 — 1782 — an VII.
5	Saint-Saulve	2.200	1770 — 1810 — 1834.
6	Denain..........	1.344	5 juin 1831.
7	Odomez	316	6 octobre 1832.
8	Hasnon..........	1.488	23 janvier 1840.
8	Concessions.	28.054	Possédées par la Compagnie d'Anzin.
9	Aniche....	11.850	1774 — 1779 — 1784 — 6 prairial an IV.
10	Douchy	3.419	12 février 1832.
11	Crespin	2.842	27 mai 1836.
12	Marly	3.313	8 décembre 1836.
13	Azincourt	2.182	1840 — 15 février 1860.
14	Escarpelle........	4.721	29 septembre 1850.
15	Bruille	403	6 octobre 1832.
16	Château-l'Abbaye .	916	17 août 1836.
17	Vicoigne	1.320	12 septembre 1841.
3	Concessions.	2.639	Possédées par la Compagnie de Vicoigne.
18	Escaupont	110	10 septembre 1841.
19	Thivencelles	981	dº — 20 juin 1842.
20	Saint-Aybert......	455	dº
3	Concessions.	1.546	Possédées par la Compagnie de Thivencelles et Fresnes-Midi.
20	Concessions.	60.566	Possédées par 9 Compagnies houillères.

TABLE DES MATIÈRES

DU TOME II.

— — — ～～～～～～ — —

TEXTE.

BASSIN DU BOULONNAIS.

BASSIN DU NORD,

XXX. — De 1860 a 1880.

1860 - 1870.

1870 - 1880.

LÉGENDE DES PLANCHES

DU TOME II.

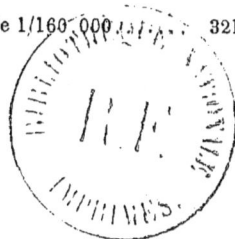

Lille Imp. L. Danel.